生态农业丛书

国家出版基金项目
NATIONAL PUBLICATION FOUNDATION

食品生态加工研究与展望

王守伟 臧明伍 林 洪 谢 刚 赵晓燕等 著

科学出版社
龙门书局
北京

内 容 简 介

本书在总结当前食品加工发展趋势与挑战的基础上,提出食品生态加工的概念与内涵,并系统梳理了全球食品生态加工从朴素萌芽到规范化发展再到多元化发展的历史逻辑。本书以资源友好、环境友好与健康友好为核心,围绕食品原料生态减损技术、食品生态加工共性关键技术、食品加工副产物的生态加工、食品生态包装、食品营养与安全五大视角,全面阐述了食品生态加工技术在粮食谷物、果蔬、畜禽肉和水产品加工中的研究进展及实践应用。本书还介绍了国内外食品生态工业园建设及实践进展,分析了我国食品生态加工面临的挑战并提出建议,为推动我国食品生态加工进程、践行生态文明建设提供指导。

本书可供食品相关政府工作人员、科研院所研究人员、高等院校师生和企业管理人员参考使用。

图书在版编目(CIP)数据

食品生态加工研究与展望/王守伟等著. —北京:龙门书局,2022.12
(生态农业丛书)
国家出版基金项目

ISBN 978-7-5088-6310-8

Ⅰ.①食… Ⅱ.①王… Ⅲ.①食品加工-生态工程 Ⅳ.①TS205

中国版本图书馆 CIP 数据核字(2022)第 239756 号

责任编辑:吴卓晶 / 责任校对:马英菊
责任印制:肖　兴 / 封面设计:东方人华平面设计部

科 学 出 版 社 出版
龍 門 書 局
北京东黄城根北街 16 号
邮政编码:100717
http://www.sciencep.com
北京中科印刷有限公司 印刷
科学出版社发行　　各地新华书店经销

*

2022 年 12 月第 一 版　　开本:720×1000　1/16
2022 年 12 月第一次印刷　　印张:22
字数:440 000

定价:229.00 元
(如有印装质量问题,我社负责调换)
销售部电话 010-62136230　编辑部电话 010-62143239(BN12)

《食品生态加工研究与展望》
著者名单

本书顾问：庞国芳

主要著者：王守伟　臧明伍　林　洪　谢　刚　赵晓燕

其他著者：张凯华　吴燕燕　韩逸陶　马　越　赵　燕　陶　业

李家鹏　李莹莹　白　京　李　丹　李　佳　李贺楠

李笑曼　刘　梦　王　乐　吴嘉佳

生态农业丛书
序　言

　　世界农业经历了从原始的刀耕火种、自给自足的个体农业到常规的现代化农业，人们通过科学技术的进步和土地利用的集约化，在农业上取得了巨大成就，但建立在消耗大量资源和石油基础上的现代工业化农业也带来了一些严重的弊端，并引发一系列全球性问题，包括土地减少、化肥农药过量使用、荒漠化在干旱与半干旱地区的发展、环境污染、生物多样性丧失等。然而，粮食的保证、食物安全和农村贫困仍然困扰着世界上的许多国家。造成这些问题的原因是多样的，其中农业的发展方向与道路成为人们思索与考虑的焦点。因此，在不降低产量前提下螺旋上升式发展生态农业，已经迫在眉睫。低碳、绿色科技加持的现代生态农业，可以缓解生态危机、改善环境的生态系统、更高质量地促进乡村振兴。

　　现代生态农业要求把发展粮食与多种经济作物生产、发展农业与第二三产业结合起来，利用传统农业的精华和现代科技成果，通过人工干预自然生态，实现发展与环境协调、资源利用与资源保护兼顾，形成生态与经济两个良性循环，实现经济效益、生态效益和社会效益的统一。随着中国城市化进程的加速与线上网络、线下道路的快速发展，生态农业的概念和空间进一步深化。值此经济高速发展、技术手段层出不穷的时代，出版具有战略性、指导性的生态农业丛书，不仅符合当前政策，而且利国利民。为此，我们组织了本套生态农业丛书。

　　为了更好地明确本套丛书的撰写思路，于 2018 年 10 月召开编委会第一次会议，厘清生态农业的内涵和外延，确定丛书框架和分册组成，明确了编写要求等。2019 年 1 月召开了编委会第二次会议，进一步确定了丛书的定位；重申了丛书的内容安排比例；提出丛书的目标是总结中国近 20 年来的生态农业研究与实践，促进中国生态农业的落地实施；给出样章及版式建议；规定丛书编写时间节点、进度要求、质量保障和控制措施。

　　生态农业丛书共 13 个分册，具体如下：《现代生态农业研究与展望》《生态农田实践与展望》《生态林业工程研究与展望》《中药生态农业研究与展望》《生态茶业研究与展望》《草地农业的理论与实践》《生态养殖研究与展望》《生态菌物研究与展望》《资源昆虫生态利用与展望》《土壤生态研究与展望》《食品生态加工研究与展望》《农林生物质废弃物生态利用研究与展望》《农业循环经济的理论与实践》。13 个分册涉及总论、农田、林业、中药、茶业、草业、养殖业、菌物、昆虫利用、土壤保护、食品加工、农林废弃物利用和农业循环经济，系统阐释了生态农业的理论研究进展、生产实践模式，并对未来发展进行了展望。

本套丛书从前期策划、编委会会议召开、组织编写到最后出版，历经 4 年多的时间。从提纲确定到最后的定稿，自始至终都得到了李文华院士、沈国舫院士和刘旭院士等编委会专家的精心指导；各位参编人员在丛书的撰写中花费了大量的时间和精力；朱有勇院士和骆世明教授为本套丛书写了专家推荐意见书，在此一并表示感谢！同时，感谢国家出版基金项目（项目编号：2022S-021）对本套丛书的资助。

我国乃至全球的生态农业均处在发展过程中，许多问题有待深入探索。尤其是在新的形势下，丛书关注的一些研究领域可能有了新的发展，也可能有新的、好的生态农业的理论与实践没有收录进来。同时，由于丛书涉及领域较广，学科交叉较多，丛书的编写及统稿历经近 4 年的时间，疏漏之处在所难免，恳请读者给予批评和指正。

生态农业丛书编委会

2022 年 7 月

序 言

　　生态文明是工业文明发展到一定阶段的产物，是人类社会发展的必然。生态农业是生态文明的重要组成部分，也是农业现代化的必然选择。食品加工业上牵亿万农户、下联亿万国民，是引领和带动我国现代农业发展的不竭动力，更是实现公众膳食营养与安全的重要源泉。生态农业的不断发展与完善，为食品加工业提供了绿色、优质、安全的食品原料。但是，在食品加工业高速发展的今天，食物资源损耗浪费严重、节能减排降耗形势严峻、食品营养与安全保障不足等问题，严重影响了现代食品加工业的高质量发展，也削弱了生态农业对农产品质量安全提升和生态环境保护做出的有益贡献。如何将食品加工业与生态农业相融合，实现食物资源高效利用、食品加工节能减排降耗及营养健康食品生产制造，是新发展阶段食品领域科研工作者及从业人员亟待思考的重大命题。

　　在全面建成小康社会、实现第一个百年奋斗目标之际，从大农业的视角出发，立足我国生态农业发展现状，开展生态农业丛书的编著工作，必将为新发展阶段加快农业现代化发展、推进生态文明建设提供指导和新的思考。《食品生态加工研究与展望》作为生态农业丛书分册之一，是对生态农业发展理念及实践方式的延伸和发展，是以王守伟同志为首的食品领域权威专家、企业管理者和青年科研人员精心组织、群策群力的重要成果。

　　看到该书的完稿，我感到由衷高兴。犹记得，生态农业丛书编委会工作会议上，同其他院士、专家学者共同研讨丛书各分册书名及写作框架的场景。书名从最初的《食品安全与生态农业研究与展望》到《食品加工与生态安全控制研究与展望》，再到完稿的《食品生态加工研究与展望》，简单书名变化的背后，无不体现出写作团队对食品生态加工系统性和创新性的深入解读。看到参与该书撰写的作者中既有食品加工领域的知名专家学者，也有一批风华正茂、食品加工一线的科技新人，我尤为欣慰。他们总结过去、立足现在、展望未来，创新地提出了食品生态加工的概念，赋予其"资源友好、环境友好、健康友好"的多元内涵；立足粮食谷物、果蔬、畜禽肉和水产品4类大宗食品原料，系统阐述了食品生态加工技术的研究进展及实践应用；深入剖析了我国食品生态加工面临的挑战，并从法规标准层面、监管层面、技术层面和社会共治层面提出了我国食品生态加工发展完善的对策。

该书既有对全球食品生态加工历史逻辑的梳理，也有食品生态加工系列技术的实践应用，更有对未来食品生态加工实践的展望，兼具学术性、实践性和战略性。衷心希望该书的出版能够为食品相关政府工作人员、科研院所研究人员、高等院校师生和企业管理人员提供参考，为推动我国食品生态加工实践、建设美丽中国和健康中国提供指导和借鉴。

中国工程院院士

2021. 7. 7.

前　言

　　"生态兴则文明兴"。生态文明建设是实现人与自然和谐发展的必然要求，更是关系中华民族永续发展的根本大计。农业是立国之本，也是人类生产之本。生态农业在推进生态文明建设、践行绿色发展理念中发挥着基础性保障作用，是实现乡村振兴、建设美丽中国的重要抓手。食品加工是生态农业产业链的延伸，不仅丰富了食品种类、延长了农产品保存期限，更增加了生态农业产品的附加值。但是，食品加工业较长时间内处于粗放式、劳动密集、高耗能、高排放、高污染的传统发展模式，使食物资源损耗浪费严重、节能减排降耗形势严峻、食品营养与安全保障不足。面对全球人口持续增加、环保管控越发严格、消费升级不断提速等多重挑战，基于资源友好、环境友好、健康友好的食品加工属性不断被发掘和重视，食品原料减损、最少加工、生物制造、绿色制造、智能制造、生态包装等食品加工新理念、新技术不断研发应用。将生态理念与食品加工融合，践行食品生态加工、研发推广食品生态加工技术，必将为我国经济社会可持续、高质量发展及建设生态文明提供源源不断的动力，更好地推动人与自然和谐共生。

　　本书是生态农业丛书分册之一，集聚了中国肉类食品综合研究中心、中国海洋大学、国家粮食和物资储备局科学研究院及北京市农林科学院等诸多专家学者的智慧和心血。本书基于当前食品加工现状、发展趋势与挑战，创新地提出食品生态加工的概念，深入解读食品生态加工的内涵与特征，系统梳理全球食品生态加工从朴素萌芽到规范化发展再到多元化发展的历史逻辑；立足资源友好、环境友好与健康友好三大核心，从食品原料生态减损技术、食品生态加工共性关键技术、食品加工副产物的生态加工、食品生态包装、食品营养与安全等视角，全面阐述了食品生态加工技术在粮食谷物、果蔬、畜禽肉和水产品加工中的研究进展及实践应用；基于国内外食品生态工业园实践进展，剖析了我国食品生态加工面临的挑战并提出建议，为推进食品生态加工进程、践行生态文明建设提供指导。

　　全书共7章，各章作者分工如下：第1章，王守伟、臧明伍、张凯华、赵燕；第2章，王守伟、林洪、臧明伍、谢刚、赵晓燕、张凯华、白京；第3章，王守伟、臧明伍、林洪、谢刚、赵晓燕、张凯华、吴燕燕、韩逸陶、马越、李佳；第4章，王守伟、臧明伍、林洪、谢刚、赵晓燕、马越、吴燕燕、张凯华、王乐；第5章，王守伟、臧明伍、吴嘉佳、刘梦；第6章，王守伟、臧明伍、林洪、谢刚、赵晓燕、李家鹏、李莹莹、马越、李贺楠；第7章，王守伟、陶业、赵燕、臧明伍、张凯华、李丹、李笑曼。全书由王守伟统稿。

　　中国工程院庞国芳院士应邀为本书顾问，为本书的总体框架和写作思路提供了许多宝贵意见，更在百忙之中对全书进行了审阅，并为之作序，在此表示衷心感谢！

　　限于作者理论和技术水平，书中难免有疏漏和不足之处，敬请同行专家和广大读者批评指正，多多赐教。

《食品生态加工研究与展望》写作组

2022 年 3 月

目 录

第1章

食品生态加工概述

1.1 食品生态加工

食品加工是最为古老的人类活动之一，随着人类文明的诞生和演进而发展。在漫长的发展过程中，食品加工由简单的分割、熟制逐渐演变成煮、煎、熏、炸、烤、酱、卤、腊等多种烹调、处理方式，并基于食品原料中蛋白质、淀粉、脂肪的凝胶、糊化、乳化等物理化学特性，通过粉碎、均化、脱水、挤压等工艺使食品呈现出与原料截然不同的感官特征。自工业革命以来，食品加工也开始向工业化、规模化方向发展，人口数量的爆炸式增长、工业化进程的加快、传统自给自足的农牧经济的衰退进一步推动食品加工业加速发展。但是，食品加工业的繁荣发展也带来了能耗、污染、食品安全与营养健康问题。一个多世纪以来，伴随人类文明程度的不断提高、环保意识的增强及食品加工技术的进步，环境友好、资源友好、健康友好的食品加工生态属性不断被发掘和重视。本节重点阐述食品生态加工的定义、内涵与特征，以及与生态农业间的关系。

1.1.1 概述

1. 概述与分类

国际食品法典委员会（Codex Alimentarius Commission，CAC）将"食品"定义为任何供人类食用的加工、半加工或未加工物质，包含饮料、胶基糖果和"食品"的生产、制备或处理过程中使用的任何物质，但不包括化妆品、烟草或仅作药用的物质。《中华人民共和国食品安全法》规定，"食品"是"各种供人食用或者饮用的成品和原料及按照传统既是食品又是中药材的物品，但是不包括以治疗为目的的物品"。《食品工业基本术语》（GB/T 15091—1994）定义"食品"为"可供人类食用或饮用的物质，包括加工食品、半成品和未加工食品，不包括烟草或制作药品用的物质"。该定义与 CAC 的定义最为相近。从国内外对食品的定义看，供食用的源于农业的初级农产品（也称食用农产品）也属于食品的范畴。

食品加工是指改变食品原料或半成品的形状、大小、性质或纯度，使之符合食品标准的各种操作。食品加工包含多个具体的细分产业，不同国家、不同国际组织的具体分类标准都不尽相同。联合国国际贸易标准分类（修订 4）中，食品加工包含九大类：肉及肉制品，乳制品和禽蛋，鱼、甲壳动物、软体动物和水生无脊椎动物及其制品，谷物及谷物制品，蔬菜及水果，糖、糖制品及蜂蜜，咖啡、茶、可可、香料及其制品，杂粮食用品及其制品和饮料。在此基础上又细分为 32 组（含屠宰、制粉等农产品初级加工类别）及 116 个分组。美国、加拿大、墨西哥共用的北美产业分类标准则将食品加工分为牲畜屠宰类、谷物类、糖类、蔬菜水果类、乳制品类、肉制品类、海产品类、面包玉米类，以及其他相关的食品加工类别。根据《国民经济行业分类》（GB/T 4754—2017），我国食品加工隶属于制造业，包括农副食品加工、食品制造及酒、饮料和精制茶制造 3 个大类，在此基础上细分为谷物磨制、植物油加工、制糖、屠宰及肉类加工、水产品加工等 17 个种类（不含饲料加工），以及稻谷加工、小麦加工、玉米加工、杂粮加工、食用植物油加工等 59 个小类。

食品工业与农业关系密切，农业活动中获得的供食用的植物、动物、微生物及其产品为食品工业提供充足的原料，如粮食、蔬果、肉禽蛋奶、水产品等。食品加工丰富了食品品种。小麦粉通过不同加工工序制得高筋粉、中筋粉、低筋粉，用于制作面包、馒头、蛋糕等。畜禽肉经不同加工工艺生产出调理肉制品、腌腊肉制品、酱卤肉制品、熏烧焙烤肉制品等风味、口感各异的肉制品。焙烤食品、糖果、发酵食品等还改进了加工食品的感官性状。食品加工抑制微生物和病原菌的生长繁殖、各种酶的活性，延长了食品保质期，延伸了食品流通范围和时间，实现季产食品的全年供应。蔬菜、水果、水产品是鲜活食用农产品，采收后长时间存放容易腐烂变质。果蔬经清洗、切片、烘干、榨汁、杀菌等加工工序生产得到果蔬脆片、果蔬汁等保质期较长的加工食品，水产品经腌制、干制、冷冻等加工工序生产出盐渍水产品、干制水产品、冷冻水产品等。

食品加工的内涵极为丰富，农副食品加工、食品制造均是食品加工的重要组成部分。其中，农副食品加工是指直接以农、林、牧、渔业产品为原料进行的谷物磨制、饲料加工、植物油和制糖加工、屠宰及肉类加工、水产品加工，以及蔬菜、水果和坚果等食品的加工活动，是广义农产品加工业的一种类型；食品制造是指将食品原料或半成品加工制成可供人类食用或饮用的物质的全部过程。农副食品加工获得的成品往往为食品制造提供加工原料。从加工原料看，食品加工可分为粮食谷物加工、果蔬加工、畜禽屠宰肉类加工、水产品加工等。从加工工艺看，食品加工包括罐藏、腌制、干制、发酵、熏烧焙烤、冷冻等不同操作单元。广义上讲，食品加工不仅包括由原料到制成品这一个阶段，还涵盖了食品原料生产（如种植、养殖），甚至与之相关的饲料加工、食品机械制造等上游相关行业及食品物流、食品检测、食品销售等下游环节。结合国内外对食品、食品加工的定义，农、林、牧、渔业种植养殖得到的农产品经产地初加工得到可食用原料，以及将可食用原料通过现代食品加工技术进行工业化、规模化生产，均属于食品加工的范畴。

2. 食品加工对生态的影响

1）食品加工与资源利用

食品加工的原料主要来源于农、林、牧、渔业生产获得的农产品。农产品采后处理及贮藏运输条件不当使采后损耗增加。粮食在收获后，晾晒不足或储存环境潮湿易导致生虫、发霉变质；蔬菜、水果贮藏温度过高、存放时间过长也会腐烂变质；鲜活水产品打捞上岸后如不及时进行低温处理，同样会发生腐败、自溶。联合国粮食及农业组织（Food and Agriculture Organization of the United Nations，FAO）数据显示，全球范围内因损耗和浪费导致的食物损失超过 13 亿 t，约占全球食物总量的 1/3；从整个食物链来看，54% 的食物损耗发生在食物原料的生产、采后处理和贮藏环节，其余 46% 则发生在食品加工、流通和销售环节。由表 1-1 可以看出，发达国家的食物在食品加工、流通和消费环节损失较多，欧洲在消费环节谷物损失占比高达 25%，发展中国家的食物在采后处理与贮藏环节损失较大，如撒哈拉以南非洲，西亚、北非和中亚国家的果蔬在该环节的损失占比接近或等于 10%。我国粮食采后损失率约 10%，果蔬采后损失率为 20%～30%，可用于食品加工的原料资源由于较为落后的采后处理技术而被浪费掉。王世语（2017）调研得出，北京、四川、重庆、山东和河南 5 个地区的猪肉在预冷排酸、分割、冷冻储藏、运输、零售 5 个环节的平均损耗率为 1.44%、0.99%、3.98%、0.24% 和 1.46%。

农产品和食品加工过程中也会产生大量的加工副产物，如秸秆、米糠、果皮、果渣、畜禽骨、畜禽内脏、畜禽血、水产品骨、壳等。发达国家农产品加工综合利用率可达 90%，包括中国在内的发展中国家的农产品加工综合利用率偏低，仅以稻米为例，2018 年我国稻谷产量为 21 212.9 万 t，米糠约占稻谷重量的 6%，年产米糠则超过 1 200 万 t。农产品加工副产物富含碳水化合物、蛋白质、脂肪和其他生物有效成分，是食品、药品、能源等行业的原料，较低的综合利用率造成大量的食物资源浪费，也降低了加工产品的附加值。目前，我国农产品加工副产物综合利用率不足 50%，这些未被利用的加工副产物往往直接被排放或丢弃，对环境和人的身体健康造成损害。小麦、玉米秸秆直接焚烧导致空气污染，果蔬加工副产物腐败后产生强烈的异味，滋生蚊虫，甚至污染土壤和地下水。采用较为科学的采后处理技术和副产品综合利用技术，不仅能够提升食品加工原料的资源利用率，还能提高加工食品的附加值。

表 1-1　全球主要食物种类各环节损失比例（Gustavsson et al., 2011）　单位：%

食物种类	环节	损失比例						
		欧洲	北美、大洋洲	亚洲工业化国家	撒哈拉以南非洲	西亚、北非和中亚	东南亚和南亚	拉丁美洲
谷物	生产	2	2	2	6	6	6	6
	采后处理与贮藏	4	2	10	8	8	7	4
	加工	5.25	5.25	5.25	3.5	4.5	3.5	4.5
	流通	2	2	2	2	4	2	4
	消费	25	27	20	1	12	3	10
果蔬	生产	20	20	10	10	17	15	20
	采后处理与贮藏	5	4	8	9	10	9	10
	加工	2	2	2	25	20	25	20
	流通	10	12	8	17	15	10	12
	消费	19	28	15	5	12	7	10
肉类	生产	3.1	3.5	2.9	15	6.6	5.1	5.3
	采后处理与贮藏	0.7	1	0.6	0.7	0.2	0.3	1.1
	加工	5	5	5	5	5	5	5
	流通	4	4	6	7	5	7	5
	消费	11	11	8	2	8	4	6
水产品	生产	3.5	3.5	3.5	6	3.5	3.5	3.5
	采后处理与贮藏	0.5	0.5	2	6	5	6	5
	加工	6	6	6	9	9	9	9
	流通	9	9	11	15	10	15	10
	消费	11	33	8	2	4	2	4

2）食品加工与环境保护

（1）食品加工中的能源消耗。食品加工过程需利用大量的能源将食用原材料转化为更高价值的食品。由于经济发展和加工技术成熟度的不同，世界各国用于加工食品的能源消耗存在很大差异。一方面，发达国家食品消费更多，增加了食品行业的能源消耗及碳排放；另一方面，工业化先进制造通常能够在食品工业中采用更多的节能技术，从而降低能源的消耗率、减少碳排放。所用的设备类型、操作实践、环境温度、当地基础设施结构和工作人员技能不同，往往导致同一操作的能耗有所不同。美国是食品工业能源消费大国，食品加工行业购买燃料和电力的总成本占所有制造业能源总成本的 9.57%（US Census Bureau，2010）。欧盟食品和烟草部门消耗能源占整个制造业能源需求总量的 8%左右（Wang，2013）。食品加工中，单位食品产出的能源使用量可用来评价能源消耗的强度和效率。食品加工中使用的能源包括煤、天然气、石油等燃料和电力。蒸汽和电力是两种最直接的能源载体。蒸汽是由燃料以 80%的转化率燃烧产生的，利用燃料发电的效率仅为 30%～40%。基于能源分析发现，开发不需要高耗能保鲜的新食品，减少加工过程中的热负荷，提高食品生产设备性能，以及在加工过程中利用余热或太阳能等可再生能源，均是减少化石能源使用、减少能源消耗的方法（Poulsen，1986）。

采用生命周期评价方法测算分析我国年产稻米 30 万 t 企业加工全过程能耗和排放量，稻米加工系统和米糠制油过程资源能源消耗清单分别见表 1-2 和表 1-3。其中，稻壳发电是消耗能源最多的环节，水资源消耗量高达 38.8 万 t；其次是运输和稻米加工环节，运输环节消耗的非可再生能源最高，为 2 640t；米糠制油环节消耗的资源能源最少，但对于 4.5 万 t 米糠油的年生产量来说，其能耗也不容小觑，年耗电 96.56 万 kW·h。

表 1-2 稻米加工系统资源能源消耗清单
单位：kg

类别	元素/物质	稻米加工	稻壳发电	米糠制油	运输	总量
非可再生能源	原油	1.81×10^5	3.44×10^4	3.29×10^4	2.41×10^6	2.66×10^6
	硬煤	3.54×10^4	1.52×10^4	4.86×10^3	6.83×10^4	1.24×10^5
	褐煤	6.03×10^4	2.25×10^4	8.26×10^3	1.02×10^3	9.21×10^4
	天然气	2.05×10^5	3.73×10^4	2.43×10^4	1.59×10^5	4.25×10^5
非可再生元素	铁	1.35×10^4	1.48×10^3	9.67×10^2	2.32×10^3	1.83×10^4
	锰	2.33×10^1	3.90	2.18	2.45×10^1	5.39×10^1
	硫	2.95×10^1	1.13×10^1	4.15	1.82	4.68×10^1
	锌	1.79×10^1	4.80	2.01	2.16×10^1	4.63×10^1
非可再生资源	惰性岩	7.09×10^5	3.52×10^5	1.28×10^5	1.99×10^5	1.39×10^6
	黏土	7.31×10^5	7.89×10^4	5.11×10^4	2.04×10^2	8.61×10^5
	天然骨料	6.88×10^5	7.46×10^4	4.82×10^4	2.34×10^3	8.13×10^5
	石英砂	4.07×10^5	4.40×10^4	2.85×10^4	1.27×10^2	4.80×10^5
可再生资源	水	1.19×10^8	3.88×10^8	9.01×10^7	1.72×10^8	7.69×10^8
	氮	2.03×10^3	3.82×10^2	1.32×10^2	2.17	2.54×10^3

表 1-3 米糠制油过程资源能源消耗清单

名称	年消耗量
米糠	30 900t
正己烷	30.9t

续表

名称	年消耗量
磷酸（85%）	37.08t
烧碱	15.06t
盐	27.04t
电	965 600kW·h
水	25 023.59t
稻壳	3 090t

（2）食品加工中的水资源消耗。食品加工业是继化工业和炼油工业之后，水资源消耗最密集的行业之一。欧洲食品工业用水占总工业用水的 8%～15%，占社会总用水的 1%～1.8%（CIAA，2008）；加拿大食品和饮料行业用水占工业用水的 6%，并且其固体废弃物产生量居所有工业之首（Maxime et al.，2006）；英国食品和饮料工业的年用水量约为 300 亿 m^3（Cheeseborough，2000）；澳大利亚食品和饮料工业的年用水量约为 21.5 亿 m^3，占总用水量的 1%（Wallis et al.，2008）。在中国，年产 4.5 万 t 米糠油的稻米加工企业，年用水量超过 2.5 万 t。

依据使用目的的不同，食品加工用水途径可分为原料加工、热量传输载体、材料交换载体、机械能量矢量、清洗消毒及锅炉用水等。食品及饮料加工业用水量和水质要求如表 1-4 所示。当前，全球水资源短缺问题日益严重，因此，食品加工中节水技术的应用及加工用水的重复利用成为提升水资源利用率的重要手段。

表 1-4　食品及饮料加工业用水量和水质要求（Maxime et al.，2006）

用水途径	用水量	水质要求
原料加工：原料与其他成分的混合、调味汁及汤的制备、果汁及饮料的主要成分等	低—高（变化大）	饮用水（根据成品所需的感官特性可进行额外处理）
热量传输载体：解冻、再加热或常规热处理（热烫、巴氏杀菌、杀菌、烹饪）；蒸汽冷凝、设备（压缩机、泵、发酵罐、巴氏杀菌器、消毒器、罐）或产品（用冷水冲洗蔬菜）冷却等	高	中高水质饮用水、软化水或灭菌水
材料交换载体（溶剂）：固体食材中的溶质提取（如从甜菜中提取蔗糖）；将溶质转移到固体材料；离子交换树脂或吸附树脂交换水等	中—高	饮用水或脱盐水
机械能量矢量：农产品运输；食品按比重分离；高压水射流切割等	中—高	中等水质的饮用水或微滤水
清洗消毒：食品；加工过程中与食品接触的物品（设备、管道、瓶子、罐子）及设备的地板、墙壁和外表面的清洗消毒	高	中高水质的饮用水或冲洗容器用软化水
锅炉用水：产生蒸汽	高	软化—脱盐、必要的脱气及 pH 校正

（3）食品加工中的污染物及碳排放。我国食品加工业现代化、规模化程度仍有待提高，中小规模企业环保投入不足，半手工化生产仍占一定比例，规模化生产优势难以发挥，导致产品的能耗高企、碳排放增加，食品加工行业依然面临高污染、高排放。食品生产过程中会产生不少有害物质，有研究发现，食品生产中产生的气体有害化合物达 124 种，主要有硫化氢、氨气、酚类、吲哚、甲基吲哚、甲烷和硫醇类等，这些有害气体排放至大气中，会产生恶臭、酸雨、温室效应等环境问题（胡冠九 等，2016）。食品加工业作为主要工业用水行业，其用水量逐年上升。部分食品加工用水最终会成为食品的一部分，如成品水含量最高的酿造和软饮料行业，但其占总用水量的比例也不超过 30%。因此，食品加工中超过 70%的水最终变成废水排放到环境中，且这些废水的生物需氧量（biology oxygen demand，BOD）、化学需氧量（chemical oxygen demand，COD）水平及其脂肪、油和油脂的含量都很高，其中 BOD 和 COD 水平可能比普通生活污水高出 10～100 倍（FDM-BREF，2006）。乳制品、水产品、肉类及果蔬加工用水量大，产生的废水量也较多，是食品工业中用水量排名前四的子行业（表 1-5）。对我国一家稻米-稻壳发电-米糠制油企业污染物和碳排放量的测算（表 1-6）显示，稻壳发电污染排放最多，CO_2 排放量达 6.96 万 t，CO 排放量为 869t；其次是运输和稻米加工环节，运输环节排放 CO_2 和 NO_x 排放量较高，分别为 7 840t 和 104t，稻米加工环节甲烷排放量最高，为 293t；米糠加工环节排放量最少，但对于米糠油的年生产量 4.5 万 t 来说，其排放也不容小觑。食品加工中未经处理的废水中可能含有悬浮性固体、硝酸盐、总有机碳、溶解磷、甲基吲哚、细菌总数、大肠菌群等，排放到水中会导致水体富营养化、水生生物死亡、水体生态系统失衡等问题（赵霞，2019）。

表 1-5　食品加工业重点用水子行业用水及废水产量（FDM-BREF，2006）　单位：m^3/t

子行业	用水量	废水产生量
乳制品	0.6～60	0.4～60
水产品	3.3～32	2～40
肉类	2～20	10～25
果蔬	2.4～11	11～23

表 1-6　稻米加工系统污染物及碳排放清单　单位：kg

类别	元素/物质	稻米加工	稻壳发电	米糠制油	运输	总量
大气排放	重金属	8.73×10^{-1}	1.62×10^{-1}	9.93×10^{-2}	1.09×10^{1}	1.20×10^{1}
	CO_2	4.61×10^{6}	6.96×10^{7}	4.54×10^{6}	7.84×10^{6}	8.66×10^{7}
	CO	1.49×10^{4}	8.69×10^{5}	5.36×10^{4}	2.12×10^{4}	9.58×10^{5}

续表

类别	元素/物质	稻米加工	稻壳发电	米糠制油	运输	总量
大气 排放	NO_x	4.48×10^3	4.88×10^4	3.57×10^2	1.04×10^5	1.58×10^5
	甲烷	2.93×10^5	3.18×10^4	2.07×10^4	7.36×10^3	3.53×10^5
	PM10	6.14×10^3	8.34×10^3	1.43×10^3	4.22×10^{-2}	1.59×10^4
	PM2.5	3.16×10^3	4.19×10^3	7.25×10^2	3.21×10^3	1.13×10^4
	农药	2.53×10^{-3}	1.27×10^{-3}	4.39×10^{-4}	1.80	4.26×10^{-3}
	放射性物质	9.21	5.69	1.13	5.63	1.66
淡水 排放	COD	3.73×10^2	1.50×10^2	9.69×10^2	7.94×10^2	2.29×10^3
	铁	8.10×10^1	4.12×10^1	1.37×10^1	3.98	1.40×10^2
	氯化物	1.85×10^4	1.93×10^4	3.93×10^3	5.27×10^5	5.69×10^5
	钠	7.33×10^3	9.84×10^3	1.66×10^2	2.34×10^2	1.10×10^4
	悬浮粒子	9.96×10^2	2.98×10^2	1.78×10^2	7.98×10^3	9.45×10^3
	有机碳	1.33×10^2	4.20×10^1	1.64×10^1	7.20×10^1	2.64×10^2
	农药	2.86×10^{-3}	1.43×10^{-3}	5.04×10^{-4}	1.99	4.81×10^{-3}
土壤 排放	氨	1.38×10^4	1.48×10^3	9.63×10^2	7.31×10^{-2}	1.62×10^4
	钙	7.83×10^3	8.43×10^2	5.48×10^2	4.50×10^{-2}	9.22×10^3

同时，能源的消耗最终以温室气体的形式排放入大气，引发全球气候变暖，其中工业石化能源所排放的 CO_2 占 95%（赵荣钦和秦明周，2007）。投入产出平衡表是计算各石化能源 CO_2 消耗系数的准确方法，但是目前我国公布的投入产出平衡表中没有食品工业相关行业的投入产出数据（王晓莉和吴林海，2012），因此，相关部门和研究人员通常采用联合国政府间气候变化专门委员会（Intergovernmental Panel on Climate Chang，IPCC）的估算方法进行估算，计算公式如式（1-1）所示，主要石化能源燃料的 CO_2 排放系数如表 1-7 所示。

$$CO_2 \text{排放量}= \sum \text{燃料消耗量} \times CO_2 \text{排放系数} \qquad (1\text{-}1)$$

表 1-7　主要石化能源燃料的 CO_2 排放系数（IPCC，2006）

燃料种类	排放系数	单位
原煤	1.818	万 t CO_2/万 t 燃料
洗精煤	2.291	万 t CO_2/万 t 燃料
其他洗煤	0.725 4	万 t CO_2/万 t 燃料
焦炭	3.017	万 t CO_2/万 t 燃料
焦炉煤气	7.093	万 t/亿 m³
其他煤气	12.026	万 t/亿 m³
石油	3.066	万 t CO_2/万 t 燃料
汽油	3.070	万 t CO_2/万 t 燃料

续表

燃料种类	排放系数	单位
煤油	3.149	万 t CO$_2$/万 t 燃料
柴油	3.186	万 t CO$_2$/万 t 燃料
燃料油	3.127	万 t CO$_2$/万 t 燃料
液化石油气	2.985	万 t CO$_2$/万 t 燃料
炼厂干气	1.718	万 t CO$_2$/万 t 燃料
天然气	16.872	万 t/亿 m^3
其他石油制品	2.947	万 t CO$_2$/万 t 燃料

据欧盟委员会调查显示，人类因食品需求所排放的温室气体占全球温室气体总量的 18%，主要以 CO$_2$ 为主（邴绍倩，2009）。全球低碳经济发展背景下，降低食品工业生产的碳排放越发受到重视。食品碳排放发生在供应链的所有节点，从生产投入到农业，从农业、工业和零售到家庭。生命周期评估（life cycle assessment，LCA）是评估食品加工产品全链条碳排放的较为成熟的方法。但是，目前食品生产、保障、运输、销售等环节的温室气体排放数据采集工作依然存在较大困难，只能进行粗略估计，无法进行精准核算。

我国食品工业"三废"（废水、废气、废渣）排放与其碳排放具有明显的正相关性。提高固体废弃物综合利用率对农副食品加工业、食品制造业、饮料制造业的碳减排有显著促进作用，其中对农副食品加工业和食品制造业影响最为显著；食品工业废水排放达标率的总体提高可以显著降低碳排放，且对农副食品加工业和饮料制造业影响更为显著；提高废气（SO$_2$）去除率可以显著降低食品制造业和饮料制造业的碳排放。因此，提升"三废"综合治理能力能够间接带动食品工业碳减排，倒逼食品工业逐步向低碳、清洁的生产方式转型（王晓莉和吴林海，2012）。

3）食品加工与人体健康

食品在加工过程中，受原料特性、加工条件、加工环境、加工设备、储运条件等因素的影响，可能会导致营养物质的流失，或者产生有害物质、造成污染，人食用后可能对其健康造成一定的影响。食品加工中营养物质的流失往往是由于过度加工所致。例如，为追求面粉和大米的亮、白、精，在磨粉或碾米时，往往将富含膳食纤维、矿物质、不饱和脂肪酸的小麦麸皮和米糠层全部去除，导致加工食品中营养物质的流失。

食品加工过程中，原料质量安全控制不严、加工操作不当可能使食品受到物理性污染、化学性污染和微生物污染，进而产生有毒有害物质。

（1）物理性污染危害健康。物理性污染主要包括加工中引入的金属、玻璃碎片、泥沙、石子、碎骨等异物，以及掺杂使假和放射性污染。加工中引入的异物对人体健康带来一定危害。人们食用了含金属、玻璃等异物的食物，会造成口腔、咽喉划伤，一旦进入体内，需要通过手术取出，给消费者健康带来伤害。食品加工中掺杂使假属于经济利益驱动型掺假，如粮食掺砂石增加重量、肉中注水增加重量、牛肉中掺杂鸭肉等。一般情况下，掺杂使假对健康影响不大，但如果添加对人体有害的违禁物质或添加的物质存在疫病风险，则会对健康产生不利影响。放射性污染主要源于环境中放射性元素对食品原料的污染，与食品加工关联性较小。

（2）化学性污染危害健康。食品中的化学性污染主要包括原料中的农兽药残留、有毒金属污染、生物毒素及特定加工过程产生的有毒有害物质。原料的化学性污染可以通过规范种植、养殖过程得到有效控制。原料贮存过程中产生的生物毒素及加工中产生的化学有害物质较难控制。

部分微生物代谢产物（如黄曲霉毒素）毒性较强，短期大量摄入会导致急性中毒，而长期摄入少量毒素则会导致中毒及癌症。黄曲霉毒素具有极强的肝毒性，短时间大量摄入会导致中毒性肝炎，长时间低剂量摄入则会出现肝功能降低、肝硬化及体重降低、生长发育迟缓等问题，还会诱发肝癌、肾癌、直肠癌等多种癌症。镰刀菌毒素包括单端孢霉烯族化合物、玉米赤霉烯酮、丁烯酸内酯和伏马菌素等，对造血系统、生殖系统、神经系统危害较大。

N-亚硝基化合物主要包括 N-亚硝胺和 N-亚硝酸胺两大类，主要存在于腌制蔬菜和腌制类动物源性食品。富含蛋白质的动物源性食物在腌制、烟熏、煎炸时会产生大量胺类物质，胺类物质与作为护色剂添加的亚硝酸盐反应产生 N-亚硝胺。N-亚硝基化合物极性毒作用与其分子式碳链的长度有关，碳链越长，其毒性越低，如甲基苄基亚硝胺对金黄地鼠经口的半数致死剂量（LD_{50}）为 18mg/kg，而乙基二羟乙基亚硝胺则为 7500mg/kg 以上。N-亚硝基化合物对于动物有极强的致癌性，在多种摄入途径、不同摄入剂量（短时大量或长时间少量）情况下均对多种组织器官具有致癌性，并可通过胎盘对子代产生致癌作用。此外，N-亚硝基化合物具有致畸和致突变作用。

多环芳烃（PAHs）化合物多达几百种，最为主要的是苯并[a]芘（benzo[a]pyrene，BaP），具有较强的毒性和致癌作用，是前致癌物及间接致突变物质。PAHs 化合物主要来源于有机物的不完全燃烧，因此在烤肉、熏肉、烤肠等熏烧烤类食品中较为多见；高温烹调食品中主要成分的热解和热聚也会导致其大量生成，加工过程中机油以及包装材料的污染也会导致 PAHs 类物质迁移到食品中。研究显示在食用熏肉、熏鱼等产品较多的地区，胃癌发病率远高于其他区域。

杂环胺类化合物包含氨基咪唑氮杂环芳烃（AIAs）和氨基咔啉两类，其中AIAs 又包括喹啉类、喹噁啉和吡啶类。富含蛋白质的食品经高温烹调易产生杂环胺，因此，烧、烤、煎、炸类动物源性食物中其含量通常较高。杂环胺的致突变性和致癌性需要经过代谢活化为 N-羟基化合物，主要致癌靶器官是肝脏、肠道、胃，其活性产物在极低剂量下即可与脱氧核糖核酸（DNA）形成加合物，甚至可能不存在阈剂量，咪唑喹啉（IQ）和 2-氨基-1-甲基-6-苯基-咪唑并[4,5-b]吡啶（PhIP）等还具有较强的心肌毒性。

生物胺包括组胺、酪胺、尸胺、腐胺、色胺、苯乙胺、精胺和亚精胺等，在水产品、发酵肉制品、奶酪等乳制品，啤酒等发酵酒类中普遍存在，尤以发酵食品居多。过量生物胺的摄入会影响人体健康，可导致头痛、高血压、腹泻、呕吐等不良反应，摄入量过高甚至可引发食物中毒。组胺和酪胺对人体健康的影响较大，食品中组胺含量为 8~40mg 时可导致轻微中毒，酪胺含量超过 100mg 可引起偏头痛。

此外，采用盐酸水解法生产水解植物蛋白调味液，用其制作的固体汤料、蚝油、鸡精等调味料中含有的氯丙醇具有生殖毒性、神经毒性、遗传毒性、致癌性；高温油炸和焙烤的淀粉产品中产生的丙烯酰胺具有较强的神经毒性、遗传毒性、生殖毒性和致癌性；塑料包装、制品中的低分子化合物（如氯乙烯）可以引起肝血管肉瘤；塑料加工助剂邻苯二甲酸酯类会对神经系统产生危害等。

（3）微生物污染危害健康。食品加工过程中，如果使用被微生物污染的食品原料或者是操作人员、生产设备、生产环境未能达到卫生标准要求，可能导致食品中有害微生物大量生长。尤其是在食品中营养物质极为丰富，水分活度、pH、渗透压等条件也较为适宜时，会进一步加剧微生物繁殖。微生物污染主要会引起食品的腐败变质，使产品食用品质下降、营养物质损失，严重情况下可能导致食用者出现腹泻、呕吐等症状，引发食物中毒。沙门氏菌、金黄色葡萄球菌等致病菌本身不会对人体健康造成危害，但其生长繁殖过程中产生的肠毒素耐热性高，是造成食物中毒的主要原因。

3. 食品加工发展趋势及挑战

1）提升食物资源加工利用率将成为保障食品供给的重要途径

21 世纪以来，全球面临着食品浪费与损耗的巨大挑战。《2019 世界粮食安全和营养》报告显示，全球每年约有 13 亿 t 食物被浪费或损耗，如果按照该趋势发展下去，20 年后浪费或损耗的食物资源将超过 21 亿 t。尤其在发展中国家，由于缺乏采后管理及贮藏保鲜技术，使种植、养殖环节增产增收的努力被浪费。与此同时，随着全球人口的持续增长，世界食物资源需求量也越来越多，预计到 2050 年全球蛋白需求量将增加 30%~50%。全球气候变暖使极端天气发生次数不断增加，传统不耐高温作物减产，甚至某些作物可能消失，预计到 2100 年，玉米将减产 20%~45%，小麦将减产 5%~50%，稻谷将减产 20%~30%，大豆将减产 30%~60%。因此，在农作物产量增长有限甚至可能减产的前提下，应用更为科学合理的食品加工方式，实现食品适度加工和综合利用、不断提升食物资源的加工利用效率将是应对食物供给挑战的重要技术手段。

2）安全、营养、健康食品将成为未来食品加工发展的支点

2014 年，FAO 和世界卫生组织（World Health Organization，WHO）联合发布的《营养问题罗马宣言》提出，当前全球仍面临营养不良和营养过剩的双重挑战。2017 年国际食物政策研究所发布的《2017 全球营养报告》数据显示，全球仍有超过 1.55 亿的 5 岁以下儿童因营养缺乏而发育迟缓。与此同时，发达国家受其饮食习惯影响，越来越多的人因营养过剩导致肥胖、超重和各种慢性病的发生，该现象正不断向发展中国家蔓延。WHO 指出，膳食营养对人类健康的影响占比 13%，仅次于遗传因素（15%），远大于医疗卫生条件的影响（8%）。随着居民收入的增加和食品消费的不断升级，人们对于食物的需求已经从单纯吃饱逐渐向强化营养、促进健康、满足食品消费多样化和个性化需求转变。一项国内消费调查显示，受访者整体对食品质量、食品安全保持了较高的关注程度，有84%的受访者表现出较高的关切，其中密切关注者占比 40.5%。同时有超过一半（52%）的受访者表示他们对自身健康比较关注，有高达 35.6%的受访者表示他们对自身健康非常关注。消费者对于自身健康关注度的提高也会使其更加关注饮食对健康的影响。调查还显示，有 91.7%的受访者愿意为高品质的食品支付溢价。食品企业的经营状态也验证了这一趋势，国内部分企业高附加值、高科技含量的产品业务已超过业务总额的 40%。全球食品工业已经进入营养健康升级转型期，未来食品消费将由生存性消费向健康性消费转变，食品营养、健康属性将进一步强化，食品加工产品将呈现营养化、健康化、持续化、多样化、个性化的发展趋势。

3）节能减排、绿色制造将成为食品加工可持续发展的重要支撑

人类生产、生活的极速扩张对生态环境造成极大的破坏，资源枯竭、环境恶化正成为世界各国面临的共同挑战。我国食品加工业资源消耗和污染排放巨大，每年耗水近 100 亿 t、耗电 2500 亿 kW·h、耗煤 2.8 亿 t，每年产生废水 50 亿 m^3、废弃物 4 亿 t（陈坚，2019），还向空气中排放 SO_2、氮氧化物、颗粒物等废气及 CO_2、臭氧等温室气体。全球煤、天然气等不可再生能源并非取之不尽、用之不竭，生态环境的破坏也会使食用农产品和食品加工原料的安全性降低，出现农药残留和重金属超标等问题，甚至对生态系统造成破坏、降低环境承载能力和自我修复能力，影响人与自然的和谐共生。未来，基于节能减排、绿色制造的食品加工技术在食品生产企业进行推广应用，将逐步推动食品加工业绿色转型、助力可持续发展进程，实现当代人及子孙后代的共同发展。

1.1.2　食品生态加工概念与特征

1. 食品生态加工概念的提出

全球食品加工业在较长时间内处于粗放式、劳动密集、高耗能、高排放、高污染的发展模式，为食物供给保障、自然环境和人体营养健康带来不利影响和巨大挑战。全球人口的持续增加、生态环保形势的愈发严峻及新型贸易壁垒的不断出现，使人们逐渐意识到食品加工绿色化、生态化、营养健康化的重要性。

1）全球人口增加和消费升级带来食物供给挑战

全球人口持续增长，预计 2050 年超过 97 亿。人口增加带来食物需求量的与日俱增，但全球可用于耕种和养殖的面积是有限的，食用农产品产量大幅提升的空间也较为有限。同时，现有食品加工模式存在大量食品原料和副产物的浪费和损耗，如果延续现有食品加工模式，全球食物资源供应将面临挑战。随着全球经济社会的发展，公众对食物的需求逐渐由注重数量安全转为质量安全，摄取食品由满足基本生存需要转向追求其营养价值、健康价值、社会属性及食品所体现的附加价值，便捷、绿色、营养、安全、优质食品将占据消费主导。全球食物保障和优质食品供给面临巨大挑战。

2）生态环保压力剧增，迫使食品加工转型升级

较为粗放的食品加工模式带来水体污染、大气污染、土壤污染、矿产资源枯竭等问题，食品企业生产与环境保护之间的矛盾不断激化。同时，环保法律法规制度的健全，使企业环保成本增加，世界性能源匮乏使企业水、电、气等能源价格不断攀升，环境污染及全球气候变暖还导致食品加工原料成本日益增加。面对严峻的生态环保压力，食品加工业作为能耗和排污大户，迫切需要改进食品加工方式，减少能源消耗、减少污染物和温室气体排放量，推动人与自然和谐共生。

3）绿色壁垒带来食品全球贸易新挑战

近年来，全球经济增长持续低迷，以环境保护和可持续发展为由的绿色贸易壁垒将会持续，各国出口贸易将会面临更大的威胁和挑战。2009～2015 年我国因绿色贸易壁垒导致的食品到岸拒收，每年都在 1600 批次以上，给食品加工企业造成巨大损失。未来，食品可持续供应链很有可能成为一种新的贸易壁垒，进一步影响全球食品贸易。可持续食品供应链要求从农田到餐桌的每一个环节都努力提供充足食物、保护土地和水源、应对气候变化和生物多样性丧失，以及提高后代满足自身需求的能力，旨在通过食品上下游企业密切协作实现食物资源高效利用和环境污染最小化。全球知名食品企业开始推进可持续食品供应链建设。为努力实现零砍伐森林的可持续供应承诺，雀巢公司建立 Starling 系统来监测其食品原料供应商是否存在森林砍伐情况。

　　面对上述问题和挑战，全球食品加工从业者开始围绕食物资源高效利用、环

境保护和食品营养与健康等方面，大力推进食品加工业态的转型升级，通过先进的技术、科学的管理及优化产业结构实现经济效益和社会效益的双重提升，食品生态加工应运而生。

2. 食品生态加工定义

1）生态学思想

1866 年德国生物学家恩斯特·海克（Ernst Haeckel）提出并明确定义了"生态学（ecology）"这一概念，即生态学是研究生物体与其周围环境（包括非生物环境和生物环境）相互关系的科学。随着人类文明的进步及对自然认知的不断深入，生态学的研究内容也在不断扩充、发展和丰富，并衍生出多个分支学科，如产业生态学、景观生态学、农业生态学等。自工业革命以来，人类对于自然资源的需求呈现爆炸性增长，人类发展和有限自然资源之间的矛盾日益激化，生态学基础理论已经成为解决这一矛盾的重要方法论。

2）工业生态学（产业生态学）

工业生态学思想起源于 Frosch 和 Gallopoulos（1989）发表在《科学美国人》上的《制造业的策略》（"Strategies for Manufacturing"）一文，该文首次提出了工业生态系统，旨在改变之前工业生产个体孤立、总体无序、能源浪费严重、资源消耗较大的状态，强调应当提高整个产业的一体化程度。1991 年美国国家科学院将"产业生态学"定义为"对各种产业活动及其产品与环境之间相互关系的跨学科研究"。总体来说，工业生态学是通过研究工业生产中的物质流动特征、能量消耗等规律，实现多产业的有机融合，并在此基础上实现工业体系的融合共生，最终达到提高物质、资源、能源利用率，减少浪费和消耗，能够充分兼顾人类发展及环境保护，实现不同工业之间、工业和环境和谐共生的科学。

将工业生态学的理论运用到实践过程中，在发展工业或经济时，应充分利用当地资源，通过资源的综合利用和循环利用来提高资源的经济效率和环境效率；应减少原材料、作为再利用的废弃物及在地区内消费产品的运输成本，并减少运输过程引起的环境负荷。废弃物进行就地循环利用，不仅为本地区开辟新的产业领域、扩大就业机会，而且有利于减轻乃至消除地区的环境污染、改善地区的环境状况，建立以地区为中心的物质循环过程。

3）食品生态加工概念

目前，生态学理论在食品加工领域已经得到了较为广泛的应用，如绿色制造、副产物综合利用、食品生态工业园等。绿色制造将食品加工和食品制造活动与生态环境的物质流动与能量流动等有机结合，降低资源消耗并提高利用率，从而实现环境、生态友好。副产物综合利用是基于食品加工废弃物的物质基础，运用适宜的加工技术以充分利用其价值，减少资源浪费，避免环境污染。食品生态工业园则是在园区建设时充分考虑当地的环境、资源、交通运输，尤其是入驻核心食品企业所需原料及其废弃物、副产物可能利用途径的基础上，科学规划入驻企业的数量、业务类型、布局、能源供应、工业"三废"处理等要素，实现园区内部物质、能量的科学流动，提高与外部环境的友好度。

总结现有食品加工现状及发展趋势，并基于对生态学理论的认知及其在食品加工过程中的应用，将"食品生态加工"定义如下：以符合食品安全标准的农、林、牧、渔产品为食品原料，在生产加工、包装及储运过程中主要采用机械、物理和生物方式，尽可能减少使用化学合成的添加剂和加工助剂等投入品，最大程度提升食品原料利用效率、保持产品营养成分，减少原料损耗、能源消耗、环境污染和健康危害物的一种食品加工方式。

这一定义包含了 3 层含义。首先，食品生态加工强调食品加工的原料应是基于生态农业模式种植或养殖获得的农产品，并且在其收割、采摘、屠宰、捕捞、初级加工过程、储藏、运输环节中符合相应的操作规程，尽可能降低因采后生理生化变化而导致的损耗。其次，食品原料在加工过程中所采用的加工技术应当具有能耗低、排放少、污染小、废弃物少的特点，同时还能有效保持原料的营养价值，并且能抑制加工过程中对人体有害的物质的生成。需要明确的是，食品生态加工技术是一个动态的技术的集合，随着技术的发展和进步，现有的加工技术会不断改进，新型加工技术及装备也会不断被开发出来，当前属于生态加工的方式并不等同于在之后的一段时间内一直是生态加工的方式，可能需要不断改进升级甚至被其他技术所取代。所以，在食品加工中，应当紧跟新技术的发展趋势，在综合考虑成本、可靠性等因素的前提下尽可能选用当前最优的加工技术。最后，资源的有效利用和环境的有效保护不是食品加工的某一个阶段或某一个工艺实现的，而是由整个食品加工链条共同完成的。食品原料加工成为食品的过程或是需要一家企业经过不同车间的不同工艺处理或者需要多家企业以横向或纵向的组织方式对产品进行模块化和/或多级加工才能成为成品，在这些环节中，需要加工链条的各个环节都能够采用生态加工技术，且各组成环节间物质流动过程中也应当保持尽可能高的效率以降低损失，此外还应该有配套的企业或专业的废弃物处理设备，保障各环节的副产物、边角料及废热、废水、废气等得到回收再利用或无害化处理。

3. 内涵与特征

1）基本内涵

食品生态加工包括资源友好、环境友好与健康友好三大基本属性（图 1-1），具体内涵如下。

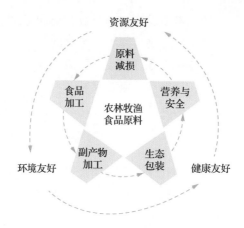

图 1-1   食品生态加工的基本属性

第一，食品原料必须符合一定的标准，是生态农业产出的承接。

第二，食品原料在加工各阶段应当采用相应的生态加工技术，同时秉承适度加工的原则，使产品在感官、营养、成本、能耗、排放方面取得均衡的状态。

第三，在食品加工过程中，初级加工、深加工、副产物综合利用、清洁生产等应当构成一个有机整体，以最佳的方式进行组合，实现食物资源和能源的高效循环利用。

第四，食品在包装、运输、储藏、销售过程中，需要满足特定的要求，以保障其品质，并实现对环境的友好。

第五，食品的加工链条全程应当能够有效控制其品质，以保证食用安全，并充分抑制加工产生的有害物质积累、最大限度地保留其所含的营养成分，确保消费者的食用安全和身体健康。

2）基本特征

食品生态加工具有系统性、动态性、高利用性、正外部性的特征。

（1）食品生态加工具有系统性。食品生态加工不仅是一类食品加工技术的集合，更是一个系统性、集成性的概念。食品加工全产业链涉及食品原料采收与储运、食品加工、食品包装、储运等多个环节，要实现全链条食物资源的高效利用、加工过程的节能减排和促进人类营养健康，需要多个横向、纵向的企业、行业的有机结合和高效组织，需要多部门协作、多种技术有机结合并且对原材料及加工、储存、运输、分销等环节进行规范。食品生态加工强调食品产业链条全程的整体把控，突破了传统食品加工仅着眼于技术的限制，极大地拓宽了其内涵和外延。

（2）食品生态加工具有动态性。食品生态加工的核心是技术，应用较为节能、资源利用率较高、加工有害物产生量较低的加工技术和工艺进行食品加工，能够实现食品加工整体效益的最大化。伴随经济的发展和科学的进步，食品加工技术也在不断发展，更加生态、健康、营养的食品加工技术被开发并应用到食品加工中。因此，食品生态加工具有动态性，伴随科学技术的不断进步，其核心和内涵必将不断丰富完善。

（3）食品生态加工具有高利用性。食品生态加工要求食品加工企业内部及整个产业链中实现食物资源和煤电水等能源的充分利用。通过采用生态加工技术及对企业内部/之间产品线的整合优化使食品原料包含的物质得到较为充分的利用、增加主要产物得率、提升食品加工副产物综合利用率，对加工过程中形成的废水、废热等可利用能源进行回收利用，实现能源物质的循环再利用。

（4）食品生态加工具有正外部性。外部性是指经济主体的经济活动对他人或社会造成的非市场化的影响，依据其对外部的影响分为正外部性和负外部性。食品生态加工强调对于环境的友好、资源的高效利用及对人体健康的促进，并据此采用最优的技术和最佳的工艺手段，使其与传统食品加工相比，自然环境得到有效保护、自然资源得到充分利用，并提供了更加健康、营养、安全的食品，具有较好的环境社会效益，并使整个社会因此获利，而投入由相关从业者承担，所以具有较强的正外部性。

4. 食品生态加工相关概念

1）食品生态加工与绿色食品、有机食品

绿色食品（green food）是指产自优良生态环境、按照绿色食品标准生产、实行全程质量控制并获得绿色食品标志使用权的安全、优质食用农产品及相关产品。绿色食品认证是我国特有的农产品和食品认证制度。有机食品（organic food）在国外也被称为生态食品或生物食品，是国际上对无污染天然食品比较统一的提法。有机食品通常来自有机农业生产体系，根据国际有机农业生产要求和相应的标准生产加工，其产品规格高于绿色食品。

绿色食品、有机食品本质上是名词概念，强调具体实物的特征属性。从定义和认证要求看，绿色食品和有机食品侧重强调食品原辅料的生态化，在种植、养殖和加工过程中限制使用或禁止使用化学合成的肥料、农药、兽药、饲料添加剂、食品添加剂和其他对环境和身体健康有害的物质，不得使用转基因品种。而对于经绿色食品和有机食品认证的食品加工原辅料，在加工过程中的资源利用属性、生态友好属性、营养健康属性并未做出具体要求。食品生态加工是一个动词概念，强调一个过程甚至是组织模式的特征属性，对采收后的原料在贮运、加工等环节强调资源利用属性、生态友好属性和营养健康属性，绿色食品和有机食品是食品生态加工获得的产品之一。

2）食品生态加工与最少加工

最少加工（minimally processed）是指在保证食品能够便于储藏、运输、分销及具有足够的安全性和货架期的前提下，应当尽量减少加工工序以避免食品营养成分的损失，实现节能和环保。最少加工概念主要是针对近现代以来食品加工中广泛存在的过度加工或超加工等现象提出的。随着经济社会的发展和生产力的提高，食品的数量需求基本得到满足后，消费者就更加倾向于食品的附加属性，如追求其外观、口感、稀缺性等，这就导致部分食品被一些对提升其食用品质没有积极意义的工艺加工或被二次/多次加工。比如，消费者在购买大米和小麦粉时，盲目追求大米的光泽和小麦粉的洁白程度，这就意味着在加工过程中，水稻和小麦种子需要被多次打磨、抛光，使其中营养物质最为丰富的淀粉糊层也随之被去除，最终导致其营养价值大打折扣。食品过度杀菌和干燥易导致营养成分流失、影响产品质地、风味和口感，还伴随大量能源的消耗。最少加工食品具有健康、营养的属性，同时也减少了食品资源浪费、降低了能耗、提升了环境友好度，但未强调原料产地、药物规范使用等生态属性。

3）食品生态加工与清洁生产、绿色制造

清洁生产是指将综合预防的环境保护策略持续应用于生产过程和产品中，以期减少对人类和环境的风险。清洁生产从本质上来说，就是对生产过程与产品采取整体预防的环境策略，减少或者消除它们对人类及环境的可能危害，同时充分满足人类需要，使社会经济效益最大化的一种生产模式。绿色制造是在不牺牲产品功能、质量和成本的前提下，系统考虑产品开发制造及其活动对环境的影响，使产品在整个生命周期中对环境的负面影响最小、资源利用率最高，并使企业经济效益和社会效益协调化。

清洁生产和绿色制造也是食品生态加工的重要组成部分，强调食品加工过程的节能减排，应用对象为单一食品加工企业，与食品生态加工的生态友好属性相一致，但其对加工原料的生态属性、加工食品的营养健康属性、产业链整体相互作用关注不多。

4）食品生态加工与智能制造

智能制造是基于新一代信息通信技术与先进制造技术深度融合，贯穿于设计、生产、管理、服务等制造活动的各个环节，具有自感知、自学习、自决策、自执行、自适应等功能的新型生产方式（陈骞，2019）。食品智能制造不仅是生产线的自动化、智能化，更是云计算、大数据和人工智能技术在食品加工制造全过程的融合。食品智能制造包括智能化加工装备、智能化监控网络和智能化决策系统等，通过对食品加工各环节装备运行参数的监控、采集和传输，经由决策系统下达生产物料调配、能源管理和产品的柔性生产。

食品智能制造是食品生态加工的重要组成部分，强调食品加工过程的自动化、智能化,并未直接体现食品生态加工的属性,却将食品生态加工的特性全方位展现。食品智能制造通过鲜活农产品智能储运、食品原辅料精准投料以减少食品原料浪费,通过对加工过程中水、电、燃气、蒸汽等的智能管理实现节能降耗,通过加工过程参数的智能调控减少过度加工导致的营养物质损失和 BaP、杂环胺等有害物的产生。

5) 食品生态加工与人类营养健康

健康是促进人全面发展的必然要求,除了有利于身体健康的生态环境外,营养健康的食物摄入也是实现健康的重要途径。当前,全球面临营养过剩和营养不良的双重挑战,尤其是高能量、高脂肪、高盐摄入带来的超重、肥胖和高血压等慢性病。随着居民收入和消费水平的提升,消费者对食品的追求已经逐步由吃饱、吃好向吃得营养健康转变,这就对食品加工提出了更高要求:要尽量保留食品原料中的营养成分,要在保持较好食用品质的同时减少油、盐、糖的添加,同时降低加工过程中物理、化学和微生物危害因子的含量。促进人类营养健康是食品生态加工最重要的属性,也是当前乃至未来一段时间内消费者对食品的基本要求。食品生态加工过程中,采用营养保持技术、风险识别技术和加工危害物控制技术对食品原料进行加工,能够最大限度地避免食物中营养成分的流失,减少食品中脂肪、糖和盐等的使用量,还能够降低有害微生物和 BaP、杂环胺等食品加工危害物的含量,更好地实现人类营养健康的目标。

6) 食品生态加工与生态工业园

生态工业园(eco-industry park)是建立在一块固定地域上的由制造企业和服务企业形成的企业社区。在该社区内,各成员单位通过共同管理环境事宜和经济事宜,共享园区内的能源、物质、水等资源来获取更大的环境效益、经济效益和社会效益。整个企业社区能获得比单个企业通过个体行为的最优化所能获得的效益之和更大的效益。生态工业园实际上是实现一定空间区域内部企业组织的合理化,并通过这种合理化实现整体效益的提升。食品生态工业园是食品生态加工实现节能减排最为理想化的形式。但是,园区建设应合理设计,充分考虑不同企业所需的原料、能源、水、燃气及产生的废弃物之间的关系,将一家企业生产过程中产生的废热、废水和废弃物转而成为另一家企业的原料和所需热量和能源,实现园区内资源、能源的综合利用,降低排放量,甚至实现零排放。食品生态工业园是食品生态加工技术与业态的综合载体。

1.1.3　食品生态加工与生态农业的关系

目前,世界上不同的学者或国家对于生态农业具有不同的定义。国外某些学者认为生态农业应当是一种小规模的、生态自持的、符合自然原生状态的,反对现代规模化、工业化的农业生产组织形式。本书所述生态农业采用的是我国对生态农业的定义，是指从系统的思想出发，按照生态学原理、经济学原理和生态经济原理，运用现代科学技术成果和现代管理手段及传统农业的有效经验建立起来，以期获得较高的经济效益、生态效益和社会效益的农业发展模式。简言之，生态农业就是遵循生态经济学规律进行经营和管理的集约化农业体系。早在封建社会，我国就已经关注农业生产与自然生态平衡之间的关系，并提出间作、套种等一系列生态农业模式的雏形。自 20 世纪 80 年代开始，我国开始现代生态农业的尝试并取得初步成就，形成了众多极具特色的生态农业示范基地。但是，我国生态农业发展也存在规模不一、产业化程度低、生态效益和经济效益无法完全发挥等问题，经济效益优势无法得到充分体现也是农业生产者缺乏自发性内在动力的重要原因。目前，生态农业以直接出售初级农产品为主要获利模式，由于其产品无法被有效标识及溢价较不合理，使消费者购买意愿不强，同时初级农产品易腐败的特性又导致成本进一步上升和资源浪费，最终破坏了生态农业的优越性。

生态农业作为食品生态加工的上游，为食品生态加工提供了优质的食品原料，没有生态农业，食品生态加工便如同"巧妇难为无米之炊"。食品生态加工是生态农业产业链的延伸，能够有效提升生态农业产品的附加值。食品生态加工能够降低农产品采后损耗、提高食物利用效率、增加食物供给，农产品经初级加工和精深加工后，其品种增多、保质期延长、更易储存和运输、产品附加值增加，推动生态农业产出资源市场化、规模化、产业化，真正实现食品全产业链条科学合理的物质流动，有效破解生态农业推广过程中从业者内在动力不足的难题。

食品生态加工作为生态农业产业链条的有效延伸，可促进生态农业的可持续发展。食品加工过程中形成的加工副产物（如豆粕、发酵残渣）含有丰富的营养成分，是生态农业种植、养殖过程中天然的饲料和肥料。食品加工过程节能减排技术的应用减少了工业"三废"的排放、节约了煤、电、水等自然资源，从而为农产品种植、养殖提供了良好的产地环境；食品最少加工技术的应用减少了 CO_2 等温室气体的排放量，有助于缓解全球气候变暖及因其导致的干旱、暴雨等极端天气。绿色、可降解食品包装材料的开发和利用能够有效缓解对土壤、大气和海洋的污染，也能够更好保护畜禽动物和海洋生物的生命安全。

因此，食品生态加工和生态农业是相辅相成、不可分割的。二者的有机结合构成了一个微观生态系统，将有效提升系统内全部环节的效益及整个系统的效益。

1.2　食品生态加工的发展历程

18 世纪 60 年代，英国发起以蒸汽机广泛使用为标志的技术革命，开创了以机器代替手工劳动的时代，也彻底改变了人们的生产和生活。19 世纪 40 年代以来，随着技术的进步和城镇化的推进，世界食品工业迅速发展，食品加工的范围和深度不断扩展，加工食品种类也不断丰富（戴小枫 等，2018）。但是，食品加工过程中消耗大量能源和水资源，同时向环境中排放废水、废气、废渣及固体废弃物，破坏生态环境。此外，食品加工储运过程中会造成部分原料及加工副产物等食物资源的浪费，食品过度加工及特定工艺还可能导致部分营养成分的流失、加工有害物的产生。因此，食品生态加工需求日益迫切。

食品生态加工是一个系统性、动态性的概念，随着经济社会的发展和科学技术的进步而不断完善。从史前文明时代起，人类便围绕食品生态加工开展系列实践。随着经济社会的发展和食品加工技术的进步，食品生态加工的内涵不断丰富和发展。人类食品生态加工经历了 3 个阶段，从早期劳动人民和食品从业人员实践中的朴素萌芽和形成到 20 世纪末国际组织和政府部门介入后的规范化，再到 21 世纪至今的多元化发展。本节重点对人类食品生态加工的发展历程进行概述。

1.2.1　食品生态加工的朴素萌芽和形成阶段（史前时代～20 世纪 40 年代）

作为人类生存的重要资源，食物已经从远古时代的茹毛饮血状态发展到农牧文明的五谷六畜。食品生态加工起初是人民群众和食品从业人员在长期的生产和研究中积累的实践经验。工业革命前，食品原料的生态贮藏保鲜、微生物发酵和酶工程、副产物综合利用等朴素的食品生态加工思想不断出现，但人们对食品生态加工的认识仍处于"知其然而不知其所以然"的状态。18 世纪末 19 世纪初，在第一次工业革命的浪潮中，近代意义上的食品加工开始出现。1810 年，法国人尼古拉斯·阿佩特（Nichols Appert）发明了一种基于排气、密封和杀菌的食品保存方式，被认为是现代罐头食品的雏形、近代食品加工的开端。工业革命后，西方食品生态加工开始朝着科学化、工业化方向发展。20 世纪初，榨油工厂、罐头食品厂、乳品厂等开始在中国沿海城市出现，但中国食品加工自给自足、小农经济的发展模式仍未改变，食品生态加工仍处于朴素萌芽状态。

1. 食品原料的生态贮藏保鲜

食品原料的生态贮藏保鲜是食品生态加工的基础。食品加工最主要的原料是种植、养殖收获的食用农产品，如粮食谷物、果蔬、畜禽肉和水产品等。古代劳动人民已经懂得使用植物源防虫剂、窖藏、天然冰等朴素生态贮藏保鲜方法来减少食品原料的采后损耗。早在仰韶文化时期，古代劳动人民便利用地窖较低的温度来储存粮食。为了防止收获后的粮食在储存期间生虫，人们使用具有良好防虫效果的天然植物性杀虫剂，如干艾、苍耳、草木灰等，《齐民要术》中有"取干艾杂藏之；麦一石，艾一把"的记载。沟藏和窖藏是果蔬保鲜的重要手段，主要利用了深沟和地窖内土壤温湿度较为稳定的特点，早在 7000 多年前的新石器时代遗址中便发现该方法的应用。《齐民要术》中有窖藏生姜、梨和葡萄的记载，明朝徐光启的《农政全书》中有深沟藏梨和地窖存甘蔗的记载（付娟，2016）。从夏朝开始，人们便利用天然冰对肉类、果蔬进行冷藏保鲜；西周时，设有专门用于采冰、藏冰和管理冰窖的官职——"凌人"，用于存放天然冰的冰窖称"凌阴"，《诗经》便有"二之日凿冰冲冲，三之日纳于凌阴"的记载。春秋战国时期，由青铜铸造、具有原始冰箱功能的冰鉴开始出现。天然冰一般在冬天采集，夏天存放时有近 2/3 的冰会融化掉。宋代时，人们发现硝石溶于水时会吸收大量的热量，能够将液态水变为固体冰，夏天利用冰块降温保鲜开始进入普通百姓家。天然冰和硝石相变制冷也是现代食品制冷的雏形。

2. 微生物发酵和酶工程

微生物和酶技术是历史最为悠久的食品生态加工方法之一。在东方文明古国——中国，劳动人民很早便开始使用酶和微生物发酵生产食品，曲（或糵）被视为最原始的粗酶制剂和糖化发酵剂。发霉或发芽的谷物是最原始的曲或糵，它们既是发酵原料，同时又具备糖化、酵解和促进有益微生物生长的功能。天然制曲工艺在酿酒、酿造食醋、豆豉等传统发酵食品生产中应用十分广泛。微生物发酵和酶解使食物原料中蛋白质、淀粉等大分子降解成更易吸收的小分子营养物质，同时也为副产物加工利用创造了机会，如使用麸皮酿醋。魏晋南北朝时，人们已经会利用"面起子"发面、制作馒头。"面起子"是天然发酵的面团，其中富含酵母，经发酵使馒头变得松软可口、更易消化，直到现在，仍有不少家庭使用"面起子"来发面、制作馒头。1892 年，张裕酿酒公司创立，标志着我国工业化酿造葡萄酒的开始。

在史前文明时代，西方文明古国便有利用自然发酵制作葡萄酒、面包的记录。古埃及是葡萄酒和面包的发源地，古罗马人不断优化完善酿酒技术，并将葡萄酒推向了全世界。纳豆源于中国，唐天宝年间鉴真东渡日本时，将其制作工艺引入日本。纳豆利用稻草上天然存在的纳豆芽孢杆菌进行发酵，因最初在寺院厨房纳所制作而得名"纳豆"。工业革命后，微生物发酵和酶技术研究更为深入，不断推动其工业化进程。1896 年，日本高峰让吉首次从米曲霉中提取高峰淀粉酶，开启了食品酶技术研究及应用的序幕。1897 年，德国化学家爱德华·比希纳制备了不含酵母的抽提液，可用于糖的发酵，证明发酵是酶作用的结果，并因"发现无细胞发酵及相应生化研究"获得 1907 年诺贝尔化学奖，进一步推动食品微生物学、食品酶学及制糖酿酒工业的发展。1911 年，美国华勒斯坦制得能够去除啤酒中蛋白质浑浊的木瓜蛋白酶。1905 年日本北海道大学池村博士首次从土壤中分离得到纳豆菌种——纳豆芽孢杆菌。随后，1934 年日本半泽洵博士从稻草中成功分离纳豆菌，并改进纳豆生产工艺，不再使用稻草，而是改用盒子直接用单一纳豆菌进行发酵，加速纳豆工业化加工进程。

3. 食品加工副产品综合利用

我国古代劳动人民在长期生产、生活实践中，积累了丰富的食物加工经验，油坊、磨坊、豆坊等不断出现。食品加工产生的稻壳、麦麸、栗糠等可以用来调节发酵食品制曲时的温度，以保证有益微生物的生长。米糠的含油量为 15%～20%，《本草纲目》提及，米糠油具有通畅、下气、开胃等功效，这说明我国古代已经有米糠制油的技术。

工业革命后，西方国家食品加工逐步向着机械化方向发展。1823 年，波兰建立第一个以钢辊磨粉的小麦制粉厂（赵学敬和范崇旺，2003）。全球知名食品企业也纷纷成立，如 1852 年成立的卡夫食品公司、1935 年成立的泰森食品公司等。机械化加工设备的开发使食品加工日益精细化，食品种类和系列产品也在不断丰富，碾米机、抛光机的开发提升了精米加工率和大米的白度。食品精细化加工产生大量麸皮、米糠、畜禽骨血等副产物。国外不少食品从业者围绕食品加工副产物的高效利用开展相关研究与应用。日本大米消费量大，其加工副产物综合利用也早有研究。20 世纪 30 年代，日本便有米糠制油的记载。20 世纪上半叶，日本面临严重的食物短缺，鼓励公众将麦子、豆类、薯类同米饭混合食用，契合了粗细搭配、均衡膳食的健康饮食指南。

1.2.2　食品生态加工的规范化阶段（20 世纪 50 年代～20 世纪末）

第二次世界大战后，世界各国开始将重点转移到本国经济发展中，食品工业得以快速发展，食品种类和产量逐年增加。国际组织和发达国家政府机构通过发起全球性倡议、制定法律法规标准、支持新型食品加工技术研发等方式推动食品生态加工进程。

1. 有机食品加工

20 世纪上半叶，使用农药化肥、化学合成食品添加剂虽然使食用农产品和食品产量增加、保质期延长，但也不可避免地产生严重的环境问题和食品安全问题。有机农业、生态农业、可持续农业的发展，为食品生态加工提供了优质的食品加工原料。1972 年，来自美国、英国、法国、瑞典和南非 5 个国家的 5 个单位共同成立国际有机农业运动联盟（International Federation of Organic Agriculture Movements，IFOAM），旨在推动有机食品发展、保护生态环境。该组织的成立使世界有机农业和有机食品加工开始朝着规范化方向发展。1990 年，美国颁布《有机农产品生产法》。此后，美国有机食品加工开始由探索推广阶段向持续增长阶段转变，有机食品销售额以每年 20%的速度递增。《日本农业标准有机加工食品》明确有机加工的生产方法与标准，通过采用物理方法和生物方法生产有机加工食品，避免使用化学合成添加剂和化学制剂，保留有机农产品和有机畜禽产品在制造、加工过程中的特性。

2. 适度加工和非热加工

随着食品加工技术的发展，越来越多的学者发现，食品精细化加工使食品原料中部分营养素流失，比如为了追求小麦粉的白度，将富含膳食纤维的麸质舍弃。精细加工食品的摄入增加了心脑血管疾病、糖尿病等慢性疾病的患病率。为了预防慢性疾病的发生，最大限度地保留谷物营养和活性成分的全谷物食品引起重视。20 世纪 80 年代，发达国家已经开始研究全谷物食品。1993 年，美国农业部、通用磨坊和美国膳食协会等机构联合发起全球第一次全谷物专题会议。1997 年，欧盟在巴黎召开了欧洲第一次全谷物会议。2005 年欧盟启动"健康谷物"综合研究计划，旨在开发富含膳食纤维、低聚糖、植物化学物质的谷物组分提取技术。美国谷物化学家协会将全谷物食品定义为"制作谷物食品原材料中皮层、胚乳和胚的相对比例与天然谷物籽粒构成相当"。美国食品药品监督管理局（Food and Drug Administration，FDA）要求，配料中含有超过 51%全谷物的食品可标注为"全谷物食品"，可以在产品上声称"富含全谷物膳食，低脂肪、低饱和脂肪与胆固醇，降低患心脏疾病与一些癌症的风险"。英国联合健康声称计划（Joint Health Claims Initiative）机构提出，"一个拥有健康心脏的人趋向于把食用更多的全谷物食品作为健康生活的一部分"。

高强度的热处理不仅会造成食品色香味损失及营养成分的流失，还会产生 PAHs、杂环胺、丙烯酰胺等加工有害物。传统提取分离技术（如水蒸气蒸馏法、索氏提取法等），存在加工时间长、溶剂用量大、操作复杂、提取效率低、营养成分易受损等缺点。20 世纪 70 年代以来，超高压、高压 CO_2、辐射、高压脉冲磁场等非热加工技术逐步在食品加工中应用，实现对热敏性食品色香味和功能性营养成分的更好保护，还极大程度地节省了能源消耗；超临界流体萃取、膜分离等高效提取分离技术也应运而生，实现了对食品营养成分的安全、绿色、高效提取。

3. 食品副产物综合利用

农产品加工和食品加工产生的副产物中蛋白质、脂肪、纤维素及其他生物活性成分含量丰富，具有较高的综合利用价值，如米糠和小麦胚芽中油酸和亚油酸含量超过 70%，麸皮中膳食纤维含量为 30%～40%，柑橘果皮、苹果果皮中含有丰富的果胶。米糠作为大米加工副产物，富含蛋白质及不饱和脂肪酸、生育酚、脂多糖、膳食纤维、角鲨烯、γ-谷味醇等生物活性物质。20 世纪 70 年代，日本米糠油精炼技术已经趋于成熟，销往美国的米糠油售价达 1.2～1.35 美元/磅（1 磅=0.453 592kg）。美国 Rice XTM 公司和美国利普曼公司主销米糠营养素和米糠营养纤维，日本筑野株式会社生产以六磷酸肌醇和γ-谷维素为主要成分的保健食品。米糠面包、米糠饼干、米糠面条、米糠馒头、米糠酸奶、米糠乳酸饮料等食品也不断推向市场。

畜禽屠宰过程中，产生大量骨、血、内脏等副产物，其中畜禽骨占 20%～30%、血占 5%～8%。20 世纪 70 年代，丹麦利用超微粉碎技术率先开发出骨泥和骨蛋白粉等制品，实现畜骨的 100%利用；80 年代，日本也开发出一系列食用骨粉、骨糊、骨胶等食品。从 20 世纪 60 年代起，发达国家将畜禽血用于饲料、食品和生物制剂加工中，法国利用畜禽血液制备得到酒类澄清剂用于葡萄酒生产，美国从牛血浆蛋白中提取血纤维组织制品。硫酸软骨素、骨肽、氨基葡萄糖等功能性食品和血红蛋白肽、血红蛋白等产品也不断研发上市。

4. 食品酶技术和生物发酵技术

20 世纪 50 年代以前，酶技术主要停留在从微生物、动物和植物中提取酶阶段。1949 年，液态深层培养制备细菌淀粉酶技术使食品酶工程开始进入规模化、工业化时代。50 年代末，葡萄糖淀粉酶开始用于生产葡萄糖，沿用 100 余年的酸水解工艺逐步被取代。70 年代起，固定化葡萄糖异构酶开始用于果葡糖浆的生产，开创淀粉生产食糖的新途径。基因工程的运用提高了食品酶制剂的产量和稳定性，丹麦诺维信公司 80%的酶制剂是由基因工程菌生产的。利用发酵技术生产的干酪、酸奶、发酵肠、纳豆等发酵食品富含小分子营养物质和功能性成分，备受各国消费者的欢迎。纳豆作为日本传统的功能性食品，含有纳豆激酶、超氧化物歧化酶、异黄酮、皂苷素、生育酚、维生素等营养及功能性成分，具有溶血栓、抗肿瘤、降血压、预防骨质疏松、抗菌等功效，2018 年日本纳豆市场产值高达 2497 亿日元。韩国、美国食用纳豆预防心脑血管疾病已经有超过 30 年的历史。

传统化学方法提取食物营养及功能性成分需要消耗大量化学试剂，效率低，安全性难以保证，基于生物发酵的绿色提取技术不断得到发展应用。利用工业发酵技术，可以从真菌中获取酸味剂、酶、调味料、维生素、着色剂和不饱和脂肪酸等，使食品原辅料更加安全、产量更高。日本三邦公司以猪肝为原料，用真菌进行发酵培养制成发酵代谢产物粉制品和菌体粉，既提升了产品附加值，也实现了畜禽副产物的综合利用和低排放。欧美国家借助现代生物技术选育优良菌株，制备用于酸奶和发酵肉的纯种发酵剂，提升发酵效率和产品品质；利用低等丝状真菌发酵实现亚油酸、亚麻酸、花生四烯酸等多不饱和脂肪酸的规模化生产。

5. 绿色节能减排技术

食品加工行业是高耗能、高污染行业。"先污染后治理"的末端治理理念使污染治理投入巨大却收效甚微。循环经济和清洁生产的提出及实践有效减少了食品加工中的污染物排放量、提升了资源利用效率。20 世纪 60 年代初，美国经济学家肯尼斯·鲍尔丁首次提出"循环经济"概念。循环经济以"3R"[reducing（减量化）、recycling（再循环）、reusing（再利用）]原则为核心，以低消耗、低排放、高效率为基本特征，以环境友好的方式开发和利用资源，以较小的资源和环境代价来获取更高的经济效益、社会效益和生态效益。循环经济以清洁生产、废物利用和污染处理为技术支撑，以保护生态环境为目的，减少食品加工中废水、废气、废渣排放，提升水、煤、电、气等能源的利用率，实现节能减排。

清洁生产摒弃先污染后治理的末端治理理念，强调在食品加工过程中注重污染防范。清洁生产最早起源于美国化学行业。20 世纪 60 年代，美国鼓励化学企业开展污染预防审计。从 20 世纪 70 年代开始，发达国家开始尝试"污染预防""减废技术""零排放技术"等手段，取得较好的环境经济效益。1979 年，欧盟前身欧洲共同体正式推行清洁生产政策。为推广清洁生产理念和技术，联合国环境规划署于 1989 年提出《清洁生产计划》，并首次对"清洁生产"进行定义，"清洁生产是将整体预防的环境保护策略持续运用于生产过程、产品和服务中，以完善生产管理、推动技术进步、提高资源利用率、减少污染物的排放，将污染物消除或减少在生产过程中。日本于 2000 年颁布《循环型社会形成推进基本法》，开始践行"零排放社会"的目标。我国政府早在 1992 年，将清洁生产列为《环境与发展十大对策》；1996 年《国务院关于环境保护若干问题的决定》要求，"所有大中小型新建、扩建、改建和技术改造项目，要提高技术起点，采用能耗物耗小、污染物排放量少的清洁生产工艺"；1997 年，国家环境保护局会同有关工业部门编制《啤酒行业清洁生产审计指南》；1999 年，国家经贸委发布《关于实施清洁生产示范试点的通知》，轻工酿造、啤酒行业入选全国清洁生产试点行业。

区别于企业内部各工艺间的物质循环利用，生态工业园在园内企业间建立互惠互利的共生耦合关系，使一家企业加工中产生的废水、废气和废渣成为另一家企业的生产原料，减少园区废弃物排放的同时，提高园区经济效益。始建于 20 世纪 70 年代的丹麦卡伦堡生态工业园是国际上公认的运行最成功的工业园，运行 40 余年来，年均节约成本 150 万美元、年均获利超过 1 000 万美元。

随着工业化和城镇化进程的加快，各种生产活动使环境中温室气体排放量逐年增加，全球气候变暖已经成为各国关注的焦点问题。食品加工同样面临着温室气体排放量多的问题。欧盟委员会数据显示，人类对食物的需求产生的温室气体排放量占全球温室气体排放量的 18%（张斌 等，2013）。碳标签制度是以保护环境、减少温室气体排放量为出发点的。20 世纪 90 年代，英国 Andrea Paxton 首次提出"食物里程（food miles）"一词，用来描述食品从农田到餐桌所历经的运输距离。食物里程与碳排放量密切相关，食物运输距离越长，在运输过程中消耗的化石能源越多，相应的碳排放量也就越多。为了更准确地量化各种生产活动中温室气体的排放量，"碳足迹（carbon footprint）"应运而生。国际标准化组织（International Organization for Standardization，ISO）将碳足迹定义为产品生产系统内温室气体排放和消纳的总和，一般以 CO_2 当量的形式来体现（ISO/TS 14067—2013）。一个产品整个生命周期内的碳足迹在产品标签上用量化的指数加以标识，即为碳标签。碳标签能够使消费者更加直观地获取产品的碳排放信息，为消费者选购产品或服务提供参考依据（张雄智 等，2018）。

6. 食品生态包装

据不完全统计，食品包装使用量约占整个包装行业的 60%。食品包装废弃物量大、处理困难，尤其是塑料包装焚烧会产生大量有害气体，填埋后需要 200～300 年才能在自然界中被降解，还会污染土壤和地下水。环境生态友好型包装材料（如可降解、可食性包装材料）正不断研发并在食品中应用。可食性包装材料分为可食性膜和可食性油墨。可食性膜具备食用安全、易加工成型、延长食品保质期、可完全生物降解等优点，大多以多糖、淀粉、蛋白质、脂肪、蔬菜或多种原料的组合为主要基材，如海藻酸钠、壳聚糖、木薯淀粉、玉米淀粉、马铃薯淀粉、豌豆淀粉等。可食性油墨是以天然动植物色素为色料，植物油、液态糖等为连接料制成。可降解包装材料是指含碳化合物被微生物完全降解成小分子，以纤维素、淀粉、蛋白质、壳聚糖等食品级资源为原料，通过干法捏合、多元共混改性、接枝聚合、稳态化成型等技术工艺制备而成。未来，食品包装将朝着功能化、环保化、简便化的方向发展，无菌包装、可食性、可降解包装材料将越发丰富。

智能包装也是生态包装的重要组成部分。1992 年，在伦敦召开的"智能包装"会议上，智能包装被定义为"在一个包装、一个产品或产品与包装的组合中，有一个集成化组件或一项固有特性，通过此组件或特性把符合特定要求的智能产品赋予产品包装的功能中，或体现在产品本身的使用中"。食品智能包装通过对包装内食品状态的监控来减少食物因腐败变质造成的损失。目前，时间温度指示型包装、基于射频识别（radio frequency identification，RFID）标签的信息型包装、新鲜度指示型包装不断被研发应用。

7. 食品工业机器人

食品工业机器人具有节省劳动力、有效应对极端加工环境、减少物料和运输工具活动、提高生产效率、有效避免交叉污染等优点，高效率生产也有利于食品工业节能减排目标的实现。20 世纪 60 年代，美国研制出世界上第一台工业机器人，70 年代以后，工业机器人的研究开始进入发展的快车道。20 世纪 80 年代，工业机器人开始在食品加工企业开展试验应用，主要以食品物料搬运、包装和码垛为主，最初用于包装巧克力并将其置于托盘上（Wallin，1997；Khan et al.，2018），并未进行商业推广。1985 年法国人 Clavel 博士发明适合物料高速搬运的 Delta 机器人，并由瑞士 Demaurex 公司进行产业化，用于巧克力、饼干、面包等规则食品的包装。此外，欧美和澳新国家围绕肉类加工开展相关机器人研究，用于剔除猪肉内脏、羊肉去皮及猪肉脂肪分级、剔骨鸡肉碎骨检测等。1999 年，著名机器人制造商 ABB 公司推出 IRB340 Delta 机器人，其配有真空系统和计算机视觉系统，以适应食品柔性特质及不规则的形状。

1.2.3　食品生态加工的多元化发展阶段（21 世纪初至今）

21 世纪以来，美国、欧盟、日本等发达国家食品加工技术日趋成熟，食品精深加工、高值化加工、综合利用、节能减排、智能加工等生态加工技术研究及应用不断深化。我国不断研发并应用一系列食品加工新装备、新技术，在工业化连续高效分离提取、低能耗组合干燥、非热加工技术装备创制方面取得重大突破，先后研发形成米糠油高值化利用技术、果渣功能性成分梯次利用技术、畜禽骨血高值化加工技术，以及水产品甲壳素及生物制品提取技术等，不断推动食品加工业节能减排、绿色制造目标的实现。新时期追求天然、最少加工等理念不断深化，食品加工变革性、颠覆性技术不断出现，注重生态保护、关注食品安全和营养、推进食品智能制造逐步成为当前及未来一段时间内食品生态加工的主题。

1. 清洁标签

随着食品安全事件的接连暴发，消费者对食品安全的信心不断触底。为了规范食品添加剂使用，欧盟将食品中允许使用的食品添加剂通过 E-NUMBER 编号系统进行编码，即 E 编码。欧盟《商标法》要求，食品中使用的食品添加剂必须标明 E 编码，而无须标注添加剂的具体名称，使消费者可以更为简单、直观地获取食品添加剂相关信息。

清洁标签起源于英国，主要针对食品添加剂和食品配料，即鼓励在食品加工中，尽可能减少人工合成化学添加剂的使用、最大限度保持食品的天然属性。21世纪初，清洁标签开始在欧盟推行，并逐步向其他国家和地区辐射。清洁标签食品作为一种新的食品加工形式，目前国际上还没有形成一个相对成熟的概念，但基本形成了如下共识：无人工合成添加剂或化学添加剂；配料简单；最少加工（Huang et al.，2017）。为满足消费者对清洁食品标签的需求，玛氏公司宣布其生产的全部食品不再使用任何人工色素；卡夫食品公司则在通心粉、奶酪产品中不再使用人工防腐剂、香精香料和人造色素，在番茄酱中不再使用高果糖玉米糖浆；雀巢推出 Edys、Hagen-Dazs、Outshine、Skinny Cow、Nestlé Ice Cream 和 Nestlé Drumstick 6 款食品，加工中不再使用果葡糖浆等不符合清洁标签规范要求的配料。2013 年欧洲市场上销售的新包装食品中，27%的产品已经具有清洁标签属性。清洁标签食品配料同样具有食品生态加工产品属性。Tate & Lyle 公司顺应食品企业对清洁标签食品配料需求，先后推出 CLARIA™功能性清洁标签淀粉、SODA-LO®中空盐微球、TASTEVA®甜菊糖苷、PUREFRUIT™罗汉果粉和 PROMITOR®膳食纤维、PromOat®燕麦麸等。诺维信推出的酵母抽提物是践行清洁标签的代表产品。2019 年 4 月，澳新食品标准局（Food Standards Australia New Zealand，FSANZ）发布 76-19 号公告，拟批准产自转基因酿酒酵母菌株的甜菊糖苷混合物作为强力甜味剂。

2. 素肉制品和生物培育肉

畜禽养殖消耗大量土地资源和水资源，仅养殖用水量约占全世界淡水资源的8%。养殖过程中 COD、氨氮、总氮、总磷等排放量占农业污染排放总量的 60%以上，温室气体排放量约为全球的 18%，对生态环境造成严重破坏。近年来，基于素食主义的素肉制品，以及基于细胞工程的生物培育肉在食品加工领域掀起一股新潮流。2017 年，由美国 Impossible Foods 公司生产的素肉汉堡用大豆蛋白替代牛肉，减少肉养殖过程产生的环境污染。基于生命周期评估理论，假定以蓝藻水解物作为肌肉细胞生长的营养和能量来源，生产 1 000kg 生物培育肉消耗能量26～33GJ、水 367～521m^3、土地 190～230m^2、温室气体排放 1 900～2 240kg CO_2，与传统养殖方式相比，能量消耗降低 7%～45%、温室气体排放量减少 78%～96%、节省土地面积 99%、节省 82%～86%的养殖用水量（Tuomisto et al.，2011）。为了规范素肉制品的加工，2019 年澳新食品标准局发布公告，拟批准产自毕赤酵母的大豆血红蛋白用作素肉制品的产品成分。

3. 食品智能制造和智能工厂

智能工厂是智能制造的重要载体，关键制造环节智能化是智能制造的核心。2010 年，德国政府发布《高技术战略 2020》将"工业 4.0"纳入十大未来项目；2013 年工业 4.0 战略上升为国家战略，明确智能工厂是未来发展方向。2012 年，美国国家科学技术委员会发布《先进制造业国家战略计划》，围绕发展"工业互联网"和"新一代机器人"布局智能制造。德国西门子公司、瑞士布勒公司等纷纷布局食品智能化生产线研发与应用，为不同类别食品加工企业提供针对性的成套智能化装备，实现饮料、乳制品、饼干、冷冻食品等的全程智能化加工。

3D 打印技术是个性化智能制造技术的重要体现。2011 年世界上第一台 3D 巧克力打印机在英国问世，标志着 3D 打印在食品领域研究应用的开始。近 10 年间，挤出型、粉体凝结型和喷墨型食品 3D 打印设备不断推出，如西班牙 Natural Machines 公司的 Foodini 食品打印机、波兰的 Tytan 3D 打印机、美国 3D Systems 公司的 CocoJet 3D、ChefJet 和 ChefJetPro 等，打印食品也从最开始的巧克力扩展到糖果、饼干、比萨、意大利面、糖粉、航天食品等。3D 打印食品能够减少生产工序、缩小车间占地面积、减少食品加工中产生的 CO_2，有利于保护生态环境。同时，3D 打印技术能够丰富食品资源、解决食物短缺问题，3D 食品基料可以是普通食物原料，也可以是昆虫、藻类或者单细胞蛋白等。英国科学家将食用昆虫制成面粉，并与奶油、巧克力等混合通过 3D 食物打印机打印成面包等食物，增加其蛋白质和矿物质含量。此外，3D 食品打印技术能够基于不同人群营养及饮食需要，精准调配个性化食物中不同营养素的种类和含量，满足个性化营养健康的需要，比如利用 FoodJet3D 打印设备制成柔软、便于吞咽、满足老年人群营养需要的老年人专用食品（刘倩楠 等，2018）。

2015 年，我国发布《中国制造 2025》，把智能制造作为"两化"（工业化、信息化）深度融合的主攻方向。为推动食品企业智能化生产，工业和信息化部自 2015 年起先后遴选了伊利、杭州娃哈哈、蒙牛、劲牌、德宏后谷、洽洽等 21 家食品企业开展智能制造试点示范（表 1-8），涉及乳品、食品饮料、咖啡、保健酒、坚果、白酒、食醋、婴幼儿配方乳粉等多个食品细分行业及智能分线装备等，有效提升了生产效率和能源利用率、降低了运营成本。传统酿造企业引入自动化发酵生产线，通过在线传感器实现制曲、温度的自动化监控，开发黄酒生麦曲智能化、自动化生产装备，实现传统酿造工艺的数字化、智能化和绿色化。

表 1-8 我国食品加工相关智能制造试点示范项目名单

年度	企业	智能制造试点示范项目
2015	内蒙古伊利实业集团股份有限公司	乳品生产智能工厂
	杭州娃哈哈集团有限公司	食品饮料生产智能工厂
2016	内蒙古蒙牛乳业(集团)股份有限公司	乳制品
	劲牌有限公司	保健酒
	德宏后谷咖啡有限公司	速溶咖啡
	杭州老板电器股份有限公司	厨用电器
	江中药业股份有限公司	中药保健品
	九阳股份有限公司	健康饮食电器远程运维服务
2017	石家庄君乐宝乳业有限公司	婴幼儿配方乳粉
	河北衡水老白干酒业股份有限公司	白酒
	江苏恒顺醋业股份有限公司	食醋酿造
	安徽迎驾贡酒股份有限公司	白酒
	安徽詹氏食品股份有限公司	坚果
	黑龙江泉林生态农业有限公司	秸秆综合利用
	博瑞特热能设备股份有限公司	锅炉远程运维服务
2018	晨光生物科技集团股份有限公司	植物提取物
	光明乳业股份有限公司	乳制品
	洽洽食品股份有限公司	坚果

续表

年度	企业	智能制造试点示范项目
	山东景芝酒业股份有限公司	白酒大规模个性化定制
2018	麦趣尔集团股份有限公司	特色食品
	合肥泰禾光电科技股份有限公司	智能检测分选装备

数据来源：中华人民共和国工业和信息化部. 2015 年智能制造试点示范项目名单. [2021-07-06]. https://www. miit.gov.cn/zwgk/zcwj/wjfb/tg/art/2020/art_e54406c7194e406a9166fa6c9acb7f85.html；2016 年智能制造试点示范项目名单. [2021-07-06]. https://www.miit.gov.cn/zwgk/zcwj/wjfb/tg/art/2020/art_6b1c056c162842 f68dec69d39aa0d6fc.html；2017 年智能制造试点示范项目名单. [2021-07-06]. https://www.miit. gov.cn/ztzl/rdzt/znzzxggz/xwdt/art/2020/art_0494db1c5cef4664ba8bf4351613b229.html；2018 年智能制造试点示范项目名单. [2021-07-06]. https://www.miit.gov.cn/jgsj/zbys/wjfb/art/2020/art_3da5d465aeea 41ae838c7e2feef5eb3d.html.

1.3　食品生态加工典型模式与经验

　　食品生态加工内涵极为广泛，在不断发展和完善中，形成了包括最少加工、节能减排、综合利用和智能制造等多种生态加工模式，逐步推动资源友好、环境友好与健康友好属性的实现。发达国家食品生态加工起步较早，在食品生态加工法规标准、生态加工产品认证、食品生态加工技术研发与应用推广和针对消费者的科普教育方面也积累了不少经验。我国在食品生态加工领域还存在许多不完善之处，与发达国家仍有一定差距。本节重点对国内外食品生态加工的典型模式进行归纳和总结，对国际组织和发达国家食品生态加工相关经验进行概述，以期为我国食品生态加工发展提供指导借鉴。

1.3.1　食品生态加工典型模式

1. 最少加工（资源高效利用）模式

　　较为典型的最少加工（资源高效利用）模式有全谷物食品、非浓缩还原（not from concentrate，NFC）果汁等。传统谷物碾磨时，麸皮、胚和胚乳被去除，而谷物经适度碾磨得到含麸皮、胚和胚乳的谷物粉，用于制作的食品则成为全谷物食品。全谷物食品中除含有丰富的膳食纤维外，还包含维生素、矿物质及类黄酮等抗氧化成分等，食用后对癌症、心血管疾病、糖尿病、肥胖症等具有一定的预防作用。发芽糙米是日本典型的全谷物食品，是将糙米置于一定温湿度环境下培养、使之萌发，得到由幼芽和带糠层的胚乳组成的米制品。与精米相比，稻谷脱壳后产生的糙米充分保留了胚芽、种皮和糊粉层中的营养物质，同时，发芽过程中酶使米糠纤维层软化，部分蛋白质分解为氨基酸进而形成γ-氨基丁酸、谷胱甘肽等功能成分，实现大米的适度加工和营养保持。

NFC 果汁是将新鲜水果清洗后压榨出果汁，再经瞬间杀菌后直接进行灌装而成。区别于传统浓缩果汁产品的加水还原，NFC 果汁能够最大限度地保持水果的原汁原味和营养成分。美国、日本等国 NFC 果汁加工技术趋于成熟。在日本，NFC 果汁占 100%果汁行业销售总额的比例超过 70%，远远超过我国的 5%。

2. 节能减排（绿色制造）模式

较为典型的节能减排（绿色制造）模式有清洁生产和低碳生产。

1）清洁生产

清洁生产是发达国家食品企业最具代表性的节能减排模式。清洁生产是指不断采取改进设计、使用清洁的能源和原料、采用先进的工艺技术与设备、改善管理、综合利用等措施，从源头削减污染，提高资源利用效率，减少或者避免生产、服务和产品使用过程中污染物的产生和排放，以减轻或者消除对人类健康和环境的危害。清洁生产不包括末端治理技术，如空气污染控制、废水处理、固体废弃物焚烧或填埋。

清洁生产审核是企业实施清洁生产的前提和最有效的手段，通过分析企业生产加工工艺、设备和操作全过程，找到导致高能耗、污染高排放的环节，进而通过改进生产工艺、更换新装备等举措实现节能、降耗、减污、增效的多赢。雀巢公司在生产食品汤料、调味料过程中，通过推行清洁生产计划，创新酶水解工艺、更换高效过滤装备、废水重复利用、回收漂洗水中的香气成分等措施，大幅降低了废弃物的排放量，还有效提升了经济效益（表 1-9）。卡夫食品公司于 2012 年实现全球 13 个国家 36 家食品加工厂废弃物的零排放，上海工厂将入境货运箱替换成可重复使用的纸板箱，使纸箱废弃物排放量降低 25%（贾敬敦 等，2012）。北京三元食品股份有限公司采用膜技术、喷雾干燥等技术，在国内首次实现具有高附加值脱盐乳清粉、浓缩蛋白产品的自动化生产，基本上解决了干酪生产所带来的环境污染问题。此外，广州珠江啤酒股份有限公司增加投资，购进了 CO_2 回收设备，对生产过程中排放的 CO_2 进行收集、压缩、净化、冷却、液化、储存，然后将收集的 CO_2 用于啤酒灌装，既为企业创造了经济效益，又减少了对环境的污染。

表 1-9　雀巢公司清洁生产案例

序号	原生产工艺	改进生产工艺	效果
1	酸水解植物蛋白	酶水解植物蛋白	辅助材料如盐酸、碳酸氢钠等用量减少 50%，废水废渣中含盐量降低；节省排污费和废物处理费
2	使用布滤单元进行盐过滤	购买倾析机替代布滤	降低漂洗用水量，提高产品得率。购买倾析机的费用一年内可以收回成本

续表

序号	原生产工艺	改进生产工艺	效果
3	汤料装置真空泵废水直接排放	泵水就地重复利用，用于清洗香味剂装置	减少废水排放 118 000m³/年
4	蒸发器第一漂洗水直接排放	回收漂洗水中的香味剂	水污染减少 485 个人口单位，排污费减少 32 000 荷兰盾/年

2）低碳生产

低碳经济是综合运用技术创新、制度创新等多种手段提高能源和资源的使用效率，促使能源结构清洁化，以减少碳排放、降低对气候环境的影响。不同的国家和地区由于发展水平的差异，低碳经济发展模式具有不同特点，包括中国在内的发展中国家推动低碳经济的重点明显不同于发达国家。我国食品企业可用的低碳技术包括食品节能技术、能源领域低碳技术、建筑领域低碳技术和废弃物处理领域低碳技术等。

食品节能技术包括低能耗低排放制造工艺及装备技术、资源循环利用技术、能源回收利用技术、低碳物料的应用等。能源领域低碳技术包括可再生能源（如风能、太阳能、生物质能）利用、化石能源高效清洁利用技术、分布式能源技术、先进储能技术、智能电网技术等。建筑领域低碳技术包括低碳建筑设计技术（如外墙节能技术、门窗节能技术、屋顶节能技术、呼吸幕墙技术）、低碳建筑施工技术、低碳建筑材料、节能通风空调系统、节能照明系统、建筑可再生能源系统、建筑节能控制系统等。废弃物处理领域低碳技术，包括垃圾分类技术、垃圾回收技术、有机垃圾厌氧发酵技术、序列间歇式活性污泥法污水处理技术、沼气发电技术等。具体到生产加工过程，农副产品加工行业可以围绕烘干、脱皮、研磨、灭酶、干燥及仓储等环节，引进节能装备和加工技术、制订节能方案来减少能源浪费。

3. 综合利用（循环经济）模式

循环经济是一种以 3R 为特征，以实现资源与能源有效利用、人与自然可持续发展为目的的经济形式。循环经济以减少生产过程资源投入、降低废弃物产生、提升资源利用效率为主要目的，进而降低生产和环境成本、提高企业经济效益。在食品加工过程中，较为典型的综合利用（循环经济）模式有日本大米及其副产物综合利用、诺维信基于生物技术和酶技术生产食品配料、乳品企业废水废渣再利用等。

1）日本大米及其副产物综合利用

日本大米的消费量大。大米加工中产生大量米糠，而米糠中含有丰富的营养物质。日本企业及科研团队从 20 世纪 30 年代便开展米糠综合利用技术研究与应用，有报道称，日本基本实现米糠 100% 全利用。日本 95% 的精米加工厂具备从糙米中回收胚芽的技术和设备，这些胚芽由油脂公司回收后加工成胚芽油。米糠稳定性差、易腐败，日本和美国等通过化学稳定化和物理稳定化（如膨化）等技术手段使酯解酶钝化。米糠油是米糠综合利用最为常见的产品，提取油脂后得到的脱脂米糠粕中含有米糠蛋白。此外，从米糠中还能够提取全谷物食品，提升了食品中营养素和膳食纤维含量。

2）诺维信基于生物技术和酶技术生产食品配料

诺维信公司作为全球酶制剂和微生物制剂领域的领军企业，积极践行可持续发展理念，将能源消耗、CO_2 排放、生物残渣利用、生物多样性等与生产加工相融合，实现经济利益、环境保护和社会责任的共赢。

首先，诺维信以生物技术和酶技术为核心，力求实现"以较少的投入获得更高的产出"。酶制剂生产原料主要是玉米、马铃薯等可再生资源。同时，酶在食品中的应用可以有效增加食品产量，如磷脂酶 Lecitase Ultra 应用于食用植物油生产中，可以高效去除磷脂、提高植物油的产量。

其次，降低加工中水和能源的消耗。酶制剂生产中，微生物的深层次发酵会消耗大量的水、能源。诺维信工厂以 ISO 14001 环境管理规范为依据，建立完善的环保设施以降低能源、水的消耗；通过发酵工艺改造、能源梯级利用和热交换系统优化，实现每年每单位产量水消耗降低 10% 以上。诺维信总部建立 CATCH 数据库，汇总全球各工厂用水、耗能方面的生产数据，汇总计算出生态生产力指数，以评估企业有效使用水和能源的能力。

再次，重视加工副产物综合利用，提升附加值。生产过程中产生的发酵残渣中含有丰富的氮、磷、钾和有机养分，建立发酵残渣制肥工程，将其经高温杀菌和脱水处理制成诺沃肥（NovoGro），使企业固体废弃物综合利用率高达 91.6%。此外，诺沃肥作为一种有机肥料投放市场，也减少了农业种植中化学肥料的使用。

最后，减少固体废弃物的排放量和再利用率。公司制定固体废弃物定义、分类、收集和统计等一系列配套制度文件；建立专门部门负责固体废弃物的管理，每季度向公司报告固体废弃物的产生和处置情况。此外，建立废弃再生中心，将使用过的包装材料（如吨桶）进行清洗后再次利用。

3）乳品企业废水废渣再利用

乳品企业生产排放的废水经过处理再用于农牧业灌溉，而废水中的污泥、浮油渣经添加搅拌处理后形成有机肥料，构建"种草—养牛—卖奶""养牛—牛粪还原土地—种草"的良性循环之路，不仅减少了环境污染，降低了农业生产成本，同时也保护了乳品行业赖以生存的奶源持久发展。

4. 智能制造模式

发达国家食品加工中，较为典型的智能制造模式是智能工厂。美国、欧盟、日本食品企业纷纷建立自动化、数字化食品生产线，实现机器助人、机器代人。荷兰、德国、日本等国研发的畜禽屠宰自动化流水线，可以实现切鸡翅、分离鸡腿、提取鸡胸等操作的机械化，以及分割产品的自动化分级和承重包装。图尔克公司与糖果机生产商、清洗系统制造商和模具制造商合作，开发基于射频识别的巧克力智能生产线，实现不同巧克力模具的连续识别和生产过程的实时监控。日本日清食品关西工厂借助物联网、机器人和人工智能技术实现高效率、自动化与低碳排放的多赢。首先，智能工厂自动化生产线的引入能够节省人力、提高生产效率、提升车间建筑布局的合理性。其次，工厂外墙采用隔热材料，并引进热电联产系统，把燃气轮机产生的蒸汽和电力这两种能源用于生产，实现能源的高效利用。再次，工厂导入"制造执行系统（MES）"，实现面条厚度、水分含量、温度、重量等加工信息数字化管理，有效提高产品质量，一定程度上避免了人工操作引起的交叉污染，提高食品安全水平。

1.3.2　国外食品生态加工发展经验借鉴

1. 健全的法律法规体系

完备的法律标准体系是推动食品生态加工的重要保障。CAC、ISO 等国际组织，美国、欧盟、日本等发达国家围绕食品生态加工制定一系列法规标准。

1）建立健全食品加工过程污染防治法规标准体系

为加大食品污染防治力度、推进清洁生产，美国 1984 年通过《危险和固体废物修正案》，提出废物最少化；1990 年颁布《污染预防法》，首次确立了清洁生产的法律地位。德国 1976 年颁布《废水征费法》，按照"谁污染谁付费"原则对企业排放的污水收取费用，收费标准视排放污水量及所含危害物的性质而定；1991年颁布《包装条例》，要求产品生产零售企业应尽量避免包装的产生，并负责包装废弃物的回收和利用；1996 年颁布《循环经济和废物管理法》。日本制定《促进建立循环型社会基本法》《资源有效利用促进法》《食品废弃物循环利用法》《容器及包装物循环利用法》等。1991 年，丹麦颁布《丹麦环境保护法》，对实施清洁生产和回收利用的活动给予项目资助。

制定食品生产企业环保排放量限量标准，控制污染物排放。欧盟 1996 年制定《综合污染预防与控制指令》96/91/EC（2010 年修订为 2010/75/EU），对食品加工在内的工业污染物排放进行管控，制定食品、饮料和牛奶行业，以及屠宰和动物副产品工业最佳可行技术参考文件（best available techniques references，BATR），明确水污染排放限量标准（表 1-10）（European Commission，2005，2006）。区别于美国对环境污染总量的控制，日本执行污水综合排放标准。

表 1-10　欧盟和日本食品加工业水污染排放限量标准

项目	食品、饮料和牛奶行业 BATR	屠宰和动物副产品工业 BATR	日本
pH	6～9	6～9	5.8～8.6
悬浮物浓度/（mg/L）	50	5～60	150
五日生物需氧量/（mg/L）	25	10～40	120
化学需氧量/（mg/L）	125	25～125	120
总氮浓度/（mg/L）	10	10～40	60
总磷浓度/（mg/L）	0.4～5	2～5	8
动植物油浓度/（mg/L）	10	2.6～15	——

2）食品生态加工产品标准日益完善

美国、欧盟、日本先后制定有机食品加工相关法律规章，规范有机食品加工。1990 年，美国国会通过《有机食品生产法案》，出台国家有机计划（National Organic Program，NOP），严格规范有机食品的生产过程、国家标准及分级认证（罗祎 等，2018），重点对有机食品加工配料、添加剂、加工助剂、加工方法、害虫管理及包装等条款进行规定，对使用"100%有机""有机""用有机组分或食品原料制成的产品"标识的有机食品，规定有机原料、配料应符合的要求（表 1-11），如要求有机食品中含有不少于 95%的有机农业原料或产品，其他配料如使用非农业或非有机农产品配料，也必须按照《国家物质列表》许可范围。美国 NOP 的有机农业标准规定，有机农产品包装使用指定标志"USDA Organic Program"。欧盟 EC 834/2007 在 EEC 2092/91 的基础上进行修订，明确有机食品加工基本原则、有机发酵剂生产基本原则，以及加工中使用产品和物质应符合的标准，对有机生产标签标识进行限定。例如，转基因产品在有机加工中不得使用；有机食品的加工必须保证食品在整个加工过程中保持有机完整性和其本来品质；食品加工最好采用生物、机械和物理的加工方法，禁止使用电离辐射对有机食品及原材料进行处理。日本 1998 年实施有机食品国家标准及检查认证制度。日本农林水产省制定关于有机食品的日本农业标准（Japanese Agricultural Standard，JAS），如《JAS 有机农产品》《JAS 有机加工食品》（日本农林水产省第 1606 号通告），对有机食品原料种植、养殖过程，以及加工中可使用的非有机原辅料、食品添加剂等进行规定。《JAS 有机农产品》要求采用物理方法或生物方法（不含 DNA 重组技术）来控制有害动植物、提升保质期和产品质量，并详细列明可用于防治有害动植物的化学制剂、加工物质，不得使用离子辐射。《JAS 有机加工食品》按照非有机成分在食品中的构成比例，分为有机加工食品、有机农业加工食品、有机畜禽加工食品、有机农业和畜禽加工食品 4 类（表 1-12）。

表 1-11　美国有机农产品和有机食品分类

序号	分类	要求
1	100%有机	蔬菜、水果等 100%有机原料
2	有机	加工食品有机含量超过 95%
3	有机制造	有机食品加工配料中，有机农产品占比超过 70%
4	含有机	食品加工有机农产品占比低于 70%

表 1-12　日本有机加工食品分类及生产要求

序号	分类	要求
1	有机加工食品	农产品（有机农产品除外）、畜禽产品（有机畜禽产品除外）、水产品及其加工食品和食品添加剂（加工助剂除外）在总配料（水、盐、加工助剂除外）中的占比不得超过 5%
2	有机农业加工食品	农产品（有机农产品除外）、畜禽产品、水产品及其加工食品和食品添加剂（加工助剂除外）在总配料（水、盐、加工助剂除外）中的占比不得超过 5%
3	有机畜禽加工食品	农产品、畜禽产品（有机畜禽产品除外）、水产品及其加工食品和食品添加剂（加工助剂除外）在总配料（水、盐、加工助剂除外）中的占比不超过 5%
4	有机农业和畜禽加工食品	除有机农业加工食品和有机畜禽加工食品之外的有机加工食品

此外，国际组织在规范有机食品加工中也发挥重要作用。1999 年，国际食品法典委员会制定《有机食品生产、加工、标识及销售指南》（CAC/GL 32—1999），为世界范围内有机食品加工与贸易提供指导。

规范食品高值化产品标准。20 世纪 70 年代，FAO 提出适用于大米国际贸易的加工精度分级标准，将经碾磨大米分为部分碾磨、适度碾磨、充分碾磨和过度碾磨 4 种。美国农业部根据碾磨精度分为部分碾磨、轻度碾磨、适度碾磨和充分碾磨 4 种。为规范发芽糙米生产，日本制定发芽糙米产品标准，要求产品中γ-氨基丁酸含量不得低于 15mg/kg、活菌数不得超过 10^4 个/g、耐热性芽孢菌 300 个/g、大肠杆菌和金黄色葡萄球菌不得检出。

2. 多元化的食品生态加工认证及管理体系

制定有机食品认证制度，开展有机农产品和有机食品认证。美国有机认证机构既有经农业部认可并授权的各地农业主管部门，也有经农业部认可授权、具备有机认证资质的企业或非营利组织（如协会）。美国有机食品认证程序严格，经申请人提交申请认证相关资料、认证机构初审、现场检查、综合评审通过后予以颁证，同时每年还须接受认证机构的年度检查。美国根据产品中含有机原料的多少，将有机食品分为四级标识，企业若滥用有机食品标识，将被处以 10 000 美元以下的罚款。

补贴认证费用。1997 年美国《有机农业法规》首次提出，补贴有机生产者和加工者；2002 年《农场安全与农村投资法案》提出，建立有机农产品认证成本分摊项目，免除优价生产者的市场推广费用；2009 年美国农业部设立 5 000 万美元的专项基金用于改善国内有机食品生产；基于《农业改革、食品与就业法案》，美国自 2014 年起对获得有机认证的有机生产者和加工者补贴 75%的认证费用，以鼓励更多农户和企业开展有机食品认证。

制定碳标签制度，开展碳标签产品认证。为推广和管理碳标签，发达国家纷纷成立专业机构、制定碳标签认证规范。英国作为全球首个推行碳标签的国家，2001 年在英国能源及气候变化部门的资助下，成立英国碳信托公司，用于推广和管理碳标签。2008 年，日本经济产业省成立碳足迹制度实用化、普及化推动研究会。泰国温室气体管理办公室成立碳标签促进委员会，负责碳标签产品的日常监督管理。2008 年，英国标准协会、碳信托公司和英国环境、食品与农村事务部联合发布《商品和服务在生命周期内的温室气体排放评价规范》（PAS 2050：2008），明确不同产品在整个生命周期内温室气体排放量的计算方法和基本步骤。2008 年，日本经济产业省发布《产品碳足迹评价与标识的一般原则》（TSQ 0010—2009），明确了温室气体排放量的计算方法、原则和步骤，设计了产品碳标签的图案，规定了碳标签适用的产品类型，涉及食品、饮料等十几种产品。2013 年，ISO 发布《温室气体-产品碳足迹-量化和通信的要求和指南（ISO/TS 14067—2013）》，明确温室气体排放的量化指南。

目前，14 个国家（地区）建立包括食品等商品在内的 19 种碳标签制度，主要国家的碳标签如图 1-2 所示。基于 PAS 2050 规范和生命周期评价方法，英国碳信托公司 2007 年推出全球第一批碳标签认证食品，主要是薯片和奶昔；同时，积极向可口可乐、百事可乐等食品企业推广。德国基于 ISO 14040/44，同时参考 PAS 2050，制定碳标签认证体系，经认证的食品主要为冷冻食品。瑞典对水果、蔬菜、乳制品和鱼类产品推行碳排放标签，要求加贴标签的食品必须完成生命周期评价，并达到 25%的温室气体减排量；温室气体排放量仅对食品运输过程进行计算。美国碳标签制度由企业自愿推行：Carbon Label California 公司碳标签主要用于保健食品和有机食品；美国 Carbon Fund 公司、ISO 碳管理中心和英国碳信托公司合作开发 CarbonFree 碳标签认证，认证食品种类为糖果和罐装饮料。

3. 注重技术研发与应用推广

政府机构加大食品生态加工科研经费投入。在美国，农业科研经费近 70%用于食用农产品采后保鲜与贮藏研究，用于田间生产的经费则在 30%左右，充足的科研经费使果蔬采后损失率低于 5%；用于公众营养健康水平提升的经费约占非国防领域科研经费总额的 1/3（臧明伍 等，2018）。为推动全谷物食品消费，欧盟于

图 1-2　英国、美国、日本、韩国、意大利碳标签

2005 年启动"健康谷物"综合研究计划，资助 17 个国家 43 个研究机构围绕健康谷物核心成分对人体健康的影响开展研究，旨在开发富含膳食纤维、低聚糖、植物化学元素的谷物组分提取技术。日本注重食品生态加工技术研究与应用，在粮食自动干燥、发芽糙米生产等领域拥有世界领先的技术竞争力，大米从精加工转向保留更多营养的发芽糙米和营养强化米；在"食品安全制造"和"膳食营养健康"领域研究经费超过 1 000 亿日元。日本围绕农产品生态加工技术研究与推广，成立食品综合研究所，通过消费市场调查来及时掌握家庭食品消费新动向，为企业开发提供指导；为推动纳豆科学研究，设立研发基金，仅 2005～2006 年度围绕纳豆菌技术开发的投入资金就达 5 859 万日元。俄罗斯发布《至 2020 年生物技术发展综合计划》将酶作为工业生物技术的优先发展方向（丁陈君 等，2014）。

欧盟于 2004 年、2011 年先后启动欧盟环境技术行动计划和生态创新行动计划，旨在应对相关行业在吸收生态创新技术方面面临的障碍，并通过制定促进生态创新的新标准，鼓励该行业利用环境政策和立法作为推动生态创新的动力（EU Commission，2011）。欧盟在"地平线 2020"框架计划中提到，要重点发展基于生物技术的工业过程，支持通过酶工程研发来提产增效、节能减排。瑞典环境科学研究院由瑞典政府和瑞典工业协会共同成立，其主要工作便是利用环境科学技术指导加工企业，以减少工业生产对环境的污染；为促进环保技术的研发及应用，该研究院的研究经费由政府和企业共同支付。

企业重视食品生态加工技术研究与推广应用。国际知名食品企业重视食品科技研发，美国嘉吉公司在上海成立嘉吉全球创新中心，汇集近50名科学家、营养学家和星级厨师，旨在开发营养丰富、安全的食品。诺维信基于表达克隆、重组技术、蛋白工程和高通量筛选技术等，开发酶制剂来取代传统生产工艺，以减少环境污染、节省能源。

4. 开展消费者教育，积极推广食品生态产品

完善营养健康策略。国际组织在食品营养与健康教育交流方面发挥重要作用。FAO和WHO发布《营养问题罗马宣言》，呼吁各国重视营养健康问题，及时调整营养健康策略，推动全球食品消费的科学性。

开展食品相关的生态保护教育。德国要求所有中小学开展循环经济及环境保护相关教育，并开展与环保相关的职业基础课程（沈鹏，2017），使消费者加深环保意识。日本多采用具体的数字和事实向公众开展环保科普教育。例如，为提高废食用油收集的自觉性，告知公众，如将500mL炸制"天妇罗"产生的废食用油倒入水塘中，则需要330缸清水才能使水质恢复到鱼虾可生存的状态。

强化针对食品生态产品的"食育"。为了向消费者推广全谷物食品，美国将全谷物食品写入《美国居民膳食指南2005》，2015年对膳食指南再次修订时，持续强调全谷物食品的重要性，呼吁消费者选择营养密度高的全谷物食品替代精细加工谷物食品。为了强化消费者全谷物消费的意识，美国全谷物委员会为全谷物食品设计了2种标签标识，即基本标识和100%标识。基本标识产品可以添加精细加工谷物；100%标识产品则不得添加精细加工谷物。美国农业部相继推出学生全谷物营养早餐和全谷物营养午餐，并给出全谷物校园早餐和午餐的指标标准，要求全谷物成分不低于50%（周琳 等，2018）。日本重视食品营养科普宣传工作。日本各所学校的营养教师必须同时持有营养师证和教师资格证，开展食品营养配餐、疾病预防、饮食文化等相关营养课程。同时，餐饮店和食品加工厂也提供各种膳食营养宣传资料供来访者翻阅。鉴于纳豆的营养和保健功效，从1992年开始，日本将每年的7月10日设为纳豆纪念日，开展纪念活动来帮助民众养成食用纳豆习惯。此外，注重从娃娃抓起，纳豆食品在幼儿园和学校都是必备食物，还编写"喜欢纳豆的孩子骨头硬"等关于纳豆的趣闻谚语，多措并举，倡导民众开展纳豆食品消费。

第 2 章

食品原料生态减损技术

2.1 食品原料采后损耗

粮食谷物、果蔬、畜禽和水产品是食品生态加工原料的主要来源，它们在进入食品加工环节的过程中，因采后处理、屠宰及贮藏、运输措施不当而发生各种生理生化变化，导致食物原料发生损耗、加工品质下降，造成食物资源浪费、环境污染，还可能对人类健康造成威胁。本节重点阐述食品生态加工原料在采后（屠宰）、贮藏、运输过程中发生的损耗，以及对资源、环境和健康的不利影响，为食品原料采后生态减损技术和生态贮运技术的应用指明方向。

2.1.1 概述

农业活动中获得的可供人食用的植物、动物、微生物及其产品，是最为重要的食品原料。根据食品原料来源不同，可分为植物源、动物源和微生物源食品原料。植物源食品原料包括粮食谷物、蔬菜、水果；动物源食品原料包括鲜活畜禽及其屠宰分割产品、鲜活水产品；微生物源食品原料主要为食用菌。

食品原料具有较高的营养价值。食品原料中富含碳水化合物、蛋白质、脂肪、矿物质、维生素、水六大营养素。植物源食品原料中碳水化合物、维生素、矿物质含量较高；动物源食品原料以蛋白质和脂肪居多。此外，食品原料中还含有多酚、类黄酮、膳食纤维等功能性营养成分，膳食纤维也被认为是第七大营养素。食品原料被人们直接食用或经加工后食用，能够为人体的各项生命活动提供能量、维持机体正常生理功能，提高营养物质在人体内的消化吸收率。功能性营养成分还具有抗氧化、抗衰老、降血糖、促进胃肠蠕动等功能特性。

食品原料还具有一定的加工价值。食品原料经加工，赋予了加工食品独特的质地、风味、色泽等加工特性，能够满足人们对食品色香味形四大属性的追求。蛋白质的乳化、胶凝作用赋予加工食品较好的嫩度和咀嚼性；食品原料自身含有的叶绿素、花青素、血红素、类胡萝卜素等，在加工过程中得以保留，赋予食品多彩的色泽；食品高温加热产生的美拉德反应、脂质氧化降解赋予食品金黄的色泽、诱人的香气；食品加工中碳水化合物水解产生低聚糖、单糖，蛋白质降解生产多肽、氨基酸等小分子，提升了食品的呈味特性，如果糖的甜味、谷氨酸钠和5′-肌苷酸的鲜味等。

生态食品原料是食品生态加工的基础。生态食品原料在具备营养价值和加工价值的同时，还具有较好的环境价值。生态食品原料产自良好的生态环境，不使用或较少使用农（兽）药、化肥等农业化学投入品，不使用基因工程生物及其产物。生态食品原料包括生态农业系统获取的食用农产品，以及经认证的有机农产品、绿色食品等。

全球生态食品原料市场不断壮大。2018 年，全球有机食品零售额达 967 亿欧元，美国、德国和法国零售额位居前三，分别为 406 亿欧元、109 亿欧元和 91 亿欧元，中国列第四位，为 81 亿欧元；欧盟有机食品人均消费额占比较高，排名前十的国家中的欧盟国家有 6 个（表 2-1）。我国主要生态食品原料供给较为充足。国家市场监督管理总局数据（表 2-2）显示，我国有机认证产品数量逐年增加，由2013 年的 9 957 个增加到 2018 年的 18 955 个；有机畜禽、水产品产量自 2014 年起逐年增加，2018 年分别达 518.2 万 t、60.1 万 t；有机种植和加工产品产量于 2017 年最高，2018 年出现缓降。我国绿色食品认证数量不断增加，标准化生产基地绿色食品产量自 2014 年以来，持续稳定在 1.0 亿 t 左右（表 2-3）。

表 2-1　2018 年全球主要国家有机食品销售额和人均消费额

国家	有机食品销售额/亿欧元	国家	有机食品人均消费额/欧元
美国	406	丹麦	312
德国	109	瑞士	312
法国	91	瑞典	231
中国	81	卢森堡	221
意大利	35	奥地利	205
加拿大	31	挪威	159
瑞士	27	法国	136
英国	25	德国	132
瑞典	23	美国	125
西班牙	19	沙特阿拉伯	93

注：主要国家为全球排名前十的国家。

表 2-2　我国有机产品认证概况及认证产品产量（国家市场监督管理总局，2019）

年份	认证机构/家	有机认证产品数量/个	有机种植产量/万 t	野生采集产品产量/万 t	畜禽产量/万 t	水产品产量/万 t	加工产品产量/万 t
2013	23	9 957	706.8	59.7	106	31.6	286.4
2014	23	11 499	690.3	61.3	105.8	29.4	257.3

续表

年份	认证机构/家	有机认证产品数量/个	有机种植产量/万 t	野生采集产品产量/万 t	畜禽产量/万 t	水产品产量/万 t	加工产品产量/万 t
2015	24	12 810	572.9	23.7	107	30.3	259.3
2016	31	15 625	1 053.8	34.6	334	47.98	422
2017	45	18 330	1 329.7	50.1	400.7	52.7	668
2018	67	18 955	1 298.6	37	518.2	60.1	484.42

表 2-3　我国绿色食品认证概括及认证产品产量

年份	认证企业数量/家	认证产品数量/个	标准化生产基地数量/个	标准化生产基地种植面积/亿亩	标准化生产基地产量/亿 t	生产资料获证企业/家	生产资料获证产品数量/个
2011	6 622	16 825	536	1.26	—	64	200
2012	6 862	17 125	573	1.37	0.804	—	—
2013	7 696	19 076	511	1.3	0.787	79	224
2014	8 700	21 153	635	1.6	1.012	97	243
2015	9 579	23 386	665	1.69	1.06	102	244
2016	10 116	24 027	696	1.73	1.095	121	266
2017	10 895	25 746	678	1.64	1.067	132	332
2018	13 203	30 932	680	1.64	1.065	153	426

数据来源：中国绿色食品发展中心，2011 年、2012 年部分数据未公布。

2.1.2　食品原料采后损耗机理

由于生产技术等客观因素导致在生产、收获后及加工环节食品数量下降称为食品损耗（张姝 等，2016）。食品原料采后损耗是指采收、屠宰和捕捞的食品原料受自身生理生化反应、贮运环境、设备、人员、技术等原因，导致不再以食物的形式进入加工和消费环节的可食部分的重量（王世语，2017）。受外界环境及自身生长状态影响发生的各种生理生化反应，是造成食品原料采后损耗的关键。

1. 植物源食品原料采后生理生化变化

植物源食品原料采收后，其呼吸作用、蒸腾作用持续进行，各种酶活性仍较高。刚收获的玉米、小麦等粮食需要经历后熟阶段达到完全成熟，该阶段呼吸作用仍在继续、代谢旺盛，产生大量热量和水蒸气，扩散不及时将导致粮食发热发霉；较长时间贮藏过程中，α-淀粉酶、过氧化氢酶活性降低，水解酶活性增加、有毒代谢产物积累，进而发生陈化；粮食谷物中脂肪氧化水解生成脂肪酸，淀粉水解使黏度降低，使部分粮食谷物失去加工价值。

果蔬进行呼吸作用，不断消耗有机物、吸收 O_2、产生 CO_2，过量呼吸会使相对密闭的包装容器内产生过量 CO_2，导致无氧呼吸、酒精伤害等，进而引发病害，甚至腐败（夏巧萍 等，2016）。采收过程中发生的机械损伤使果蔬呼吸作用增强、产生乙烯，加速其损耗和衰老。蒸腾作用促使果蔬水分流失、导致产品萎蔫，进而改变植物细胞的机械结构特性、缩短贮藏时间、影响后续加工。比如，萝卜失水会导致糠心，柑橘失水 10% 则无法食用。果蔬在贮藏过程中，还可能因自身生理缺陷或贮藏环境不佳而导致冷害、冻害、气体伤害、虎皮病等非侵染性病害的发生，降低加工价值。果蔬中多酚类物质在多酚氧化的作用下发生酶促褐变，降低鲜切蔬菜及水果果肉的色泽。

粮食、果蔬在贮藏、运输过程中受微生物侵染引发侵染性病害的发生，继而引发腐烂变质，失去加工利用价值。粮食因呼吸作用较为旺盛导致发热和水分蒸发，进而引发霉菌侵染并加速繁殖、霉变、产生酸腐气味，玉米、花生还可能产生黄曲霉毒素等有毒物质。果蔬的微生物侵染以真菌为主，葡萄孢属微生物侵染引发灰霉病，青霉属微生物侵染引发霜霉病、青霉病和绿霉病，核盘菌引发褐腐病，刺盘孢菌属微生物侵染和盘圆孢菌属微生物侵染引发炭疽病，地霉属微生物侵染引发酸腐病等。此外，蔬菜被欧文氏杆菌、假单胞杆菌等细菌侵染，引发软腐病，导致白菜、生菜等整个菜头腐烂。粮食、果蔬受到机械损伤，使微生物病菌入侵概率大幅增加。

2. 动物源食品原料生理生化变化

畜禽在运输过程中因外界刺激引发应激反应。畜禽由养殖场转运至屠宰厂待宰过程中，受驱赶等外界刺激会发生应激反应，肌肉持续处于紧张疲劳状态，细胞内氧分压较低，糖酵解加速进行以增加能量供应，血液中红细胞总数、血红蛋白、血细胞压积、白细胞总数及总蛋白、白蛋白、谷草转氨酶、谷丙转氨酶、肌酸激酶、乳酸脱氢酶、碱性磷酸酶均有所升高（马永生 等，2016；芦春莲 等，2016）。畜禽受应激后，其免疫水平及畜禽产品品质均会受到影响。猪发生应激反应时，机体的免疫机能随之下降，呼吸道、消化道黏膜的抵抗力及肝脏的解毒功能均减弱，诱发多种疾病（卢冰，2018）。肌肉细胞持续进行糖酵解反应，使肌肉中乳酸含量升高，过低的 pH 会导致畜禽宰后产生白肌肉（pale soft and exudative，PSE），其肉色苍白发灰、失水率高、质地松弛、缺乏弹性，肌肉渗出汁液，易变质，利用价值极低（邢通 等，2019）。水产动物被捕获离开水体后极易死亡，且在体内会发生一系列变化。在开始阶段主要有肝糖原和肌磷酸的降解使 pH 下降，同时肌肉中三磷酸腺苷（ATP）的分解释放导致蛋白质酸性凝固和肌肉收缩，使肌肉失去伸展性而变硬。在 ATP 分解完成后，肌肉又逐渐软化而解硬，并进入自溶作用阶段，蛋白质分解成一系列的中间产物及氨基酸和可溶性含氮物，失去固有弹性，又由于多酚氧化酶的作用生成黑色素物质，在体表形成黑斑。在自溶后期，包括腐败微生物在内的各种微生物进入肌肉组织并迅速繁殖，将肌肉组织中的蛋白质、氨基酸及其他含氮物进一步分解成氨、二甲胺、硫化氢、硫醇、吲哚、尸胺及组胺等，使水产品失去食用和加工价值。

动物源食物原料中富含蛋白质、脂质等营养物质，在贮藏运输过程中发生氧化、水解、酶解等化学反应，导致产量和品质降低，失去加工价值。畜禽肉在贮运过程中，自由基对蛋白质产生攻击，氨基酸结构被破坏、蛋白质发生聚合导致溶解性下降、相关酶活性下降和蛋白质消化率降低等变化，这些变化最终影响肉的颜色、嫩度、持水力和营养价值等品质。畜禽肉经自动氧化、酶促氧化和光氧化等不同脂质氧化途径，产生醛、酮及低价脂肪酸等次级代谢产物，这些次级代谢产物促进肌红蛋白氧化，导致肉褪色并产生酸败味（Guyon et al.，2016）。水产品受微生物作用，蛋白质、氨基酸等被分解成氨、三甲胺、吲哚、组胺、硫化氢等低级产物，这些产物不断积累使水产品腐败变质；海水鱼富含不饱和脂肪酸，在有氧条件下发生自动氧化反应、产生哈喇味，酶促氧化形成的游离脂肪酸与肌原纤维蛋白结合，导致蛋白质变性（励建荣，2018）。

2.1.3 食品原料采后损耗对生态的影响

发达国家具备完善的农产品采收运输、储藏技术及基础设施，食品原料采后环节损耗较低，果蔬采后损失率仅为 5%。包括我国在内的发展中国家由于采后处理与储藏运输技术、储藏运输设备设施的不完备，导致食品原料大量损耗。食品原料采后损耗造成食物资源的极大浪费。同时，损耗的食品原料处置不当对生态环境及人类健康也造成一定的威胁。

1. 造成食物资源的极大浪费

2011 年 FAO 报告显示，采后处理和贮藏环节果蔬损耗比例整体较高，欧美发达国家为 4%～5%，西亚、北非、中亚和拉美国家为 9%～10%；肉类损耗比例最低，基本为 0.2%～1.1%；欧美国家水产品损耗仅为 0.5%，非洲、拉丁美洲国家则为 5%～6%。据调查显示，我国每年农户储粮造成粮食损失近 2 000 万 t，水果采后损失近 1 400 万 t，蔬菜贮藏损失近 1 亿 t，马铃薯采后损耗 1 600 万 t，这些损失相当于 1.5 亿亩（1 亩≈667m²）耕地收获的食用农产品被浪费（王宇和于文静，2016）。中国物流与采购联合会数据显示，2018 年我国水果、蔬菜、肉类和水产品流通环节损失率分别为 11%左右、20%以上、8%和 10%。畜禽肉类损耗主要分为物理性损耗和价值性损耗两大类（陈军，2009）。物理性损耗主要是畜禽胴体经预冷排酸、贮藏运输各环节发生的水分蒸发和腐败变质；冷冻肉解冻过程中蛋白水解，肌肉细胞水分及营养成分流失则属于价值性损耗。畜禽肉在预冷排酸、分割、冷冻储藏、运输和零售环节的损耗原因如表 2-4 所示。水分蒸发作为物理性损耗的一种，基本在每个环节都会发生；解冻损失作为价值性损耗，是冷冻储藏环节损耗的主要来源。公益性行业（农业）科研专项"畜禽宰后减损、分级技术装备研究与示范"及宁夏回族自治区重点研发计划重大科技项目课题"优质生鲜牛羊肉品质控制技术研发与示范"课题组调研显示，我国猪、牛、羊和鸡胴体预冷损耗率分别为 1.8%、2.2%、3.0%和 2.8%（表 2-5），推算因预冷造成的猪牛羊肉损耗量分别约为 100 万、15 万、13 万 t，产生劣质猪肉约 500 万 t，造成直接经济损失上百亿元。

表 2-4　畜禽肉流通损耗原因

浪费环节	预冷排酸	分割	冷冻储藏	运输	零售
损耗原因	水分蒸发	水分蒸发	水分蒸发	冷鲜运输损耗	水分蒸发
		碎肉/碎骨	解冻损失	热鲜运输损耗	变质丢弃
		伤肉	变质丢弃		报损

表 2-5　我国畜禽肉预冷损耗率及劣质肉发生率　　　　　　单位：%

种类	预冷损耗率	劣质肉发生率
猪肉	1.8	8.8
牛肉	2.2	15.0
羊肉	3.0	8.8
禽肉	2.8	—

2. 对生态环境的影响

食品原料损耗对自然资源和生态环境的影响是多方面的。一方面，大量食品原料损耗意味着种植养殖过程水、土壤等自然资源的无效浪费，以及 CO_2 等温室气体的额外排放（Gustavsson et al.，2011）。Kummu 等（2012）研究发现，全球每年损耗的食物，其种植过程中消耗的水资源量为 250km³（约 2500 亿 t），相当于全球 24%的种植作物灌溉用水；占用耕地 14 亿 hm²，相当于全球 23%~30%的耕地面积，其种植环节使用的化肥相当于全球化肥施用总量的 23%。全球损耗的食物在整个食物供应链中产生温室气体排放 33 亿 t CO_2，仅低于美国和中国温室气体排放总量（FAO，2013）。我国谷物全供应链食物损失和浪费比例将近 20%，这些损失消耗的水资源和占用的耕地面积分别为 1350 亿 t、2600 万 hm²（Liu et al.，2013）。

另一方面，废弃的食物原料随意堆放和违规处理对水、土壤、大气等生态环境造成破坏。腐烂霉变的果蔬随意堆弃，不仅占用土地资源，还可能产生恶臭气味，污染环境；果蔬副产物堆积分解产生的渗出液随雨水进入水体，造成水体污染；自身携带的细菌、真菌等病原微生物，还可能对土壤和地下水造成较高的污染风险，进而导致周边种植作物减产。部分畜禽从业人员缺乏良好的法律和防疫意识，对运输和屠宰环节发现的病死畜禽随意丢弃到河流及荒野中，而焚烧和掩埋也会对周围环境和地下水源等造成污染，给动物疫病防控留下隐患，严重威胁人民群众的身体健康。

3. 对农产品和加工食品品质和安全的影响

农产品和加工食品品质主要包括颜色、嫩度、保水性和营养物质含量等，安全指标包括农兽药残留、微生物和致病菌、真菌毒素和重金属等污染物等。食品原料采后损耗往往伴随食品安全风险的产生，对农产品和加工食品品质和安全构成威胁。

粮食谷物因储藏不当被黄曲霉、禾谷镰刀菌污染后，产生黄曲霉毒素、脱氧雪腐镰刀菌烯醇（DON）等真菌毒素。黄曲霉毒素属于 1 级致癌物，对人及动物肝脏组织具有极强的破坏作用，DON 具有很强的细胞毒性。这些被污染的粮食加工成粮食制品食用，对人体健康将造成极大危害。粮食烘干条件不当导致淀粉糊化、蛋白质变性、脂肪酸值升高、粮粒产生裂纹，引起粮食品质下降，影响粮食食用和加工品质。果蔬贮藏过程中呼吸作用、蒸腾作用的进行及酶活性的变化，使蔬菜萎蔫，水果软化、甜度和脆度降低，水溶性维生素、矿物质流失，水果特有的果香气味弱化，甚至产生异味，影响其加工品质。

畜禽动物宰前应激反应导致畜禽肉品质发生劣变，影响肉的色泽、嫩度、多汁性和营养特性。冷冻畜禽肉采用不恰当的解冻方式，会造成肌肉细胞内水分及营养成分的大量流失，还易滋生微生物，在加工和食用时存在安全风险。水产品贮藏过程中，内源蛋白酶水解肌肉组织，使水产品组织软化、新鲜度降低，冷藏海水鱼还伴随甲醛、乳酸、次黄嘌呤等不良代谢产物的产生。畜禽肉和水产品中蛋白质被氧化形成羰基的过程中，一些必需氨基酸（如赖氨酸、精氨酸、苏氨酸）结构上会发生不可逆转的氧化修饰，从而导致蛋白质功能丧失，降低营养价值。蛋白质氧化除了造成必需氨基酸的损失，还会影响蛋白质的消化率，从而降低其营养价值。氧化引起的蛋白质消化率降低不仅降低肉的营养品质，而且会损害人体健康；未被水解的氨基酸会被肠道里的菌群发酵，生成苯酚和甲酚，提高患结肠癌的概率（Evenepoel et al.，1998）。贝类作为滤食性动物，会选择性滤过一些浮游植物、病毒、细菌，导致副溶血性弧菌等食源性致病菌污染、麻痹贝类毒素集聚，人食用后会引发肠胃炎等食源性疾病，甚至因麻痹性贝类毒素中毒而危及生命。

2.2　食品原料采后（屠宰）生态减损技术

刚采收的粮食谷物和果蔬、进入屠宰环节的鲜活畜禽及从淡水、海水中捕捞的水产品，受自身生理生化反应和外界环境刺激的影响，易导致粮食谷物霉变、果蔬腐烂、畜禽肉品质劣变及水产品失活、腐败变质等，从而降低食品原料的加工价值、造成食品加工原料损耗，给食品生态加工原料供给造成一定影响。采后（屠宰）生态减损技术以减少上述环节食品原料损耗为目的，通过采用合理的工艺、技术和措施来实现资源友好、环境友好和健康友好的目标。本节重点介绍粮食谷物、果蔬、畜禽和水产品等食品生态加工原料采后（屠宰）生态减损技术。

2.2.1　概述

植物源食品原料和动物源食品原料采后（屠宰）损耗变化各异。粮食谷物、果蔬采后损耗主要来自采收后较高的水分和田间热导致的腐烂、霉变。刚收获的粮食谷物含水量较高，堆积过程中易引发霉菌等微生物生长，这些微生物会分解粮食中的有机物并释放热量，粮堆升温加速粮食变味变色，甚至霉变。采收后的果蔬直接放入贮藏库，大量田间热的散发会造成环境温度升高，再加上果蔬较高的呼吸强度，易导致果蔬腐烂、萎蔫，不利于后续贮藏保鲜和加工。粮食绿色干燥技术能够降低粮食谷物水分含量、抑制霉菌等微生物的生长繁殖，从而保持产品品质、降低损耗。果蔬采后预冷技术能够迅速除去田间热、降低果蔬温度、延缓代谢速度。此外，病虫害、采收过程中的机械损伤也会增加粮食和果蔬在贮藏运输环节的损耗，通过清选分级、果蔬商品化处理等剔除残次原料，能够减少病虫害的传播，更好地保持原料品质、降低损耗。

鲜活畜禽和水产品在屠宰前后、捕捞后易因环境变化发生应激反应。畜禽宰前和屠宰过程应激反应易产生 PSE 肉，长时间运输或者发生打斗导致宰前肌糖原过度消耗、肌肉 pH 保持在 6.0 左右，蛋白质变性程度低、失水少，产生肉色暗、质地硬、切面干燥的黑干肉（dark，firm，and dry，DFD）。鲜活水产品生存环境独特、体内组织酶活性高，捕捞收获后如不采取有效的保活保鲜措施，极易死亡并迅速腐败。活鱼有水运输会增加用水成本，排放的运输污水、内脏废弃物等增加城市垃圾处理费用。通过应用宰前管理、先进屠宰技术和水产品保活保鲜技术能减少环境应激、降低原料损耗、提升产品鲜活品质和加工安全性，同时减少对生态环境的影响。宰后胴体温度较高，冷却不当会导致微生物生长繁殖、冷却干耗增加，预冷、雾化喷淋技术的应用能够有效降低冷却干耗、提高肉安全品质。

2.2.2　粮食谷物采后减损技术

1. 清选分级技术

粮食谷物清选分级，是根据粮食谷物的物理特性及杂质之间的差异，通过人工或机械操作等，将无机杂质、有机杂质等与籽粒分开，以减少储藏时的虫霉发生、保障粮食谷物质量安全、减少干燥和运输成本、提高粮食谷物加工利用率。

风选机、振动筛选机、平面回转振动筛选机、圆筒筛选机、风筛清选机、螺旋分离器、比重清选机、风筛比重组合清选机、光电分选机、色选机等的研发与应用，为粮食谷物清选分级提供了有效支撑。风选机、比重清选机、色选机的组合，提高了小麦赤霉病粒的清理效率，有效降低了小麦污染 DON 的含量，保障了粮食质量安全。污染 DON 的小麦，采用粒径分选和重力分选后，小麦中 DON 含量比原样降低了 68.94%（李方 等，2014）。改进的重力分选技术，可以高效筛除赤霉病粒，从而降低小麦受真菌毒素污染的风险（朱玉昌 等，2015）（图 2-1～图 2-3）。比重清选机可有效去除低黏度小麦，同时可以按品质进行分级，确保小麦后期储藏和加工（卢大新，2001）。色选技术是根据粮粒颜色特征的不同，去除不完善粒、霉变粒等的一种清理方法。一些高新技术（如高亮发光二极管光源、电荷耦合器件色选镜头）在色选机上的应用，大大提升了筛选效率和效果，在粮食收购加工中得到广泛应用（张振辉和郭祯祥，2015）。多种技术整合的粮食谷物产后整理技术，以及重力、光学等新技术在粮食清选中的应用，将进一步提高粮食谷物整理效能和效率，为粮食质量安全保驾护航。

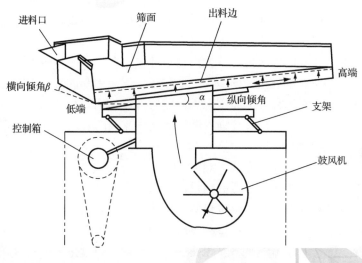

图 2-1　重力分选机示意图

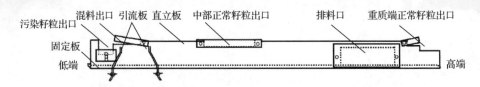

图 2-2　出料装置示意图

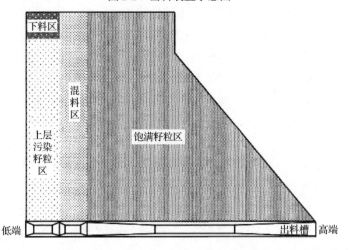

图 2-3　分选过程中筛面小麦分布示意图

2. 干燥技术

新收获的粮食谷物通常水分较高，必须及时干燥降低水分，否则将导致粮食谷物发霉变质，甚至产生真菌毒素，引发食品安全问题。干燥技术，即通过干燥介质，使粮食谷物中的一部分水分溢出，或被介质带走的过程。粮食谷物干燥过程中，存在客观㶲和主观㶲两种有效可用能量。客观㶲主要来自粮食谷物内部水分不均匀产生的扩散作用，粮食谷物内部与环境平衡水分不一致产生㶲传递。主观㶲主要来自人为给予的温度场、湿度场和压力场等引起的㶲传递。干燥就是利用技术手段，充分发挥客观㶲和主观㶲的能质传递作用，高效、均匀、快速地降低粮食谷物水分，以达到粮食谷物干燥的节能环保和高效保质。

1）常规节能干燥技术

（1）就仓干燥。就仓干燥从干燥方式上，属于对流干燥。对流干燥法是将自然或人工干燥空气、热空气等通过粮堆，利用平衡水分原理或热量汽化水分等方式，将粮食中的水分带走，主要有自然通风干燥、就仓通风干燥等形式。自然通风干燥，其水分蒸发缓慢、可保持粮食较高的品质，但是，若粮堆通风不畅，极易发生霉变。就仓通风干燥是将新收获的高水分粮食按规定装入符合条件的仓房后，在原仓采用机械通风方式干燥，干燥完成后粮食继续在该仓内储藏的技术

（图 2-4 和表 2-6～表 2-8）。就仓干燥可以实现高水分粮的及时入库和干燥，避免粮食发霉变质。一些新的就仓干燥改良技术，在不断研发中。采用钢板仓加改良导气管技术进行稻谷就仓干燥，在环境温度较低（15～25℃）的情况下，干燥 21d 后，稻谷水分含量从 23.4%降至 13.5%，降水均匀、品质优良，优于烘干塔方法，与自然晾晒相当，单位能耗为 2.9kW·h/(t·1%)（曹胜男　等，2019）。就仓干燥时，应注意干燥空气的温度、绝对含水量和通风方向对干燥效果的影响。就仓干燥需要配备专门的设备和管道设计及专业的技术人员，并加强粮堆质量监测，预防局部发热发霉。充分运用大数据、信息化技术等，将粮情测控、通风控制、数据记录、品质测定等结合起来，可以有效提高就仓干燥效率。

图 2-4　玉米就仓干燥

表 2-6　就仓干燥最低单位通风量和对应的粮堆最大高度（GB/T 26880—2011）

粮种	水分含量/%	最低单位通风量/m³/(h·t)	粮堆最大高度/m
中晚稻、玉米	20	120	3.0
	18	48	4.5
	16	20	6.0
早稻、小麦	18	80	3.6
	16	30	6.0

注：表中所列为平均每天有效通风时间 12h，中晚稻、玉米粮温 15～20℃，早稻、小麦粮温 25～28℃条件下的推荐值。

表 2-7　稻谷就仓干燥安全干燥期（GB/T 26880—2011）

粮温/℃	水分含量/%	安全干燥期/d
25	20	14
	18	24
	16	60

续表

粮温/℃	水分含量/%	安全干燥期/d
	22	14
20	20	21
	18	42
	16	90

表 2-8 脱粒玉米就仓干燥安全干燥期（GB/T 26880—2011）

粮温/℃	水分含量/%				
	18	20	22	24	26
-1.10	648	321	190	127	94
1.66	432	214	126	85	62
4.44	288	142	84	56	41
7.22	192	95	56	37	27
10.00	128	63	37	25	18
12.77	85	42	25	16	12
15.55	56	28	17	11	8
18.33	42	21	13	8	6
21.11	31	16	9	6	5
23.88	23	12	7	5	4
26.66	17	9	5	4	3

（2）改进型热风干燥。传导干燥是通过热传导的方式加热粮食谷物，使粮食谷物中水分溢出、进而干燥的方式。热风干燥是传导干燥的主要形式，是以热空气作为介质，带动粮堆中空气流动和升温，从而达到粮食谷物干燥的一种技术，如滚筒烘干机、蒸汽烘干机等。常规热风干燥操作简便，但能耗大、粮食谷物品质得不到有效保障。以热风干燥为基础的改进型干燥方式，正在逐步解决能耗和干燥后粮食品质问题。低温循环式干燥机可以有效降低高湿粮食谷物的水分含量，同时保持粮食谷物品质，其降水效率与水分含量密切相关，但存在降水后水分不均匀的问题，需要用循环通风方式平衡水分，主要用于稻谷的干燥，以减少稻谷爆腰率（张来林 等，2016）。利用收割机的尾气余热，可以降低粮食水分，从而有效利用燃油、节能增效（姜亚南 等，2016）。采用变温智能干燥，在预热阶段采用较高温度（45℃）、干燥阶段采用较低温度（35℃）并结合智能控制，实现了稻谷变温高品质干燥（李海龙 等，2019）。将夜间闲置、廉价的电能转化为热能储存起来，用于粮食干燥，是一种有效的节能降耗干燥技术。多级连续粮食烘干机，可以提高干燥效率、有效保障粮食品质。与负压技术相结合的大型负压节能干燥机的研制，为大宗粮食的节能保质烘干提供了可能。该干燥机采用负压进风

模式提高干燥效率，利用多级顺流高温烘干、缓苏，低温烘干、缓苏，冷却的烘干模式，最大限度保障粮食品质，较同类设备干燥成本降低 12%以上，单位能耗降低 20%以上（车刚 等，2017）。热风烘干中尾气的再利用，可以降低能耗、保护环境。负压自控粮食干燥机结构示意图见图 2-5。

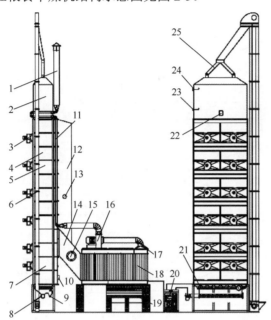

1.烟筒；2.储粮（分粮）段；3.排气风机；4.干燥段；5.缓苏段；6.提升机；7.冷却段；8.出粮搅龙；9.出粮水分测试装置；
10.进风口；11.烟道；12.高温风道；13.温度传感器；14.低温风道；15.冷风配额调控装置；16.烟风机；
17.废气支管道；18.换热器；19.燃煤炉灶；20.智能控制器；21.变速排粮机构；22.入机粮食水分测定装置；
23.下料位器；24.上料位器；25.分粮管路。

图 2-5　负压自控粮食干燥机结构示意图

2）节能干燥新技术

除了常规节能干燥技术外，热泵干燥、辐射干燥、真空干燥、组合干燥技术等新型节能干燥技术也不断应用到粮食谷物干燥中，以提高粮食谷物干燥质量、实现干燥的节能降耗。

（1）热泵干燥。热泵干燥是根据逆卡诺循环，利用空气源热泵系统（空气压缩机中的冷媒）从外界空气获取低温热源，通过换热系统释放出热能用于粮食干燥的一种技术，具有热效率高、能源丰富、运行价格低、安装管理方便等优点。2006 年，向飞等（2005）研发的热泵流化床烘干，在半小时内将 200kg 小麦的水分含量从 25%降至 15%。采用热泵干燥技术，粮食裂纹率降低 30%，色变率降低 35%（魏娟 等，2018）（图 2-6）。热泵干燥技术不需要特殊热源，干燥效果好，粮食品质保持好，具有较好的经济效益、环境效益和社会效益，是一种节能减排的绿色干燥技术，值得研究和推广。

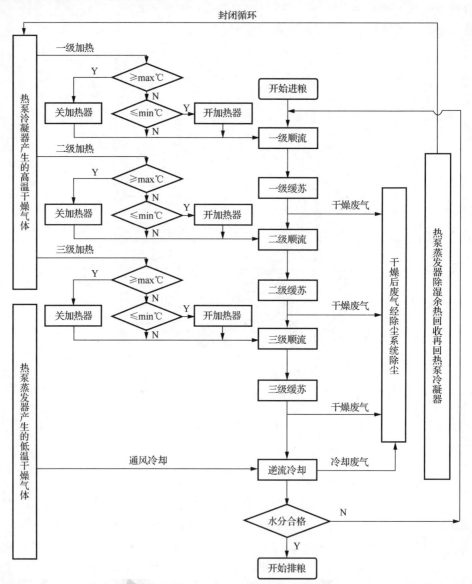

图 2-6　热泵干燥技术

（2）辐射干燥。辐射干燥以辐射形式将热能传给粮食，从而使粮食水分汽化干燥，具有节能环保、保持粮食品质等特点，主要包括红外辐射、微波、太阳能等多种方式。红外辐射干燥，采用 $750\sim10^6nm$ 的红外线照射粮食，粮食吸收有效能量后水分被蒸发而干燥。该法干燥效率高、粮食水分均匀性好、易储存，与热风干燥相比，能耗更低、更有利于保持粮食质量，但是其降水率比热风干燥稍低（Zhou et al.，2018）（图 2-7 和图 2-8）。微波干燥利用波长为 $10^5 \sim 10^9$nm、频率为 300MHz～3 000GHz 的电磁辐射线，将杂乱运动的水分子定向排列，通过电场的反复快速变化，加剧分子、离子之间的碰撞、摩擦、振动，使物料内部快速升温，从而干燥粮食。微波干燥不但能短时间降低粮食水分，还能有效保障粮食籽粒的发芽率，有利于粮食品质的改善（Nair et al.，2011）。太阳能辐射干燥通过太阳能收集干燥装置对粮食进行干燥，是一种将传统技术与新技术结合的绿色环保干燥技术。

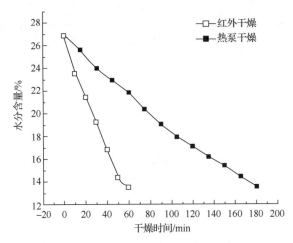

图 2-7　稻谷热泵干燥和红外干燥的干燥曲线

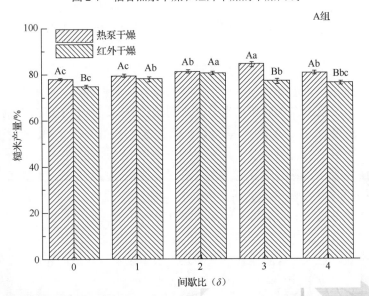

图 2-8　不同间歇比对热泵干燥和红外干燥糙米产量（A 组）和整精米产量（B 组）的影响

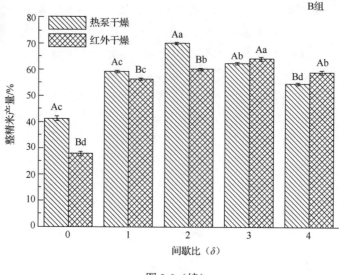

图 2-8（续）

（3）真空干燥。真空干燥是利用水的沸点随空间压力的降低而下降的特性，通过真空泵抽取干燥腔内空气水分，降低粮食表面环境中绝对含水量，利用水分的扩散和平衡，使粮食内部水分外溢，从而在较低温度实现粮食降水干燥。真空低温干燥，其干燥温度可以降低到 40℃左右，减少溶质散失，避免淀粉糊化和蛋白质变性，同时可最大限度地减少维生素的损失，有效保持粮食品质，是一项节能环保的干燥技术。目前研究主要集中在干燥动力学、压力场分布、温度场分布、粮食水分相态变化和传热传质特性等方面。通过这些基础研究工作，有望进一步提高真空干燥设备的干燥效率，保障粮食品质、降低能耗、简化操作，使干燥过程更加绿色环保。

（4）组合干燥技术。充分利用各种干燥技术优点的组合干燥技术是未来的研究和应用方向之一。远红外与热风干燥技术结合，利用远红外干燥节能、粮食质量好、热风干燥快速高效的特点组合而成的远红外对流组合干燥，在稻谷的实际干燥中应用效果较好（刘春山 等，2019）（图 2-9）。郑菲等（2019）通过分析热能结构和客观势能的利用，基于红外辐射干燥和引风逆混流，设计了一种多场协同干燥系统，干燥装备采用双主塔联机形式，使粮食谷物干燥过程的平均去水率为 2.95%w.b./h，比横流干燥提高 2 倍以上，爆腰率＜1%。

现有节能干燥技术和装备，解决了粮食及时干燥问题，同时兼顾了节能降耗和粮食保质。节能降耗和粮食品质协同的智能生态保质干燥技术将是未来干燥技术的发展方向。沼气、太阳能、空气热源（热泵技术）等绿色环保的干燥能量源在粮食干燥中的应用，使粮食干燥技术达成提质增效、节能降耗的目标成为可能。

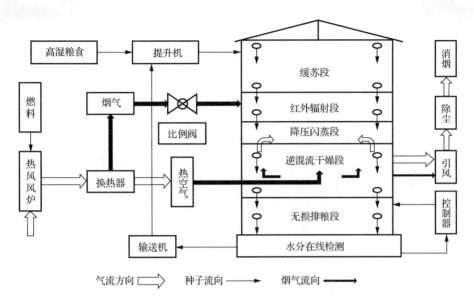

图 2-9   粮食多场协同干燥工艺流程

2.2.3   果蔬采后减损技术

1.   采后预冷技术

预冷就是利用制冷技术，将果蔬由初始温度迅速降至适宜贮藏终点温度的过程。预冷与一般冷却的主要区别在于降温的速度，预冷要求尽快降温，因此有效预冷是果蔬冷链中的第一个重要环节（王文生 等，2016）。未经预冷处理的农产品仅在流通过程中的腐损率就高达 25%～30%，经预冷处理后的腐损率降至 3%～10%。同时，果蔬经过预冷有利于贮藏与运输环境的调控，可大大降低贮运过程的能量消耗（贺红霞 等，2019）。

预冷技术的关键是在不产生冷害的前提下，最大限度地提高冷却速度与预冷均匀度。果蔬产品的冷却速度取决于 4 个因素：制冷介质与产品的接触、产品和制冷介质的温差、制冷介质的周转率和冷却介质的种类。根据农产品预冷过程中所用冷媒的不同，预冷方式分为空气预冷（压差预冷）、真空预冷、冷水预冷等。预冷方式不尽相同，但其目标是一致的，即在有限时间内对农产品进行降温处理，以求预冷均匀、能耗低、预冷品质佳。

1）空间预冷（压差预冷）

空气预冷是最早采用的冷却方式，是利用风机将冷气流送入预冷间，通过强制对流的方法来冷却农产品，也被称为强制通风预冷。空气预冷具有操作便捷、费用低的优点，但存在果蔬干耗大、预冷速度慢、冷却不均匀的缺点，尤其对于有包装箱的产品，产品堆码造成局部冷空气流通死角，产品出现热点、冷害，使预冷效率进一步降低。

压差预冷是在空气预冷的基础上，采用压差风机，在包装箱两侧形成一定的压力差，迫使冷空气从包装箱上的通风孔进入包装箱内部，与果蔬表面直接进行热交换，可有效提升降温速度，具有冷却时间短、预冷均匀、库容利用更合理等优点，是目前使用最广泛的预冷方式。压差预冷过程中，为减少果蔬失重现象，可以对冷风进行湿度控制，必要时可采用喷淋加湿或超声波加湿的方法。压差预冷适合大部分水果和蔬菜，例如，草莓、葡萄、甜瓜、香蕉、黄瓜、番茄、甜椒和花椰菜等。

2）真空预冷

真空预冷是将果蔬放在气密的容器中，利用抽真空的方法，使产品中水分在低压条件下迅速蒸发，同时带走热量，达到快速预冷的目的。真空预冷存在原料失重现象，温度每下降10℃，农产品平均水分损失1%～1.7%。失水量超过5%，产品会出现萎蔫现象。针对这一现象，真空预冷前对农产品进行预润湿、中间加湿处理，可在提高降温速率的同时降低失水率，也提升了能源利用率。

真空预冷适用于表面积比较大、组织松软气孔多的叶菜类蔬菜，不适合结构组织致密、表面积比较小的根茎类蔬菜，如马铃薯、南瓜等。目前采用此方式的有生菜、花椰菜、大葱、芹菜、卷心菜、菠菜和菌菇等（Brosnan and Sun，2001）。生菜、菠菜、苦菊等蔬菜预冷速度很快，只需要30min左右，菜温就从20℃降到0℃。

3）冷水预冷

（1）水预冷。水预冷主要通过一定温度的冷水，迅速将果蔬的田间热带走。目前主要有喷淋式、浸泡式与组合式。其中，组合式水预冷是将浸泡式与喷淋式进行组合，农产品在输送带的传送下浸入冷水中保持沉浸，直到倾斜的传送带逐渐将农产品从水中"捞出"，继续进行喷淋式冷却。

水预冷主要优点是预冷速度快，尽管在水冷开始时由于果蔬产品的温度会使水温升高，但只要有足够的制冷量就可将水温变化保持在1℃左右。表面沾水不易腐烂的果蔬适宜采用此方式，叶菜类农产品不宜采用。商业上采用水预冷技术的果蔬有芦笋、芹菜、黄瓜、青椒、马铃薯、萝卜、菜豆、豌豆、甜瓜、桃、荔枝、樱桃和甜玉米等。

水预冷机中使用的水通常是反复循环的，这就导致了腐败微生物在产品上积累，存在污染问题。因此，冷却水中应该加入允许使用的消毒剂，如次氯酸盐溶液等，并注意浓度的监测，同时要注意设备的清洁维护，使用完毕后应该用清水冲洗干净。

（2）接触冰预冷。加冰冷却是一种古老传统的方法，是在包装箱顶部加入冰屑或细碎的冰块来降低果蔬的温度。添加的冰量取决于果蔬质量和初始温度，要将产品从 35℃降到 2℃，需要融化占产品重量 38%的冰。包装箱通常是聚苯乙烯（PS）泡沫箱（赵云峰，2018），适用于与冰接触不会产生伤害的水果和蔬菜，有菠菜、羽衣甘蓝、青花菜、花椰菜、抱子甘蓝、胡萝卜、叶用葱和网纹甜瓜等。

2. 采后商品化处理技术

果蔬采后商品化处理是指为了使产品品质得以保持和提高，来适应果蔬运输、周转和待销的时间要求。采后商品化处理包括挑选、修整、分级、清洗、打蜡抛光、包装等多个技术环节，是一个完整的体系，任何一个环节不到位，都会影响果蔬产品的质量和收益。

1）采后商品化预处理

（1）整理与初选。对带有泥土、病虫损伤、残枝败叶、老化根茎等的蔬菜，需要进行适当清理；对采收的水果进行筛选，剔除被病、虫侵染害果、畸形果和采收中的机械伤害果。

（2）晾晒。对于含水量高、表皮细嫩、采收期间容易形成机械伤口的果蔬，在贮藏前进行适当晾晒，有利于伤口形成愈伤组织、减少贮藏中病害的发生、延长贮藏期。大白菜经过适当晾晒失水，使外层菜帮变软；洋葱、大蒜经适当的晾晒有利于外层革（膜）质化鳞片的形成，均可增强耐藏性。

（3）愈伤。果蔬特别是块根、块茎、鳞茎类的蔬菜在采收过程中，常会造成不同程度的机械损伤，贮藏过程中微生物侵入会引起生物病害的发生。因此，在贮运前必须进行愈伤处理，使果蔬伤口或表皮下形成木栓层，有效避免微生物侵染。不同的果蔬愈伤组织形成时，对温度、湿度要求不同。马铃薯愈伤的最适条件为 21～27℃，相对湿度 90%～95%，并通风良好，可 48h 完成愈伤；甘薯在 32～35℃，相对湿度 85%～90%，并通风良好，可 4d 完成愈伤。

2）采后商品化处理

果蔬的商品化处理主要包括分级、涂膜（涂蜡）、保鲜包装等。

（1）分级处理。采用人工或机械分拣的方式对采收的果蔬进行初选分级，以保证果蔬的大小、色泽、品质基本一致。

第一，人工分级是最常用的分级方法，但效率低，适合形状不规则和易受伤产品（如绿叶菜、草莓、蘑菇等）的分级。人工分级有感官分级（目测分级）、选果板分级两种。感官分级是以人的主观判断为标准，有很大的人为性和灵活性；选果板分级是利用带有不同孔径的选果板进行分级，人为性较小，适合于樱桃、苹果等球形果实。

第二，机械分级主要有形状分级、质量分级和颜色分级 3 种。

形状分级按照产品外形大小分级，有机械式和光电感应式两种。机械式分级是将产品放在传送带上，使其通过由小逐渐变大的缝隙或筛孔时，小的产品先被分选出来，大的产品后分选出来的一种方式。机械式分级工作效率高，但要求产品为规则的圆形、球形等一定的形状。光电感应式分级是一种智能化分级方式，对设备有一定的要求，在产品通过光电系统时的遮光面积，计算出产品的面积、直径、弯曲度和高度等外观指标，进行产品分级。

质量分级，是将产品固定在传送带上可回转的托盘里，当托盘移动到装有不同质量等级固定秤的分口处时，称重，如果托盘内产品质量达到固定秤设定的质量，托盘翻转，卸下产品，产品进入下面的接收装置；如果产品质量小于第一次遇到的固定秤，托盘随传送带继续前进，直到达到与其质量一致的固定秤并被卸下产品。这种机械秤式分级机虽然精度较高，但不断卸下产品会对其产生伤害，仅适合球形产品，如苹果、梨、杏、桃、番茄、西瓜、甜瓜、洋葱等。

颜色分级机，也称为色选机，已广泛地用在大米的分级中，在果蔬产品分级上的应用历史不长。其分级原理是利用彩色摄像机和计算机处理 RG（红、绿）二色型装置进行分级，是以色泽和成熟度为标准的一种分级。目前，颜色分级主要应用在番茄、柑橘和苹果的分级上。

第三，无损检测分级，也称为非破坏性内部品质检测分级，是为了满足消费者对产品的更高要求，对产品品质进行评价并分级。但是，对果蔬产品真正全面的品质评价是非常困难的，需要多项指标的综合判断。目前已实际应用的无损检测分级装置大多是就某一产品某一重要单项进行检测。尽管如此，这些技术的应用对保证产品质量、促进销售与生产还是起到了积极的推动作用。目前常用的是根据果蔬可溶性固形物的含量进行分级。利用不同成分含量的物质对红外线的反射、吸收和透过量都不同的原理，将近红外线照射在苹果、桃等果实表面，测其反射强度，可折算出含糖量，并以此为依据进行分级。甜瓜成熟时散发出一种香味，将对这种香味气体高度灵敏的感应器放在甜瓜脐部，根据检测到的气体量多少可以判断成熟度，并进行分级。

现代检测分级技术是在计算机技术、无损伤检测技术及自动化控制技术基础上发展起来的。随着科技的进步，现代检测分级技术将越来越成熟，标志着检测分级技术正在由半自动化向全自动化转化、由单纯的外部品质检测向同时进行内部品质检测转化，规格标准由文字化向数字化转化，机械设备结构由复杂化向简单化转化，数据由人工管理向计算机管理化转化。

（2）涂膜（涂蜡）处理，即在果蔬产品表面涂被一层蜡液或胶体物质，在表面形成一层薄而均匀的透明被膜，使产品表面光滑整洁，一定程度上阻碍了果实与环境的接触，降低呼吸作用，抑制水分蒸发，减少腐烂，保持鲜度，延长供应时间，提高商品价值。涂膜处理多用于柑橘、苹果、桃和油桃等水果，在蔬菜上应用较少。涂膜并不能改进任何劣质水果和蔬菜产品的品质，只是一项有益于保鲜果蔬产品的辅助措施，不可忽视果实的成熟度、机械伤、贮藏环境条件的决定作用。

（3）保鲜包装处理。包装是果蔬商品化处理中的重要环节，适宜的包装可使果蔬在贮运过程中，保持良好的商品状态，减少挤压、碰撞造成的机械伤；避免水分的蒸发和病害发生后的蔓延；提高商品率和卫生安全质量。果蔬产品的外包装种类很多。目前在我国有筐、木箱、瓦楞纸箱、泡沫保温箱、塑料周转箱等包装。与产品直接接触的包装称为内包装，其主要类型有塑料薄膜袋包装、单果包装、小盒和塑料托盘包装等。从保鲜包装材料的研究发展趋势看，未来将注重包装材料及其结构的多功能性，以提高耐湿性、透气性、防结露性、防腐保鲜性能、可回收性或可降解性。在结构方面更注重提高使用强度，以适应现代化搬运的托盘化包装的联结性等。目前，多功能聚烯烃基保鲜膜包装得到了广泛的关注，例如，基于微孔薄膜的性能要求，适当选择添加剂母粒类型和过滤器细度并经过特殊工艺生产的微孔保鲜膜，添加防雾材料制备的防雾保鲜膜，添加银纳米材料生产的纳米防霉保鲜膜，添加具有吸收乙烯特性的物质制备的脱乙烯保鲜膜，等等。

2.2.4 畜禽屠宰减损技术

1. 畜禽宰前管理

畜禽宰前管理包括屠宰前的装卸和运输、宰前静养和禁食等。不当的宰前管理操作会刺激畜禽活体出现应激反应，导致畜禽活体受伤、肉品品质下降，甚至导致畜禽死亡。

适宜的运输时间、温度和密度能够降低应激反应、改善肉品品质（图 2-10）。田寒友等（2015）研究发现，运输 6h 后三元猪开始出现应激反应，9h 以后应激反应显著增强，同时增加了 DFD 肉的发生概率；运输温度低于 10℃时三元猪出现应激反应，-10～0℃时应激反应显著增强。盐池滩羊宰前运输 0.5～1.0h、1.0～1.5h 时劣质肉发生率分别为 5.6% 和 8.8%，宰前运输温度为 15～20℃、25～30℃时劣质肉发生率分别为 17.1% 和 2.8%。西门塔尔牛宰前禁食 0h、12h 时劣质肉发生率分别为 18% 和 13%。为了更好地确保屠宰活畜的动物福利，欧盟动物卫生和动物福利委员会制定了畜禽的推荐运输密度及运输时间，如表 2-9 所示。

适当的宰前静养（图 2-11）和禁食是缓解和消除运输应激、降低胴体污染风险、改善胴体品质和安全性的重要途径。夏安琪等（2014b）研究发现，敖汉细毛羊宰前禁食 12h 和 24h 可提高宰后肌肉卫生品质。鲁耀彬等（2014，2015）研究发现，对樱桃谷鸭进行不超过 5h 的宰前断水处理和 6h 的静养处理可最大限度地缓解应激，禁食 3～6h 使肉鸭宰后肉的嫩度和持水力处于较好水平。农场禁食 18h、运输至宰前继续禁食 6h 的猪肉肉色和滴水损失明显优于运输至宰前禁食 24h

（Dalla Costa et al.，2016）。肉牛经长途运输后活重下降明显，屠宰率和净肉率有所降低，宰前静养可以缓解运输应激、提升屠宰性能（柴晓峰 等，2016）。

图 2-10　生猪运输　　　　　　　　　　　　　图 2-11　宰前静养

表 2-9　欧盟活畜推荐运输密度和运输时间（夏安琪 等，2014a）

品种		体重/kg	平均密度/m²	运输时间/h
猪		100	0.42	≤8
			0.60	>8
绵羊	剪毛	40	0.24	≤4
			0.31	4~12
			0.38	>12
	未剪毛	40	0.29	≤4
			0.37	4~12
			0.44	>12
牛		500	1.35	≤12
			2.03	>12

2. 屠宰致昏与放血技术

屠宰是由畜禽养殖向消费转化的重要一环，屠宰工艺直接影响畜禽肉质量（王守经 等，2013），不当的屠宰工艺还会增加屠宰过程损耗率，如提高滴水损失、产生 PSE 肉和 DFD 肉等异质肉、造成宰后胴体出现断骨或淤血等。

屠宰致昏能够避免血液在肌肉内聚集而导致的放血不完全。电击晕和 CO_2 击晕是两种较为适宜的致昏方式。电击晕有效提高了屠宰效率，但是不当的击晕参数会导致产生一定数量的断骨和血斑肉。中等电压致昏使肉鸡具有较高的放血率、较少的胴体损伤和较好的保水性。CO_2 击晕成本相对较高，效率相对较低，但可有效降低断骨和血斑现象（金厚国，2013）。吴小伟等（2014）研究发现，采用 CO_2 击晕且在轨时间为 44min 时，杜长大三元杂交猪滴水损失（3.22%）、疑似 PSE 肉发生率（19.13%）及 PSE 肉发生率（9.10%）均为最低。

放血方式也影响肉的品质。王守经等（2014）研究发现，采用吊挂放血方式的沂蒙黑山羊在宰后 12h 时蒸煮损失极显著低于平躺放血方式。付晓燕等（2015a，2015b）研究发现，割颈放血的鸭肉加压失水率、蒸煮损失率均低于动脉放血的鸭肉，电击晕可使肉鸭的胸肉加压失水率、蒸煮损失率显著减小。

3. 胴体冷却成熟技术和雾化喷淋技术

冷却成熟能够提升肉的食用品质和安全性。热鲜肉、冷却肉和冷冻肉是肉品流通销售的 3 种形式。热鲜肉一般是在后夜屠宰、凌晨上市，从屠宰到出售的时间只有 2～4h，肉处于僵硬阶段，口感和风味都很差，较高的肉温使微生物大量繁殖，肉的食用安全性无法得到保证。冷却肉是指畜禽经屠宰后立即进入冷库，在低温条件下使胴体在 24h 内降为 0～4℃，并在后续加工、流通和销售过程中始终保持在 0～4℃的肉。吊挂排酸可排空血液及占体重 18%～20%的体液，减少有害物质的含量，再加上冷却肉始终处于低温（-2～4℃）条件下，大多数微生物繁殖受到抑制，肉毒梭菌和金黄色葡萄球菌不再分泌毒素，畜禽肉的食用安全性大为提升（图 2-12）。此外，由于经过长时间的解僵过程，冷却排酸肉肉质柔软有弹性，好熟易烂，口感细腻，味道鲜美。与冷冻肉相比，冷鲜肉汁液流失少、营养价值较高。

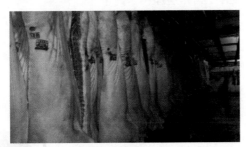

图 2-12　排酸猪肉

雾化喷淋可以有效减少预冷过程干耗。低温预冷过程中，由于胴体表面水蒸气压力大于冷却空气中的水蒸气压力，在蒸汽压力差的推动下，胴体表面蒸发出来的水蒸气不断向冷却空气中扩散，从而导致猪胴体内水分散失，使胴体预冷过程产生干耗（冯亦步 等，1999）。猪胴体在常规风冷下，干耗达 1.85%～3.5%（张向前 等，2006），同时由于风干带走水分，严重影响冷却肉的品质和外观，给企业造成很大的经济损失。雾化喷淋冷却是目前较为先进的一种冷却方式，其是将 0～5℃冷水通过喷淋设备转化为细小液滴，喷射在畜禽胴体上，一般在入库后最初 3～8h 内进行间歇式喷淋（Jones and Robertson，1988）。与常规风冷比较，雾化喷淋能有效改善畜禽胴体表面感官性状，同时可以减少预冷损耗。有研究

（张楠 等，2017）报道，以猪胴体为研究对象，常规风冷却猪胴体平均干耗为2.914%，经 14h 雾化喷淋处理的猪胴体继续冷却至 24h 后平均干耗为 1.066%，雾化喷淋处理显著降低了猪胴体的干耗。除此之外，雾化喷淋处理能使猪胴体中心温度快速下降。

畜禽胴体在送入冷却库之前胴体表面可能有微生物残留（李文采 等，2018），再加上冷却库环境中微生物的存在，畜禽胴体在成熟过程中可能会由于微生物的存在发生品质劣变。在雾化喷淋用水中添加一定比例的天然减菌剂可延长畜禽胴体货架期（赵圣明 等，2019）。美国早在 1996 年便推荐屠宰厂使用 1.5%～2.5%的乙酸、乳酸、柠檬酸等有机酸及磷酸三钠溶液对胴体进行喷淋减菌（丁存振和赵瑞莹，2014）。目前，北美国家广泛采用乳酸喷淋减菌方式。在去内脏前对胴体进行乳酸喷淋，可以使菌落总数和肠道菌群下降 1.0～1.6 个数量级。在屠宰线末尾喷淋乳酸，能使好氧细菌、大肠菌群和大肠杆菌分别下降 0.5、1.8、0.6 个数量级（刘建军，2013）。赵圣明等（2018）采用乳酸链球菌素（Nisin）、壳聚糖、茶多酚、ε-聚赖氨酸、姜黄素、溶菌酶和海藻酸钠等天然减菌剂对肉鸡胴体进行雾化喷淋，具有明显的减菌效果，并可延长产品的货架期。

在一些大型屠宰企业，胴体自动喷淋系统的应用愈发广泛，国际上较为知名的是美国开发的 CAPER（胴体病原菌清除和减少）系统和澳大利亚的 Deluge 系统。国内学者也开展了相关研究，如陈玉仑等（2018）开发的基于可编程控制器的猪胴体喷淋冷却作业控制系统，采用可编程逻辑控制器（programmable logic controller，PLC）作为控制器，触摸屏作为人机界面，能够完成猪胴体自动化喷淋冷却作业，并且作业人员可以在触摸屏上对喷淋参数进行调整，与人工喷淋相比，可减少 27.7%的冷却时间，提升了冷却效率，具有适应性强、操作简单等特点。

2.2.5 水产品减损技术

1. 水产品生态保活技术

水产品由于长期生活在海水或者淡水环境中，形成了自身独特的生活习性。水产品捕捞后通过提供接近其原始生活环境或符合其自身生活习性的环境，可以有效减少死亡率、提高水产品安全性；通过抑制水产品自身的代谢反应，减少水产品体内营养、能量物质的消耗及对 O_2 的需求，也有利于提高水产品的存活率。水产品生态保活技术主要有暂养净化、麻醉保活、低温保活和无水保活等。

1）暂养净化技术

暂养净化是将淡水或海水中捕获的鲜活水产品转入人工控制的水环境中进行短期饲养，以缓解鱼体应激、延长成活时间、提升水产品新鲜度的一种方式。海水鱼类在天然海水过滤水中进行暂养，能够缓解环境胁迫、延长鱼的成活时间。

淡水鱼类尤其是养殖类淡水鱼受水域环境影响，鱼肉中具有消费者可感知的土腥味，通过暂养净化处理能够改变鱼肉中挥发性风味物质组成和含量，进而达到改善风味、提升养殖淡水鱼加工品质的作用。淡水鱼类暂养净化处理方式主要有微流水净化、循环水净化等，其中循环水净化通过调节 pH、增氧、水质过滤装置等改善暂养净化水质，并实现了水资源的循环再利用。采用循环水净化装置，设置鱼水密度为 1∶25、净化水温为 18℃、水流置换量为 200 倍鱼重/d，对团头鲂暂养（净化）8d，既没有影响存活率（保持 100%），同时还增加鱼肉的亮度、弹性和咀嚼性，降低了鱼肉的腥味和异味（郭晓冬，2019）。

　　贝类是重要的海产生物资源，具有典型的富集特征。沿海贝类容易受环境污染而导致大肠杆菌、副溶血性弧菌等微生物和铅、镉、汞等重金属超标。贝类净化分为暂养净化和工厂净化。将贝类移至指定区域进行暂养净化能够有效降低贝类体内的泥沙、污泥、重金属和微生物含量。同时，贝类受捕捞胁迫极易发生应激反应，加速死后僵直，使贝类闭壳肌肉质硬化、加工品质降低，捕捞后经短时间海水暂养能够有效缓解应激、改善贝类肌肉品质。暂养净化是利用贝类自身代谢达到净化目的，适合微生物污染程度较轻的贝类净化，同时暂养净化是唯一可以降低重金属含量的方法。贝类工厂净化是在人工控制的条件下，利用紫外线（ultraviolet，UV）、臭氧等理化方法处理所使用的海水，在短时间内显著降低贝类体内微生物数量的一种技术，尤以紫外线辅助净化最佳，避免氯及氯化物在贝类中残留及臭氧导致的溴酸盐超标。工厂化贝类净化模式主要有水槽系统、多层系统、垂直立体系统、大型箱式系统等（王光辉，2008）。净化水质的盐度、温度、浑浊度、溶解氧、流速等对不同种类贝类净化效果影响较大，要根据贝类净化实际进行调整。

　　2）麻醉保活技术

　　麻醉保活是将麻醉制剂添加在水体或饵料中，当水产动物在呼吸或摄食时摄入被麻醉，暂时失去反射功能，进而降低其呼吸代谢强度、提高存活率。

　　麻醉保活主要分为化学麻醉法和物理麻醉法。化学麻醉法虽麻醉效果好、操作简单，但部分化学麻醉剂存在一定毒性，在运输用水中残留会污染水环境，还可能影响水产品的食用安全。因此，化学麻醉药的使用受到了一定的限制。MS-222（间氨基苯甲酸乙酯甲磺酸盐）是美国食品药品监督管理局批准的唯一可以用于食用鱼的麻醉剂，麻醉运输鱼后需要 21d 的药物消退期才可以在市场销售。此外，CO_2 作为麻醉剂早在 1943 年就已经被初次使用。CO_2 作为水产品麻醉剂，在水产品体内无残留，操作者在进行操作时不会有危害，对环境也没有危害。碳酸含量为 700mg/mL，氯化钠含量为 0.2%，且温度为 10℃时鲫鱼的保活率最好、效果最佳（张恒 等，2008）。

　　物理麻醉法是采用一定的物理刺激抑制水产动物的神经系统，降低其对外界刺激的反应强度，其安全性较化学麻醉剂高，包括低温麻醉、电流麻醉等。刘伟东（2009）使用脉冲电场对大菱鲆进行电击后无水保活 24h 的存活率达 100%，36h 的存活率达 70%。

3）低温保活

低温保活，也称生态低温保活或生态冰温保活，是基于水产品生态临界温度（一个区分生死的生态冰温零点），采用精准控温技术使环境温度缓慢梯度降至生态冰温区（从临界温度到结冰点的这段温度范围），使水产品处于半休眠或完全休眠状态，降低其新陈代谢等生理生化反应，从而延长保活时间（严凌苓 等，2013）。低温保活分为低温有水保活和低温无水保活。低温无水保活技术将低温、无水有机结合，首先通过缓慢降温法使水产动物进入休眠状态，再将其置于湿润环境中充氧密封包装，并在冰温环境中贮藏一段时间后，移至适宜的低温水环境中，通过梯度升温使其缓慢恢复进入正常生存状态。水产动物属于冷血动物，环境温度的降低可使其新陈代谢明显减弱，从而降低其耗氧量、减少体内营养物质的消耗，当温度降至生态临界温度时，水产品的代谢和呼吸速率降到最低点，几乎处于休眠状态；低温还可显著降低水质、O_2、密度等因素对水产动物造成胁迫而产生的应激反应；低温条件下，水中及水产动物体内血液的溶氧量增加，能够有效抑制机体及水中有害微生物的活动及各种酶的活性。暂养是实现低温有水保活和低温无水保活的必要步骤，在暂养期间通过精准控温实现暂养水温缓慢降至生态冰温区。

与低温有水保活相比，低温无水保活技术无须用水、运载量大，且无污染、保活质量高，是一种节能、环境友好的水产品保活技术，广泛适用于活鱼、虾、蟹、贝类等水产动物。张憋和肖功年（2002）利用冰温高湿保活螃蟹获得突破性进展，达到了工业化生产。不同品种临界温度的选取、合适的降温速率是提升水产品保活率的关键。刘淇等（1999）研究发现，两龄比目鱼在长达 52h，临界温度-0.7℃时，生存率达 100%；延长到 60h，生存率为 90%。黄颡鱼在 2℃纯氧状态下可无水保活 24h（白艳龙 等，2013）。鲫鱼降温速率为 1℃/h 时，乳酸脱氢酶和异柠檬酸脱氢酶活性得以保护，无水保活时间可达 24h。

2. 水产品生态保鲜技术

水产品尤其是远洋捕捞的水产品，鲜度是其品质的重要指标，代表着水产品的安全性、营养性及适口性等品质。当水产品的鲜度下降到一定程度、不再符合相应标准，就不能被食用，造成水产品资源的浪费，因此对捕捞后的水产品进行保鲜也是十分必要的。远洋捕捞水产品冷冻保鲜易造成肌肉组织细胞受损、蛋白质变性、汁液流失，氟氨制冷还可能污染环境；冷海水保鲜仅能短期贮存；碎冰敷保鲜易造成鱼体机械损伤、缩短水产品货架期和加工品质，且消耗大量淡水资源。水产品生态保鲜技术主要有流化冰保鲜和微冻保鲜等，能够在延长水产品货架期和加工品质的同时，尽可能降低对自然资源、环境的破坏。

1）流化冰保鲜

流化冰技术应用于海上渔船捕捞水产品保鲜，始于 20 世纪 70 年代。流化冰是一种颗粒球状冰晶悬浮于淡水、盐水或海水等溶液中形成的均匀两相混合物，通过添加乙二醇、乙醇等可以对溶液凝固点和冰晶颗粒大小进行调整。流化冰冰晶颗粒细小、呈球状，直径为 0.05～0.5mm，可以有效避免对鱼体的损伤；同时，其载冷能力强，是冷却水的 1.8～4.3 倍，冷却能量是冷海水的 5～9 倍；具备水的流动性和冰的制冷性，便于配送；海水是流化冰制冰的重要来源，利用海水制冰既节省淡水资源，还可随用随制。水产品置于流化冰中隔离了 O_2，减缓了水产品中脂质和蛋白质的氧化。

与传统碎冰相比，流化冰能够更为快速地实现捕捞水产品的降温，同时延长水产品的货架期，最大限度地保持其感官品质和加工品质，在蓝鳍金枪鱼、大黄鱼、鲐鱼、鲣鱼、南美白对虾等水产品中已经得到验证应用。澳大利亚和新西兰检验检疫部门规定，采用流化冰预冷蓝鳍金枪鱼，应保证鱼体中心温度在 12h 内降到 5℃。受鱼体重量和流化冰温度波动影响，捕获的蓝鳍金枪鱼有 6.93%的比例无法达到 12h 内降到 5℃的要求；流化冰温度控制在 0℃可以减少预冷环节蓝鳍金枪鱼的腐败变质。

2）微冻保鲜

微冻保鲜是将水产品温度降到冻结点以下的一种轻度冻结的保鲜技术，一般为-3℃。鱼体内的部分水分在微冻状态下发生冻结，微生物体内的部分水分也发生冻结，这就导致了某些细菌死亡，其他细菌虽未死亡，但其生理活动也受到抑制，几乎不能繁殖，于是水产品能够在较长时间内不发生腐败变质而保持较好的新鲜度。同时，微冻保鲜有效减缓脂质氧化，所需降温耗能少，解冻时汁液流失少，符合生态加工的要求，同时水产品表面色泽保持不变。

常用的微冻方法有加盐和加冰混合微冻、低温盐水微冻及冷却微冻等。微冻保鲜技术比冰温保鲜延长保质期 1.5～2 倍（胡玥，2016）。然而微冻保鲜技术的操作要求特别高，尤其是对温度的调控要求更高，温度调控不当容易引起冰晶对肌肉细胞造成损伤。在微冻保鲜过程中如何选择适当的条件，尤其是降温速度、贮藏温度和解冻速度等还需要进一步优化。

2.3　食品原料生态贮运保鲜技术

传统贮运保鲜技术以减少食品原料腐败变质、延长保存期限为主要目的，较少考虑对环境保护、能源消耗、人类营养与健康造成的影响。食品原料生态贮运保鲜，其核心要义是在减少贮运环节损耗、保持食品原料加工和营养品质的同时，最大限度地降低各种贮运技术对自然资源和环境、人体营养与健康的破坏。本节重点对粮食谷物、果蔬、畜禽肉和水产品生态贮运保鲜技术进行归纳和介绍，以实现贮运环节食品原料损耗的最小化、流通的绿色化和智能化及营养品质保持的最大化。

2.3.1　食用原料生态贮藏保鲜技术

1.　概述

粮食谷物、果蔬、畜禽肉、水产品等食品原料易腐、易霉变、难储存，通过采用物理性、化学性和生物性贮藏保鲜技术能够减少贮藏过程的损耗、延长储存时间、更好地保持食用和加工品质。传统贮藏保鲜方式（如使用化学杀虫剂和化学保鲜剂、冷冻保鲜等），尽管延长了食品原料的贮藏期限，但对产品食用品质和营养品质造成一定的影响。为减少食品原料产后损失，防腐剂、保鲜剂和添加剂往往被应用于贮藏和运输环节，人工合成保鲜剂虽然具有较高的防腐保鲜效果，但是长期大量地摄入会对健康造成一定危害，过量使用或者不规范使用甚至出现致癌、致畸等毒性，还可能造成环境残留、影响水质和土壤。较高的蛋白质、脂质含量使畜禽肉和水产品在贮藏、运输和销售等环节中发生腐败变质，不仅对生产者造成严重的经济损失，还会严重威胁到消费者的健康。低温保鲜（0～4℃下贮藏）仍是使用最为广泛的一种畜禽肉保鲜技术。但是，在0～4℃的环境下，微生物的生长并没有被完全抑制，一些嗜冷菌（如假单胞菌和肠杆菌）仍可以快速生长和繁殖，使畜禽肉在较短的时间（7～9d）内腐败变质。0℃以下贮藏冰晶的形成会造成肌肉细胞刺伤，使畜禽肉和水产品中的蛋白质发生变质，出现解冻后汁液流失的现象，影响畜禽肉和水产品的品质。因此，不断改进现有贮藏保鲜技术、开发新型生态贮藏保鲜技术，对提高食品原料品质、减少贮藏环节损耗、保护生态环境和促进人类健康是很有意义的。

2.　粮食谷物生态贮藏技术

粮食生态贮藏技术是指在常规粮食贮藏基础上，以储粮生态学为理论基础，采用低温（准低温）储粮、气调储粮等手段科学合理地调控粮堆生物和非生物因子、促进化学药剂使用的减量增效，来保持或改善粮食品质的储粮新技术。储粮生态系统多场耦合用于研究温度、湿度、压力等多种因素对粮食贮藏的影响，储粮质量安全预警预测将更提前、更准确。应用绝对水势图指导粮仓通风，可以有效及时降低粮堆水分、实现节能降耗（陈龙，2018）（图2-13）。根据我国气候特点，结合储粮实际，我国粮食贮藏科技工作者提出了7个储粮生态区域的划分，为各生态区域粮库因地制宜地开展粮食仓储提供了很好的建议和指导（表2-10）。

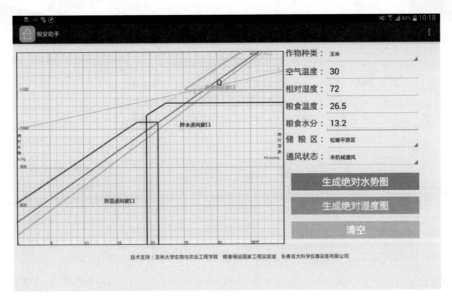

图 2-13 大岭横向通风试验仓 2017 年 6 月 30 日中午 12 时绝对水势图（陈龙，2018）

表 2-10 中国生态储粮区域划分

生态储粮区	特点	储粮技术
高寒干燥储粮区（I区）	15℃以上有效积温 0～178℃·d，15℃以上的时间 0～70d；年降水量≤400mm；年平均相对湿度 10%～90%；1 月气温 0～-16℃，7 月气温 6～18℃；主要粮油作物为青稞、春小麦、冬小麦；代表性储粮害虫为褐皮蠹、花斑皮蠹、黄蛛甲、褐蛛甲；空气稀薄，太阳能、风能资源极为丰富，寒冷、干季干燥，最适宜储粮	自然通风、干季低温储藏、雨季前密封
低温干燥储粮区（II区）	15℃以上有效积温 626～2280℃·d，15℃以上的时间 112～194d；年降水量<800mm；年平均相对湿度 28%～90%；1 月气温-8～-20℃，7 月气温 18～24℃；主要粮油作物为春小麦、冬小麦、玉米；代表性储粮害虫为黑拟谷盗、褐毛皮蠹、花斑皮蠹、黄蛛甲、裸蛛甲、日本蛛甲、谷象（新疆）；全国最干旱地区，日照充足，寒冷、风力大，适宜低温储粮	自然通风、自然低温；次年春末、夏初晾晒和通风处理高水分粮；夏初前施拌保护剂密封；新疆个别地区需使用谷冷机降温
低温高湿储粮区（III区）	15℃以上有效积温 223～819℃·d，15℃以上的时间 55～122d；年降水量 400～1000mm；年平均相对湿度 22%～93%；1 月气温-12～-30℃，7 月气温 19～24.5℃；主要粮油作物为春小麦、玉米、大豆；代表性储粮害虫为玉米象、锯谷盗、大谷盗、赤拟谷盗；冷、湿是其气候特点	季节性自热通风降温，春末、夏初晾晒和通风、烘干；施用防护剂并密闭储存
中温干燥储粮区（IV区）	15℃以上有效积温 828～1690℃·d，15℃以上的时间 143～192d；年降水量 400～800mm；年平均相对湿度 13%～97%；1 月气温 0～-10℃，7 月气温>24℃；主要粮油作物为冬小麦、玉米、大豆；代表性储粮害虫为玉米象、麦蛾、印度谷螟、锯谷盗、大谷盗、赤拟谷盗；冬季寒冷干燥、夏季高温多雨	自然低温，次年春初前用晾晒、通风方法处理高水分玉米；施用防护剂并密闭储藏；密切注意过夏粮粮情

续表

生态储粮区	特点	储粮技术
中温高湿储粮区（V区）	15℃以上有效积温1029～3180℃·d，15℃以上的时间121～253d；年降水量800～1600mm；年平均相对湿度34%～98%；1月气温0～10℃，7月气温28℃左右；主要粮油作物为单、双季稻、冬小麦；代表性储粮害虫为玉米象、谷蠹、麦蛾、锯谷盗、长角扁谷盗、大谷盗、赤拟谷盗	冬春通风降温，次年春季干燥高水分粮；春季气温回升前密封；降低晚稻水分含量；施用防护剂，害虫多时熏蒸；密切注意过夏粮粮温、水分含量
中温低湿储粮区（VI区）	15℃以上有效积温724～1307℃·d，15℃以上的时间173～224d；年降水量1000mm左右；年平均相对湿度30%～98%；1月气温2～10℃，7月气温18～28℃；主要粮油作物为单季稻、冬小麦、玉米；代表性储粮害虫为玉米象、谷蠹、麦蛾、锯谷盗、长角扁谷盗、大谷盗、赤拟谷盗；冬暖夏热，降水较多，日照少，湿度高，储粮虫害问题较严重	熏蒸，冬春通风降温，施用防护剂并密闭储藏，四川盆地应密切注意过夏粮温、水分含量
高温高湿储粮区（VII区）	15℃以上有效积温1566～3476℃·d，15℃以上的时间289～352d；年降水量1400～2000mm；年平均相对湿度35%～98%；1月气温10～26℃，7月气温23～28℃；主要粮油作物为双季稻、单季稻、冬小麦、玉米；代表性储粮害虫为米象、玉米象、谷蠹、麦蛾、锯谷盗、长角扁谷盗、大谷盗、赤拟谷盗；大部分地区夏长5～9月，年均温20～26℃，只有干湿季之分。降水多，相对湿度80%左右。台风季节5～11月，台风雨占年降雨10%～40%，虫害问题严重，储粮难度最大	熏蒸，吸湿，干季及时通风降温，降水，施用防护剂并密闭储藏

成熟的生态储粮技术主要有低温储粮技术、气调储粮技术、非化学药剂杀虫技术、组合生态储粮技术和人工智能储粮技术等。

1）低温储粮技术

低温储粮技术，是一种利用储粮害虫、霉菌等在低温下活动力和繁殖能力受抑制的特性，来降低粮仓温度、防止储粮虫害发生、减缓储粮品质劣变的技术，分为低温储粮和准低温储粮两种方式。低温储粮是指粮仓整仓温度≤15℃，局部区域温度≤20℃的储粮方式。准低温储粮技术是指粮仓整仓温度≤20℃，局部区域≤25℃的储粮方式。

温度对粮食中害虫的影响可以分为5个区：致死低温区（-40～-10℃）；亚致死低温区（-10～-8℃），害虫呈昏迷状态；适温区（8～40℃）；亚致死高温区（40℃～45℃），害虫呈昏迷状态；致死高温区（>45℃）（Zhou et al.，2010）。储粮害虫最适生长繁殖温度为22～30℃。温度低于适温区，害虫就会停止生长繁殖。温度对粮食中霉菌的影响也各有不同，10～40℃为适温区，20～35℃为最适生长繁殖区。当储粮温度<20℃，大部分霉菌生长繁殖放缓。当储粮温度<10℃时，大部分霉菌将停止生长。因此，通过低温储粮，可以抑制虫霉生长繁殖。

低温储粮和准低温储粮，在保障粮食安全的同时，粮食品质也得到了较好的保障。我国各生态区域，充分利用冬季低温通风，夏季密闭保温隔热，保持粮堆处于低温和准低温条件，实现低温储粮。地下仓或半地下仓是一种较好的准低温生态储粮方式，它利用自然低温，使粮食储存在准低温（20℃）及以下，可以有效地防止粮食霉变，并能减少粮食品质劣变。随着保温隔热、防水防潮技术的发展，地下仓/半地下仓储粮越来越成熟，已经在我国粮食贮藏中得到应用。利用相变材料在一定范围内改变物质状态来储热和放热而温度保持不变的特性来改装粮仓，可以达到 15～20℃的准低温，有效节能的同时，还能够确保储藏温度的相对稳定。任丽辉（2018）采用相变材料改造仓房内墙，结合仓房密闭、机械通风、粮情测控等技术，确保储存的稻谷保持 18℃的准低温，实现了绿色生态储粮，粮温变化小，避免了粮食生虫、发霉和产生黄粒米等。通过内环流技术，在密闭保温效果好的厂房内，可以充分利用粮食冷心降低整仓粮食的温度，保证粮食安全过夏。

2）气调储粮技术

气调储粮技术，是指使用不被粮食、虫霉等仓内生命体利用的气体（如 CO_2、N_2 等），充满气密性好的粮仓，以抑制粮食籽粒呼吸作用、抑制虫霉的生长繁殖、延缓粮食品质劣变。气调储粮是确保储粮安全、同时又不使用化学药剂的绿色储粮方式。气调储粮技术分为缺氧储藏、低氧储藏、双低储藏和三低储藏等。20 世纪 60 年代，我国就开始了 CO_2 气调储粮技术研究。缺氧储藏指粮堆空气中 O_2 浓度≤2%的储粮方式，当粮堆 O_2 浓度≤2%，或 CO_2 浓度≥40%时，或 N_2≥98%，多数害虫将死亡，多数霉菌的生长繁殖将被抑制。低氧储藏是指粮堆空气中 O_2 浓度（2%～12%）保持一定时间的储粮方式。双低储藏，是指粮堆处于低氧状态下再使用低剂量熏蒸剂的组合储粮杀虫方式。在双低储藏的基础上，再达到低温条件，即为三低储藏。中国储备粮管理总公司制定了 N_2 储粮的企业标准《氮气气调储粮技术规程（试行）》（Q/ZCL T8—2009），规定了气调储粮的基本要求、操作管理步骤、安全要求等内容。国家标准《粮油储藏技术规范》（GB/T 29890—2013）也规定了气调储粮的相关要求。

3）非化学药剂杀虫技术

仓储害虫的天敌昆虫、信息素、害虫生长调节剂、害虫病原微生物和病毒、植物源杀虫剂等，都能有效防治储粮害虫。粮面压盖、六寸移顶、诱捕杀虫灯等利用害虫生物习性杀虫的技术，也在一些地方得到广泛应用。植物源杀虫剂在国内外的研究较多，我国在 20 世纪 80 年代就开始相关的研究。现在的主要研究方向为提纯已知植物源杀虫剂的活性成分，开展人工合成研究，寻找新的植物源杀虫剂，开展植物源杀虫剂与其他技术的合成使用技术研究。从刺糖多胞菌发酵液中提取的大环内酯类物质多杀菌素，是一种绿色高效的生物杀虫剂，现在已在一些粮食仓储中进行应用性研究。

4）组合生态储粮技术

将仓储技术与网络技术、传感技术、信息技术和大数据等结合起来，实时监控分析仓储粮情，选择合适的处理方式。自热通风降温降水能达到效果的，尽量不要用机械通风；能通过通风解决的，尽量不投入化学药剂，以节约能源、减少化学药剂的投放。将内环流智能控制系统安装到粮仓内，通过智能控制仓房窗户开合、充分利用低温环境条件等方法使仓内粮食达到了准低温储粮的标准（王宝堂 等，2016）。横向通风生态储粮技术，就是将主风道和支风道固定安装在两侧檐墙上，避免粮食进仓和出仓时安装和拆卸地上笼，同时结合负压谷物冷却机、粮情测控系统、生态害虫防治技术来实现生态储粮。其特点是效率高、成本低、绿色生态、粮食品质好。

5）人工智能储粮技术

人工智能在粮食储藏中的应用，将加快绿色生态储粮的应用基础研究、储粮技术研究和实际应用。数字粮食储藏系统，即基于传感技术、检测技术、网络技术等的数据采集、传输、分析系统；智能粮食储藏系统，即在数字粮食储藏系统的基础上，加上专家决策技术，能够综合判断储粮的现状和风险，并提供合理化建议；智慧粮食储藏系统，即不仅被动接受数据分析判断，也根据需求主动抓取数据，主动分析判断，并提供信息推送、储粮现状分析和风险判断、预警，提供应对管理措施建议、管理决策建议等（吴子丹 等，2019）。以时间和空间为维度，研究温度、湿度、压力、空气、霉菌、害虫等的多场耦合，将推动粮堆虫霉预警预测的人工智能化。

我国的绿色生态储粮技术，一直走在世界前列。一方面，我国有强大的储粮科研队伍；另一方面，我国建立了比较完备的三级储粮体系，即中央、省、县（市）储备粮体系，所有新技术能及时进行实仓试验和推广。中国储备粮管理总公司着力构建绿色储运体系，制定了"高质量、高营养、高效益、低损耗、低污染、低成本"的现代化储粮目标，充分利用自然冷源，开发无污染可再生冷源，开发低污染，甚至无污染害虫综合防治技术，有效减缓粮食品质劣变，确保储粮安全，为消费者提供品质好、无公害的绿色放心粮食。

绿色生态储粮技术是一种可持续发展技术，具有节能降耗、环保、高效的特点，是粮食储藏技术未来发展方向。一方面，要加强基础研究，研究粮堆生态和非生态因子及其互作，研究粮堆的温度场、湿度场变化对粮堆储粮安全的影响，注重低温、准低温储粮，气调储粮等相关的材料、设备和技术的研发；另一方面，要研发粮堆品质安全变化监测预警技术，及时发现和预防粮食品质劣变，不断提高粮仓精细化高科技管理水平。

3. 果蔬生态贮藏保鲜技术

果蔬采后贮藏保鲜技术主要分为物理保鲜技术、化学保鲜技术和生物保鲜技术 3 种。传统意义的物理保鲜技术主要有低温贮藏和气调贮藏技术，近年来不断有冰温贮藏、热处理、光照处理等新技术受到关注。随着生物技术的不断发展，生物保鲜技术也开始发挥出重要作用，将在今后的实践中有更广泛的应用。单一保鲜技术的应用均有局限性，果蔬保鲜技术正向着综合应用的方向发展。

1）物理保鲜技术

（1）低温贮藏。低温贮藏，也称冷藏，是生产中主要采用的贮藏保鲜方式。将果蔬贮藏在适宜的低温（如 0～5℃）环境下，能够延缓果蔬的衰老过程、抑制微生物生长、减少腐烂率、提高品质、延长贮藏时间。

（2）气调贮藏。在低温贮藏的基础上，即在冷库温度和湿度处于最佳值时，再调整库内的气体组成，从而抑制果蔬的代谢、延长果蔬贮藏周期。气调贮藏库一般可容纳几百吨至上千吨的产品。富士苹果在气调库内，贮藏条件为温度 1～1.5℃（±0.5℃）、相对湿度 90%～95%，气体成分 O_2 浓度 3%～5%、CO_2 浓度 2%～3%，保鲜周期可以达到 8～12 个月或以上（Thompson，2010）。

气体的组成须根据果蔬产品种类的不同进行调节变化，在调节气体时应考虑果蔬采收时成熟度、预计贮藏时间和产品对 CO_2 的敏感性等因素。通常情况下气调库内 O_2 的浓度为 2%～4%，CO_2 浓度为 3%～5%。低 O_2 和高 CO_2 的环境会降低乙烯的作用，因此会推迟产品的后熟，并保持产品的营养价值和良好的外观，延长保存期。O_2 含量的减少和 CO_2 含量的增加还会抑制病原微生物活动、延缓或阻止生理病害的发生。对于呼吸跃变型水果和蔬菜（如苹果、梨、香蕉和番茄），还会推迟呼吸高峰的到来。O_2 浓度不能低于 1.5%，因为在缺氧状态下，水果和蔬菜会进行无氧呼吸，产生发酵作用，果实表面会发生褐变。CO_2 浓度不能高于 8%，否则将引发各种生理病害（CO_2 伤害），从而导致产品质量的下降和重量的减少。

（3）减压贮藏。减压贮藏，也称低压换气贮藏、低压贮藏，是在气调贮藏的基础上发展起来的贮藏保鲜技术。其基本原理是将贮藏果蔬的保鲜库内的部分空气抽出，使内部气压下降到一定程度，同时通过压力调节器向内不断输送经过灭菌处理的新鲜高湿空气，保证整个系统的气体交换，以维持库内压力和湿度的恒定。减压保鲜可快速形成一个低氧或超低氧的环境，快速脱除挥发性催熟气体，有利于气态保鲜剂进入果蔬组织内部，有利于显著减少空气中细菌的基数，有利于抑制果蔬的呼吸与代谢活动，具有良好的贮藏效果，尤其在易腐难贮果蔬保鲜方面具有优势。但是减压贮藏技术会导致贮藏果蔬失水、芳香物质损失较大及容易失去原有的香气等问题（张若瑜和张卫国，2019）。

（4）冰温贮藏。冰温贮藏技术被认为是继冷藏和气调贮藏后的第三代保鲜技术（唐坚，2015）。水的冰点一般为 0℃。果蔬中含有许多糖类、无机盐、可溶性蛋白质等天然高分子物质，因此冰点一般处于 0℃ 以下，通常为-0.5～-3.5℃。0℃以下、食品冰点以上的温度范围称为食品的冰温带，简称冰温。果蔬冰温贮藏的关键点在于使贮藏温度控制在冰温的范围内，使其保持细胞活性，呼吸代谢被抑制，保持刚刚收获时的新鲜度，果蔬细胞在冰点临界点还会启动自身防冻机制，发生生理生化反应，产生有益于消化并增加良好口感的防冻液，使果品品质得以提高。

冰温贮藏技术在实验室范围内已经非常成熟，但在实际生产应用中还有一定的局限性。保鲜过程中需要将库温精准控制在果蔬的冰温带范围内，一般处于-0.5～-3.5℃，不允许有较大的温度波动，库内平均温度波动要小于1℃，库内最大温差要小于 1℃，对制冷设备、温度探测设备及整体布风系统的自动化控制等均有要求，目前尚未在生产中大规模应用。

（5）热激处理保鲜技术。将采后的果蔬置于适当的温度处理一段时间，可以杀死或抑制病原菌的活动、改变酶活性、降低果蔬的生理代谢、改变果蔬表面结构特性、诱导果蔬的抗逆性，从而延长果蔬保鲜期。热激处理的方法有热空气、热蒸汽、热水浸泡、远红外线及微波处理等，生产上通常用 30～50℃处理果蔬数小时至数天，或用 40～60℃处理数分钟（吕英忠和梁志宏，2010）。

热激处理主要是通过降低采后果蔬的呼吸强度，控制果蔬内源乙烯合成和调节果蔬内部各种酶活性来完成保鲜的。热带、亚热带水果用冷藏方法保鲜容易发生生理冷害，热激处理可以防止或减轻果蔬中冷害的发生。这种对冷害的抵抗性可能与热激蛋白的合成有关。目前热处理已在柑橘类、苹果、木瓜、甜椒、茄子等果蔬上广泛应用（Zhou et al.，2014）。

热激处理技术无毒无害，无化学残留、安全性高、简便有效，具有一定的推广利用价值。热处理的果蔬保鲜技术对温度的控制非常关键，不同品种、不同成熟度的果蔬对热处理条件的要求不同。不适宜的处理温度很容易使果蔬的感官特性发生改变，使果蔬失去本来的商品价值。

（6）光照处理技术。光照处理技术主要包括紫外保鲜技术、发光二极管（lighting emitting diode，LED）光照处理技术。

紫外保鲜技术是一种无化学污染的物理保鲜方法。短波紫外线（ultraviolet C，UV-C）是指波长在 200～280nm 的紫外线。UV-C 处理可以使水果表面微生物发生 DNA 损伤，对于霉菌、酵母菌、细菌等均具有杀灭作用。此外，它能够刺激果蔬组织产生非生物胁迫效应，延缓果蔬腐烂及病害的发生，维持果蔬的硬度。大量研究表明，适宜剂量的 UV-C 照射能够诱导植物抗毒素的积累，激活与抗病机制相关蛋白的基因编码，增强植物组织抵御疾病的机能（Jiang et al.，2010）。

UV-C 处理仅需紫外灯装置，操作简单、投资小、无化学试剂残留，适宜果蔬的保鲜。将 UV-C 照射处理与其他保鲜方法结合，对果蔬的保鲜效果更佳。但也要考虑到紫外照射对果蔬本身 DNA 损伤导致的品质下降，因此要严格控制照射强度及时间。

LED 是一种直接把电转化为光、发出可见光和众多单色光质的半导体发光器件，能够直接发出红、黄、蓝、绿、青、橙、紫、白色的光（詹丽娟 等，2018）。LED 属于冷光源，发热量比相同功率的传统照明光源要低很多，因此果蔬受到 LED 近距离照射时，不会因为温度过高导致组织腐烂。

LED 光照处理对果蔬产品采后贮藏保鲜有显著的调控作用，LED 光照处理技术在促进采后果蔬继续进行光合作用、减缓或抑制呼吸强度及乙烯释放、抑制采后果蔬表面微生物生长等方面均有效果。LED 光照处理作为一种新兴的物理保鲜方法，具有操作简单、成本低廉、无毒害、无副产物残留、对环境友好等其他保鲜方法无法比拟的优点，但单独使用 LED 光照处理对果蔬采后保鲜效果并不十分理想。新鲜果蔬采后衰老过程受多个因素影响，如贮藏环境的温度、湿度、气体成分等，因此研究 LED 光照处理需结合其他保鲜措施，如低温冷藏、气调包装和保鲜剂等。

2）化学保鲜技术

（1）1-甲基环丙烯（1-MCP）处理技术。1-MCP 是一种含双键的环状碳氢化合物，是一种高效的乙烯受体抑制剂，能不可逆地作用于乙烯受体，阻断乙烯与其受体的正常结合。1-MCP 对乙烯受体的亲和力是乙烯的 10 倍，从而阻断乙烯的信号传导，控制内源乙烯的生成和控制乙烯作用，抑制乙烯释放量和呼吸强度，调节果实成熟与衰老相关基因的表达，延缓果蔬衰老，提高产品价值（范文广 等，2013）。1-MCP 处理适当，可以保持水果硬度，保持可溶性固形物含量和可滴定酸含量，抑制乙烯的产生，降低呼吸强度，降低内部褐变程度，减少冷害和冻害的发生。1-MCP 通常采用熏蒸的处理方法或缓释片的处理方式，具有效果持续时间长、使用浓度低、对环境无污染等优点。1-MCP 的应用可部分取代气调库的应用，大大降低投资成本，是特别适合我国国情的一种保鲜措施。

（2）乙醇保鲜处理技术。乙醇是一种易燃、易挥发的无色透明液体。利用乙醇易挥发的特点，可对果蔬进行熏蒸处理。适当的乙醇处理，能延缓果蔬特别是鲜切果蔬的成熟、衰老进程，减少腐烂和鲜切果蔬的褐变程度，从而延长货架期。用适当的乙醇进行处理，能够抑制许多呼吸跃变型水果的后熟，如番茄、梨和桃等。合适浓度的乙醇在蔬菜保鲜，特别是鲜切制品的保鲜上，能够起到延缓衰老、提高蔬菜品质的作用，延长货架期，提高蔬菜的商品价值。

3）生物保鲜技术

生物保鲜是采用微生物菌株或抗生素类物质，通过对果蔬进行喷洒或浸渍处理，以降低或防治果蔬采后腐烂变质的保鲜方法，是近年来迅速发展起来的一种天然、高效、低成本、无副作用的新兴技术（廖妍俨，2012）。生物保鲜技术分为两类。

（1）微生物拮抗菌保鲜。该保鲜技术主要利用细菌次生代谢产物或直接利用拮抗菌菌体对果实进行保鲜。目前应用的主要为 Nisin。Nisin 等细菌素可以吸附于微生物的表面，使细胞膜的通透性增加，同时抑制细胞壁中肽聚糖的生物合成，导致微生物的死亡。Nisin 被人体食用后，水解为氨基酸，是一种高效、安全、无副作用的天然食品防腐剂，被广泛应用于果蔬的保鲜中，目前在草莓、杨梅、枇杷、胡萝卜等果蔬中应用（老莹 等，2018）。经过 Nisin 处理的草莓，其腐烂率、失水率、维生素 C 损失率及可滴定酸下降率都要优于对照组，且 Nisin 能有效抑制草莓表面霉菌的生长。

（2）天然提取物及仿生保鲜剂保鲜。该类物质主要包括中草药提取物、植物精油、动物源提取物（如壳聚糖、蜂胶），及人工合成的茶多酚、维生素等。天然物质主要通过隔离果实与空气接触、抗氧化及抑菌等方式进行保鲜。张思齐（2018）在室温贮藏条件下，采用喷雾法处理采收后的番茄，发现柚皮、山苍子、荷叶提取物保鲜效果显著，贮藏 16d 后，可以有效提高番茄的好果率，降低番茄失重率，延缓其硬度、口感、风味、维生素 C 的变化，提高超氧化物歧化酶、过氧化氢酶及过氧化物酶活性，抑制相对电导率和多酚氧化酶的上升，保鲜效果与 1-MCP 活性相当。

4. 畜禽肉类生态贮藏保鲜技术

目前，畜禽肉新型生态保鲜技术包括冰温保鲜技术、气调包装保鲜技术、天然保鲜剂保鲜技术和超高压保鲜技术等，其中应用较为广泛的是冰温保鲜技术和气调包装保鲜技术。

1）冰温保鲜技术

冰温保鲜技术是一项非冻结保鲜技术，其理论基础为畜禽肉在 0℃以下、冰点以上这个温度区间（冰温区）内不会冻结，且与传统低温保鲜技术相比，其温度更低，可以更好地抑制产品中微生物的生长，从而达到长时间贮藏的目的。冰温保鲜的畜禽肉始终处于不冻结状态，不会出现组织损伤和汁液流失等现象。同时，冰温保鲜技术可以很好地抑制肌肉组织中的各种酶促反应和非酶促反应，在较长时间内保持产品的感官品质（徐晓霞 等，2015）。

冰温保鲜技术的关键在于冷却诱导和恒温控制。冷却诱导是指通过调节温度和改变畜禽肉细胞内组织成分，降低组织细胞的新陈代谢，同时保证组织细胞不受损伤，也就是说，不仅要降低畜禽肉的温度，还要在此过程中保证其营养品质和感官品质不受破坏或受到的破坏很小。在畜禽肉温度由 10℃下降至 5℃的过程中，冷却速度对其品质影响较小，但由 5℃下降到冰点的过程中，冷却速度对产品的品质影响较大，因此，冷却诱导的关键在于控制 5℃到冰点之间的冷却速度（李林 等，2008），冷却速度越慢越好。恒温控制指畜禽肉制品被冷却诱导到冰点后，对冰点温度进行稳定控制，使其尽可能保持极接近冰点温度，控制过程中温度波动范围应尽可能小，从而减少产品的组分变化，保持其品质。

Farouk 等（2013）发现牛肉的 pH 越高，其冰点就越高，形成冰晶的速度也快。冯会利等（2013）发现，冰点调节剂可以扩大新鲜牛肉的冰温区间，添加 1% 的食盐和 0.6% 的糖使牛肉的冰温区由 0～-0.76℃ 拓宽至 0～-4.56℃。冰温保鲜可有效延长牛肉的贮藏期，且贮藏后期各指标变化皆优于传统低温保鲜方法（4℃、0℃ 贮藏）（岳喜庆 等，2013）。使用冰温保鲜技术（-1.5℃）储藏的猪肉具有感官品质较好、菌落总数较少、汁液流失较少和货架期较长等特点（McMullen and Stiles，1994）。张瑞宇和殷翠茜（2006）发现鲜猪肉在-1℃ 的冰温下贮藏，其货架期可达 14d。姜长红等（2007）发现，冰温（-1℃）保鲜的鸡肉，其货架期可达 27d。

2）气调包装保鲜技术

气调包装保鲜（modified atmosphere preservation，MAP）通过改变气体环境来减缓产品的呼吸作用、抑制微生物的生长和酶促降解反应，从而达到延长畜禽肉制品货架期的目的。真空包装可以被认为是气调包装的一种。由于真空包装内没有 O_2 或 O_2 含量很低，可能会为厌氧型致病微生物（如肉毒梭状芽孢杆菌、单核细胞增生李斯特菌、小肠结肠炎耶尔森氏菌、嗜水气单胞菌和产肠毒素的大肠杆菌）的生长提供有利环境，选择性地促进了严格厌氧菌和兼性厌氧型微生物的生长。

O_2、CO_2 和 N_2 是畜禽肉气调包装中使用最为广泛的 3 种气体。O_2 通常会促进好氧微生物的生长，同时抑制严格厌氧微生物的生长。CO_2 既是水溶性气体，又是脂溶性气体，在气调包装中主要起到抑制某些微生物生长的作用。CO_2 不仅延长了微生物生长的适应期，还降低了微生物在指数期的生长速率。CO_2 抑制微生物生长的效果主要取决于气体浓度、气体与产品的比例、初始微生物数量、储藏温度和产品组成。CO_2 抑制特定微生物生长的途径包括：改变细胞膜的功能，导致营养物质进入和吸收受到影响；抑制或减缓特定酶促反应；改变细胞内 pH 或特定蛋白质的生理生化特性。CO_2 会与水反应生成碳酸，降低产品表面的 pH，从而抑制或干扰微生物的生长。N_2 是一种惰性的无味气体，在水和脂质中的溶解度较低，具有延迟氧化酸败并抑制好氧微生物生长和繁殖的作用。另外，N_2 还被用作填充气体，防止包装塌陷。CO 也被用于肉制品保鲜和防止颜色改变方面。但 CO 对腐败微生物的抑制作用有限（李明 等，2019；钟宇翔，2010）。气调包装可以抑制某些微生物的生长，包括许多革兰氏阴性菌；但是，革兰氏阳性菌可以在气调包装中缓慢生长。此外，由于在气调包装中，O_2 被其他气体所替代，可能会导致一些致病微生物（如单核细胞增生李斯特菌、蜡样芽孢杆菌和肉毒梭菌）的生长。

颜色在消费者对肉制品品质的评估中起重要作用。高氧气调包装中较高比例的 O_2 能够增强肉色的稳定性。在冷藏环境下，将牛肉置于高氧气调包装中，可以大大延长产品保持鲜艳颜色的时间。在欧洲，通常使用含有 70% O_2 和 30% CO_2

的高氧气调包装来包装牛排，在美国，高氧气调包装的中的气体组分通常为80% O_2 和 20% CO_2。但是，气调包装中过高浓度的 O_2 可能对畜禽肉制品中脂质的氧化稳定性造成不良影响，导致其产生异味。多不饱和脂肪酸的氧化也会影响肉的颜色、营养价值和口感。

低氧气调包装中的气体组分通常为 CO_2、N_2 和低浓度的 O_2。CO 与肌红蛋白分子铁卟啉位点的结合能力更强，碳氧肌红蛋白比氧合肌红蛋白具有更强的抗氧化能力，通过向气体混合物中加入低浓度的 CO 可以解决肉的变色问题。但是，在使用 CO 时需要注意，即使产品温度发生较大波动且产品开始腐败，其颜色仍有可能为鲜红色，导致消费者误以为包装内的产品仍然是新鲜的。Hunt 等（2004）研究发现，混有 0.4% CO 的气调包装可以改善牛肉的颜色，但不会掩盖肉质的腐败。

Tørngren（2003）指出，与低氧气调包装中的牛排相比，高氧气调包装中的牛排嫩度和风味更低、异味更重。Seyfert 等（2005）发现在低氧气调包装中储藏的牛排，蛋白质氧化程度较轻，其风味更重、异味更轻、嫩度值更高。Lund 等（2007a）发现，在 6d 的货架期内，用高氧气调包装的牛肉馅饼，其蛋白氧化被加速，羰基含量显著高于 100%N_2 包装的牛肉馅饼。Zakrys 等（2008）在研究中发现，在 15d 的冷藏零售展示条件下，牛背最长肌样品中蛋白质氧化程度随包装中 O_2 浓度的增加而增加。气调包装中的牛肉样品，其剪切力值与包装中的 O_2 含量呈正相关关系，说明随着 O_2 含量的上升，样品的嫩度会下降，样品间没有显著性差异。此外，使用 80%、50%O_2 气调包装的牛肉比使用低氧气调包装的样品口感更硬。Lund 等（2007b）研究了气调包装（70%O_2 和 30%CO_2）和贴体包装（无氧）在 4℃环境下储藏 14d 对猪背最长肌中蛋白质氧化和质构的影响，结果发现高氧气调包装降低了样品的嫩度和多汁性；通过十二烷基硫酸钠-聚丙烯酰胺凝胶电泳（SDS-PAGE）数据显示，肌球蛋白重链通过二硫键形成交联，蛋白质硫醇含量减少，表明蛋白质被氧化。Zakrys-Waliwander 等（2011）在研究中发现与真空包装相比，使用高氧气调包装的牛背最长肌嫩度更低。这些结果可以支持硫醇基团的氧化，使高 O_2 环境下肉中自由硫醇的含量降低，导致蛋白质交联，从而使肉的嫩度下降。在高 O_2 环境下，肌球蛋白会形成分子间交联。因此，高氧气调包装使鲜肉颜色鲜艳，必须与脂质和蛋白质氧化导致肉品质下降之间达成平衡。

3）天然保鲜剂保鲜技术

天然保鲜剂主要来自动植物和微生物的提取物，具有来源广泛、安全高效和广谱抗菌等特点，既满足了生产者对延长产品货架期的需求，又满足了消费者对纯天然、安全和绿色食品的需求。

天然保鲜剂的种类繁多，主要包括肽类、多糖类、氨基酸类、酚类、醛类和醇类等。其抑菌机理主要包括降解细菌的细胞壁、破坏细胞膜的完整性使胞内溶质外泄、干扰细胞内多种酶的活性和破坏细胞遗传机制等（Arques et al.，2008；Burt，2004；Negi，2012）。影响天然保鲜剂抑菌效果的因素主要有抑菌成分的疏水性，pH、微生物的种类和数量、温度、水分含量等外界因素。精油类天然保鲜剂可以很好地抑制革兰氏阳性菌的生长，但革兰氏阴性菌外膜上面的脂多糖可以限制疏水性化合物的扩散，因此对革兰氏阴性菌生长的抑制作用较差。较低的pH环境可以提高天然保鲜剂的疏水性，使其更容易溶解在细菌细胞膜的磷脂双分子层中，所以天然保鲜剂在较低 pH 的畜禽肉中抑菌效果更好。天然保鲜剂多为复合保鲜剂，即多种天然抑菌物质的混合物，能够发挥协同抑菌作用，达到比单个抑菌物质更好的抑菌效果（Wanner et al.，2010）。一些天然保鲜剂具有强烈的气味或味道，直接添加到产品中会对产品原有的风味和味道造成不良的影响，因此天然保鲜剂多包埋在微胶囊中，不仅可以保护一些较为敏感的天然保鲜剂，还可以控制天然保鲜剂向产品中扩散的速率（Fang and Bhandal，2010）。

Kanatt 等（2010）发现，石榴皮和种子的提取物可以有效抑制金黄色葡萄球菌和蜡样芽孢杆菌的生长，从而将生鲜鸡肉的货架期延长 2～3 周。Perumalla 和 Navam（2011）发现，葡萄籽提取物中富含多酚和原花青素，能够抑制畜禽肉中主要食源性致病菌单核细胞增生李斯特菌、鼠伤寒沙门氏菌、大肠杆菌和空肠弯曲杆菌的生长。此外还发现，混合葡萄籽提取物、有机酸（苹果酸、酒石酸、安息香酸等）、Nisin 和螯合剂（乙二胺四乙酸）的复合保鲜剂可以很好地延长畜禽肉制品的货架期。Garrido 等（2011）在其研究中发现，将红葡萄果渣提取物（0.06g/100g）添加到猪肉馅中，在 4℃的环境下贮存 6d 后与空白组相比，其菌落总数较少，蛋白质和脂肪的氧化程度均较低，色泽较稳定。王盼等（2019）开发了一种含乳源抗菌肽（14.25g/L）、壳聚糖（2.28g/L）、纳他霉素（2.50g/L）、苹果多酚（4.00g/L）的复合保鲜剂，可以使冷却猪肉和羊肉的货架期延长 4～6d。刘倩（2019）发现，孜然精油、花椒精油和肉桂精油复合不仅可以使生鲜羊肉的货架期延长 8～16d，还可以改善其理化指标。

4）超高压保鲜技术

超高压保鲜技术用 100MPa 以上的静水压力，在常温或者较低的温度下，对食品进行处理，从而达到杀菌保鲜的作用（熊建文，2012）。超高压可以在杀灭细菌的同时较好地保留产品的感官和营养品质。超高压保鲜技术杀菌的机制包括使细菌细胞膜中的磷脂结晶化从而改变其通透性，影响细胞的离子交换、脂肪酸组成、核糖体形态、细胞形态和各种酶的活性等。影响超高压杀菌的因素有压力、加压时间、温度、微生物的种类与数量、产品组分和 pH 等。在一定范围内，压力越高，杀菌效果越好；相同压力下，温度越高，杀菌效果越好；随着杀菌时间延长，杀菌效果在一定范围内有所提高。革兰氏阳性菌比革兰氏阴性菌更耐高压；球菌比杆菌更耐高压，处于稳定期的微生物比处于对数期的微生物更耐高压；处于最适环境条件（温度和 pH）下的微生物比处于非最适环境条件下的微生物更耐高压（刘勤华和马汉军，2013）。

赵菲等（2015）发现经过 150MPa 超高压在 20℃条件下处理 15min 后，生鲜牛肉的感官评分、质构、蒸煮损失和 pH 等指标均好于对照组，且货架期延长了 7d。杨君娜等（2013）的研究结果显示，用 368MPa 超高压在 4℃条件下处理 5min 后，生鲜牛肉的感官评分、菌落总数、硫代巴比妥酸值、嫩度值和红度值最佳。

5. 水产品生态贮藏保鲜技术

随着水产品产业的快速发展和科技水平的不断提高，许多高新技术在水产品的生态贮藏保鲜方面得到了广泛应用。近年来，在水产品生态贮藏保鲜领域发展较快且有较好应用前景的技术主要有气调包装保鲜、电解水保鲜、生物保鲜、活性材料包装保鲜、超高压保鲜和栅栏保鲜等。

1）气调包装保鲜

MAP 内气体的组成和配比、包装材料［聚氯乙烯、聚对苯二甲酸类、聚乙烯（PE）、聚丙烯（PP）等］、冷链温度等对水产品质量影响较大，气体的组成和配比是关键因素。MAP 一般由 CO_2、N_2、O_2 组成。CO_2 抑制大多数需氧菌和霉菌生长，对聚氯乙烯（PVC）透气性较高。O_2 抑制大多数厌氧菌生长。N_2 常作为平衡气体，对 PVC 透气率低，防止因 CO_2 逸出导致包装塌陷。气调包装鱼早在 1979 年开始投放国外市场，但在国内应用较晚。有研究表明，冷藏条件下，70% CO_2+30% N_2 的气调包装保鲜处理罗非鱼片，能降低硫代巴比妥酸、挥发性盐基氮，货架期为 18d（张晓丽 等，2017）。

2）电解水保鲜

电解水是一定浓度电解质溶液在电解槽中电解后产生的，在阳极可以获得具有氧化能力的酸性电解水，在阴极可以获得具有还原能力的碱性电解水。酸性电解水通过 pH、氧化还原电位与有效含氯量等多种因素的协同作用可以使细菌细胞壁变形，进而改变细胞膜的通透性，使细菌细胞质溢出、酶失活，从而实现杀菌目的。水产原料会携带食源性致病菌和腐败菌，酸性电解水处理后，除发挥其消毒作用外，还可避免对环境造成污染。酸性电解水对水产品表面的单核细胞增生李斯特菌、大肠杆菌与副溶血性弧菌等有较好的杀灭作用。Ozer 和 Demirci（2006）在 35℃下用酸性电解水［pH=2.6，氧化还原电位（oxidation-reduction potential，ORP）=1 150mV，1-氨基环丙烷羧酸（ACC）=90mg/L］处理三文鱼 64min，三文鱼中的单核细胞增生李斯特菌降低了 1.12 个对数值，大肠杆菌降低 1.07 个对数值。孙江萍等（2018）发现酸性电解水［pH=2.35±0.01，ORP=（1 172.40±0.46）mV，ACC=（72±1）mg/L］可降低南美白对虾黑变过程中多酚氧化酶活力，抑制黑斑形成，使货架期延至 5d。将酸性电解水制成冰或冰衣，既可发挥其广谱抑菌性，又能使其作用时间延长。如酸性电解水冰［pH=2.38±0.01，ORP=（1 153.21±1.51）mV，

ACC＝（44±1）mg/L］不会对小黄鱼贮藏期间的感官与质构造成不良影响，能使其 pH、脂肪酶与组织蛋白酶 D 活力显著降低，抑制微生物增长。

3）生物保鲜

生物保鲜是指利用生物来实现保鲜。生物保鲜剂是指从动植物、微生物中提制或经生物技术改良后获取的化合物。按来源可分为动物源保鲜剂、植物源保鲜剂、酶类保鲜剂和微生物源保鲜剂。

动物源保鲜剂以壳聚糖和抗菌肽为代表。壳聚糖是由自然界存在的甲壳质经过脱乙酰基团得到的，可控制食品表面水分蒸发，影响微生物的新陈代谢，具有抗氧化功能，是目前市场上应用最广泛的动物源保鲜剂。郭丽萍等（2018）将鲈鱼经过前处理后放于灭菌蒸煮袋中，涂抹壳聚糖，在 4℃环境下储存 2d，发现经壳聚糖处理的鲈鱼肉质较之前无差异，与对照组相比，能够较好地保持鱼肉嫩度及色泽。抗菌肽是由 20～60 个氨基酸构成的一种碱性多肽类化合物。带正电荷的抗菌肽可以通过静电或受体与细胞膜结合，并渗入细胞内干扰代谢，引起细菌死亡。营养型芽孢杆菌 F35 抗菌肽对罗非鱼片的保鲜试验表明，1.5%～2%抗菌肽抑菌效果最佳，贮藏期延长 4d 以上（吴燕燕 等，2013）。

植物源保鲜剂来源广泛、安全性高，具有良好的实用性。目前使用最广泛的有肉桂精油、茶多酚。天然植物精油通过减缓水产品中脂的氧化、钝化酶活性，抑制微生物生长等来达到水产品保鲜的效果（孟玉霞 等，2017）。胡云峰等（2016）以人工养殖的子二代大鲵为实验对象，用不同浓度的肉桂精油处理大鲵分割肉，发现肉桂精油具有良好的抑菌效果，可保持肉质鲜度、减少汁液流失率、延长保藏期 22d。茶多酚通过损伤细胞膜、凝固细菌蛋白、结合遗传物质等，干扰微生物代谢。茶多酚抑菌谱广、抑菌强。Fan 等（2008）在-3℃条件下用 0.2%茶多酚处理鲢鱼，其 pH、挥发性盐基氮、硫代巴比妥酸比对照组低，货架期可达 35d。

酶类保鲜剂是利用酶对蛋白质和氨基酸的催化能力，维持水产品鲜度，常用的有溶菌酶、葡萄糖氧化酶等。溶菌酶是从蛋清中提取的一种碱性酶类。通过水解损伤细胞壁，内容物外逸促使微生物死亡。溶菌酶专门水解革兰氏阳性菌细胞壁，而对革兰氏阴性菌、霉菌及酵母菌等无效。溶菌酶自身可被降解成氨基酸，具有安全高效的功效。李静雪（2014）将溶菌酶与其他保鲜剂复配使用发现在-1℃条件下，0.97%壳聚糖+0.48%溶菌酶+0.41%异维生素 C 复配保鲜剂能将鲤鱼货架期延长至 20～24d。葡萄糖氧化酶是用黑曲霉、青霉等发酵后制取的一种需氧脱氢酶，能有效抑制对虾褐变和酸败（马清河 等，2005）。

微生物源保鲜剂易培养、适应性强、不受季节的限制，常用的有 Nisin、聚赖氨酸。Nisin 是乳酸链球菌产生的一种多肽物质，它可抑制大多数的革兰氏阳性菌，是一种安全、无毒的生物保鲜剂。聚赖氨酸是一种天然的微生物代谢物质，具有良好的抑菌特效，目前已广泛应用于水产品的保鲜防腐中。以带鱼鱼丸作为研究对象，发现 Nisin、聚赖氨酸分别对金黄色葡萄球菌、蜡样芽孢杆菌具有明显的抑制效果（任西营，2014）。

4）活性材料包装保鲜

活性材料包装是指在包装袋内加入各种气体吸收剂和释放剂，以调节 CO_2、N_2 和 O_2 含量，同时释放抗菌物质，使包装袋内维持适于水产品保鲜的适宜环境，其具有隔绝 O_2、抑制细菌生长繁殖和保持水产品新鲜色泽三大优点（李冬娜和马晓军，2018）。水产品活性包装采用的方式是将活性材料放入包装袋内或喷涂在包装薄膜内表面等。与其他保鲜技术组合使用，达到更好的保鲜效果。

5）超高压保鲜

超高压保鲜是利用高静水压力具有灭酶和杀菌的作用而将之应用于食品保鲜的技术，目前已在水产品保鲜中得到了广泛应用。高压处理可以使水产品组织酶失活，并杀灭食品中的微生物（不含芽孢）。水产品经高压（100MPa 以上）处理后仍可保持原有的色香味，只是质地和外观略有变化。该技术不仅可以用于水产品的杀菌保鲜，还可用于水产品的加工和品质改良。有报道指出，超高压能促进秘鲁鱿鱼鱼糜凝胶的形成，从而获得更好的品质，在鱼糜加工中具有良好的应用前景（陆海霞 等，2010）。Bindu 等（2013）发现随着压力的增加，印度白对虾挥发性盐基氮增长变缓，600MPa 时增长最为缓慢。杨茜和谢晶（2015）使用 290MPa 处理 9min 的带鱼段，其挥发性盐基氮低于对照组，能使冷藏货架期达 12d。

6）栅栏保鲜

1976 年德国科学家 Leistner 和 Roble 提出栅栏保鲜技术，这是一种根据食品内不同栅栏因子的交互效应或协同作用，从而控制食品中微生物生长的食品保鲜防腐新技术。主要的栅栏因子有 pH、温度、氧化还原电势、气调、水分活度、压力和包装等。各栅栏因子之间具有协同作用，当有两个或两个以上的栅栏因子共同作用时，其抑菌效果优于单因子作用的叠加，这主要是由于不同栅栏因子对微生物的抑制机理不同，如抑制微生物的 DNA、酶系统、细胞壁等，通过改变细胞内的氧化还原电位和 pH 等破坏微生物体内的新陈代谢（周强 等，2019）。栅栏保鲜技术可以在温和条件下保鲜水产品，同时还能保持产品的营养价值及感官品质，其作为一种保鲜防腐的新理念，具有稳定、高效、安全、低能耗等优点，目前在水产品生态保鲜中广泛应用。

2.3.2 食品原料生态运输保鲜技术

1. 概述

当前，我国食品生态加工原料流通呈现"买全国、卖全国"的格局，流通环节多、覆盖地域广。从运输模式看，果蔬、畜禽肉、水产品等食品原料主要有常温运输和冷链运输两种。常温运输，尤其是常温长途运输，较难保障食用农产品的数量安全和质量安全，极易造成农产品损耗，甚至对环境和人体健康造成危害。比如，高温环境、机械振动等导致果蔬发蔫、机械损伤甚至腐烂，畜禽肉和水产品受微生物和酶作用而发生腐败变质。传统活鱼有水运输模式（如尼龙袋运输、水槽运输），运输时间过长、密度过大可能导致鱼体出现强烈应激反应、引发鱼类死亡，活鱼运输过程中产生的代谢物也会降低水质标准、影响活鱼生长。为避免鱼死亡而违规使用的禁用药物和化学麻醉剂随运输用水排放，危害环境，人食用了含违规药物残留的水产品可能危及人体健康，如水产品违规添加的孔雀石绿具有高毒性及潜在的致畸致癌致突变等毒副作用。猪牛羊禽等活动物在运输过程中可能出现非法添加、疫病传播等安全风险。

冷链物流是指以冷冻工艺为基础、制冷技术为手段，使冷链物品从生产、流通、销售到消费者的各个环节中始终处于规定的温度环境下，以保证冷链物品质量，减少冷链物品损耗的物流活动。农产品冷链运输能够较好地保持食用农产品鲜活品质，但我国果蔬、水产品和肉类等鲜活农产品冷链流通比重低、冷链物流设备设施不足，导致鲜活农产品冷链运输成本高、损耗大，一定程度上阻碍了冷链物流的发展。2015 年，我国水产品、畜禽肉和果蔬冷链流通率分别为 41%、34% 和 22%，远低于欧美发达国家的 95% 以上。《2018 年中国农产品冷链物流发展报告》指出，我国农产品冷链物流仅占全国物流总额的 1.58%。截至 2019 年 11 月，我国冷藏车保有量 21.27 万台，不能满足我国超过 10 亿 t 的鲜活食用农产品的运输需求。一些企业由于设施、设备和成本等方面的原因，在运输环节出现因冷藏车制冷效果不达标、冷库温度缺少精准监控或操作人员控制温度意识差而导致的冷链中断现象，运输过程温度波动更易造成食品品质的降低。另外，全球 11% 的电力用于食品冷链，冷链物流的高能耗和温室气体排放也受到广泛关注。采取传统压缩式制冷功能的冷藏车，运输 100 公里耗油 2～4L，其运输过程中直接和间接排放的温室气体占全球总量的 2.5%（Evans et al., 2014；中国冷链产业网, 2009）。我国大中型冷冻冷藏设备的自动化管理水平较低，整套设备节能考虑较少，仅局限于选用性能优良的制冷压缩机和高效换热器。生态冷链配送技术、智能化配送技术等节能、环保、智能生态运输保鲜技术是减少鲜活食用农产品运输流通损耗、推动节能减排目标实现的重中之重。

2. 生态冷链配送技术

1）冷链低碳节能技术

通过开展制冷设备节能管理，可有效降低制冷设备的运行成本、提高制冷设备的管理水平。制冷设备的节能管理包括制冷压缩机的节能，冷凝器的节能，热回收装置的节能，蒸发器的节能及夜间设定温度和压力的节能（白保安, 1998）。

目前，对于大中型制冷设备，如果采用节能控制系统和能量管理集中监控系统，比不采用这些技术，整套设备的节能率可提高 10%~25%。欧盟开发了一套评估冷链可持续性的工具 Frisbee，通过对天气、货物流通次数、开关门次数、能源价格、冷库贮藏能力等因素的综合评估，优化得出未来 24h 内的最佳冷库运行方案，实现冷链贮运食品品质与安全、节能及减少温室气体排放等多重目标（Gwanpua et al.，2015）。除了对现有冷链设备和制冷系统进行节能管理外，基于新能源的制冷装备开发也是降低制冷能耗的重要途径。2016 年，美国 eNow 公司联合 Johnson Truck Bodies 公司、Challenge Dairy Products 公司共同开发了一款太阳能冷藏车。该太阳能冷藏车可用于果蔬运送，续航能力可达 12h。太阳能作为制冷备用能源既满足了连续制冷的需求，又减少了化石能源的消耗，还实现了零排放。我国不少企业也开展了太阳能冷藏车的研发应用，上海盈达空调设备股份有限公司开发了太阳能移动车载冷库系统，河南松川专用汽车有限公司的太阳能冷藏车已经进入量产阶段。

冷藏车作为冷链物流中的重要运载设备，其保温性能至关重要，而保温材料是决定冷藏车保温性能的重要因素之一。当前，市面上广泛使用的保温材料主要有发泡型 EPS、聚氨酯（PU）硬质泡沫塑料和挤塑聚苯乙烯（XPS）保温板 3 种。EPS 和 PU 具有隔热、隔音等功能，被广泛地应用在大中型冷冻保鲜储存仓库、建筑内外墙保温、冷藏车厢保温等领域，但其降解性差，对环境不利。XPS 作为一种新型隔热材料，不仅保温隔热性能好、自重轻、承载能力强，还具有寿命长、抗潮能力强、阻燃性优等优点，在潮湿的环境下仍然保持较好的阻热性能。在这 3 种保温材料中，XPS 材料导热系数较低，密度适中，尤其在超低温情况下保温性能优越，且每立方米价格较低，在国外已经被广泛应用于冷藏车领域，在国内也是未来冷藏车保温材料领域的发展方向（王世敏，2019）。真空绝热板（vacuum insulated panel，VIP）保温性能良好，导热系数仅为同厚度 EPS 的 10%，已经在冷链物流中开展应用，以 VIP 和发泡材料复合的保温材料也在研究应用中。王达等（2018）研究发现，基于 VIP 和 PU 的保温箱，其保冷效果优于 PU 和 EPS，适合长途运输。

与耗能大、成本高的传统压缩机制冷型冷链配送技术相比，相变蓄冷剂在冷藏车及冷链包装中的应用能够显著延长保温时间，实现冷链运输的节能和环保。相变蓄冷剂利用其固-液态转变时的蓄热和放热来调节环境温度，以达到保温、节约能源的目的。常见的相变材料有水合共晶盐类等无机蓄冷剂，石蜡、聚多元醇、脂肪酸、芳香烃等有机蓄冷剂，以及有机-无机复合蓄冷剂。相变蓄冷材料可作为冷板，部分替代或完全替代冷藏车（-18℃）的制冷机，以稳定释放冷量、减少制冷能源的消耗。如将石蜡置于冷藏车的保温层，可以使冷藏车热负荷降低 16.3%（Ahmed et al.，2010）；Liu 等（2012）发明了一种基于水合共晶盐类的相变蓄冷型制冷系统，可以实现短途、−18℃冷藏车的有效制冷，其能源消耗可达到传统压缩制冷机的 51.0%～86.4%。相变蓄冷材料还可以作为保温隔热材料用于冷链配送中。将相变材料置于冷藏车和集装箱的保温层，既可以保持内部较低的温度环境，又可以有效减少冷量损失（赵执婷，2014）。在冷藏车保温材料中附加一层相变材料，可以使冷藏车峰值传热率降低 5.55%～8.57%，基于数学模型预测热负荷和总能量分别减少 20% 和 4.7%（Fioretti et al.，2016）；采用熔点 35℃的相变材料可以使夏季高温条件下冷藏集装箱的热负荷峰值降低 20%，峰值时间推后 2～3h（Copertaro et al.，2016）。

此外，蓄冷剂还是冷链最后一公里的重要冷源。食品冷链中常用的无机蓄冷剂容易出现果蔬过冷现象，复合蓄冷剂能够较好地解决过冷难题。采用熔点为 5℃的 RT5HC 为蓄冷剂可使冷链包装箱内保持 4～5℃长达 72h（黄莉，2019）。6%甘露醇、2% Na_2CO_3、2%硼砂和 5%羧甲基纤维素钠制备的蓄冷剂（冰袋）可以较好地保持草莓在储藏运输中的口感和品质（傅仰泉 等，2018）。刘方方等（2018）开发了以苯甲酸钠、四硼酸钠为主的储能剂，以硅藻土为成核剂，开发了集制冷、防腐于一体的蓄冷剂，有效满足果蔬及其他温度敏感性产品的蓄冷需求。此外，微胶囊技术和纳米技术的应用进一步提升了相变蓄冷剂的特性（王雪松和谢晶，2019）。冷链保温箱保温性能良好、配载形式多元，早在 20 世纪 80 年代初便在发达国家应用。蓄冷式保温箱基于保温材料的保温性能和蓄冷剂的制冷性能，在生鲜农产品宅配中具有广泛的应用前景。为了提升蓄冷式保温箱的蓄冷和保温性能，吕恩利等（2020）开发了基于 VIP 和 PU 为保温材料的真空隔热蓄冷保温箱，当 VIP 厚度为 25mm 时，0～8℃控温时长可达 106.14h。

2）鲜活水产品生态冷链配送技术

为了在活鱼远距离长途运输中保持其鲜活品质和节省运输用水，开发了循环水活鱼运输系统，通过温度调控、增氧脱气、消毒杀菌、生物过滤、自动监控系统等实现运输水质实时自动调节（张成林 等，2016）。活鱼运输过程中，水温、pH、O_2 浓度等变化对水产品保活率具有显著影响。何华先等（2017）开发了活鱼低温暂养-纯氧冷链配送技术，将捕捞后的活鱼经暂养池逐级降温至半休眠状态，再按一半鱼一半水的比例将其装入包装箱，并借助车载活鱼供氧装备对鱼进行全程纯氧配送，运输过程无须添加任何有害物质、不加水、不换水，实现活鱼远程冷链运输超过 50h、存活率 99%，既节能环保，又增加经济效益（表 2-11）。为了更好地监控活鱼有水运输过程中水温的变化，曹守启和刘影（2018）开发了多传感器数据融合算法，克服多传感器协同监测精确度低的问题，实现乌鳢运输过程中环境温度的精准预测。于怀智等（2016）开发冰温无水保活运输技术，通过冷驯化使活鱼完全休眠、低温纯氧充气密封包装、全程冰温冷链运输、梯度升温唤醒休眠水产品，实现对龙虾、鲟鱼、鲫鱼、鲤鱼、大菱鲆等的保活运输，运输时间可达 24～48h。为了满足水产品无水低温保活运输监测需要，傅泽田等（2018）设计开发了可植入式血糖传感器，建立基于鲟鱼血糖变化的时序预测模型，为调控无水保活运输环境温湿度、提升运输期间水产品品质提供参考。

表 2-11　活鱼低温暂养-纯氧冷链配送技术与传统运输技术的比较（何华先 等，2017）

项目	传统运输技术	活鱼低温暂养-纯氧冷链配送技术
活鱼密度/（kg/车）	2 000～3 500	10 000～15 000
环保	有污染	低温低碳纯氧，无污染
节能/%	≤10	≥50
运输成本/（元/kg）	4	1
经济效益	低，单方效益	高，上下游产业链的整体带动

3. 智能化配送技术

配送作为物流服务的终端，在满足物流客户需求方面发挥着极其重要的作用。随着连锁商业模式及电子商务的迅速发展，对现代物流配送体系提出了更高的要求，现代化的物流配送必须具有信息化、智能化、网络化和柔性化的特征。基于物联网的冷链物流智能监控系统，将地理信息系统、全球定位系统（global positioning system，GPS）、无线传感器网络和 RFID 等信息化、智能化技术协同，可以实现对冷藏车的定位跟踪、厢内温湿度的实时监控及农产品的智能化识别。江杰和郭建岩（2017）开发了基于 ARM 的多温区冷藏车环境监控系统，通过 ZigBee 技术构建无线传感器采集环境参数，通过 GPS 完成远程监控中心与冷藏车的通信。赵衰等（2020）开发了一种基于多维信息感知的监控系统，通过物品加贴无源射频标签来实时监控冷链物流中对运输温度及震动敏感的物品。

传统的手工作业及简单的计算机作业处理已经不能满足物流配送业务及配送网络日益发展的需求，只有通过物流配送信息处理的高速化和智能化，才能实现高效、优质的物流配送服务（初良勇 等，2012）。张逊逊等（2017）采用改进演化算法建立 $PM_{2.5}$ 排放量最少和运输路径最短的双目标路径决策模型，较传统的蚁群算法和演化算法，满意度分别提高了 2.3%和 1.4%，为智能化农产品配送车辆调度服务提供参考。周彤和卫少鹏（2020）采用改进选择算子遗传算法对多车型、多种类生鲜农产品配送模型进行 MATLAB 分析，优化结果比人工调度成本降低近 30%。

第3章

食品生态加工共性关键技术

3.1 食品生态加工共性关键技术概述

食品生态加工技术是实现食品生态加工的核心和关键。没有食品生态加工技术，就无法充分地利用生态原料，极大地削减了食品生态加工体系的组织优势，也就难以充分实现食品原料资源的高值、高效利用和加工食品环境友好、健康友好的要求。本节重点阐述食品生态加工共性关键技术的内涵、发展现状，以及潜在的经济社会效益。

3.1.1 国内外食品生态加工共性关键技术发展现状

1. 概述

食品生态加工的系统性决定了其共性关键技术的丰富内涵。从加工流程看，食品生态加工是将食品原料、食品添加剂和食品配料等通过物理和生物手段进行加工制造，在加工制造全过程尽可能节省水、电、燃气、蒸汽等能源，减少废水、废热、废气等的排放，以及推行标准化、自动化、智能化加工。与之相对应，食品生态加工共性关键技术涵盖了食品高值化利用技术、天然食品添加剂和食品配料制备技术、食品最少加工技术、食品生物制造技术、食品绿色制造技术和食品智能制造技术（图 3-1）。六大食品生态加工共性关键技术相辅相成，共同推动食品资源高效利用、生产过程节能减排和加工食品营养健康特性三重目标的实现。

具体来看，食品原辅料环节主要是食品高值化利用技术、天然食品添加剂和食品配料制备技术。食品原料低值加工较为普遍，低值食品原料（如碎米、肉糜、鱼糜等）利用率低，一定程度上浪费了食品原料生态减损技术（详见本书第 2 章）在提升食物资源利用率方面的努力。食品高值化利用技术能够提升低值食品原料的利用率、增加加工食品的附加值，是践行食品生态加工资源利用属性的重要途径。随着人们消费观念的转变，天然、绿色食品添加剂和食品配料越来越受到消费者的青睐，天然食品添加剂和食品配料制备技术以天然来源、绿色提取、功能稳态化为核心，相关技术的研发应用充分体现了料剂同源、味料同源和生态友好的理念。

图 3-1　食品生态加工共性关键技术内涵

　　运用物理手段和生物手段进行加工制造，与食品最少加工技术、食品生物制造技术相对应。食品最少加工技术针对杀菌、干燥等物理加工手段，在保持食品品质特性的前提下，减少食品较高温度、较长时间下的热胁迫，实现加工过程的节能环保。食品生物制造技术依托细胞工程、生物工程和酶工程，通过制备新型食品原料、发酵剂、酶制剂以降低食品加工成本、食品加工能耗和污染物排放，提升食品加工效能、丰富食品种类及营养健康功能。

　　食品加工过程的节能减排与食品绿色制造技术相契合。食品绿色制造技术融合清洁生产、循环经济的理念，以减量化、再循环、再利用为核心，通过食品生产设备节能技术、利用新型清洁能源、废水和废热再利用技术等能够实现食品加工过程中能量的低消耗、污染物的低排放，与食品生态加工的生态友好属性相契合。

　　推行标准化、自动化、智能化加工，其关键便是食品智能制造技术。食品智能制造技术依托食品加工成套智能化装备、智能监控和决策系统，实现食品加工全过程的数字化、智能化、柔性化，进而提升食品加工效率和加工食品品质，推动食品加工能源的高效利用，减少人为因素导致的食品安全风险。食品智能制造技术与其他共性关键技术互融互通，通过智能制造理念和技术的引入推动上述共性关键技术创新升级，最终实现食品生态加工全过程的智能化。

　　需要指出的是，食品生态加工技术并不过分追求某一个或几个指标，而是追求所有指标的均衡和经济效益的整体最大化。同时，食品生态加工技术也不仅关注食品加工体系中某一个环节的得失，而是追求整个食品链条效益的最大化。以真空冷冻干燥技术为例，虽然其本身需要消耗较高的能量，但能够简化产品对储运和销售环节的要求，并较好地保持产品的营养和食用品质，从整体上降低了食物资源的损耗、提高了能源的利用率，所以其也被认为是食品生态加工技术。

2. 食品生态加工共性关键技术发展现状

随着经济社会的发展和科学技术的进步，六大食品生态加工共性关键技术也在不断发展、丰富和完善，一批批新技术、新装备不断被研发并推广应用到实际生产中，助力食品生态加工不断向纵深方向发展。蒸汽爆破、超微粉碎、超临界流体萃取等食品原料预处理技术能够提升食品原料中营养物质和功能因子的提取效率，减少食品化学提取试剂的消耗及后续加工能耗。

1）食品高值化利用技术

不同品种、不同部位食品原料的品质和加工适应性各有不同，传统粗加工意味着低值加工，不仅无法发挥其独特的加工特性，其优质产品的高附加值也无从体现。食品加工中不可避免会产生碎米、碎肉等低值食品原料，其较低的利用率带来食品资源的损耗，尤其粮食谷物过度碾磨脱壳使麸皮、米糠中丰富的营养组分无法被人体吸收利用。

20 世纪 50 年代以来，世界各国不断研发食品高值化利用技术并在食品加工中推广应用。1958 年，以色列 Gan Shmuel Foods 公司建立全球第一家柑橘全果制汁生产线。20 世纪 60 年代，基于机械、亲水胶体和酶制剂的重组技术开始应用到肉制品加工中。20 世纪 70 年代，瑞典开始使用光学探针对生猪胴体进行分级。20 世纪 80 年代以来，重组米、发芽糙米等全谷物食品加工技术不断出现。Harrow 和 Martin（1982）首次以大米为原料，添加土豆粉、玉米粉、杂粮粉等，经挤压造粒制备得到颗粒状重组米。1997 年，日本农林水产省提出发芽糙米商品化生产技术，大幅提升了糙米的食用品质和营养价值。当前，全谷物加工、全果制汁等食品原料全利用技术基本实现加工无渣化，最大限度地保留了食品原料中丰富的营养组分，有效推动食品资源利用、节能环保和营养保持的协同。基于挤压膨化、滚揉腌制、重组嫩化等物理技术和生物技术对碎米、碎肉（鱼）糜等低值食品原料进行加工，不仅提升碎米、碎肉（鱼）糜等低值食品原料的利用率，还改善加工食品的风味和口感、增加加工食品的附加值。基于近红外、计算机视觉、超声波的畜禽胴体分级技术和精细分割技术克服了人工分级的随意性，提升了差异化定价空间，实现了原料肉加工利用的最优化。

2）天然食品添加剂和食品配料制备技术

早在食品生态加工朴素萌芽阶段，世界劳动人民便有在食品中使用添加剂的记载，如天然色素用于食品着色、盐卤作为凝固剂制备豆腐等。1856 年英国人从煤焦油中制备得到食用色素苯胺紫，揭开了化学合成添加剂生产的序幕。食品添加剂作为一个科学名词，最初是以化学添加剂的形式，出现在 20 世纪 50 年代初美国食品营养部食品保护委员会的研究报告中。化学合成添加剂以其价格低廉、效果显著的优势在食品加工中发挥了重要作用。随着人们对营养健康食品需求的不断增强，茶多酚、甘草提取物、天然色素等天然食品添加剂和食品配料开始受到全球的关注。

当前，超临界流体萃取技术、分子蒸馏技术、UHP 技术、微波技术及超声波辅助萃取技术在茶多酚、植物精油等天然食品添加剂提取制备中的应用，不仅提升了天然食品添加剂的得率和纯度，还减少了化学试剂的使用及加工过程的能耗。基于酶解技术、美拉德反应和发酵工程等生物制造技术成功实现肉味香精、木糖醇和天然防腐剂聚赖氨酸的工业化生产，既减少了化学试剂的使用，同时也保证了食品添加剂和食品配料风味和品质的真实性。纳米技术、微胶囊技术等高新技术的应用显著提升了天然食品添加剂在食品中的稳定性、缓释特性和生物利用率，有效克服了多酚、类胡萝卜素、精油等天然食品添加剂水溶性差、易挥发降解、对光热和金属离子敏感等缺点。

3）食品最少加工技术

杀菌、干燥等单元操作是食品加工的重要环节，高温灭菌、热风干燥等传统杀菌和干燥技术在丰富食品产品种类的同时，也不可避免地对食品品质和营养组分造成破坏，同时，还存在加工能耗过大、污染排放量高等环境问题。随着科学技术的发展，以生态杀菌技术、生态干燥技术为核心的食品最少加工技术，不断在各类食品加工中应用。

19 世纪末 20 世纪初，超高压杀菌技术、冷冻干燥技术相关研究开始出现。20 世纪 30 年代，冷冻干燥技术开始由生物制品领域转向食品领域。20 世纪 90年代初，日本采用超高压杀菌技术制备了全球第一款商业化食品——果酱。当前，中温杀菌、变温杀菌、微波杀菌、远红外加热等生态热杀菌技术，以及基于非热加工的新型杀菌技术（如超高压杀菌、超高压脉冲电场杀菌、超声波杀菌等）广泛应用到食品加工中，这些技术在实现杀菌的同时，能够最大限度地保留产品风味、质构、营养等品质，还减少了杀菌过程中的热量消耗，助力食品加工节能减排目标的实现。真空冷冻干燥、微波干燥等生态干燥技术能够有效提升食品色泽、风味及营养品质，热风-微波干燥、微波-冷冻干燥、微波-真空干燥等联合干燥技术对食物原料进行分阶段干燥，能够优化干燥过程、减少干燥时间、降低干燥能耗，在食品加工中应用得越来越广泛。

4）食品生物制造技术

食品生物制造技术从史前文明时期的自然发酵和酶解、家庭作坊式发酵不断发展到如今的发酵工程、酶工程和细胞工程等，工业化发酵剂、酶制剂等产品不断应用到食品加工中。食品生物制造技术资源消耗少、污染排放少，还有效提升了食品生产效率，丰富了功能性食品资源的获取途径及改善了加工食品色泽、质构和风味等品质。

　　发酵工程包括微生物新品种的挖掘、发酵菌种的选择和培育、食品关键成分的提取等。发酵过程主要是以生命体的自我调节进行的，数十个反应可以在发酵设备中一次性完成，一个发酵设备可以生产许多发酵产品，生产效率极高。微生物发酵一般是在常温常压下进行的，能源消耗较少；固体发酵更利于发酵代谢产物的积累与多样性，与液态发酵相比更加节约水资源，还减少了废水处理环节。酶工程利用酶的生物特性及催化功能大幅提升食品原料转化效率和整体生产效率，固定化细胞技术、固定化酶反应器的不断推广及应用，为食品新产品开发创造了新的途径。添加果胶酶可以使果汁澄清、增加果汁得率，使用蛋白酶、脂肪酶可产生呈味肽、风味氨基酸等，增强产品风味特性。基于细胞工程对肌肉组织中提取的干细胞进行组织培养，已经制备得到了生物培育肉。该技术在节省淡水资源和土地面积、减少温室气体排放方面具有显著优势，有望成为未来肉类供应的新模式。

　　5）食品绿色制造技术

　　食品加工业是典型的高能耗、高污染行业，吨产品能耗、水耗和资源消耗较高，给生态环境和可持续发展带来巨大压力。随着生态和环境保护越来越受到重视，全球食品加工逐步朝着低能耗、低排放的绿色方向发展。食品绿色制造技术是建设生态文明的重要科技支撑，更是推动食品加工业转型升级的必由之路。

　　食品加工全流程节能管理、加工用水回收再利用、加工废热回收再利用等一系列食品节能技术和装备的不断研发应用，有效提升了食品企业水、电、燃气、蒸汽等能源的利用效率，减少了工业"三废"的排放量。不同食品加工行业节能降耗目标各异，果蔬加工尤其是罐头加工耗水量大，柑橘罐头加工节水技术和排放水中果胶回收技术可实现节水和食品资源利用的双赢。肉制品加工中原料肉解冻尤为关键，节水型解冻机、低温高湿解冻技术及装备的研发应用实现原料肉汁液保留率和节能降耗的协同。冷库保温节能技术、新型制冷技术、智能化冷库的应用有效提升了制冷效果，减少了传统制冷剂对环境的破坏。

　　6）食品智能制造技术

　　人类生产活动遵循从自然到人工、机械、自动再到智能的发展规律。当前，全球食品加工由粗放劳作向劳动轻量化转变，食品自动化、数字化、智能化加工能够实现食品柔性、高效、标准化生产，提升食品品质和安全，同时推动企业能源管理透明化、提升整体能源利用效率。

　　高速自动码垛机、剔骨机器人，以及肉制品、调理食品、饮料灌装等智能化生产线不断在食品加工企业应用。娃哈哈集团通过引入 WinCC 中央监控系统、基于 B.Data 的能源管理系统等实现生产过程物料的精准供给、不同生产线的柔性自动切换和能源的高效利用。3D 打印技术无须复杂的物理加工工艺，避免了原料切割过程中的原料浪费,在一定程度上简化了生产线、节约了能源、减少碳排放,同时产品极高的标准化程度也可以简化后续包装、储运环境的工艺,提高生产效率。

3.1.2   食品生态加工技术的经济社会效益

食品生态加工技术的基本特征决定了其在生产实践中能够产生巨大的经济效益和社会效益。

1. 经济效益

食品生态加工共性关键技术所产生的经济效益主要体现在以下几方面。①食品生态加工共性关键技术能够有效提升生产效率,在单位时间内生产出更多的产品,提升企业的经济效益。②食品生态加工共性关键技术能够提高食物原料的利用效率,减少边角料、废弃物、副产物等不易于利用、利用价值较低、无法利用部分的比率,通过降低生产成本提高产出效率。③食品生态加工共性关键技术能够降低企业能源的消耗,减少相应的水、电、燃气支出。④食品生态加工共性关键技术具有较高的集成度,将传统加工技术下需要多步骤完成的工艺集成到一步完成,可有效节约企业的经营空间,减少房租、地租、厂房建设成本。⑤食品生态加工共性关键技术具有较高的自动化、智能化程度,并且具有较好的安全性,能够减少所需工人的数量、降低人力成本的支出。⑥食品生态加工共性关键技术能够有效减少对相关从业人员的健康损害,减少由于职业病造成的生存质量下降及医疗和职业防护支出。

2. 社会效益

食品生态加工共性关键技术带来的社会效益主要体现在对自然资源的可持续利用、对生态环境的保护及对人类营养与健康的促进。与传统食品加工技术相比,食品生态加工共性关键技术能够显著降低对水、煤、燃气等自然资源的消耗,减少了工业"三废"的排放,对于缓解供应趋紧的的自然资源和日趋严重的环境污染、降低居民因环境污染而患相关疾病的医疗支出具有积极作用。同时,全谷物食品加工技术、食品最少加工技术、食品生物制造技术能够使食品中营养素和生物活性成分得以最大限度保留,发酵食品中戊糖片球菌、植物乳杆菌等还具有抑制食源性致病菌、降解亚硝酸盐、调节肠道功能、降血糖、降低胆固醇、抗氧化等多重健康功效,对于促进人体健康具有重要意义。

此外,食品生态加工共性关键技术以其巨大的带动作用,将推动整个食品产业的科技创新和升级转型步伐,带动整个食品产业朝着高效、绿色、健康方向发展。同时,食品生态加工共性关键技术的应用还能带动食品加工上下游相关产业的发展，促进生态农业种植养殖规模扩大、增加生态农业优质产品供给，提高下游食品物流、储运、销售渠道的生态技术水平，更好地推动上下游相关产业的生态化、绿色化发展。

3.2　食品高值化利用技术

食品原料低值加工较为普遍、低值食品原料利用率低是实现食品原料高效利用、提升食品加工品质和附加值、推动节能减排的重要挑战。本节针对食品加工中较为普遍的食品原料低值加工和低值食品原料利用率不高的问题，重点阐述粮食谷物、果蔬、畜禽肉和水产品加工中可推广应用的各种高值化利用技术。食品加工副产物高值化利用技术将在后续章节进行介绍。

3.2.1　概述

食品高值化利用，其"值"包含多重含义。首先，"值"代表食品优质原料的高值加工，依据品种、部位、加工品质、营养品质等对食品原料开展分级和适应性加工，不仅拓展了食品原料差异化定价空间，更促进优质加工食品、更高附加值的产出，避免高值原料与低值原料混合加工导致的优质不优价。其次，"值"还意味着食品加工过程中产生的碎米、碎肉等低价值食品原料的增值加工，将这些低价值的食品通过挤压重组、酶法嫩化等各种加工手段进行充分利用，既提升了低值食品原料的利用率，又丰富了食品种类、改善加工食品的风味和品质、增加了产品附加值。此外，"值"还代表了食品加工中营养价值的保留，采用较为合理的加工方式使食品原料中富含的营养物质尽可能保留在食品中，减少可避免的营养物质流失。食品高值化利用技术以食品原料为核心，通过采取物理手段和生物手段，对食品原料进行高值加工、对低值原料经再加工以提升附加值和利用率，以实现食品资源利用最大化、加工能耗减量化和营养物质保留最大化。食品高值化利用技术是一系列技术的统称，如全谷物加工技术、全果制汁技术和畜禽肉精细分割分级技术是典型的食品原料高值加工技术，能够实现产品附加值的提升和食品营养价值的更多保留；重组米制备技术、调理重组技术则是低值原料高效利用技术，在实现低值原料充分利用的同时，赋予食品远高于原料本身的价值。食品加工中产生的加工副产物，也具有高值化利用的潜质和空间，相关内容将在后续章节进行详细介绍。

3.2.2　粮食谷物高值化利用技术

1. 概述

粮食谷物经传统碾磨工艺制备得到大米、小麦粉等"精白"米面，尽管满足了消费者的视觉要求，但部分或全部糊粉层、胚乳、胚芽被去掉，使维生素、矿物质、蛋白质和多种功能性活性成分等营养物质白白流失，极大降低了食品的营养价值。同时，粮食谷物在碾磨过程中极易出现碎米等低值产品，其加工利用率低，只能低价出售。全谷物加工技术、谷物发芽技术和重组米加工技术是实现粮食谷物原料高值化加工的关键。全谷物加工技术、谷物发芽技术实现了对粮食谷物营养价值的最大保留和食用品质的有效提升。基于碎米的重组米加工技术提升了低值原料的附加值。

2. 全谷物加工技术

全谷物加工技术是对传统碾磨工艺的改变，采用适度碾磨使谷物的皮层、胚乳和胚等结构得以较为完整的保留，既减少了粮食谷物碾磨环节的能源损耗，又大大减少了加工副产品的产出，更提升了粮食谷物的营养保留率。随着全谷物食品消费理念的普及，全谷物加工技术不断研究深化，全麦粉、糙米等核心全谷物食品，以及以核心全谷物食品为原料经发芽、挤压膨化、酶解等制备的多元化的全谷物速食食品不断研发上市。

全谷物加工技术的核心和关键在于适度碾磨。小麦、稻谷外壳及麸皮、米糠中含有细菌、农药残留、重金属等危害物，适度研磨应保证尽可能去除这些危害物的同时，尽量减少麸皮、米糠的损失。欧盟健康谷物协会要求，全谷物的加工损失量不得超过谷物的2%，麸皮损失量不超过麸皮总量的10%。"一筛一打一去石一脱皮二着水一色选三磁选"的谷物分层脱皮清理工艺既清除了谷物表面残留的农药、微生物和杂质，又最大限度地保留了谷物的麸皮、胚芽和胚乳。小麦皮层和胚芽中含水量偏高，使全麦粉贮存时间较短，脂肪酶还可能导致胚芽中不饱和脂肪氧化酸败，通过微波处理可降低皮层和胚芽中的水分、有效钝化脂肪酶活性，提升全麦粉的货架期。

3. 谷物发芽技术

全谷物食品保留了部分米糠、麸皮、胚芽和胚乳，其口感偏硬，还伴随异味，一定程度上会影响消费者的接受度。谷物发芽技术较好地解决了糙米等全谷物食品口感和风味不佳问题，更重要的是，其进一步提升了粮食谷物制品的营养价值和产品附加值。

作为高等植物生命活动最强烈的一个时期，种子吸水萌发过程中，伴随一系列形态和生理生化变化。发芽过程中合成的各种酶使种子的组织结构和质地得到软化，种子中的淀粉、蛋白质和脂肪等大分子物质的分解使可溶性糖、还原糖、多肽、游离氨基酸、维生素和矿物质的含量显著增加，植酸、蛋白酶抑制剂等抗营养因子含量降低，进而提高谷物的消化率和生物利用率。发芽处理还可提升谷

物中 γ-氨基丁酸、酚类物质含量及其抗氧化活性（Chavarín-Martínez et al., 2019）。发芽对小麦营养价值有显著的提升作用（龙杰 等, 2017），其中叶酸、可溶性膳食纤维、总蛋白及游离脂质含量随着发芽时间的延长而显著增加。与未发芽小麦相比，发芽小麦中功能性必需氨基酸（苯丙氨酸、缬氨酸、亮氨酸、异亮氨酸）及 γ-氨基丁酸含量增加 2.8～10 倍。糙米中几乎不含维生素 C，经发芽处理后糙米中的维生素 C 含量可增加到 1.048mg/100g（谢宏 等, 2007），同时 α-淀粉酶活力升高，淀粉含量降低，还原糖含量增加（鲍会梅, 2016）。高粱经发芽处理后其 γ-氨基丁酸、总多酚及羟基肉桂酸衍生物的含量均显著提高，并且发芽温度、时间及两者的交互作用均对上述物质的积累产生影响（Garzón Antonela and Drago, 2018）。糙米经脉冲强光照射和超声波处理增加了内源酶活性，发芽后糙米 γ-氨基丁酸含量显著增加，脉冲强光照射可使其含量增长 30% 以上。

谷物种子发芽工艺是谷物发芽技术的关键环节。传统发芽谷物制备技术采用浸泡-发芽工艺，一般将种子在 30～38℃ 的水溶液或磷酸盐缓冲液中浸泡 9～12h。该工艺使种子在浸泡过程中快速吸水膨胀，糙米爆腰率可达 40%～90%，较长时间无氧浸泡还易滋生微生物、引起腐败变质，影响发芽谷物品质。非浸泡循环加湿发芽技术模拟种子在土壤中自然吸湿萌发的过程，通过按需补充水分、提高含水量来实现谷物发芽。该方法显著降低了发芽糙米的爆腰率、提升了发芽糙米的得率；基于此原理，还开发了集消毒、浸种、发芽于一体的全自动发芽设备，可实现自动喷水、调湿增氧、温度监测与控制等功能，极大地提高了谷物发芽效率。

近年来，关于发芽谷物的研究已有不少且工艺基本成熟，所得产品营养丰富、风味独特，深受消费者喜爱。谷物经发芽后制成发芽谷物，可直接作为主食食用，也可以发芽谷物为原料加工制成藜麦芽饮料、糙米饮料、米芽醋、发芽糙米酒、发芽糙米粉等。糙米经发芽-挤压膨化-高温 α-淀粉酶协同处理制备发芽糙米粉，其水溶性指数达 39.8%，冲调结块率较发芽-挤压膨化协同、高温 α-淀粉酶-挤压膨化分别下降 55.4%、73.8%，淀粉消化率分别提高 9.9%、7.6%（张冬媛 等, 2015）。

4. 重组米加工技术

重组米，也称挤压重组米、工程重组米，是以碎米等淀粉类食物为原料，适当添加辅料，与黏结剂、营养强化剂等混合，通过挤压膨化使谷物粉发生质构重组、二次成型而制备的人造米，其基本具备大米的外观和物性特征。挤压重组米由挤压膨化机一步完成，既缩短了工艺流程和加工时间，还减少了加工副产品的产生和废水、废气的排放。重组米加工原料已经由最初的碎米向如今的杂粮、豆粉、玉米淀粉、马铃薯全粉、芋艿头全粉、大米蛋白等多淀粉种类发展，同时，维生素 A、硫酸亚铁等营养强化剂的添加及挤压膨化处理还使糊化度、吸水指数等品质指标提升，实现了低值食品原料高效利用、节能减排和营养健康的生态目标。

挤压技术集混合、加热、膨化、成型于一体，是重组米生产的核心技术。挤压膨化机的机筒温度、螺杆转速、喂料速度和挤压工艺参数影响重组米的加工品质，如吸水指数、糊化度、黏度等。机筒温度 157℃、双螺杆转速 183r/min、喂料速度 232g/min 得到的重组杂粮米糊化度可达 82.1%。螺杆转速影响物料的受热时间和受力程度。转速过低，物料受热时间长、糊化不均一，受力弱、不利于产品成型；转速过高，受热时间短、淀粉糊化不充分，160~220r/min 获得的富硒芋艿头重组米品质综合得分较高。重组米较好的吸水性还可以作为加工方便米饭的原料。螺杆转速 120r/min、挤压温度 120℃、物料含水量 20%，制备的发芽糙米重组米复水率最高，制备的重组米方便米饭口感、滋味更佳。

挤压膨化使重组米直链淀粉含量增加，降低了消化性能。因此，不少学者开始研究重组米在降血糖方面的潜在作用。添加 20%高直链玉米淀粉制备的重组米，其降血糖效果要好于以大米蛋白、燕麦膳食纤维为原料制备的重组米；以籼米为原料添加大豆分离蛋白、菊粉、抗性糊精制备的重组米，其体外模拟消化实验测得血糖生成指数为 60.5，远低于普通籼米的 75.0，更适合糖尿病人群食用。

3.2.3　果蔬高值化利用技术

1. 概述

果蔬高值化利用依赖于果蔬加工新工艺、关键新技术及产业化的发展与成熟。超高压技术、生物技术及相关设备的发展及在果蔬加工中的应用，使果蔬高值化利用得以实现，农产品增值能力得到明显提升。近些年，NFC 果蔬汁加工技术、全果制汁技术等新型果蔬高值化利用技术不断出现，既丰富果蔬加工产品的种类，又最大限度保留了果蔬汁中的营养成分和风味，还减少了加工副产物的产生。

2. NFC 果蔬汁加工技术

浓缩还原果蔬汁作为果蔬汁加工的主要产品，是通过将浓缩果蔬汁与一定比例的水、糖、酸相混合而得到的产品。浓缩果蔬汁经蒸发浓缩后，水分含量低，易于贮存和运输，能够实现果汁的全年加工，但高温蒸发浓缩使维生素等营养物质和风味物质大量损失，还易发生非酶褐变、贮藏期后混浊现象，影响产品品质。NFC 果蔬汁是以新鲜果蔬为原料，通过机械方法直接榨汁、未经浓缩还原、不添加其他物质［或仅回添通过物理方法从果蔬中获得的香气物质和（或）果肉、囊胞］而生产得到的果蔬汁。与传统浓缩还原果蔬汁相比，NFC 果蔬汁受热时间短，果蔬中的营养物质和新鲜风味得到了最大限度的保留。随着人们健康意识的不断增强，NFC 果蔬汁的需求持续增长。据欧洲果汁协会（European Fruit Juice Association, AIJN）统计，近年来在欧洲发达国家 NFC 果汁的市场份额持续增长，2016 年同比增长 4.4%，2017 年增长了 5.4%。

杀菌是 NFC 果蔬汁生产加工中的关键环节,关系到果蔬汁的品质和货架期。NFC 果汁加工杀菌包括热杀菌和冷杀菌两大类。目前热杀菌技术仍然在生产中普遍采用,主要包括高温短时(high temperature short time,HTST)杀菌技术结合热灌装及超高温(ultra high temperature,UHT)杀菌技术结合无菌灌装两种形式(易俊洁 等,2019)。UHT 仅需将产品在杀菌釜中升温至 135～150℃,持续 2～8s,然后迅速冷却至室温进行无菌灌装,对品质的保持更为有利。例如,NFC 苹果汁的生产,HTST 的杀菌条件为 77～88℃、25～30s,而 UHT 的杀菌条件为 138℃、2～8s,杀菌后果汁可常温储存 6 个月以上(Ortega-Rivas and Salmerón-Ochoa,2014)。

热杀菌不可避免地对 NFC 果蔬汁的颜色、风味、营养、质构及功能等品质造成一定的影响。随着杀菌技术和装备的不断优化,非热加工技术应运而生。超高压技术是最受关注且商业化程度最高的非热加工技术之一。目前全球使用超高压技术加工食品的企业近百家,超高压加工食品中果汁饮料占比最高,约为30%(Zou et al.,2015)。超高压技术已经成为 NFC 果汁杀菌的主要方式之一,室温条件下600MPa 2～9min 便可得到超高压 NFC 苹果汁。超高压杀菌技术节能能耗效果显著,每吨果蔬汁产品电量与水量消耗分别是传统热杀菌的 15%和 50%左右。

不过,超高压技术在常温处理下对芽孢的抑制效果不显著,因此,超高压 NFC 果汁多需要冷链运输与低温销售,以保证其食品安全性,同时该产品的货架期也比传统热杀菌果汁短。另外,超高压加工无法完全钝化果汁中的果胶甲基酯酶、多酚氧化酶和过氧化物酶等内源酶,甚至可能出现激活的现象,这些残余的内源酶可能使 NFC 苹果汁在贮藏过程中出现褐变、分层等感官品质劣变,并伴随着风味物质的变化(Yi et al.,2018)。此外,整套设备成本较高,限制了该技术的推广与应用。NFC 果蔬汁非热杀菌技术仍须进一步探索与完善。

3. 全果制汁技术

全果制汁技术源于以色列,是采用果汁微化联合复合酶高效催化等技术,对水果原料进行全果榨汁后,将果肉与果皮等组织采用胶体磨等微粉碎设备处理,有效地将其粉碎、分散、均质和乳化,获得果汁(浆)类产品(李绮丽 等,2019)。目前,该技术已经实现柑橘全果果汁和香蕉全果果汁的生产:实现柑橘的 100%全利用、无皮渣废弃物产生,同时最大限度地保留了全柑橘的营养成分,维生素 C保留率超过 80%,类胡萝卜素保留率超过 85%,具有较为广阔的应用前景;经蒸汽灭活多酚氧化酶,并添加 0.08%的果胶酶、0.07%的纤维素酶、0.03%的淀粉酶,在 50℃处理 80min 可得到香蕉全果果汁,果汁得率为 79.10%、澄清度为 97.0%,实现了香蕉原料的充分利用。

全果制汁技术的关键在于果浆超微化技术和复合酶解技术。超微化技术多采用湿法超微粉碎机、高压均质机和湿法高能球磨机等，可以将全果果浆平均粒径减少 26%～75%。粒径的降低使果肉细胞内的有效成分得以充分释放，更易被人体吸收，同时也提升了果浆体系的凝胶稳定性，较好地避免了全果果汁中大颗粒沉降和分层。复合酶解技术通过采用果胶酶、纤维素酶、淀粉酶等对果肉和果皮细胞壁进行破坏，既增加了出汁率、减少了果渣的产生，又保持了果汁较好的悬浮稳定性；此外，酶解技术还可以克服柑橘皮渣偏苦、果肉偏酸的不良口感，提升了全果果汁的品质。

3.2.4　畜禽肉类高值化利用技术

1. 概述

　　畜禽肉类高值化利用技术主要包括胴体分级技术、精细分割分级技术和调理加工技术等。胴体分级技术和精细分割分级技术的应用丰富了生鲜肉品的种类，提升了优质部位肉差异化定价空间，推动优质优价市场环境的形成。调理加工技术采用重组技术、嫩化技术将屠宰分割和加工过程中产生的碎肉加工转化成肉糜制品、重组牛排等新产品，进一步丰富了肉制品的种类，提升了低值肉类原料的利用率和产品附加值。

　　畜禽肉类高值化利用技术在促进肉类产品的结构调整、提升食物资源利用率的同时，还将加快技术创新集成化及技术装备的更新换代。畜禽胴体智能化称重、分级、品质在线快速检测等技术装备的引进与应用，将加速分类、切割、加工、贴标、追溯和检验等各项工作流程，极大降低畜禽精细分割分级的生产成本。

　　畜禽肉类高值化利用还将促进肉类加工企业的升级转型。畜禽肉精细分割分级和低值肉品调理加工是产品高值化和盈利增长的重要措施，能够为企业可持续发展提供动力，又可以获得品牌溢价及优化产品结构的能力，以技术创新和产品创新驱动产业升级，逐步实现产品开发本土化、质量标准国际化和品类经营品牌化，以期在终端将上述关键环节的经营行为最大化地变现盈利。

2. 胴体分级技术

　　畜禽胴体分级是指使用市场上形成共识的语言对畜禽胴体特征进行恰当的描述，根据胴体的相关经济性特征将其划分为不同的等级（Navajas et al.，2007）。目前，畜禽分级依据主要包括产量和质量两个方面，其中产量分级主要是根据胴体的产肉率进行分级，通过直接称重或者测定胴体特定位置的相关指标进行分析预测；质量分级是根据畜禽肉的可食性品质进行综合评定，品质指标主要包括嫩度、多汁性、风味、大理石花纹（主要是牛肉）、肉色等（陈丽和张德权，2010）。发达国家早在 20 世纪初就开始制定推行胴体分级标准，通过不断完善，形成了相关的科学规范评价体系，并不断发展新技术和新设备（图 3-2），包括机器视觉技术、超声波技术、计算机断层扫描（computed tomography，CT）技术、近红外光谱技术、高光谱成像技术等（程志斌 等，2005；陈丽，2011；张楠 等，2005）。我国胴体分级相关技术设备研究还处于起步发展阶段（张宏博和靳烨，2011）。

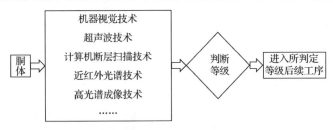

图 3-2　胴体分级流程图

1）猪胴体分级技术

猪胴体分级技术可以有效评定猪肉等级，有利于提升优质猪肉的附加值和加工品质。瘦肉率是猪胴体分级标准的主要依据（任兴超 等，2010）。加拿大根据胴体瘦肉率与胴体重进行分级（Brndum et al.，1998）；美国农业部依据胴体 4 个优质切块的产量与肉的质量进行分级（USDA，1985）；而我国根据背膘厚和胴体重（带皮和无皮）进行胴体分级，但分级过程易出现混乱、存在一定不合理性，已不能满足实际需求。当前，猪胴体分级检测技术主要包括光电技术、超声波技术、计算机视觉技术等。其中，光电技术是应用光磁特性测定背膘厚和瘦肉率，一般是通过测定第 3 及第 4 肋骨之间肥膘及瘦肉的厚度计算胴体瘦肉率进行分级（Fortin，1989），此类技术和设备应用较为广泛。

超声波技术是依据声波在肉品中传播时的反射、散射、透射、吸收，以及衰减系数、传播速度、自身声阻抗和固有频率等特性，反映肉品与声波相互作用时产生的特征信息，来实现对肉品质量的快速无损检测（杨东等，2015）。超声波通过测量猪胴体背膘厚度和肌肉厚度，得到猪肉的瘦肉率，并以瘦肉率为标准将胴体分级（Buska et al.，1999）。

计算机视觉技术通过光学成像传感器代替人眼获取被检胴体的图像信息，利用图像处理技术和模式识别算法模拟人的判别准则去理解图像、提取特征性因子，进而对胴体等级作出判断（图 3-3）（丁冬 等，2015）。该技术既保证评定指标的准确性，又克服了人为因素，满足无损的要求，还可以提高分级效率（韩宏宇，2018）。人工神经网络是以归一化的图像特征指标数据作为输入，以等级作为输出训练神经网络模型，训练后的网络可达到较好的分级效果。与传统方法比较，训练后的人工神经网络能够更稳定、准确、快速地匹配猪肉等级（李强，2002）。计算机视觉技术可以获取猪胴体多指标、多特征数据。我国大部分屠宰加工企业为达到准确加工、获取更多市场效益的目的，对胴体分级要求较细致，所以基于多指标、多特征的猪肉品质分级技术越发受到关注。

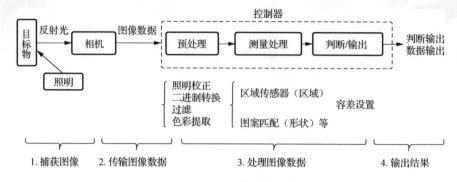

图 3-3　机器视觉图像处理流程图

2）牛胴体分级技术

不同国家牛胴体分级主要采用质量分级和产量分级两种。质量分级指标包括大理石花纹、肉色、脂肪色、光泽度、生理成熟度、坚挺度等；产量分级指标以胴体出肉率为依据。日本以第 6～7 根肋的背最长肌的眼肌面积、肋侧厚、左胴体重和皮下脂肪厚建立预测方程，并计算产量估计百分率来实现分级。我国牛肉分级标准（NY/T 676—2003）由胴体质量等级标准和胴体产量等级标准组成，其中牛肉质量等级依据牛肉食用品质进行等级划分，产量等级是按照牛胴体产肉率的高低进行等级评定。牛胴体等级分类如表 3-1 所示。

表 3-1　牛胴体等级分类

等级种类	分级依据	分级指标
胴体质量分级	食用品质	大理石花纹、生理成熟度、肉色、脂肪色
胴体产量分级	胴体产肉率	胴体重、眼肌面积、背膘厚度

目前，对牛胴体等级的判定主要是采用人工测量和感官评定方法，评价指标主要包括大理石花纹、肉色、生理成熟度及脂肪色等，其中大理石花纹等级是最主要的评价指标。对牛肉进行质量分级通常是观察牛胴体第 12～13 或 6～7 胸肋间眼肌横切面处肌内脂肪的丰富程度，评定大理石花纹等级，参考牛肉的生理成熟度、肉色或脂肪色得出最终牛肉质量等级。

随着计算机科学和自动检测技术的发展，传感器及机器视觉技术正逐步应用在牛胴体分级领域中，这种自动化分级技术可以有效克服人工测量和感官评价存在的缺点，确保分级结果的客观性和真实性。计算机视觉技术是通过工业相机等设备获取牛胴体眼肌切面的图像特征，通过相关算法进行图像分割，对图像中代表大理石花纹的像素区域进行统计计算，得到大理石花纹等级情况（陈坤杰，2005）。目前，部分学者利用该技术对牛胴体分级进行探究，但由于技术设备的造价购置、牛胴体表面的血水或冰晶影响图像采集、系统试验数据有限等限制（梁林，2011），并未得到大范围应用。

3）羊胴体分级技术

羊胴体分级标准通常是依据产量和质量情况进行综合评定。美国农业部羊胴体产量分级标准如表 3-2 所示。质量分级是根据生理成熟度和肌间脂肪分为 5 个等级，而新西兰胴体分级标准还包括胴体重和脂肪含量，澳大利亚则根据生理成熟度、性别、体重和膘厚等进行胴体分级。我国根据生理成熟度将羊肉分为 3 类，分别是大羊肉、羔羊肉和肥羊肉；根据胴体重、肥度、肋肉厚度、肉质硬度、肌肉发育程度、生理成熟度和肉脂色泽共 7 个指标将每类羊肉分为 4 个级别，分别是特等级、优等级、良好级和可用级。但直接评价肉品质量指标（如嫩度、多汁性和风味）不易准确或直接测定，所以在实际操作中主要以大理石花纹、生理成熟度及肌肉、脂肪的结实度、颜色等指标进行胴体质量评定。

表 3-2　美国农业部羊胴体产量分级标准

产量等级	1.0	2.0	3.0	4.0	5.0
背膘厚度/英寸	≤0.15	0.16～0.25	0.26～0.35	0.36～0.45	≥0.46
胴体出肉率/%	50.3	49.0	47.7	46.4	45.1

最初，羊胴体分级以人为主观估测为主，耗时长、准确程度较低（程文新，2007）。电子探针技术在羊胴体分级上得到了应用，可以同时测量某处背膘厚度和眼肌厚度，并能自动记录数据，但测量精准度较差，因此出现了以脉冲超声波技术读取数据的胴体自动化分级仪器，可以实现快速准确测量（Kongsro et al.，2008）。随着计算机技术的发展，计算机视觉技术、CT 技术、近红外光谱技术等无损、客观、完全自动化的分级技术得到了广泛研究和应用。

计算机视觉技术通过相机对羊胴体进行拍摄，对得到的图像数据进行分析，建立图像数据与胴体组成和品质之间的关系，其可以单个应用，也可以和其他技术联系，提高预测能力，目前新西兰、英国、澳大利亚等许多国家已经开始应用该技术进行羊胴体分级（Rius-Vilarrasa et al.，2009）。计算机视觉技术可以预测胴体的结构、脂肪分布和肌肉发育程度等多个指标（Shiranita et al.，2000；Moore et al.，2010），且其预测的准确性和人工预测模型一样（Hopkins et al.，1997），故其可以替代现有的人工分级系统（Szabo et al.，1999）。在预测模型的研究发展中，Hopkins 等（2004）等已经用主成分分析提供了一个优于多元线性回归的健全模型。

CT 技术是应用线束对胴体某部位一定厚度的层面进行扫描，由探测器接收透过该层面的 X 射线，转变为可见光后，由光电转换变为电信号，再经模拟 / 数字转换器转为数字，输入计算机处理。CT 技术在 20 世纪 70 年代开始用于人体疾病的诊断，80 年代用于预测动物胴体组织结构（Szabo et al.，1999），当时研究主要集中在猪胴体上，但是以后的工作逐渐向羊胴体转移（Skjervold et al.，1981）。随后，挪威、英国、新西兰等几个国家开始应用 CT 技术预测羊胴体的结构（Standal，

1984）。Johansen 等（2007）已经证实用 CT 衰减值直接预测羊肉质量是一种精确、完善、无偏的估计方法。螺旋 CT（Spiral CT，SCT）技术是在 CT 技术上发展出的新技术，其扫描具有连续性，单次扫描即可得到多角度的信息。Navajas 等（2006）指出，用 SCT 对后腿和腰部肌肉重量进行预测的速度很快，重现性和精确度都很高，此外，它还可以对胴体各部位进行三维图形的重建，对指标进行实际尺寸的测量。

4）家禽分级技术

家禽分级方法主要有称重分级和质量分级，其中称重分级是根据宰后胴体或分割产品的重量进行分级，我国家禽产品分级标准有《鸡肉质量分级》（NY/T 631—2002）、《鸭肉等级规格》（NY/T 1760—2009）。鸡分割肉主要根据分割肉形态、肉色和分割肉脂肪沉积程度进行分级；鸭腿主要根据鸭腿的肉块是否完整，是否骨折，表皮是否有破损、异常色斑、残留长绒毛、可见异物等，并结合重量进行分级；鸭翅主要根据全翅是否完整，是否骨折，表皮是否有破损、异常色斑、残留长绒毛、可见异物等，并结合重量进行分级。目前，应用在家禽分级上的无损快速检测技术主要为机器视觉技术，该技术可以提高产品分级速度和精准度，最大限度地避免主观因素影响（吴玉红，2016）。

3. 精细分割分级技术

粗放式分割一般是将畜禽胴体分割成二分体或四分体后，再按照大部位分割成骨类和鲜肉等初级分割品，产品单一、附加值较低。畜禽肉精细分割建立在终端市场的需求上，通过对初级分割品进行二次分割形成多样化终端产品，并根据品质高低和具体分割部位进行差异化定价，可在价格较为稳定的前提下实现售卖利润的最大化，是提升畜禽肉类产品附加值的重要途径。

1）原料猪肉的精细分割

原料猪肉是由带皮或去皮猪屠体去除毛、头、蹄、尾、内脏、三腺及生殖器及其周围脂肪的胴体部分，和屠宰加工中获得的内脏、脂肪、血液、骨、皮、头、蹄、尾等可食用猪副产品组成。根据猪胴体部位的不同，分割原料猪肉可分为猪颈背肌肉（Ⅰ号肉）、猪前腿肌肉（Ⅱ号肉）、猪大排肌肉（Ⅲ号肉）、猪后腿肌肉（Ⅳ号肉）、猪筋腱肉、猪腱子肉［包括猪小里脊肉（猪Ⅴ号肉）等猪瘦肉类去骨分割肉；猪五花等非瘦肉类去骨分割肉；猪前腿、猪后腿、猪肘（猪蹄髈）等带骨分割肉］等。根据猪可食用副产物的不同，副产物原料可分为猪三角头（猪瘦头）、猪平头、猪天堂（猪天梯、猪牙卡）、猪舌、猪耳、猪蹄、猪脑、猪心、猪肝、猪肺、猪腰、猪肚、猪大肠、猪大肠头、猪小肠等。

2）原料牛肉的精细分割

原料牛肉是由去皮牛屠体去除头、蹄、尾、内脏、三腺及生殖器（母牛去除乳腺）的胴体部分，和屠宰加工中获得的内脏、血液、骨、头、尾等可食用牛副产品组成。根据牛胴体部位的不同，分割原料牛肉可分为里脊（牛柳、菲力）、外脊（西冷）、眼肉（莎朗）、上脑、辣椒条（辣椒肉、嫩肩肉、小里脊）、胸肉（胸口肉、前胸肉）、臀肉（尾龙扒、尾扒、臀腰肉）、米龙（针扒）、牛霖（膝圆、霖肉、和尚头、牛林）、大黄瓜条（烩扒）、小黄瓜条（鲤鱼管、小条）、腹肉（肋腹肉、肋排、肋条肉）、腱子肉（牛展、金钱展、小腿肉）、脖肉、肩肉、板腱、T骨排、胸腩连体。根据牛可食用副产物的不同，副产物原料可分为牛头、牛脑、牛舌、牛心、牛肺、牛肝、牛肚、牛百叶、牛腰、牛肠、牛尾、牛蹄筋及其他。

3）原料羊肉的精细分割

原料羊肉是由带皮或去皮羊屠体去除毛、头、蹄、尾、内脏（肾脏除外）、三腺、体腔内全部脂肪、大血管及生殖器（母羊去除乳房）的胴体部分和屠宰加工中获得的内脏、血液、骨、头、尾等可食用羊副产品组成。根据羊胴体部位的不同和是否带骨，分割原料羊肉可分为躯干、带臀腿（或剔骨）、带臀去腱腿（或剔骨）、去臀腿、去臀去腱腿（或剔骨）、去髋带臀腿、去髋去腱带股腿、鞍肉、带骨羊腰脊（双/单）、羊T骨排（双/单）、腰肉、羊肋脊排、法式羊肋脊排、单骨羊排（法式）、前1/4胴体、方切肩肉、肩肉、肩脊排（法式脊排）、牡蛎肉、颈肉、前腱子肉、后腱子肉、法式羊前腱、法式羊后腱、胸腹腩、法式肋排、半胴体肉、躯干肉、臀肉（砧肉）、膝圆、粗米龙、臀腰肉（或带骨）、腰脊肉、去骨羊肩、里脊、通脊。根据羊可食用副产物的不同，副产物原料可分为羊头、羊心、羊肺、羊肝、羊肚、羊腰、羊大肠、羊小肠、羊蹄及其他。

4）原料鸡肉的精细分割

原料鸡肉是由去头或带头、去爪或带爪鸡屠体去除羽毛、内脏后的胴体部分，和屠宰加工中获得的内脏、血液、骨、头、爪等可食用鸡副产品组成。根据鸡胴体部位的不同和是否带骨，分割原料鸡肉可分为整翅、翅根、翅中、翅尖、上半翅（V型翅）、下半翅、带皮大胸肉、去皮大胸肉、小胸肉（胸里脊）、带里脊大胸肉、全腿、大腿、小腿、去骨带皮鸡腿、去骨去皮鸡腿。根据鸡可食用副产物的不同，副产物原料可分为鸡心、鸡肝、鸡肫（肌胃、鸡胗）、骨架、鸡爪、鸡头、鸡脖、带头鸡脖、鸡睾丸。

4. 调理加工技术

调理加工技术是指切分、腌制或不腌制、调味、成型等可以改善产品品质的肉类加工技术的统称。重组技术和嫩化技术是调理加工技术的核心和关键，因其可以改善，能够充分利用畜禽分割和加工过程中产品的低值碎肉、DFD肉等低品质肉，实现原料肉品质的改善、产品均一性的提升和肉制品的增值。

1）重组技术

重组技术是指通过机械和添加辅料提取肌肉纤维中的盐溶蛋白和利用添加剂的黏合作用使肌肉组织、脂肪组织和结缔组织重新分布和转化，使肉粒或肉块重新组合形成整肉，经冷冻后直接出售或者经预热处理保留和完善其组织结构的肉制品的加工技术。其目的是将低价值的碎肉组合起来生产高值化的肉制品。

根据重组机理的不同，可以将重组技术分为酶法重组技术、化学重组技术和物理重组技术。酶法重组技术是指利用酶催化肉的肌原纤维蛋白和酶的最适底物，如大豆分离蛋白、小麦胚芽蛋白、酪蛋白酸钠等同源或异源蛋白质的基团之间发生聚合和共价交联反应，提高蛋白质的凝胶能力和凝胶的稳定性，从而将肉在外界合适的条件下黏结起来的技术。化学重组技术是指利用物质间的化学作用形成稳定的结构而制作肉制品的方法。如使用海藻酸钠和氯化钙，其中海藻酸钠的羧基活性较大，可以与镁和汞以外的二价以上金属盐形成凝胶，利用海藻酸钠与 Ca^{2+} 形成海藻酸钙凝胶，其凝胶强度取决于溶液中 Ca^{2+} 的含量和温度，从而获得从柔软至刚性的各种凝胶。物理重组技术是通过盐、磷酸盐和机械的作用从肉中抽提肌纤维蛋白，再通过加热、高压处理等物理性措施使肌纤维蛋白形成凝胶达到将肉黏结的方法。

根据加工方法的不同，肉类重组技术一般分为两种：热凝结技术和冷凝结技术。热凝结技术，即添加含有盐类的物质使肌肉中的肌原纤维蛋白析出，然后通过加热在高温条件下形成蛋白凝胶，以达到重组的目的；冷凝结技术在低温条件下通过黏结剂及机械外力使碎肉重组，其优点是可以减少含盐物质添加。

黏合剂在重组肉制品中起主要作用，通过形成三维网状结构来阻止肉制品中的风味、营养及水分的流失。黏合剂也可以作为重组肉制品中水分和脂肪的乳化剂。常用的黏合剂有谷氨酰胺转氨酶（transglutaminase，TG 酶）、大豆分离蛋白、葡萄糖酸-δ-内酯（GDL）、亲水胶体、纤维蛋白、酪蛋白酸钠等。

（1）TG 酶。TG 酶通过催化蛋白中谷氨酰胺和赖氨酸残基发生酰基转移反应使蛋白分子形成共价交联。肌肉中的肌球蛋白和肌动蛋白也是 TG 酶作用的适合底物之一，经 TG 酶的催化，肌肉蛋白分子间形成致密的三维网状结构，从而将小块碎肉黏结起来，达到重组的目的。谷氨酰胺转氨酶催化形成的异肽键属于共价键，在一般的非酶催化条件下很难断裂。用该酶处理成型后的重组肉，经冷冻、切片、烹调等处理也不会重新散开，使重组肉具有固定的形态。

添加适量的 TG 酶能显著增加产品的凝胶强度。由于酶的专一性，TG 酶对鸡肉和牛肉的肌动球蛋白的催化效果不一，对牛肉的催化效果明显优于鸡肉。同时使用 TG 酶与酪蛋白酸钠，其效果最佳，比如在低温条件下以 TG 酶和酪蛋白酸钠作为黏合剂制作重组牛排，可以达到正常的牛排感官特性。

（2）大豆分离蛋白。大豆分离蛋白具有良好的乳化性和凝胶性，能提高肉糜制品的凝胶强度，增加肉片、蛋白之间的黏结力，改善肉制品的硬度、弹性、质构等参数，因此广泛应用于肉制品加工中。当大豆分离蛋白添加量为 6% 时，能显著地降低猪肉糜的蒸煮损失、汁液损失，增加产品的保水性。大豆蛋白还具有良好的乳化性，能够在油滴液面上聚集，形成一层稳定的蛋白薄膜，在加热的过程中能防止油脂聚集而破坏乳化效果。此外，大豆分离蛋白在加热条件下形成均匀的凝胶体，能与 TG 酶发生酶促交联反应，使肉片之间形成很好的交联作用，提高重组产品的凝胶效果。

（3）GDL。GDL 是一种酸型凝固剂，其本身不能沉淀蛋白质，而是通过加热水解为葡萄糖酸、降低 pH 进而使蛋白质凝固。随着 GDL 添加量的增多，产品黏结性增大，但 pH 和持水性降低。GDL 和卡拉胶复配的黏结剂可显著提升重组肉制品的黏结能力。

（4）亲水胶体。亲水胶体包括卡拉胶、海藻酸钙、琼脂和黄原胶等。亲水胶体作为增稠剂，在食品体系中的添加量较少，但却能有效地改善体系的质构。

卡拉胶能与蛋白质的极性部分发生反应，将肉中所含蛋白或加入的非肉蛋白更有效地结合在凝胶体系中，另外卡拉胶中的负离子可使氢键或金属离子与极性水分子作用增加蛋白质网络的保水性。卡拉胶应用于肉制品中可增稠保水、防止脱液收缩，作为黏结剂可提高产品的切片性和弹性。

海藻酸钙凝胶结合肉本身溶出的蛋白质，以及添加的非肉蛋白，使碎肉形成凝胶网状结构，从而达到黏结的效果。海藻酸盐在生肉中黏结性比较好。同时添加乳酸钙和海藻酸钙所得到的重组肉制品有较好的品质特性，并且可以改善产品风味及延长货架期。

（5）纤维蛋白。在重组肉中，纤维蛋白可以形成纤维蛋白凝胶，从而起到黏结的作用。纤维蛋白原在熟肉中黏结效果好。添加含有纤维蛋白的重组肉具有较好的硬度、弹性及黏结力，纤维蛋白的添加减少了 α-螺旋及无序结构，肉的蛋白质结构也得到了改变。添加纤维蛋白粉或覆盖经盐溶的纤维蛋白溶液于重组肉的表面，较普通重组干火腿具有较高的黏结率和黏结力。国内对纤维蛋白在肉类中的研究相对较少，以纤维蛋白的提取工艺优化为主。

（6）酪蛋白酸钠。酪蛋白酸钠可以提高肉品的持水性和稳定性，改善肉品的质地和嫩度，减少蒸煮过程中营养成分的损失，特别是对于脂肪较多的肉块特别有效。酪蛋白酸钠作为乳化剂，能在脂肪粒上形成蛋白质包膜，提高肉蛋白乳化功能，若进行加热处理，肉蛋白会凝结并与耐热的乳蛋白相结合，形成骨架结构，防止脂肪分离。酪蛋白酸钠用于重组肉中可以改善重组肉品质，当海藻酸钙、卡拉胶等黏结剂冷冻脱水或加热收缩脱水、脂肪析出时，酪蛋白酸钠可通过乳化作用使水、脂肪、碎肉牢固地结合在一起，形成致密结构。

2）嫩化技术

嫩度是指肉制品在食用时的口感，主要根据肉品的咀嚼性、硬度、弹性等来判定，是反映肉制品品质的重要指标之一。肉制品嫩化技术是指通过机械作用、添加外源物质等方法提高原料肉及肉制品的质构特性，主要包括生物嫩化技术机械嫩化。生物嫩化技术主要是利用具有嫩化作用的酶作用于原料肉以达到嫩化效果，常用的酶为蛋白酶等。生物嫩化技术结合机械作用，如滚揉、盐水注射、超高压、超声波等，可以达到更好的嫩化效果。

（1）生物嫩化。生物嫩化主要是指蛋白酶嫩化。目前肉类嫩化常用的蛋白酶有植物性蛋白酶（如木瓜蛋白酶、无花果蛋白酶、菠萝蛋白酶、生姜蛋白酶）和微生物性蛋白酶（如枯草蛋白酶、米曲蛋白酶、根霉蛋白酶、黑曲霉蛋白酶）。这些蛋白酶可分别作用于肉的不同组织，同一蛋白酶对肉不同组织的嫩化程度各不相同。微生物性蛋白酶主要作用于肌纤维蛋白，而植物性蛋白酶则作用于结缔组织。木瓜蛋白酶是最常用的蛋白酶嫩化剂，可将肌肉中的纤维蛋白和胶原蛋白等生物大分子物质水解成氨基酸。

蛋白酶实现肉质嫩化主要通过降解结缔组织和分体肌肉纤维两种途径。

① 降解结缔组织。结缔组织溶解度是影响肉嫩度的重要因素之一，特别是胶原蛋白。降解结缔组织的蛋白质被认为是提升肉制品嫩度的关键步骤之一。植物蛋白酶能够破坏胶原蛋白的网状结构，增加其溶解性，从而提高肉制品的嫩度。

② 分解肌肉纤维。肌原纤维小片化指数（myofibril fragmentation index，MFI）是衡量肌原纤维平均长度的指标，MFI 值越大，代表肌肉中肌原纤维骨架蛋白降解程度越高，肉制品的嫩化程度越高。

（2）机械嫩化。机械嫩化技术主要有滚揉、盐水注射和超声嫩化等技术。

① 滚揉技术是肉类加工行业广泛认可和采纳的肉类嫩化技术，可以提高出品率、增加嫩度和内聚性，获得均一稳定的肉制品。滚揉嫩化是利用机械力破坏肌肉结构，使肌肉纤维变得松弛，同时使肌纤维发生断裂，这些作用使肌肉组织变得疏松、柔软，从而提高嫩度。肌纤维微观结构在滚揉后变化很大，电镜下肌纤维发生明显的扭曲变形和断裂，裂成 1～3 个肌节小段，同时 I 带和 Z 线消失。滚揉会使细胞发生破裂，盐水更容易被细胞吸收，提高了肌原纤维中盐溶性蛋白质的提取速度和向肉块表面的移动速率，可以在较短时间完成腌制，使产品出品率和食用品质均得到较大的改善。另外，滚揉还利于肌肉组织中水分与溶质的快速均匀分布，可以保证尽可能多的蛋白质亲水基团被水化，赋予肌肉更好的弹性和嫩度。

② 盐水注射技术是通过盐水注射机将腌制液注入大块肉中，使产品中的腌制液快速均匀分布，以达到腌制的目的。在食品工业中，向肉中进行盐水注射可以改善牛肉的嫩度和多汁性。盐水注射的烤牛肉块可以提高嫩度、多汁性，降低剪切力。

③ 超声嫩化技术是目前最常用的物理嫩化方法。超声波通过改变影响肌肉硬度的蛋白成分及其连接键来降低肌肉硬度，达到嫩化肉品的效果。超声波对肉品嫩化起主要作用的特性是机械效应和空化效应。在实际生产应用中，单一使用超声波嫩化肉品，其效果不如与其他嫩化方法联用。将超声波与化学方法、生物方法协同嫩化，正不断成为肉品嫩化的研究热点。

3.2.5　水产品高值化利用技术

水产品蛋白质含量高，脂肪含量较低，含有丰富的氨基酸、不饱和脂肪酸、微量元素和维生素及功能活性物质，是营养价值较高的食品。低值水产品及水产品加工中产生的低值碎肉，借助调理技术加工成调理水产品，极大程度地提升了产品附加值，是重要的高值化利用方式，也符合水产品加工方便化的发展方向。将水产品碎肉加工成鱼糜（浆），再用鱼糜（浆）生产出方便化、可即食的鱼糕、鱼脯、鱼排、鱼香肠等产品，尤其是用于火锅料理的水产冷冻调理食品在市场上很受欢迎。

1. 腌制调理技术

腌制调理可以保留水产品原有的大部分营养价值、产生独特的口感和风味，还通过脱水延长了保质期。盐的用量在风干鱼制品加工中有着重要的影响。盐浓度较低时，促进脂质氧化，但可能导致肌浆蛋白降解过度、肌肉组织软化，进而影响产品质地（张平 等，2014）；盐浓度较高时，抑制脂质氧化（刘昌华 等，2012）。传统高盐腌制使鱼肉易产生亚硝基化合物等有害物质，不利于健康，因此低盐风味腌制技术是现代鱼类加工发展的方向（吴燕燕 等，2017）。

基于调味、烘干工艺开发的调理鲈鱼片，采用气调包装在-3℃微冻下贮藏，其货架期可达 50d，较真空包装延长 15d，为鲈鱼的后续深加工和高值化产品开发提供技术参考依据（朱小静，2017）。经腌制温度 8℃、加盐量 10.5g/100g 鱼重、调味料总量为鱼质量的 44g/100g、调味时间 6h 等工艺，得到的茶香鲈鱼调理产品盐含量低，脂肪、蛋白质含量丰富，且色泽诱人、咸度适中、滋味醇香，具有香浓的茶叶清香风味（李冰 等，2016）。陈东清（2015）将三聚磷酸钠、焦磷酸钠、磷酸三钠、六偏磷酸钠按照 2∶2∶2∶1 复配后制成的 2%溶液（含 2% NaCl）真空浸渍处理草鱼片，产品有较好的持水性、质构特性和感官品质；在 4℃条件下，真空包装和气调包装草鱼片的品质变化差异不大，在-1℃冰温条件下，气调包装草鱼片的货架期和品质均高于真空包装。采用臭氧减菌技术、无磷保水剂、外裹层配方优化等，罗非鱼片的减菌率达 87.4%，添加淀粉、食用胶、大豆蛋白均能显著提高面包鱼的裹粉率、增加水分含量、降低含油量、增强脆性，最优的添加量为木薯淀粉与小麦粉的比例为 1∶2（w/w）、0.5%的黄原胶、10%的大豆蛋白，最佳油炸条件为170℃油炸2.5min（张晨芳，2016）。结合腌制调味和微波干燥可以获得货架期120d以上的冷藏南美白对虾调理产品和货架期150d以上的常温南美白对虾调理产品，并均保持了良好的理化和感官性质（谢乐生，2007）。经腌制调味、蒸汽杀菌可以获得即食红虾、小龙虾调理食品（李桂芬 等，2017；李锐 等，2019）。贝肉经调味腌制、烘干、巴氏杀菌等工艺后，具有较柔软的质地和口感，同时保持珍珠贝肉特有的鲜味和营养价值（吴燕燕 等，2008）。李雅晶等（2019）开发真空调味杀菌一体化加工技术，生产的调理贻贝产品在感官及理化指标上与鲜贻贝无显著差异。

　　2. 鱼糜制品调理食品

　　鱼糜是鱼肉经清洗、采肉、漂洗、脱水、精滤等工序制成的水产加工原料。以鱼糜为原料经擂溃（斩拌）、成型、加热熟化等工序制成鱼糜制品，较强的凝胶特性使鱼糜制品具有较佳的口感。

　　冷冻鱼糜的抗冻特性是决定鱼糜制品加工品质的重要影响因素。鱼糜作为鱼糜制品的加工原料，一般以冻藏形式进行贮存和运输。冷冻鱼糜在冻藏过程中肌原纤维蛋白发生变性，导致凝胶性能和持水力下降，进而影响鱼糜制品的加工品质。糖类物质可以增强冷冻鱼糜的抗冻性。糖类物质可以在冷冻鱼糜中形成玻璃体，进而抑制鱼肉肌原纤维蛋白聚集变性，同时，作为亲水成分与蛋白质周围的水分子结合，降低共晶点温度，发挥稳定蛋白质构象、减少冷冻鱼糜冰晶生成的作用。蔗糖和山梨醇是较常使用的抗冻剂，菊粉、海藻糖等天然、低糖、低热量抗冻剂的开发应用正成为一种趋势。

　　鱼糜的凝胶特性直接影响鱼糜制品的品质。热诱导是鱼糜凝胶的主要方式，鱼糜热凝胶需要经过凝胶化、凝胶劣化和凝胶熟化3个阶段。凝胶化主要是内源TG酶使蛋白质以共价键方式进行交联，以形成致密的凝胶网络结构，凝胶化温度受鱼的品种影响，0~40℃均可。除了内源性TG酶，通过外源添加TG酶也可以在蛋白质分子间或分子内形成 ε-（γ-谷氨酰）赖氨酸共价键，进而形成强有力的凝胶体。彭瑶（2016）发现用清水漂洗罗非鱼鱼糜，再用0.1%的氯化钙漂洗二次，可以提高罗非鱼鱼糜品质；添加11%的马铃薯淀粉、4%的蛋清、0.2%的复合磷酸盐、0.4%的TG酶可提高罗非鱼鱼糜凝胶强度。蒋婷婷（2016）解决了草鱼鱼糜的利用难题，通过改良其工艺，减少制品油腻感，开发了草鱼鱼糜制成调理芙蓉鱼排预调理菜肴生产技术。芙蓉鱼排的配方为1.7%的食盐、0.5%的蔗糖、0.1%的味精、0.05%的鸡精、0.02%的胡椒粉，鱼水比为12∶1；裹浆配料中，面淀比为1.56，粉水比为0.51，大豆分离蛋白为6%；鱼排厚度2.00cm，油炸温度160℃，油炸时间100s。凝胶劣化是由内源组织蛋白酶水解蛋白质导致的，一般在50~70℃发生，为了避免凝胶劣化，通常将凝胶化的鱼糜在85~95℃加热20~30min

使其迅速跨过劣化温度区间，完成凝胶熟化。热诱导鱼糜凝胶最为普遍，但热传递速度慢，凝胶劣化温度区间较难控制使鱼糜制品品质降低。

微波加热和欧姆加热在实现鱼糜凝胶方面较具潜力。微波加热能够使凝胶化的鱼糜快速跨过劣化温度区间，同时增强了内源 TG 酶的活性，减少了外源性 TG 酶和盐的用量。Cao 等（2018）开发了微波-蒸汽联合装置用于鱼糜制品加工，在提升鱼糜制品加工性能的同时，还节省了 11.68% 的能耗。欧姆加热以其快速加热的特性在食品杀菌中应用较为广泛，这一特性也使其具备了钝化凝胶劣化阶段鱼糜内源蛋白酶活性的作用，但鱼糜中含有的盐离子对欧姆加热装置的电极易造成腐蚀。此外，日本科学家采用欧姆加热技术实现了不同鱼肉的重组，为低值碎肉加工鱼块及鱼片提供了思路。

3.3 天然来源食品添加剂和食品配料制造技术

食品添加剂是指为改善食品品质和色香味及为防腐、保鲜和加工工艺的需要而加入食品中的人工合成或者天然物质。食品添加剂是现代食品工业不可或缺的重要组成部分，在食品加工中占有重要地位。可以说，没有食品添加剂，就没有现代食品工业。食品配料不同于食品添加剂，却也发挥着改善食品加工品质、料剂（配料和食品添加剂）同源的重要作用，逐渐具备了部分食品添加剂的功能。随着人们消费观念的转变及清洁标签的盛行，天然、绿色食品添加剂和食品配料的研发和应用正成为全球不可阻挡的潮流。本节重点阐述天然来源食品添加剂和食品配料物理提取、生物制备及其功能强化与稳态化技术的研究进展。

3.3.1 概述

日本将天然食品添加剂定义为以存在于自然界中的物质为原料，用干燥、粉碎、修整、沉淀、抽提、分解、加热、蒸馏、发酵、酶处理等手段所制得的物质。我国《绿色食品 食品添加剂使用准则》（NY/T 392—2013）将天然食品添加剂定义为以物理方法、微生物法或酶法从天然物中分离出来，不采用基因工程获得的产物，经过毒理学评价确认其食品安全的食品添加剂。从各国对天然食品添加剂的的定义看，天然食品添加剂制造均强调"天然存在的物质"，通过碾磨、蒸馏、提取等物理方法和发酵、酶解等生物方法进行制备。食品配料最初是指食品配方原料中用量较小的食品原料。随着技术的进步，天然来源食品配料新品种层出不穷，还具备了抗氧化、防腐和增殖双歧杆菌等多重用途和生理活性。天然食品添加剂和食品配料往往难溶于水、易挥发、易降解、风味感知强烈，在食品加工中的应用受到一定限制。通过微胶囊包埋、高压乳化、酶法修饰等功能强化和稳态化技术能够改善添加剂的热稳定性，较好保持生物活性，提升缓释功效。

　　天然来源食品添加剂和食品配料是清洁标签食品的重要组成部分，与清洁标签食品无人工合成添加剂或化学添加剂、简单配料的特点相契合。在天然食品添加剂和配料生产中尽量采用研磨、干燥、过滤、分离、混合、酶解、适度酸碱调节、加盐、发酵等加工技术，开发更多功能性天然物质替代传统配料表中的化学性功能成分，正成为当前乃至未来一段时间内的研究热点。目前，不少具备清洁标签属性的天然食品配料已经开始在食品加工中使用。比如，植物蛋白是一种良好的清洁标签配料，既为消费者提供了优质的蛋白资源，又发挥了其作为黏稠剂、抗菌剂、稳定剂、乳化剂、起泡剂的功能，使产品在感官品质上符合消费者需求。人们使用面粉酵母替代化学膨松剂，不再使用柠檬酸、碳酸钙、磷酸二氢钙、明矾、GDL 等，提供给消费者含有清洁标签的安全、营养的发酵面制品。酵母天然提取物作为一种天然、安全、健康的鲜味物质配料，可有效替代味精等起到清洁标签的效果。从亚麻籽中提取的天然配料 Optisol 5300 代替松糕中的脂肪，较好地保持了风味、口感和营养价值。不少天然植物提取物（如植物多酚、精油）是较好的清洁标签防腐剂。

3.3.2　天然食品添加剂提取技术

　　化学合成添加剂（如叔丁基对羟基茴香醚、二丁基羟基甲苯、苯甲酸盐）尽管在食品抗氧化、抑菌防腐方面的效果明显，但其对人体造成的潜在副作用仍备受争议。香辛料、茶叶、迷迭香等植物富含的植物精油、茶多酚、鼠尾草酸、鼠尾草酚等具有较高的抗氧化活性，是天然抗氧化剂的重要生产来源。采用天然、绿色、节能、环保的提取和制备技术从动植物资源中获得具有抗氧化、防腐等功能的天然食品添加剂是天然食品添加剂制造技术的应有之义。

　　1. 植物精油制备技术

　　精油，也称挥发油、芳香油，是存在于植物组织中具有一定气味（一般为香味或辛辣味）的挥发性油状液体，是植物体自身的次级代谢产物，享有"液体黄金"的美誉。植物精油主要成分包括萜类化合物、芳香族化合物、脂肪族化合物和含氮含硫化合物四大类，具有抗氧化、抑菌、抗癌抑瘤等多种功能特性。植物精油，尤其是香辛料精油与料剂同源理念相契合。丁香花蕾油、大蒜油、肉豆蔻油等植物精油属于食品用天然香料。食品尤其是肉制品加工中会使用一定量的香辛料，以赋予肉制品独特的芳香气味。香辛料精油既保留了香辛料特有的芳香气味，其富含的萜类、酚类化合物又具有较强的抗氧化活性、抑菌活性，实现了食品品质保持与抗氧化、抑菌的协同。

　　水蒸气蒸馏、有机溶剂萃取等植物精油传统提取技术存在能耗高、耗时长、精油中热敏性成分易分解焦化、易存在溶剂残留等问题，超临界 CO_2 流体萃取技术、亚临界水提取技术、分子蒸馏提取纯化技术、超声波辅助提取技术、微波辅助提取技术等新型、绿色提取技术不断出现，逐步提高植物精油的品质和产率。未来，多种提取方法联用将会是天然精油提取的发展方向。

1）超临界 CO_2 流体萃取技术

超临界 CO_2 流体萃取技术的原理是超临界 CO_2 对某些特殊天然产物具有特殊的溶解作用。在超临界状态下，改变超临界 CO_2 的温度和压力，从而改变其极性，依次萃取出提取物中具有不同极性和不同相对分子质量的组分。采用超临界 CO_2 流体萃取法提取的芒果皮精油、罗勒精油等，得率可达 6.0%以上，远高于水蒸气蒸馏。杨事维（2015）建立生姜挥发油超临界 CO_2 流体萃取工艺，即生姜自然晒干、目数 60~80 目、萃取压力 35MPa、萃取温度 35℃、CO_2 流量 15L/h、萃取时间 2h，生姜挥发油的得率可达 3.57%，且超临界 CO_2 提取的生姜挥发油成分含有较多单萜烯类物质。

超临界 CO_2 流体萃取技术提取温度偏低，因此，精油中热敏组分不易分解，还能防止水解、水溶作用导致的精油组分流失。此外，超临界 CO_2 流体还具有溶解能力可调、选择性高的优点，提取制备的精油香气极接近天然芳香植物本身所特有的香气，萃取出的某些高沸点物质还可以增加精油的留香时间，尤其适合高档精油的制备。但是，超临界 CO_2 流体萃取设备一次性投资较高，对操作人员及技术要求均较高。

2）亚临界水提取技术

亚临界水，也称超加热水、高压水，是指在特定的压力下，使水的温度达到100℃以上、临界温度 374℃以下，水体仍保持为液体状态。亚临界水提取（subcritical water extraction，SWE）技术因得油率高、产品质量好等优势，广泛用于天然产物的提取。朱凯祺等（2019）建立亚临界流体技术萃取柚皮精油最优工艺，萃取时间为 40min、料液比为 1∶7（g/mL，下同）、夹带剂添加量为 0.6mL/g，柚皮精油提取率可达 1.35%。超声强化结合亚临界水提取技术制备的肉桂精油品质较好（郭娟 等，2014）。

SWE 技术具有提取时间短、提取率高、精油品质好、能耗低、绿色环保等优势，是一项开发潜力巨大、应用前景广阔的新型提取技术。SWE 技术与超临界 CO_2 流体萃取技术在提取能力、得率、选择性、精油品质方面旗鼓相当，但超临界 CO_2 流体要求压力必须高于 25MPa 才能实现萃取，而亚临界水的压力远远低于25MPa，因此 SWE 在设备上更容易实现。

3）分子蒸馏提取纯化技术

分子蒸馏（molecular distillation，MD），也称短程蒸馏，是在高真空度下，依靠分子运动的平均自由程不同，实现液体混合物组分分离的一项提取纯化技术。MD 法制备的植物精油质量好、纯度高。MD 技术操作温度远低于提取物料常压下的沸点，减少了热敏性精油的热分解。此外，MD 技术还能有效地阻止其他有毒成分进入，提高了精油产品的安全性。分子蒸馏温度为 50℃、蒸馏压力为 150Pa、进料速度为 1.5g/min、刮膜转速为 200r/min，大蒜油平均纯度可达 86.12%，产品外观质量明显提高。

4）超声波辅助提取技术

超声波辅助提取（ultrasonic-assisted extraction，UAE）是运用超声波强化来提取植物组织中的有效成分。利用超声波空化作用，加速植物组织中的有效成分释放溶出；另外，超声波次级效应（如机械振动、击碎、热效应、化学效应）同样也能加速植物组织中有效成分的扩散、释放，使其与提取剂充分混合而利于有效目标成分的提取。UAE 法不会改变有效成分的分子结构，具有提取时间短、提取温度低、提取率高、节能等优点；作为一种辅助手段，与其他提取技术联用可以获得较为理想的提取效果。张学彬等（2019）采用 Box-Behnken 响应面法建立超声波辅助水蒸气蒸馏提取丁香精油最佳工艺条件，超声波功率为 300W、颗粒度为 150 目、料液比为 1∶15、萃取时间为 1h，丁香精油平均提取率为（19.637±0.42）%。余拓（2019）采用超声波辅助水蒸气蒸馏法提取肉桂精油，肉桂精油得率为 8.33‰，是水蒸气蒸馏法提取肉桂精油得率的近 2 倍。肖娟等（2018）利用超声波辅助水蒸气蒸馏法提取柠檬果皮精油，提取率与水蒸气蒸馏相近，提取时间明显缩短。

5）微波辅助提取技术

微波辅助提取（microwave-assisted extraction，MAE）是利用微波能进行物质萃取的一种技术。微波加热使植物细胞内的极性物质尤其是水分子吸收微波能，产生大量热量，使细胞内温度迅速上升，液态水气化产生的压力将细胞膜和细胞壁冲破，形成微小的孔洞；进一步加热，细胞内部和细胞壁水分减少，细胞收缩、表面出现裂纹。孔洞和裂纹使胞外溶剂容易进入细胞内，溶解并释放出细胞内产物。当样品与溶剂混合并被微波辐射时，溶剂短时间内即被加热至沸点，由于沸腾在密闭容器中发生，温度高于溶剂常压沸点，而且溶剂内外层都达到这一温度，促使成分很快被提取。与 UAE 技术类似，MAE 法主要是作为一种辅助手段来提高精油的质量、产率等，具有提取快速、高效，可减少浪费，重现性好、节省能源等优点。利用微波辅助水蒸气蒸馏法可以提高精油产率（李淑红 等，2018）。

6）生物酶制剂辅助提取法

生物酶制剂辅助提取法是利用酶解反应破坏植物组织细胞壁结构，使组织细胞内的有效成分溶出于溶剂中，从而达到提取目的的一种新型植物精油提取方法。果胶酶、纤维素酶是较为常用的生物酶制剂（辜雪冬 等，2018；李明月 等，2017），其在温和条件下分解植物组织，可节省提取时间、提高得率、减少有效成分的破坏。李明月等（2017）采用果胶酶辅助提取法提取沉香精油，其得率增加了 11.05%，同时保留了精油纯度，具有良好的应用前景。生物酶的价格成本较高且现有酶解技术不能完全破坏原料的细胞壁，工业化应用还有待进一步研究。

2. 植物多酚类化合物制备技术

多酚类化合物广泛存在于植物体内，是一类具有一个或多个酚羟基的化合物。葡萄、石榴、马铃薯等果蔬，高粱、大麦、豌豆等谷物及茶叶、中草药等植物中含有丰富的多酚类化合物。多酚类化合物不仅具有较强的抗氧化作用，还具有抗肿瘤、保护肝脏、抗感染、增强免疫力、降低胆固醇及预防心血管疾病等功能。茶多酚、迷迭香提取物均是重要的植物多酚类天然抗氧化剂，广泛应用于肉制品、水产制品、果蔬制品加工中。

植物多酚类化合物制备技术包含生态提取技术和生态分离纯化技术。

1）生态提取技术

多酚主要存在于植物细胞原生质体及液泡内，细胞壁阻碍了多酚从细胞内向外渗出。乙醇溶剂是使用最为普遍的多酚类化合物提取溶剂。传统溶剂提取多酚类化合物存在溶剂用量大、提取时间长、多种溶剂重复提取后提取率仍不理想等问题。

（1）超声/微波辅助溶剂萃取。采用 UAE 技术、微波辅助溶剂提取技术能够破坏植物的细胞壁、促进胞内物质快速溢出，从而提高多酚类化合物的提取率、缩短提取时间、节约溶剂用量，还减少了对多酚类化合物物理结构和生理活性的破坏。

李慧等（2016）建立超声波辅助溶剂提取浙江绿茶多酚最优工艺，即提取料液比为 1:20，超声功率为 150W，温度为 70℃，时间为 25min，溶剂为 70%乙醇，提取率可达 20.87%。相同料液比及提取溶剂下，超声功率 200W 超声 30min，多酚提取率达 23.42%（Zhang et al.，2017）。微波辅助溶剂提取能够提高苹果树根部的总酚含量、缩短提取时间，微波处理 20min 提取的总酚含量（47.7mg/g）显著高于溶剂提取 2h 的含量（35.8mg/g）（Moreira et al.，2017）。李刚凤等（2015）采用 360W 微波处理 25s，绿茶多酚提取率高达 27.64%，提取物中总酚含量较索氏提取增加 1 倍。

（2）超临界 CO_2 流体萃取。与传统溶剂萃取相比，超临界 CO_2 流体萃取技术溶剂使用量少、降低了对环境的污染，萃取的多酚类物质得率和纯度高，且不存在溶剂残留、安全性能好。王小梅等（2001）建立茶多酚超临界 CO_2 萃取方法，采用 CO_2 流量 25L/h、20MPa、50℃萃取 5h，并在 5MPa、40℃进行分离，茶多酚提取物的萃取率达 9%，提取物中多酚含量高达 90%以上。

（3）其他提取技术。超高压提取具有快速、高效、能耗低、绿色环保等优点，500MPa、料液比 1:20 提取 1min，多酚类化合物得率高达 31%，其提取率等同于室温提取20h、超声提取90min、热回流提取45min。酶解提取、闪式提取和高压脉冲电场提取多酚化合物也具有更高的提取效率和较短的提取时间，同时对多酚结构的破坏也较小。

基于提取时间、多酚得率、多酚受破坏程度和成本对不同生态提取技术进行对比（表3-3），生物酶降解法、树脂吸附法还有待进一步研究应用，以降低生产成本；超声波提取法、微波提取法、闪式提取法和超临界流体萃取法耗时较短，多酚得率也高，但超声波提取多酚受破坏程度较其他方法大，在一定程度上限制了其应用。超临界流体萃取法尽管成本较高，但较佳的提取效果及万分之几的抗氧化剂添加量，仍属于重要的植物多酚生态提取技术。

表3-3 植物多酚不同生态提取技术对比（董科 等，2019）

提取技术	提取时间	多酚得率	多酚受破坏程度	成本
超声波提取法	较短	较高	中度	较低
微波提取法	较短	高	轻度	较低
闪式提取法	短	高	轻度	较低
生物酶降解法	长	较高	轻度	较高
树脂吸附法	长	较高	轻度	高
超临界流体萃取法	较短	高	轻度	高
高压脉冲电场法	较长	高	轻度	较低

2）生态分离纯化技术

植物多酚提取物需要进一步提纯得到高纯度的多酚产品或者单体组分，以使其抗氧化活性最大化。植物多酚化合物分离纯化应在保证核心成分含量较高的前提下尽可能减少分离纯化次数，以达到节能、环保的目的。沉淀分离技术需要经过沉淀、洗涤等工序，操作较为烦琐，部分组分沉淀分离选择性较差、分离不够完全。凝胶柱层析、膜分离技术是较为生态的植物多酚分纯化技术。

（1）凝胶柱层析。凝胶层析是以被分离物质的分子量差异为基础的一种层析分离技术。层析固定相载体是凝胶颗粒，葡聚糖凝胶是植物多酚分离纯化最常用的凝胶颗粒。罗超华等（2015）以葡聚糖凝胶为填料，茶多酚提取物经脱色-过柱-冻干后得到白色粉末状固体物，表没食子儿茶素没食子酸酯，纯度达90%以上，适合大规模样品的产业化生产。

（2）膜分离技术。膜分离技术是一种以半透膜两侧存在的能量差作为动力的高效、节能的分离技术。膜分离属于物理变化过程，对温度要求不高，适于热敏感物质的分离提纯。膜分离具有多样性和选择性，在分子水平上实现对不同粒径分子的选择性分离。王永刚和李卫（2010）经过微滤膜、纳滤膜系统除杂浓缩后，花生壳多酚提取液中多酚纯度由9%提高到18.67%，固体物含量由5.4%提升到

43.9%。超滤膜对茶叶水提物中茶多酚的提纯效果最佳，聚偏氟乙烯膜 UF-602-5 和聚砜膜 UF-610 的膜通量较大，茶多酚透析率较高（王瑞芳 等，2009）。膜分离过程中存在膜污染问题，研究绿色、高效的膜清洗剂仍是科研工作者今后的努力方向。

3.3.3　食品添加剂和食品配料生物制造技术

生物制造与传统化学合成工艺相比，具有能耗低、环境污染小等优点，是应对全球能源危机、实现可持续发展的重要技术手段。随着现代食品工业对天然食品添加剂和食品配料市场需求的日益扩大，利用酶工程技术、细胞工程技术与发酵工程技术等生物制造技术开发天然产品，已经成为提升产品产量与品质、推动食品生态加工进程的新趋势。

1. 天然食品添加剂生物制造技术

利用微生物发酵技术，可以生产天然安全的食品添加剂用于食品加工。天然防腐剂 ε-聚赖氨酸具有广谱抗菌活性，利用链霉菌 M-Z18 补料发酵，可使 ε-聚赖氨酸的批生产量达到商业生产的要求。Nisin 已广泛应用于方便米面制品、饮料、肉制品、乳制品、水产制品等的防腐保鲜，它可以抑制金黄色葡萄球菌、芽孢杆菌、单核细胞增生李斯特菌。通过诱变育种方法，人们能够获得了一系列高产 Nisin 的菌株。在风味增强剂生产方面，筛选并利用优良的米曲霉和黑曲霉生产牛肉风味增强剂，微生物发酵提高了产品中吡嗪、吡咯类、含硫化合物等风味物质的含量。

微生物发酵工程还实现了天然香料、天然着色剂、酸度调节剂等的生产。乙偶姻（3-甲基-2-丁酮）、香兰素、苯乙醇等香料早在 20 世纪末便通过采用生物发酵法制备。利用红曲霉固态发酵法制备天然红曲色素，利用三孢布拉霉菌发酵生产番茄红素和 β-胡萝卜素也已成功应用到工业化生产中。化学合成技术制备的乳酸、苹果酸中 D 型、L 型手性分子并存，采用微生物发酵法制备优势明显，当前全球 90% 的 L-乳酸是通过微生物发酵制备的。

采用酶工程技术对畜禽肉和骨进行酶解，并结合美拉德反应制备的肉味香精，其肉类风味突出、肉香自然、原汁原味感强。采用细胞工程制备天然食品添加剂和营养强化剂具有较好的应用价值。通过高浓度核酸酵母细胞规模化培养-核苷酸固定化酶解-水相逐级分离技术，实现营养强化剂核苷酸的生物制造，平均结晶收率提升 5%～10%，能耗、污染物排放降低 30% 以上。

2. 天然功能性食品配料生物制造技术

酶工程技术主要利用酶专一、高效的催化性能，通过有目的地控制反应器和反应条件来生产人类需要的食品配料。酶制剂作为一种生物催化剂，具有高度的专一性和极高的催化效率，在天然功能性食品配料制造技术应用方面具有巨大的潜力。目前，酶工程技术在开发生物活性肽、功能性低聚糖、氨基酸、调味料等多种功能性食品配料生产中得到应用，尤其是在低聚麦芽糖、低聚木糖和低聚果糖等功能性低聚糖上。这类产品主要以淀粉（多聚糖）为原料，通过酶制剂酶解后生产低聚糖。山东龙力生物科技股份有限公司是目前全球最大的低聚糖生产和研发基地之一，拥有生物酶法制备木糖、微生物酶法制备高纯度低聚半乳糖及玉米芯酶法制备高纯度低聚木糖等多种酶解工艺技术，其生产的高纯度低聚木糖通过了美国食品药品监督管理局的一般认为安全（generally recognized as safe，GRAS）认证和新膳食成分（new dietary ingredient，NDI）认证，年产量可达 6 000t。

利用生物酶解技术，以畜禽骨、血等副产物为原料生产抗菌肽、血管紧张素转化酶（angiotensin converting enzyme，ACE）抑制肽、抗氧化肽和血红素等食品配料，有利于实现这些产品的绿色清洁高效生产。骨中的粗蛋白含量与肉类十分接近，且大部分是胶原，胶原多肽是胶原蛋白的酶解产物，具有多种生物活性功能。以牛骨为原料，利用不同的生物酶制备抗菌肽，其中中性蛋白酶酶解液可较好地抑制金黄色葡萄球菌，风味蛋白酶酶解液则对肠炎沙门氏菌具有较好的抑菌活性。也有人利用水解牛血血红蛋白，得到了对大肠杆菌、沙门氏菌、单核细胞增生李斯特菌有明显抑制作用的抗菌肽；在猪血蛋白的酶解液中，获得了一种可抑制血清中甘油三酯含量上升的四肽（Val-Val-Tyr-Pro），可有效缓解人体心脑血管等疾病的发生。另外，也有人将猪肉经过木瓜蛋白酶水解，得到了可抗血栓形成的生物活性肽。

发酵工程技术可通过微生物发酵碳水化合物生产各种所需要的食品配料，还可以结合基因重组、细胞融合等生物工程技术进行定向培育微生物，调节微生物的代谢途径，提高目的代谢产物的产量，同时可以减轻食品配料生产受到原材料生长周期和产量的限制。γ-亚麻酸作为人体必不可少的一种不饱和脂肪酸，属于食品配料中的功能性油脂，但生产受限于其提取原料月见草的较长的生长周期、月见草籽的产量和含油量、天气和产地等多重因素的影响。霉菌非常适合生产γ-亚麻酸的菌种原料，筛选适合的培养基和优化发酵条件是增加γ-亚麻酸产量的必要措施。刘杨洋（2019）以拉曼被孢霉 HLY0902 为生产菌株，探究γ-亚麻酸产生的代谢通路，通过外源添加其在代谢过程中的重要中间代谢物，确定了对拉曼被孢霉γ-亚麻酸有促进作用的营养成分的最佳浓度，成功提高了γ-亚麻酸的最终得率。

3.3.4　功能强化与稳态化技术

天然食品添加剂和食品配料中存在一些较为敏感的化合物，在加工和贮藏过程中极易降解，同时容易受温度、pH、光照、O_2、酶和金属离子等多种因素影响，这类化合物的稳定性问题不仅会影响其自身的生物利用率,也限制了其在食品工业中的广泛应用。通过生物技术(如分子修饰、微胶囊包埋等手段)对化合物分子进行结构改造,有效降低外界对其分子活性的损伤,就可以稳定或强化其理化性质和生物活性,得到用一般化工手段难以生产的新产品。

通过选择适宜的方法对食品配料进行分子修饰使其结构发生变化,研究分子结构和生物活性之间的构效关系,不仅可以得到高活性或高稳定性的产品,同时也丰富了化合物的结构类型。多糖类物质的生物活性受分子量的大小、空间结构、衍生物中取代基种类和数量等多种因素的影响,目前应用分子修饰技术改变多糖构效的研究较多,有研究发现红枣多糖的羧甲基化和乙酰化修饰不仅可明显提高自身在水中的溶解性和羟自由基清除活性,还可增强其对α-葡萄糖苷酶活性的抑制作用,通过延缓单糖的释放和吸收,具有一定的降血糖作用(焦中高,2012)。此外,天然着色剂常应用于饮料等食品体系中,其与大分子食品组分之间的相互作用不可避免地在不同程度上影响了色素的呈色稳定性。卢晓蕊等(2010)采用分子修饰的方法,通过丁二酸酐酯化修饰,花色苷分子结构中糖环上的羟基与丁二酸酐发生酯化反应,形成了相应的酯类化合物,在维持色泽的基础上显著提高了花色苷色素的稳定性。

微胶囊是一种采用高分子聚合物或其他成膜材料将物质的微粒或微滴包覆所形成的微小容器,可以将不稳定的物质(芯材)封装进另一种或几种物质(壁材)中,以保护芯材的生物活性和各种物理化学性质等。王伟(2014)以明胶和黄原胶为壁材,川芎油为芯材,以微囊的包封率、抗氧化能力和释放性能为指标,结果发现川芎油微囊相对于参比样品的生物利用率从 87.9% 提升至 100.03%。也有人将双歧杆菌经过微胶囊包埋处理后,发现在贮存过程中的活菌数可增加 10%～20%。此外,应用微胶囊技术还可以使生产的发酵产品品质更稳定。Liu 等(2010)利用由硫酸纤维素钠和聚二甲基二烯丙基氯化铵包被的聚电解质络合物作为固定物,以微胶囊的形式培养红曲霉,发现以这种微胶囊形式培养的红曲霉菌种产量是普通培养形式的 3 倍,色素产量也是普通培养法的 2 倍,推测可能是由于微胶囊的形式为菌丝体提供了良好的固定条件。

3.4　食品最少加工技术

食品最少加工技术是食品生态加工共性关键技术的重要组成部分。传统食品加工高温长时间的特点在丰富食品产品种类的同时,也不可避免地造成食品品质和营养组分的破坏,同时还存在加工能耗过大、污染排放量高等环境问题。随着科技的发展,一系列最少加工技术被开发并应用到食品加工中。本节概述了食品最少加工的内涵,重点阐述杀菌和干燥两种食品单元操作中应用的最少加工技术。

3.4.1　概述

食品最少加工是指在保证食品便于储藏、运输、分销及具有足够的安全性和货架期的前提下，应当尽量减少加工工序以避免食品营养成分的损失，实现节能和环保。适度加工与最少加工理念具有相似性，目前在粮食谷物和油脂加工中应用较为广泛，是针对粮食谷物和油脂过度加工导致营养物质流失、增加生产能耗所提出的。对于粮食谷物而言，适度加工是指兼顾成品的营养、口感、外观、出品率及加工成本的加工方式，即在满足消费需求的前提下，尽可能提升成品率、减少粮食谷物资源的损失（谢天　等，2019）。最少加工技术也是清洁标签食品生产的重要一环。清洁标签是指在产品中尽量去除或替换人造或化学添加剂，使配料表简单化，保持标签配料表中食品的天然属性，同时应该尽可能地减小加工强度和简化加工流程，以保持食品原汁原味和营养成分。

在食品生态加工中，在保证食品品质的前提下尽可能减少食品加工（热）程度、加工工序是食品最少加工技术的核心内涵。杀菌、干燥等是食品加工的重要环节，因此，在最少加工系列技术研发和应用方面也最为深入。超高压技术、欧姆加热、高压脉冲电场作为最少加工技术，在食品加工中的应用领域较为广泛，如杀菌、保鲜、提取等。

3.4.2　生态杀菌技术

杀菌是食品加工的重要环节。食品中富含蛋白质、脂肪、碳水化合物、矿物质、维生素等，为细菌、霉菌、酵母等各种微生物的生长繁殖提供所必需的碳源、氮源、能源、无机盐和生长因子等。微生物的大量滋生，不仅改变了食品组分及其理化性质、加速了食品腐败变质，沙门氏菌、金黄色葡萄球菌等致病菌还可能分泌毒素，危及人体健康。对食品进行杀菌能够有效抑制腐败微生物和致病微生物的生长、延长食品的保质期、确保食品安全。但是，传统高温长时间热杀菌不可避免地造成食品品质和营养组分的破坏，同时还伴随大量热蒸汽、电力等能源的消耗。随着科技的发展和进步，不少生态杀菌技术（如中温杀菌技术、变温杀菌技术和非热杀菌技术）开始在食品加工中应用。

1. 生态热杀菌技术

热杀菌技术杀菌效果较好，但过高的温度容易破坏食品的色香味和营养组分。较为生态健康的热杀菌技术有巴氏杀菌、UHT、中温杀菌、变温杀菌和微波杀菌等。

1）巴氏杀菌技术

巴氏杀菌（pasteurization），也称低温消毒法，是指使用较低温度（一般在 60～82℃）在规定时间内对食品进行加热处理，可杀灭食品中的致病菌和绝大多数非致病菌，急剧的冷热变化也会加剧细菌的死亡。巴氏杀菌技术热处理程度比较低，最大限度地减少了热杀菌对食品色香味及营养成分的破坏，广泛运用于乳制品、果汁、啤酒等食品的杀菌。

2）UHT 技术

UHT 加热温度为 135～150℃，高于常规杀菌温度（100～135℃），加热 2～8s 后产品能够达到商业无菌的要求。UHT 技术在短时间杀灭微生物的同时，能够较好地保持食品原有的品质和营养成分，延长食品货架期。

3）中温杀菌技术

中温杀菌是指经过 90～110℃杀菌，在保持产品高品质的同时，可在常温下贮存的一种技术，目前主要应用于肉制品的加工中。利用中温杀菌技术生产的产品，结合了高温肉制品和低温肉制品的优点，能够同时满足人们对肉制品品质和较长时间保存的需要。

4）变温杀菌

不同于巴氏杀菌、超高温杀菌等恒温杀菌技术，变温杀菌技术采用阶段式升高杀菌温度来实现杀灭微生物、提升食品品质的目标。Girard 和 Durance（2000）以 F 值为 8min 为参照，建立基于三重斜坡函数的变温杀菌工艺，发现变温杀菌和恒温杀菌两种杀菌条件下不同类别挥发性风味物质差异不显著。高涵等（2016）建立 F 值为 20min 的鲣鱼罐头变温杀菌工艺，即 105℃、115℃、120℃、125℃，每阶段持续 2.5min；同一杀菌效果下，经变温杀菌的鱼肉硬度、弹性和内聚性分别提高 22.8%、6.9%和 20.5%，鱼肉组织破坏程度也小于恒温杀菌工艺。申晓琳等（2015）建立真空软包装道口烧鸡的变温杀菌参数，即 90℃、10min，108℃、20min，121℃、15min，在保持与传统高温高压杀菌（121℃、45min）相同效果的前提下，显著提升了道口烧鸡的感官指标。

5）微波杀菌技术

微波杀菌技术是将频率为 300MHz～300GHz，即波长为 10^6～10^9nm 的超高频电磁波作用于食品，通过热效应与非热效应的共同作用，起到杀死微生物的作用。一方面，微波穿透介质产生热效应；另一方面，微波电场作用于生物体，使细胞膜通透性发生改变，引起蛋白质变性，影响生化反应及生理活性。两者共同作用，对食品进行杀菌，延长货架期。该技术广泛运用于肉制品、水产品、乳制品、果蔬、罐头等产品的杀菌。

2. 冷杀菌技术

冷杀菌即非热杀菌，是指在杀菌过程中，食品温度不升高或者升高幅度很小的一种安全、高效的杀菌方法。与传统热杀菌技术相比，冷杀菌不仅有利于保持食品的生理活性，同时微小的温度变化也有利于保持食品的固有营养成分、质构、色泽等，特别是对热敏性较强的食品杀菌具有十分重要的意义。冷杀菌技术包括超高压杀菌技术、超高压脉冲电场杀菌技术、超声波杀菌技术、脉冲强光杀菌技术、臭氧杀菌技术、紫外线杀菌技术等。

1）超高压杀菌技术

超高压杀菌技术是目前研究应用较多的一种冷杀菌技术。通常是将包装好的食品放入流体介质中，在 100～1 000MPa 压力下处理一段时间，以达到灭菌要求。超高压处理能够使微生物形态结构、生化反应、细胞壁、细胞膜等发生变化，从而影响微生物原有的生理活动机能，甚至破坏原有功能或发生不可逆变化。通常情况下，细菌、霉菌、酵母菌等在 300MPa 压力下死亡，细菌芽孢在 600MPa 以上压力下死亡，酶在 400MPa 以上压力下会被钝化。超高压技术在杀菌的同时，能够较好地保持食品原有的色泽、滋味、质构特点及营养品质。超高压杀菌技术的杀菌效果与压力大小、加压时间、加压方式、处理温度、微生物种类、食品本身组成、pH 等多种因素有关。

2）超高压脉冲电场杀菌技术

超高压脉冲电场（high-intensity pulsed electric fields，PEF）杀菌技术是利用高压脉冲器产生的脉冲电场对放置在两个电极之间的食品进行杀菌处理。其杀菌机制有细胞膜穿孔效应、电磁机制模型、黏弹极性形成模型、电解产物效应、臭氧效应等。一方面，细胞膜在脉冲电场和磁场的交替作用下通透性增加、强度减弱，使细胞膜的保护作用减弱甚至消失；另一方面，电离产生的离子与膜内物质作用，阻碍了正常的生化反应和新陈代谢等，同时液体介质电离产生的具有强氧化的臭氧，使细胞内的物质发生一系列反应。PEF 杀菌技术具有杀菌效果好、速度快、能耗低且无环境污染等优点，受设备造价高限制，目前仍以实验室研究为主。

3）超声波杀菌技术

超声波杀菌技术通过超声波在传声介质中的机械振动产生巨大的能量，从而在短时间内杀死微生物，以达到延长食品保质期的目的。杀菌频率主要在 20～100kHz，低频率超声波在液体介质中产生空化效应从而达到灭菌效果，而高频率超声波主要通过破坏细胞结构来杀灭细菌。超声波杀菌效果受超声波频率、强度、容器尺寸、形状、处理温度、处理时间等多种因素影响。单独使用超声波杀菌的效果有限，但结合其他杀菌技术，具有十分广泛的应用前景。

4）脉冲强光杀菌技术

脉冲强光装置是以极强的直流电通过充有惰性气体的灯管，发出高强度的紫外线至红外线区域光，该光波在食品表面滞留仅 10^{-7} 秒，便可杀死食品表面、设备、外包装的微生物，同时不破坏食品的色泽、风味和营养成分，没有有毒物质产生，且杀菌时间短，保证了食品安全。脉冲强光杀菌技术具有杀菌时间短、残留少、对环境污染小、不与物料直接接触，操作过程易控制等特点。脉冲强光对多数微生物有致死作用，且对微生物和钝化酶的效果显著，残余菌落数明显减少。

5）臭氧杀菌技术

臭氧氧化还原电位较高，具有极强的氧化能力，通过以下 3 方面达到杀菌目的：①增加细胞膜通透性而使细胞失去活力；②使细胞中酶失活；③破坏细胞质内的遗传物质或使其失去功能。臭氧通过直接破坏 RNA 或 DNA 以杀灭病毒；而杀灭细菌、霉菌等微生物时则先作用于细胞膜，导致其结构损伤及新陈代谢障碍，进一步渗透破坏其膜内组织，直至完全使其死亡。臭氧灭菌的效果受到温度和湿度的影响，低温高湿条件对杀菌更有利。

6）紫外线杀菌技术

紫外线波长在 240～280nm 时具有杀菌作用，其作用于微生物的核酸和蛋白质，尤其是可诱导 DNA 中胸腺嘧啶二聚体的形成，从而抑制 DNA 的复制和细胞分裂，甚至使其死亡。不同种类微生物的抗紫外线能力不同，酵母菌和丝状菌抗紫外线的能力比细菌强，病毒和细菌抗紫外线的能力大致相同。紫外线杀菌技术会破坏有机物的分子结构，可能使食品性质发生改变，因此其应用具有一定的局限性，主要用于水、液体食品、固体表面、包装材料及食品加工车间、设备等的杀菌。

3.4.3　生态干燥技术

干燥在食品加工中也占有重要地位。食品尤其是果蔬、畜禽肉和水产品中水分含量较高，通过脱水干燥，可以提高原料中可溶性物质的浓度、抑制微生物繁殖、降低酶活性，实现常温下长久保存，且便于运输和携带。干燥的目的是在尽可能快的干燥速率、尽可能小的干燥能耗情况下，获得能最大限度地保持原有风味和品质的产品。传统自然干燥受气候和季节条件影响大，生产效率低、产品质量较差。热风干燥以电或煤、柴等为能源，生产成本低、易操作，但干燥温度高、时间长，产品色泽、风味及营养品质均下降。食品传统干燥过程耗能较多，对环境造成一定破坏，我国低效高污染的传统干燥设备仍占大多数。真空冷冻干燥、微波干燥及其联合干燥技术，真空油炸技术、变温压差膨化干燥技术不断在食品加工中应用，在有效降低干燥时间、提升干燥能源利用率、较好保持产品品质方面具有显著优势。

1. 真空冷冻干燥技术

食品真空冷冻干燥，也称冷冻升华干燥，是将含水物料冷冻，在低温低压条件下利用冰的升华性能，使物料低温脱水干燥的新型干燥技术。真空冷冻干燥技术在低温、低氧环境下进行，热敏性物质、易氧化物质不易被破坏，能够最大限度地保留食品的色泽、风味和营养。固态冰升华使真空冷冻干燥食品呈疏松多孔结构，具备较好的复水能力，复水后其品质与鲜活农产品品质基本相同或完全相同（吴燕燕 等，2019）。

原料预处理影响真空冷冻干燥过程的传质传热、进而影响干燥速率及干燥产品品质。郑晓杰等（2013）发现马鲛鱼片厚度为7mm、绝对压力为85Pa、升华温度为20℃时，马鲛鱼糜的冻干速率和复水能力较好。水产品切割时，冰升华的移动方向与肉的纹理相一致，有利于传热和传质。顺纹理切割的青鱼片较逆纹理鱼片的冻干速率快（郑建珊，2011）。经350W超声波预处理的罗非鱼片，经真空冷冻干燥后，其白度值和复水率最佳（李敏 等，2016）。200W、35℃超声10min，真空冷冻干燥苹果片的干燥速率提升22%、复水比提高61.6%（周頔 等，2016）。

预冻速率对真空冷冻干燥食品的品质尤为重要。预冻速率过大，形成的冰晶小、对细胞结构破坏少，但空隙小、不利于冰晶的升华、复水速率也相应降低。慢速冻结冰晶升华后组织孔隙较大、易复水，但慢冻形成的大冰晶会破坏食物原料的组织细胞，造成复水品质下降。银鱼采用中速冻结，即超低温冰箱冻结，能够较好地保持冻干产品质量、缩短干燥时间（邹兴华，2005）。

真空冷冻干燥食品的品质优于其他干燥方式。真空冷冻干燥军曹鱼鱼皮明胶的透明度、吸水性、吸油性及乳化性优于热风干燥（邱湘洁 等，2015）。李佳等（2015）发现，经真空冷冻干燥、冰温真空干燥和热风干燥后，海鳗鱼片中与风味物质相关的内源一磷酸腺苷（AMP）脱氨酶、酸性磷酸酶、组织蛋白酶B和亮氨酰胺肽酶潜在活力均降低，真空冷冻干燥鱼片的4种酶活力保存率最高。经复水的冻干虾仁烹调后，其色香味和营养与烹调鲜虾仁相当。南极磷虾经真空冷冻干燥后鲜味氨基酸含量最高且风味独特。真空冷冻干燥牡蛎的蛋白质和几种滋味成分（乳酸、琥珀酸、ATP关联化合物、糖原、甜菜碱）含量均高于其他干燥方法（高加龙 等，2015）。海参含有丰富的蛋白质和多种氨基酸，还含有丰富的胶质和功能活性物质（如海参皂苷等），具有较高的营养保健功能。真空冷冻干燥技术用于海参干制加工，能最大限度地保持海参的营养及功能活性因子，同时复水性好，能恢复鲜海参的品质。真空冷冻干燥的刺参酸性黏多糖含量为 5.02g/100g，比微波干燥的刺参酸性黏多糖（4.66g/100g）含量高、保形好、口感佳、品质好，表面微观结构显示刺参形成了疏松多孔的骨架、孔洞更为均匀密集、复水性高（张凡伟 等，2018）。新鲜卷心菜经真空冷冻干燥后，香味成分大部分保留在冷冻干燥产品中，给消费者带来积极的感官效果（Rajkumar et al.，2017）。真空冷冻干燥得到的泡菜粉褐变指数低，水吸收指数和水溶性指数优于热风干燥（Park et al.，2016）。

但是，真空冷冻干燥耗时长、耗能大、设备昂贵，初投资和操作费用都比较高，可适用于热敏性、易氧化食品物料及高价值果蔬、水产品的干燥，与其他干燥技术的组合将是未来的发展方向。

2. 微波干燥技术

微波是一种高频电磁波，频率为 300MHz～300GHz，其波长为 10^6～10^9nm。微波发生器将微波辐射到物料上，当微波射入物料内部时，水等极性分子随微波的频率做同步高速旋转，物料瞬时摩擦生热，导致物料表面和内部同时升温，使大量水分子从物料逸出，实现物料干燥。微波干燥装置如图 3-4 所示。微波由内及外的加热方式，完全颠覆了传统由表及里的加热方式，温度梯度与水分迁移方向一致，微波热效率高达 80%以上、节电 30%～50%，有效提升了干燥速率、缩短干燥时间（是传统热风干燥的近 1/10）。因此，微波干燥具有加热快、热效率高、安全无害、高效、节能、环保等优点（Chong et al.，2014）。

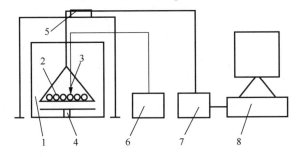

1.微波炉；2.物料；3.温度传感器；4.转盘；5.质量传感器；6.温度显示仪；7.称重显示仪；8.计算机。

图 3-4　微波干燥装置图

国内外微波干燥技术主要集中于微波干燥特性的研究，比如分析微波干燥动力学模型，探究干燥温度和时间等对干制品品质的影响（Roknul et al.，2015；Chandrasekaran et al.，2013）。草鱼片微波干燥过程中有效水分扩散系数会随着微波干燥中微波功率的增大而增大（齐力娜 等，2016）。董志俭等（2017）研究发现，550W 微波干燥 6min，小龙虾的水分含量可下降到 40%，干燥后小龙虾的体型较完整，咀嚼性和风味较好，但虾皮少量部位出现白斑，光泽一般。扇贝经 900W 微波干燥 2min，可脱除 40%的水分，干燥后产品色泽为淡黄色，口感与热风干燥相近，但产品的氨基酸总量稍低（李书红 等，2011）。

3. 联合干燥技术

联合干燥技术是将两种或两种以上的干燥方式结合起来的一种复合干燥技术。联合干燥技术根据不同的原料特性及不同干燥技术的优势，实现原料分阶段干燥，避免了单一干燥方式的缺点，以最少的能耗、时间或成本获得最佳的干制食品。

真空冷冻干燥时间长、能耗较大，微波与冷冻干燥的联合可以实现能耗的降低。在真空条件下，将微波作为冷冻干燥的热源可以加热容积大的物质、提高冷冻干燥的速率、有效节能降耗。与冷冻干燥相比，冷冻干燥联合微波真空干燥处理的秋葵，其主要抗氧化成分（包括儿茶素、槲皮素）明显较高，干燥时间和能耗分别降低了约 75.36% 和 71.92%（Jiang et al.，2017）。将海参在-35℃预冻 4h，于真空度为 60Pa、微波功率为 480W、冷阱温度为-40℃条件下，干燥 8h 后海参的品质和复水性与真空冻干海参相近，比真空冷冻干燥节能 60%。

　　微波干燥与热风干燥相联合，可以提高干燥效率和经济性。热空气可以有效排除物料表面的自由水分，微波干燥提供了排除内部水分的有效方法，两者结合就可以发挥各自的优点使干燥成本下降。采用微波热风干燥罗非鱼片时，50℃热风初干 4h、400W 微波干燥 6min 使产品具有良好的复原率，可达到 50℃热风连续干燥 15h 的水分含量（段振华 等，2008）。

　　微波真空干燥技术将微波技术与真空技术相结合，既降低了水分汽化温度、减少了物料的氧化，又增加了干燥速度、缩短了干燥时间，干燥效率比真空干燥提高 4～10 倍，较微波干燥提升了干制品的品质，具有干燥产量高、质量好、加工成本低等优点，非常适合容易氧化、需要快速干燥的物料。随着微波真空干燥设备的计算机监测技术和自动化水平的不断提高，微波真空干燥技术将在食品生产中获得更广泛的应用。利用微波真空干燥技术干制海参，干海参色泽和形状保持完好、收缩率较低（32.20%）、复水率较高（266.32%），且干燥时间仅为 110min（张国琛 等，2012）。张孙现（2013）建立盐渍鲍鱼最佳微波真空干燥条件为：鲍鱼用 7.5% 盐溶液浸渍 24h 后，沸水煮 2min，微波真空干燥功率密度为 2W/g，真空度为-80kPa。

　　联合干燥技术能够减少干燥时间、降低能耗、提高质量，且易于操作，可最大限度地降低成本和保持食品品质。目前的难点是最佳转换点的确定，不同果蔬组织状态相差很大，因此需要通过大量试验来确定联合干燥时不同干燥方法的最佳工艺转换点。

　　4. 真空油炸技术

　　真空低温油炸将真空条件与油炸脱水作用相结合，在负压和低温状态下以热油为传热媒介，使果蔬组织内部的水分因急剧蒸发而干燥。真空低温油炸技术广泛应用于果蔬脆片的加工（钮福祥 等，2012）。真空油炸温度通常只有 80～90℃，有效避免了常压油炸高温（160℃以上）氧化对果蔬营养成分的破坏；真空条件下，果蔬细胞间隙的水分短时间内快速蒸发，组织呈疏松多孔结构，赋予产品酥脆的口感；热油脂既作为果蔬脱水传热的中间体，又是改善食品风味的重要因素，但产品中的含油量比常压油炸食品少 20%～30%，果蔬脆片产品香脆而不腻。

5. 变温压差膨化干燥技术

变温压差膨化干燥技术是以新鲜果蔬为原料，经过预处理、预干燥等处理工序后，根据相变和气体的热压效应原理，使物料中的水分迅速蒸发的一种技术。变温压差膨化干燥设备主要由膨化罐和真空罐（真空罐体积是膨化罐的 5～10 倍）组成。果蔬原料经预干燥（至含水率为 15%～50%）后，送入膨化罐，加热使果蔬内部水分蒸发，当罐内压力从常压上升至 0.1～0.2MPa、物料升温至 100～120℃时，迅速打开泄压阀，与已抽真空的真空罐连通，由于膨化罐内瞬间卸压，物料内部水分瞬间蒸发，果蔬组织迅速膨胀，形成均匀的蜂窝状结构，得到果蔬膨化产品。

变温压差膨化果蔬产品具有无添加、较佳的酥脆口感、较好保留营养成分等特点，同时又避免了传统油炸果蔬脆片含油量高的、易酸败的不足。Yi 等（2016）采用变温压差膨化干燥技术干燥苹果片，其膨胀率显著高于真空干燥。变温压差膨化干燥并微粉碎制备胡萝卜微粉，其吸湿性、还原糖和总糖含量显著优于热风干燥、真空干燥和喷雾干燥（毕金峰 等，2015）。变温压差膨化干燥对果蔬原料要求较高：①物料内部必须均匀分布可汽化的液体；②物料内部能广泛形成相对密闭的弹性小室，并保证小室内气体增压速度大于气体外泄造成的减压速度；③构成气体小室的内壁材料必须具备一定的拉伸成膜性，能在固化段蒸汽外溢后迅速干燥，并固化成膨化制品的相对不回缩结构网架；④外界要提供足以完成膨化全过程的能量（黄寿恩 等，2013）。目前，高淀粉、难脱水的果蔬品种的变温压差膨化干燥工艺亟待解决，果蔬变温压差膨化干燥机理和通用的干燥规律还有待进一步研究，为开发通用性强的干燥设备提供技术基础。

6. 超临界 CO_2 干燥

超临界 CO_2 干燥是利用超临界 CO_2 流体特殊性质开发的一种新型干燥方法，是超临界萃取和干燥技术的相互结合。

超临界 CO_2 干燥具有如下特点：

（1）CO_2 临界温度为 31.26℃，临界压力为 $72.9 \times 10^5 Pa$，临界点温度低，因此临界条件容易达到。

（2）在超临界条件下，CO_2 的气液界面消失，表面张力消失。因此，因毛细管表面张力作用而导致的被干燥物料微观结构的改变也就不存在，被干燥物干燥后多孔结构保存完好。

（3）干燥温度较低，有效地防止热敏性成分的氧化，能最大限度地保留食品的营养成分。

（4）CO_2 化学性质不活泼，无色无味无毒，安全性好，而且能耗较少，节约成本，符合环保节能的潮流。

（5）最大的缺点就是超临界方法设备昂贵，操作复杂。

刘书成等（2012）研究发现，超临界 CO_2 温度（35～55℃）对罗非鱼干燥有显著影响，压力和 CO_2 流量（15～35L/h）对干燥影响较小；建立超临界 CO_2 干燥罗非鱼的传质数学模型，溶质传质以对流扩散为主、以轴向扩散为辅，模型拟合度良好（R^2=0.97），相对偏差在±10%以内。

7. 高压电场干燥技术

高压电场干燥技术是一种新的干燥技术，具有干燥均匀、低投入、低能耗、不升温、不污染环境、杀菌等优点，其干燥原理目前还没有准确的定论。高压电场促进水分蒸发的原因主要有两方面。首先，水分子作为极性分子，在 50Hz 交流高压电场作用下，产生和外电场频率相同的振动。结合水被束缚在食品物料内不能移动，自由水在外电场作用下产生振动、碰撞而从物料中排出，使水分含量减少。其次，高压电场干燥装置（图 3-5）是由针-盘组成的电极系统，在施加高压后，针电极尖端附近的电场强度很大，空气中散存的带电粒子（如电子或离子）在强电场的作用下做加速运动而获得足够大的能量，与空气分子碰撞后，产生大量带电粒子，带电粒子发生定向运动形成具有一定速度的离子风。受离子风的冲击作用，水产品表面水分蒸发加快，从而加快了水产品的干燥速度。

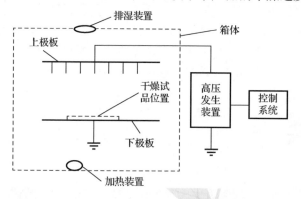

图 3-5　高压电场干燥装置图

采用高压电场干燥斑鰶鱼时，40℃、33kV 高压电场的干燥速度比同温度下不加电场的干燥速度提高 40%，与 66℃左右的热风干燥速度相近；与热风干燥相比，高压电场干燥的斑鰶鱼收缩率降低 3.44%，复水率提高 3.85%，其色泽、平整度等表面质量均优于热风干燥（白亚乡 等，2008）。采用高压静电场干制扇贝柱可显著提高干燥速度，在 15℃、45kV 的高压静电场，扇贝柱在第 1h 的干燥速度是同温度下自然干燥的 7 倍（李婧 等，2009）。

8. 太阳能干燥技术

太阳能干燥技术利用太阳辐射能和太阳能干燥装置所进行的干燥作业，使固体物料中水分汽化并扩散到空气中，以达到干燥目的。太阳能干燥设备（系统）是以太阳能利用为主的干燥设备，一般由集热器和干燥室组成，还有其他辅助设备，如风机、泵、辅助加热设备等。

被干燥的物料直接吸收太阳能或通过太阳能集热器间接吸收太阳能，物料表面获得热能后，再传至物料内部，使水分从物料内部以液态或气态方式扩散、物料逐步干燥。这种过程得以进行的前提是被干燥物料表面产生的水汽压强大于干燥介质中的水汽的分压，压差越大，干燥得越迅速。

太阳能干燥节煤省电，一定程度上减少了环境污染，还可以作为传统热源的补充甚至替代。自然对流的温室型干燥器可以实现 100%由太阳能供热干燥；具有强迫通风功能的温室型干燥器，其风机的耗电量仅占总能量的 5%以下；太阳能与常规能源联合供热的干燥器，可节能 20%～40%或以上。但是，提升太阳能的利用效率仍是太阳能干燥技术研究的重点和难点。

9. 热泵干燥技术

热泵与太阳能都是以绿色、节能途径获取干燥热源的。热泵干燥以其优良的除湿效果和节能效益，在农副产品干燥加工中不断应用。热泵干燥系统由制冷剂回路和干燥介质回路组成。制冷剂回路由蒸发器、冷凝器、压缩机、膨胀阀组成；干燥介质回路主要有干燥室与风机。热泵干燥装置如图 3-6 所示。

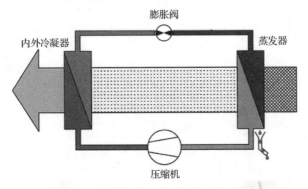

图 3-6　热泵干燥装置图

热泵系统工作时，蒸发器吸收外界空气中的热量或者干燥室排出的热空气中的部分余热，经压缩机压缩做功后进入冷凝器冷凝，并将热量传给空气。由冷凝器出来的热空气再进入干燥室，吸收物料中的水分，自身降温增湿，经过热风排湿或者冷凝除水的过程，把物料中的水分排出，并最终实现物料的连续干燥。

热泵干燥技术节能降耗、对环境友好。传统干燥器的干燥效率只有 30%～50%，热泵干燥在烘干的同时吸收排湿过程中产生的湿热空气和周围空气中的热量，大大提高机组的能效，干燥能效可达 150%～250%，比电加热烘干节省超过50%的费用。目前，发达国家提倡应用热泵来减少 CO_2 的排放。热泵干燥介质在干燥器、蒸发器、冷凝器组成的封闭系统中循环运行，可有效防止外界空气对干燥室内物料的污染；干燥过程中除了冷凝水，没有任何废气、废液排放，利于环境保护。

惰性气体热泵干燥技术、联合或多级干燥技术、生物质汽化热泵干燥技术等热泵干燥技术提升了食品干燥品质和干燥效率，具有较为广阔的应用前景。

1）惰性气体热泵干燥技术

香味化合物、脂肪酸等物质在干燥过程中易发生氧化反应，导致产品风味、颜色和复水性都变差。惰性气体热泵干燥技术选择惰性气体代替空气作为干燥介质，减少物料干燥的氧化，提升了敏感性物料的干燥质量。

2）联合或多级干燥技术

热泵除湿干燥的本质是对流干燥，干燥过程必然受到物料内部传热与传质的影响。干燥中后期，热泵系统运行变差，干燥效率降低，干燥时间延长。采用联合或多级干燥模式可缩短干燥时间、达到高效节能的效果。比如，应用多级蒸发新型热泵干燥装置，以满足不同物料或同种物料在不同干燥阶段的温度要求，提高干燥系统的性能系数、节约能耗。此外，将热泵与远红外、太阳能、微波、过热蒸汽等一种或多种干燥方法相结合，在初始干燥阶段采用热泵，发挥热泵在低温干燥中除湿快又节能的特点，而在物料干燥的中后期选用其他干燥方式，从而缩短物料干燥时间。

低温热泵干燥-高温热风干燥可以快速地把新鲜水果的含水量降至安全水平，有效保持水果的品质。与过热蒸汽干燥相比，热泵联合过热蒸汽干燥可以获得具有理想颜色、收缩率和复水率的鸡肉干制产品。采用太阳能辅助热泵干燥，在干燥风速为 2m/s、太阳能系统供热 1h、干燥温度 41℃，太阳能系统循环风机功率0.85kW，环境湿度20%时，野生白鱼干燥总能耗最小，为43.9kW·h（吴鹏辉 等，2016）。红外辅助热泵干燥可显著减少干燥能耗并增加除湿效果，1 000W 远红外辐射可增加鲍鱼片15%的除湿效果、减少约15%的能耗，同时产品的硬度、色差等品质也没有发生显著变化（汪岳刚 等，2013）。

3）生物质汽化热泵干燥技术

能源和环境的双重压力使再生清洁能源的开发利用越来越重要。生物质能是地球上重要的可再生能源，具有广阔的发展前景。我国有着丰富的生物质资源，开发和利用生物质能源对于缓解我国能源、环境及生态问题都具有重要的意义。

干燥等能源密集型操作的能源利用效率是减少净能源消耗的关键。当前，热泵干燥技术初始成本及运营成本还需要进一步减少，具有成本竞争力的热泵干燥机的设计和制造将越来越重要。除干燥脱水之外，还可以赋予热泵干燥及冷藏、气体调节等新的功能。

3.4.4　加工新技术

中温杀菌、变温杀菌等生态杀菌技术，以及微波-真空干燥、微波-冷冻干燥等生态干燥技术的应用具有针对性，主要应用于杀菌、干燥等食品加工单元操作。超高压技术、欧姆加热技术、高压脉冲电场技术在食品加工中的应用范围较广，涉及杀菌、提取分离、解冻、贮藏保鲜等多领域。

1. 超高压技术

超高压技术，也称为高静压技术（high hydrostatic pressure，HHP）或高压技术（high pressure processing，HPP），是一项非热加工技术，指在室温或较低温度下，以水或其他液体作为介质，利用 100～1 000MPa 的压力对容器内的物质进行处理并持续一定的时间，以达到杀灭微生物、钝化内源酶、改善食品品质的目的（高歌，2018；张晓 等，2015）。超高压处理的食品较好地保持了原有的色香味及营养成分，符合当前食品生态加工的要求，成为应对食品市场新需求变化的热点研究领域（张晓 等，2015）。

1）超高压技术的原理及特点

当食品在超高压状态下时，小分子（如水分子）间的距离缩小，而食品中蛋白质等大分子团构成的物质仍保持原状。这时，水分子就会渗透和填充，进入并且黏附在蛋白质等大分子团内部的氨基酸周围，从而改变蛋白质的性质。当压力下降为常压时，变性的大分子链会被拉长，使其部分立体结构遭到破坏，从而使蛋白质凝固、淀粉变性、酶失活或激活，细菌等微生物被杀死，食品的组织结构改善，促成新型食品生成（李双 等，2015）。

超高压加工遵循两个基本原理。一是勒夏特列原理（Le Chatelier's principle/the equilibrium law），又名化学平衡移动原理，即如果改变可逆反应的条件（浓度、温度、压强等），化学平衡就被破坏，并向减弱这种改变的方向移动。如果对食品进行加压处理，反应会向最大压缩体积的方向进行。HHP 技术的温度变化较小，超高压只作用于生物大分子中的非共价键（如氢键、离子键和疏水键），对小分子化合物的共价键（如色素、维生素和风味物质）无明显影响（Balasubramaniam et al.，2008）。二是帕斯卡原理。根据帕斯卡原理，由于液体具有流动性，当在封闭容器中流体的一部分压强发生变化时，液体压力可以瞬间均匀地传递到整个样品，不会受样品形状、大小等因素的影响（Knorr，1993），因此整个样品受到均匀的处理，不存在压力梯度。

　　超高压处理在常温或较低温度下杀菌、钝化酶的活性（董新红 等，2012），避免高温引起的食品品质和营养成分的损失及色香味的劣化（Sikes et al.，2009）；改善食品的质构特性等品质（叶久东 等，2006）；传压速度快且均匀，不受食品形状和大小的影响，在处理室内不存在压力梯度和死角（乔长晟 等，2009）；超高压处理在升压阶段消耗能量，在恒压和降压过程中一般不需要能量输入，所以此过程能耗低（张微，2010）。

　　2）超高压技术在食品加工中的应用

　　目前，超高压技术已应用于肉制品、乳制品、蛋类食品、果蔬制品、水产品加工及功能成分的提取，应用领域包括食品杀菌、食品品质特性保持、食品贮藏保鲜、食品有效成分的辅助提取等多个方面。

　　（1）食品杀菌。超高压杀菌主要是利用压力改变原子之间的距离，从而引起食品中物理性质（熔点、溶解度、密度和黏度）、化学平衡（弱酸解离、酸碱平衡和电离）、内部反应速率的变化（贾蒙 等，2019）。超高压处理会使微生物的细胞形态结构发生变化，破坏细胞壁及生物高分子物质立体结构的非共价键，抑制酶的活性和 DNA 等遗传物质的复制等，从而达到杀灭细菌等微生物的作用，使食品中初始微生物数量大幅降低（申海鹏，2012；Balasubramaniam et al.，2015）。各种微生物对超高压处理具有不同的耐压特性，对超高压处理最敏感的微生物是酵母和霉菌（Roobab et al.，2018），真菌、革兰氏阴性菌、革兰氏阳性菌的抗高压能力依次增强（孙新生和杨凌寒，2015）。

　　果蔬汁中通常含有酵母菌、霉菌、大肠杆菌和沙门氏菌等，超高压杀菌相对于热杀菌能更多地保留果蔬汁的营养成分，具备更好的色泽和口感，并使果蔬汁的保藏期延长至 6 个月以上（康孟利 等，2016）。沈旭娇等（2013）用超高压对真空包装盐水鸭胸脯肉进行 10min 处理，发现超高压有效地杀灭了产品中的初始微生物，抑制了贮藏期间的微生物生长，延长了产品的货架期，也较好地保持了产品原有的风味和口感。超高压处理对肉制品的灭菌效果与压力、温度、时间有关，同时还受肉制品的种类、含盐量、pH 及初始含菌量等因素影响。

　　（2）食品品质特性保持。由于超高压仅破坏低分子化合物的氢键、二硫键等较弱的非共价键，具有灭菌、钝酶、蛋白质与淀粉变性、改变反应速率、保鲜等功能，目前已经被应用于淀粉的糊化、植物蛋白的组织化、肉类品质的改善、动物蛋白的变性处理等。超高压处理能够较好地保持与改进食品色泽、气味、滋味、新鲜度和质构等指标，促进食品品质的提升，增强食品的市场竞争性，提升消费者的接纳度与认可度（赵晗宇 等，2018）。

　　食品的色泽是最明显、最直观的感官品质之一。林怡等（2012）对贮藏期间超高压加工食品的感官品质进行研究，发现超高压处理在储藏过程中可以有效抑制杨梅果肉的色变，具有优良的天然色泽保留性并长时间维持其品质。超高压能够通过改变食品中的生物大分子结构，引起质构的变化。用 100～500MPa 压力处理凡纳滨对虾，结果显示压力对虾仁弹性有显著影响，而保压时间对弹性无显著影响；保压时间对虾仁硬度有显著影响，而压力对硬度无显著影响；100MPa 处理虾仁的硬度与热处理的接近，超高压处理虾仁的弹性都高于热处理的样品（张蕾 等，2010）。超高压处理会诱导蛋白质发生变性，Lullien-Pellerin 和 Balny（2002）研究发现在 200MPa 高压下肌纤维间隙增大，肌内外周膜出现剥离现象，蛋白质出现变性。刘平等（2015）在研究超高压引发胰蛋白酶构象变化时发现，与常压相比，低于 200MPa 时，不会影响胰蛋白酶的二级结构，抑或其结构发生改变，但改变是可逆的；200MPa 及以上压力处理，α-螺旋与β-转角的峰面积之比较常压下变化显著，会造成二级结构的改变。此外，合理地将超高压技术应用于乳制品中，可以抑制脂肪上浮、降低乳品浊度（邓代君，2018）。

（3）食品贮藏保鲜。食品在贮藏过程中由于光照、O_2 等环境的变化，可能会发生酶解、氧化等化学变化，使食品的食用价值降低。超高压技术不仅杀菌效果良好，还可以钝化食品中的一些酶，从而延长食品的保质期，保持食品中原有营养成分、色泽及挥发性风味物质（Rastogi et al.，2007）。超高压处理会使酶的蛋白质构象发生变化，从而影响其活性，主要用于灭活多酚氧化酶、过氧化物酶、脂肪氧合酶和蛋白酶等大部分内源性酶，从而延缓产品品质劣变（Yi et al.，2012）。超高压处理可以使微生物体内蛋白质凝固，抑制酶的活性和 DNA 等遗传物质的复制来实现抑菌（Martinez-Monteagudo and Saldana，2014）。超高压对水产品色泽、气味、质地具有双面影响，即在一定范围内有利于保持水产品色泽、改善硬度、增加凝胶特性等，随着压力增大，水产品硬度过高、凝胶特性被破坏等不利影响逐渐出现（叶锐 等，2019）。

贾飞等（2017）发现超高压处理能改善酱卤鸡腿的风味、抑制腐败菌的生长、延长产品的货架期；超高压处理时间越长、压强越大，对腐败菌的抑制越明显。马婧（2019）研究发现超高压处理后的猕猴桃果汁在储藏期内微生物素 C 的降解速率较低；随着贮藏时间增加，总酸含量增加较少。

耐受性的孢子型菌株及营养体的亚致死是当前超高压技术应用要面对的主要挑战，实现彻底灭活所需要设置的强烈超高压作用条件，可能对食品品质产生轻微或明显的影响，从而降低食品的可接受度。添加低剂量的天然抗菌剂，可对细菌孢子的通透性或致敏性起到作用，增强超高压协同作用的杀菌效果，使在温和的超高压处理条件下实现灭菌作用。优化的栅栏效应还可以减少保压的压力负荷、减少加工时间，从而降低设备费用和生产成本（姜雪 等，2016）。Montiel 等（2012）联合 HPP 与过氧化物酶一起，对接种于三文鱼中的单核细胞增生李斯特菌进行杀菌处理，协同作用中的压力为 250MPa 和 450MPa 即可达到与 HPP 单独处理时压力为 600MPa 或 1 000MPa 的灭菌效果。

（4）食品有效成分的辅助提取。超高压技术应用于食品组分的提取，包括蛋白质、多酚、多糖、黄酮、色素、有机酸、有机苷、有机醛、油脂及其他功能性成分的提取（张晓 等，2015）。超高压辅助提取的原理是给样品加压后，细胞在高压下会发生细胞膜破裂，细胞的完整性遭到破坏，从而使细胞内物质能够出来并溶解到溶酶体中，达到加快物质提取速度、提高提取率的效果（许世闻 等，2016）。王雪竹等（2016）对女贞子中总三萜的提取进行优化研究，发现超高压辅助提取的得率为 6.08%，高于最佳条件下回流提取和超声提取的得率（5.82%和5.68%）。

3）展望

超高压技术目前在食品加工领域得到了广泛的研究和应用，且取得了不错的效果。超高压食品色香味、营养成分完整保存及安全卫生的优点符合消费者的心理需求，但是超高压技术也存在一些不足，比如不同的食品种类所需的压力、加压时间、加压方式、处理温度等都不同，食品本身的性质（pH、水分活度、初始微生物含量等）也会影响超高压处理的效果，适用条件有待进一步深入研究。此外，超高压设备投资成本高、设备密封和强度要求高、设备耗材寿命短等问题也限制了超高压技术在食品加工中的应用，这些问题都需要我们有针对性地去研究和解决。

2. 欧姆加热技术

1）欧姆加热的基本原理

欧姆加热，也称电阻加热、电加热、焦耳加热、直接电阻加热，是一种新的食品加工技术。欧姆加热的基本原理是把物料作为电路中一段导体，利用物料对电流的阻抗作用直接把电能转化为热能，从而达到加热物料的目的。欧姆加热系统采用低频交流电（50～60Hz）配合特殊的惰性电极来提供电流，其导电方式是离子的定向移动。无论是液体食品、半固体食品，还是固体食品中，均含有大量无机盐、有机酸等电解质，当电流通过食品时，因食品自身的导电性和不良导体产生的巨大电阻抗特性，在食品内部电能转化为热能，引起食品温度升高。欧姆加热的适用范围取决于产品的电导率。对于大多数含有可溶性离子盐类或水分含量超过30%的食品，应用欧姆加热技术可取得良好效果，但对没有加入盐类以增加电导率的非离子化物质（如脂肪、油类、糖浆、自来水）则不适用。

目前，世界上的欧姆加热系统装置主要集中在日本、美国和欧洲等发达国家和地区，主要用于生产常温或冷冻冷藏流通的高品质、高附加值食品，以日本的技术最为成功，主要用于含整粒水果的酸乳酪等产品的杀菌。雀巢公司应用该技术生产调理食品供应餐饮市场。此外，欧姆加热技术还可以与无菌包装技术相结合，提高产品的货架期。

2）欧姆加热技术的特点

（1）加热均匀。传统热加工过程中，热量通过传热面和传递介质直接或间接的传递至被加热物体，在传热面附近区域存在较大的温度梯度，传热面容易发生局部过热且物料内部容易出现"冷点"。而欧姆加热是一种新型的电物理体积加热，无须借助传热面和介质间的温度差作为传热动力，即不存在传热面。加热系统的热量是根据焦耳效应产生的，即电流通过导电物料时，物料内任意一点单位体积的发热功率正比于物料在该点的电导率和电场强度的平方的乘积。

（2）加热速度快。食品原料的加热速度取决于单位时间内物料所获得的热量。传统热加工中加热物料所需的热能间接来源于化石燃料，而欧姆加热中的热能直接由物料自身的阻抗在电流作用下产生，因此，后者的加热速度远大于前者，可以实现高温短时或超高温处理。

（3）对食品品质影响较小。欧姆加热中热量传递更加快速、均匀，对产品的机械损伤较小，可保持食品颗粒的完整性，食物风味保留和粒径分布更好。热量渗透深度不受食品物料大小、形状的限制，因此可有效抑制传热面附近区域局部过热和内部"冷点"的出现，最大限度地保持食品品质，是目前用来加工含颗粒食品最有前景的技术之一。

（4）能效高、环境友好。欧姆加热技术在降低生产成本、提高生产效率、减少环境污染方面较具优势。欧姆加热属于电加热，能量转化效率可达90%以上，约为传统加热转化率的2倍，能够更高效地利用电能。欧姆加热设备体积小，操作简单、平稳，不存在热惯性，可以实现整体的自动化，系统运行噪声污染非常小。

3）欧姆加热技术在食品加工中的应用

随着科技的进步，欧姆加热技术不仅应用于食品杀菌过程，还可用于食品的解冻、烫漂、蒸发浓缩、发酵、脱水、提取、酶的钝化和食品快速加热等领域，以含颗粒食品杀菌为主。

（1）杀菌。杀菌是食品加工中的重要环节，欧姆加热中存在温度场与电场的耦合作用，可快速实现食品中的微生物及酶的灭活和钝化。利用欧姆加热技术会大大提高清酒、啤酒及100%原果汁等液体食品的杀菌效率，将风味劣变抑制到最小。利用欧姆加热对一些对流传热比较困难的高黏度食品，如番茄酱、含水果颗粒的酸乳酪、调味品、全蛋或液蛋、果酱等，进行杀菌，能有效避免因搅拌而产生的食品物料组织的破坏、热能损失，在短时间内能够均一地加热杀菌，最大限度地保持食品物料原有的品质。对于一些在传统热加工中难以形成对流传热的固液混合食品，如带有果肉的果汁、蔬菜罐头等，只要使液相与固相的导电率相近，使用欧姆加热就可以短时间内达到均一杀菌效果、保持固形物原有的新鲜度和风味。

（2）解冻。欧姆加热解冻的原理是利用冷冻食品物料自身的电导特性，当给物料两端施加电场时，食品物料自身的阻抗会在电流作用下产生热量。与其他电物理解冻方式相比，欧姆加热解冻对物料的厚度、形状等没有限制，食品物料无局部过热现象，且电能利用率较高。欧姆加热解冻主要分为接触式解冻和浸泡式解冻两种，早期主要以接触式解冻为主，但食品物料形状不规则造成电流分布不均，使金属极板上产生电火花或者出现物料局部过热现象。20 世纪末，浸泡式解冻首次被提出，直接解决了电极与物料接触不充分的问题，在保证食品品质的前提下将解冻速度提高了 3 倍。

（3）烫漂与酶的钝化。相对于传统烫漂，将欧姆加热技术应用于烫漂可有效缩短烫漂时间。最早的商业化欧姆加热烫漂系统可追溯至 20 世纪 70 年代，最初用于油炸土豆片的烫漂处理，大大提高了原料中的过氧化物酶的钝化速率。此后，又将欧姆加热技术应用于豌豆、苹果块等食物的烫漂加工及豆浆中脲酶及脂肪氧化酶的钝化，并取得了良好效果。

除上述的几方面应用之外，在果蔬脱皮、植物中色素等提取及精馏方面也有相关应用。

3. 高压脉冲电场技术

1）概述

高压脉冲电场（pulsed electric fields，PEF）技术是利用特制的可产生高压的电源发生器产生高强度的脉冲电场作用于食品，在某个临界场强下会诱导细胞膜的不可逆电穿孔，导致微生物损伤甚至死亡，从而达到杀菌目的的一种绿色冷杀菌技术。近年来，美国华盛顿州立大学和德国汉堡大学等对高压脉冲电场用于液态食品杀菌的研究，引起了食品界的广泛关注，使这项技术开始应用于商业化生产。关于 PEF 加工机理的研究主要形成了臭氧效应、电解产物效应、电磁机理模型、电崩解和电穿孔等观点，其中电崩解和电穿孔理论受到大部分专业人士的认可。

2）高压脉冲电场技术的特点

与传统的热加工技术相比，PEF 技术具有以下特点。

（1）处理时间短。PEF 技术产生瞬间高压脉冲电场，食品实际接受脉冲电场作用的时间在毫秒以内，整体杀菌时间在数秒以内，杀菌时间显著降低。

（2）处理能耗低，无环境污染。与传统热加工技术相比，PEF 技术节约了由热杀菌所消耗的水资源及其他能源，且不会污染环境，无二次污染及"三废"等问题。

（3）处理温度低，传递均匀。PEF 技术可以在常温甚至更低的温度下进行，且电场中各部分物料均受到相同的场强处理，杀菌效果显著。

（4）保持食品品质及营养特性。PEF 技术较低的处理温度对食品的影响和风味起到保护作用，且产热少、副产物少，处理后的食品与新鲜食品在物理性质和营养成分上改变很小，很大程度上保持了食品品质及营养特性。

3）高压脉冲电场技术在食品加工中的应用

PEF 技术广泛应用于食品杀菌、钝酶、食品干燥、解冻、果蔬保鲜、果蔬汁提取、功能成分提取、酒类催陈和降解残留农药等方面，其中在杀菌方面应用最广。

（1）食品杀菌。1995 年，第一次出现高压脉冲电场技术应用于商业化杀菌的报道。如今，在液体、半液体和固体食品中 PEF 技术均有较成熟的应用，尤其是预处理果蔬汁、牛奶等液体、半液体食品。将 PEF 技术应用于牛乳、绿茶饮料、胡萝卜汁的杀菌工艺环节中，通过调节电场强度、脉冲数、脉宽等参数，能够达到较好的杀菌效果，同时有效减少营养素损失，改善风味口感。近年来，PEF 技术在冷鲜鱼肉、鸡肉、牛肉、猪肉和肉糜加工制品中的应用研究也不断深入，多数研究结果显示，PEF 对肉品表面部分微生物有显著的杀灭效果。

（2）产品钝酶。PEF 技术还可用于果蔬产品钝酶、延缓食品氧化变质方面，PEF 对食品中多数酶均具有钝化作用。如 PEF 通过改变辣根过氧化物酶的 3 级结构，从而降低酶活性，且酶活性随着场强的增强和脉冲数的增加而下降；通过钝化西瓜汁中过氧化物酶、果胶甲酯酶和多聚半乳糖醛酸酶活性，从而提高果汁的抗氧化性。

（3）食品干燥。PEF 预处理改变生物组织细胞膜的通透性，从而加快食品干燥的扩散传质，提高食品的干燥速率。PEF 预处理能够显著提高苹果片、胡萝卜、马铃薯片等的失水率和固形物含量，降低干燥温度，缩短干燥时间。该预处理方法在提高食品干燥速率方面具有很好的应用前景。

（4）食品解冻。PEF 技术能够辅助食品解冻过程，解冻速度快，解冻后食品温度分布均匀、汁液流失少，降低解冻损失及减少长时间解冻造成的酸化变质。同时，一定强度的高压静电场对微生物有一定的抑制和灭活作用，有利于解冻过程中保持食品品质，明显提高冻豆腐、肉丁等的解冻速率，降低解冻损失，失水量、表面形态等也有显著变化。

（5）功能成分提取。功能成分的提取率很大程度上取决于对物料的细胞破壁情况。PEF 技术通过对物料施加短脉冲高压电场，利用细胞膜电穿孔原理，对组织细胞产生不可逆破坏，促进生物活性物质的溶出。PEF 非热处理具有传递均匀、提取时间短、能耗低的特点，有效保证了提取物的活性，极大地提高了提取效率。PEF 技术对糖类、酚类、蛋白质、油脂等成分的提取具有明显的促进作用，与传统提取方法相比，PEF 技术在物质成分提取的工业化生产中具有良好的应用前景。

（6）在其他食品加工中的应用。在高压脉冲电场作用下，蛋白质多肽链易发生断裂，促进蛋白质分子降解，利用这一原理，PEF 技术还可应用于肉类增鲜，以及改善酱油久存后发生沉淀的现象。同时，PEF 技术可以使白酒、葡萄酒等酒类快速催陈，操作简便、速度快。此外，PEF 技术在钝酶护色、活性物质辅助提取、降解农药残留等领域也表现出了良好的应用前景，PEF 技术还可与其他技术联合使用，进一步拓展其应用范围。

3.5　食品生物制造技术

生物技术的飞速发展促进了食品新材料和新工艺的进步，提高了食品原料的利用效率，有效地改善了食品品质和营养结构，为食品生物制造领域的创新发展提供了源源不断的技术驱动力。作为现代生物制造的重要组成部分，食品生物制造具有广阔的市场和发展前景，必将给食品工业带来新的变革和发展机遇。本节将对食品生物制造的概念、主要方向、研究进展等进行介绍。

3.5.1　概述

食品生物制造是利用生物体机能进行大规模物质加工与物质转化，为社会提供工业化食品的新兴领域，是以微生物细胞或酶蛋白为催化剂，或以经过改良的新型生物质为原料制造食品，促使其脱离石油化学工业路线的新模式，主要表现为细胞工程、基因工程、发酵工程、酶工程、生物过程工程等新技术的发明与应用。主要体现在以下方面（图 3-7）。

一是利用细胞工程技术，可对作为食品资源的动物、植物等进行品质改良，主要体现在提高动植物抗逆增产性能、营养品质和加工性能等，有利于降低食品原料成本、提高食品品质。

二是对食品生物制造加工过程进行设计与工艺优化，利用优良微生物和酶制剂作为生物工具，改善食品的色泽、质构、风味及营养品质，生产功能性食品，并提高食品资源利用率、降低能耗。

三是生物工具的改良和创制，包括新型食品酶制剂与微生物资源的发掘与改良等，可以提升食品的加工能效，改善食品的风味和营养品质，延长食品贮藏时间。

四是食品添加剂的生物制造。目前，许多食品添加剂都采用生物技术制备。该部分内容在 3.3 节已进行了阐述，本节不再赘述。

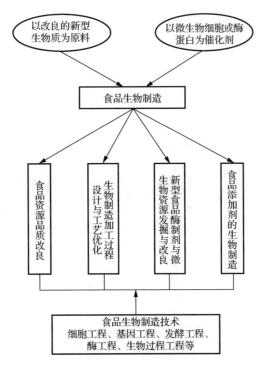

图 3-7　食品生物制造概述（王守伟 等，2017）

3.5.2　粮食谷物生物制造技术

在粮食谷物生物制造技术领域，以微生物发酵和酶解为代表的发酵技术和酶技术本质上是利用酶（微生物酶、商业外源酶及植物内源酶）的作用，以实现改变谷物及制品的结构和组成、改善加工性能、增强其功能活性的目的。粮食谷物生物制造技术不仅实现了加工产品的多元化，同时也提升了制品的风味、稳定性、功能活性及加工特性等。

1. 微生物发酵技术

粮食谷物微生物发酵是利用微生物的发酵作用，通过消耗粮食谷物中的碳源、氮源并控制发酵过程来大规模制备发酵产品的过程。

粮食谷物通过发酵技术可以实现加工产品种类的多元化，其中尤以玉米最具优势。玉米作为主要的粮食作物，也是重要的工业原料之一。应用发酵工程进行玉米深加工可生产 3 000 多种产品，单玉米淀粉一种成分就可发酵生产氨基酸、柠檬酸、抗生素、多元醇、味精、酒精和可降解塑料等多种类型产品。玉米粉中的淀粉可被黑曲霉生长繁殖时产生的淀粉酶、糖化酶转变为葡萄糖；葡萄糖经过酶解途径和戊糖磷酸途径转变为丙酮酸；丙酮酸由丙酮酸氧化酶氧化生成乙酸和

CO_2，继而经乙酰磷酸形成乙酰辅酶 A，然后在柠檬酸合成酶（柠檬酸缩合酶）的作用下生成食品添加剂柠檬酸。

谷物通过发酵提高了发酵谷物制品的营养价值、改善了风味和口感。一方面，发酵可通过增加营养素的含量、提高营养物质的生物利用度或降低抗营养因子的含量来影响食品的营养价值。天然谷物通过发酵能增加赖氨酸、蛋氨酸和色氨酸含量，提高 B 族维生素的利用率（Ogunremi et al.，2017）。谷物中的植酸通常与铁、锌、钙等结合，发酵过程中微生物分泌植酸酶将植酸水解为肌醇和磷酸盐，使与植酸相结合的金属离子释放出来，从而增加可溶性铁、锌、钙离子的含量。相较于传统发酵乳制品，以谷物为基质的发酵食品更具高膳食纤维、低脂肪和低胆固醇等优点。谷物中含有低聚糖，可作为益生元选择性地刺激人体肠道中乳酸杆菌与双歧杆菌的生长；淀粉等谷物组分还可作为益生菌微胶囊化的材料以提高其在贮藏过程中及在人体消化道中的存活率（谭斌，2006）。另一方面，采用不同的谷物原料、发酵剂进行复配加工可获得状态不一、口感多样、风味独特的谷物发酵制品，发酵加工对于丰富谷物制品类型，研发新型谷物制品有重要意义。发酵能够延长发酵型谷物饮料的货架期，改善其口感和风味，在发酵过程中形成的多种挥发性成分（如乙酸、丁酸等）会赋予产品独特的风味（Nsogning Dongmo et al.，2016）。此外，发酵能够使淀粉颗粒的大小更加均匀，淀粉糊黏度、衰减值和回生值等均明显下降，老化速度变快及老化后的再糊化变慢，还可以增加淀粉凝胶组织的细腻程度和凝胶强度（刘晓峰 等，2011）。

2. 酶工程技术

生物酶解法可模拟人类消化系统中的条件，将粮食谷物细胞中的营养物质释放出来。酶法提取反应条件较温和，对营养物质结构和品质影响小，可以较好地保留营养价值。体外酶解消化最常用的生物分子有胰酶、胃蛋白酶、胰蛋白酶、胰凝乳蛋白酶、淀粉酶和脂肪酶。以酶法提取小麦麸皮膳食纤维为例，制备工艺流程：小麦麸皮预处理→加入 65～70℃的热水（麸皮：热水=1：10）→加入混合酶制剂（α-淀粉酶和糖化酶）降解淀粉→加碱水解蛋白质（或加入蛋白酶酶解蛋白质）→水洗→离心脱水→高温灭酶（100℃）→干燥（105℃，2h）→膳食纤维→漂白处理→粉碎→精制小麦麸皮膳食纤维。小麦麸皮低聚糖一般加工工艺流程：小麦麸皮→粉碎→调浆→淀粉酶降解淀粉→蛋白酶降解蛋白质→分离过滤→加入低聚糖酶→过滤→活性炭脱色→离子交换→浓缩→喷雾干燥→成品。此外，酶解技术还应用于食用油的提取。水酶法提油是在机械破碎的基础上，采用酶（如蛋白酶、纤维素酶、半纤维素酶、果胶酶、淀粉酶、葡聚糖酶）处理油料，从而提高出油率。实际应用中相比其他提油方法，水酶法具有避免有机溶剂残留、保护环境、提高资源利用率和企业经济效益高、节约能源等优势。水酶法提油得到的另一产品，即肽或低聚糖，其应用范围、营养价值与售价远高于传统制油得到的油料饼粕。

酶法提取成功克服了酸处理方法中存在的高温、低 pH、酸腐蚀及需要中和反应去除过程中产生的废物等缺点，但几乎所有的酶法提取都需要较长时间和较高温度，存在生产成本高等缺点。为了进一步提高营养物质的提取率，利用复合酶和联合提取法已成为新的研究趋势。用浸提法提取米糠中的膳食纤维，膳食纤维提取率达 76.7%，其中可溶性膳食纤维的得率只有 1.5%。但是经过纤维素酶、木聚糖酶、组合酶（纤维素酶和木聚糖酶）及组合酶微粉化处理后，可溶性膳食纤维的含量分别提高到 7.2%、8.6%、15.1% 和 18.7%（Wen et al.，2017）。利用酶法和浸提法结合的方法对燕麦麸皮中的 β-葡聚糖进行提取，结果表明，超细微粉碎可提高 β-葡聚糖的提取率，但是纯度会有所下降，纤维素酶水解显著降低了 β-葡聚糖的分子量（Liu et al.，2015）。

酶工程在食品工业中的应用技术已经比较成熟，包括各种酶的开发和生产、酶的分离和纯化、酶或细胞的固定化技术、固定化酶反应器的研制及酶的应用等。目前酶制剂已广泛应用在粮油食品生产和加工的过程中，主要包括酿造酶、淀粉酶、蛋白酶、油脂酶、风味酶等。我国已批准使用并广泛应用于粮食加工等方面的酶制剂主要包括 α-淀粉酶、糖化酶、固定化葡萄糖异构酶、木瓜蛋白酶、果胶酶、β-葡聚糖酶、葡萄糖氧化酶等。新型酶制剂广泛应用于针剂葡萄糖、液体葡萄糖浆、高麦芽糖浆、果葡糖浆及各种低聚糖的生产中。淀粉糖替代蔗糖已应用于食品加工、糖果、啤酒及饮料生产中，功能性低聚糖已被人们接受（陈坚 等，2012）。木聚糖酶和戊聚糖酶长期以来被用作面粉调理剂，适于面包、馒头及饼干制作；麦芽糖淀粉酶可用于面包或速冻食品中抗老化；脂肪酶用于面粉调理，防止面包、馒头的老化；脂肪乳化酶作为革命性的乳化剂替代物；葡萄糖氧化酶可作为面粉品质改良剂，替代化学氧化剂溴酸钾。

蛋白质工程可以按照人类的需求创造出原来不曾有过、具有不同功能的蛋白质及其新产品，或生产具有特定氨基酸顺序、高级结构、理化性质和生理功能的新型蛋白质，可以定向改造酶的性能，生产新型功能性粮油制品。应用蛋白质工程对一些粮油加工中重要酶或蛋白质的性质加以改造，可提高现有酶或蛋白质的工业实用性，如改善酶的热稳定性，改变酶的最适 pH 条件、提高酶的催化活性、修饰酶的催化特异性等。

3.5.3　果蔬食品生物制造技术

果蔬食品生物制造是以微生物细胞或酶蛋白为催化剂，或以经过改良的新型生物质为原料对果蔬原料进行制造的新兴领域（王守伟 等，2017），主要包括通过酶工程提升果蔬制品品质，以及应用发酵剂生产泡菜、果蔬汁等发酵果蔬制品。

1. 酶技术提升果蔬制品品质

柑橘罐头是柑橘加工的重要产品形式。柑橘罐头在加工过程中，需要脱除囊衣。人工手剥生产效率低，酸碱法脱囊衣碎瓣率较高、耗水量大。与传统化学方法相比，利用果胶酶、纤维素酶等酶制剂对柑橘进行处理，去囊衣后的柑橘产品形状好、破损率降低、成品率提升，维生素 C 保留率显著提高，减少了对环境的污染。单杨等（2009）采用生物酶法去皮和脱囊衣技术，较传统手工剥皮，提升了生产效率，减少了用工成本。

在果蔬汁生产领域，采用果胶酶、纤维素酶等复合酶制剂能够提高产品出汁率、提升果汁尤其是悬浊汁的稳定性，增强产品市场竞争力。添加 0.01%果胶酶和 0.2%蛋白酶在 40℃酶解 40min，能够显著提高甜橙全果果汁的出汁率并使果汁保持较好的悬浮稳定性，经酶解后，果浆含量为 20%和 30%的全果果汁具有较好的感官品质（孙俊杰 等，2017）。

2. 发酵剂提升发酵果蔬制品品质和功能特性

果蔬发酵制品是以一种或多种水果、蔬菜为原料，经益生菌发酵而成的富含维生素、矿物质和次生代谢产物等营养功效成分的发酵产品（丁楠 等，2019）。传统果蔬发酵工艺受自然条件限制，产品质量不可控。采用生物制造技术可以生产出较传统发酵品质更优的发酵果蔬制品。

果蔬发酵是植物乳杆菌、干酪乳杆菌、玉米乳杆菌、肠膜明串珠菌、乳酸乳球菌、清酒乳杆菌、绿色魏斯氏菌、食窦魏斯氏菌和粪肠球菌等多菌种协同发酵的过程。熊涛（2016）揭示我国传统自然发酵泡菜多菌种协同发酵进程，即异型乳酸发酵菌启动并主导前期发酵（0～4d），为同型乳酸发酵菌创造有利的生长代谢环境；发酵第 5d，异型乳酸发酵菌迅速消失、同型乳酸发酵菌主导和完成中后期发酵过程（5～7d），并形成泡菜良好风味和产品特性。国内外学者通过广泛采集全球不同地区传统发酵果蔬样本，利用现代微生物分离技术、分子栅栏理论和风味指纹图谱分析技术等高效筛选技术和益生功能评价有机结合，定向选育出植物乳杆菌、干酪乳杆菌、副干酪乳杆菌、青春双歧杆菌、长双歧杆菌等优良果蔬发酵专用益生菌种，并制备了高活性的发酵剂，加速了发酵现代化进程。

果蔬经发酵产酸产香，赋予其独特的发酵香气。龙眼果浆经接种乳酸菌，醇类、醛类挥发性风味物质增加了 18 种（刘磊 等，2015），接种植物乳杆菌单发酵剂发酵的辣白菜其主要风味物质二甲基二硫化物含量显著增加（任大勇 等，2019）。发酵剂的使用还有效降低了果蔬中亚硝酸盐的含量，植物乳杆菌发酵东北酸菜，发酵 20d 后，其亚硝酸盐含量为 5.7～10.2mg/kg，低于国家限量标准（≤20mg/kg）。

发酵果蔬制品富含细菌素、黄酮多酚类物质、胞外多糖等营养功能因子，具有抗氧化、抑菌、改善肠道、戒酒护肝等生理功能特性。接种植物乳杆菌 NCU116 制备的发酵胡萝卜汁在提高小鼠免疫能力、缓解便秘、缓解糖尿病和结肠炎、缓解高脂血症、调节肠道菌群等方面均具有良好效果（熊涛，2016）。植物乳杆菌 MG208 发酵西兰花汁液能够抑制胃中幽门螺杆菌的生长（Yang et al.，2015）。

3.5.4　肉类食品生物制造技术

世界人口激增和肉类食品消费需求的强劲增长，给人类赖以生存的资源和环境带来了巨大压力，迫切需要传统肉类食品制造模式的革新。肉类食品生物制造是利用发酵工程、酶工程、细胞工程、基因工程等生物技术，改良肉类原料品质、优化生产工艺、改善肉用微生物和酶制剂的性能，进而提高肉类食品加工和制造能效、减少污染物排放的较为前沿的技术。

1. 肉类食品资源的品质改造

利用基因编辑技术、体细胞克隆技术等生物技术，对肉类食品资源进行品质改造，以提高产肉量、改善原料肉品质。

1）提高动物产肉量和原料肉品质

猪肉作为主要的肉类食品来源，提高其产量对国计民生具有重要意义。家畜产肉性能通常与其生长发育等性状相关，与之相关的基因主要集中在胰岛素样生长因子、生长激素基因、生肌调节因子家族、肌肉生长抑制因子等。胰岛素样生长因子 2（Insulin-like growth factor 2，IGF2）对动物骨骼肌发育和脂肪沉积具有重要影响。2018 年，人们利用 CRISPR/Cas9 基因编辑技术获得了 IGF2 基因第 3 个内含子单位点突变的巴马猪，显著提高了瘦肉率和产肉量。肌肉生成抑制素（Myostatin，MSTN）是哺乳动物肌肉生长的负调控因子，可以控制猪的产肉性能和脂肪沉积，敲除该基因可使猪肌纤维数目显著增加。目前国内已获得 MSTN 基因编辑的梅山猪和大白猪，其瘦肉率显著提高。在其他家畜（如鲁西牛）中，也有 MSTN 基因编辑的报道，同样显著促进了动物肌肉生长。

随着经济发展和生活水平的提高，人们对肉类的需求已从"吃得起"向"吃得健康"转变。动物肌肉中所含脂肪酸分为饱和脂肪酸和多不饱和脂肪酸，其中后者是人体必需的脂肪酸，具有预防心血管疾病、提高免疫功能的作用。然而大多数动物肌肉中饱和脂肪酸较多，食用过多会导致健康问题。为了改善肉类的脂肪酸构成，人们将植物脂肪酸去饱和酶 FAD-2 在猪中过表达，有效提高了猪肉中的不饱和脂肪酸的含量，改善了猪肉中的脂肪组成种类与比例。Fat-1 基因是动物产生 omega-3 不饱和脂肪酸的关键基因，国内培育出了转 Fat-1 基因牛，其肌肉和乳汁中 omega-3 不饱和脂肪酸比例显著提高，食用该肉类产品对于预防人的心脑血管疾病具有重要作用。

2）干细胞培育肉

传统饲养模式生产肉类存在占用耕地多、生产效率低、环境影响大等缺陷，而利用干细胞生产"培育肉（cultured meat）"有望成为肉类食品生物制造的新模式。培育肉是利用从动物体分离的肌卫星细胞、胚胎干细胞或成肌细胞等，通过体外细胞培养和组织工程技术促使类似肌肉组织的形成。2011 年，荷兰科学家 Mark Post 首次利用干细胞培育出人造牛肉片；2013 年，他将干细胞培育的肉片堆在一起制造出全球第一块培育牛肉饼。

与传统方式饲养的牛肉相比，干细胞培育肉能源消耗降低 45%，温室气体排放仅为前者的 4%，所需土地资源仅为 1%。然而，虽然极具发展潜力，干细胞培养肉尚有许多技术问题需要解决：首先，体外培育肉需要血清、细胞生长因子等营养物质，这些物质的成本较高导致培育肉价格居高不下，因此需要寻找安全廉价的替代物，从而在解决高成本问题的同时，也解决血清等营养物质成分不明确带来的安全风险问题。其次，目前所用的细胞培养技术没有解决 O_2、营养物质的运输及废弃物的排出等问题，因此只能生产一些小薄片用于制作肉糜，还不能生产高度结构化的大块肌肉，同时适于较大规模生产的生物反应器设备制造技术也尚未成熟。除了以上问题，还有一些其他技术问题尚待解决，例如目前大部分研究使用的肌卫星细胞，其分裂增殖能力需要提高；由于接触抑制，体外动物细胞培养形成的肌肉一般贴壁单层生长，没有固定形态，需要合适的机械或化学信号让肌肉收缩运动，以增加干细胞培养肌肉中的蛋白含量；干细胞培育肉尚无法达到传统肉类的感官风味等。尽管存在一些亟待解决的难题，但干细胞培育肉可以给未来的肉类食品提供更多可能的选择、缓解传统养殖业对资源和环境造成的压力，因此这条道路还是充满光明的。

2. 肉类食品生物制造加工过程设计与工艺优化

在肉类食品的制造、加工过程中，充分发掘和应用优良微生物和酶制剂等生物工具，结合控制性发酵、代谢调控等技术，有利于提高肉类食品的安全性，改善产品风味及营养品质，降低能耗。

传统肉类食品加工中，为了抑制有害微生物生长、防止肉腐败变质，往往会添加大量食盐、亚硝酸盐等，这不仅影响产品的感官风味（例如过咸），残留的过量食盐、亚硝酸盐等也会造成人体健康隐患。发掘和选育可产细菌素的乳酸菌应用于发酵肉类食品生产中，可在减少食盐和亚硝酸盐使用量的条件下，抑制肉类食品中金黄色葡萄球菌、单核细胞增生李斯特菌、蜡样芽孢杆菌等致病菌的生长繁殖，保证产品的食用安全性。另外，利用高亚硝酸盐降解能力的微生物发酵剂，可在保证产品色泽、风味的同时，降低肉类食品中的亚硝酸盐残留，减少产品中的有害物质，保障人体健康。

风味是肉类食品重要的品质特征,因为它直接影响了消费者对肉类食品的接受程度。生产过程中,添加筛选出的优良微生物发酵剂可以改善肉类食品的感官风味。例如,保加利亚乳杆菌可增加发酵牛肉干中挥发性风味物质的种类,包括1-辛烯-3-醇、苯甲醛、戊醛、辛醛、壬醛和2-戊基呋喃等,而未添加发酵剂的牛肉干中仅检测到 4 种挥发性化合物,同时,添加乳杆菌还提高了游离氨基酸的含量,有利于人体消化和吸收;在广式腊肠中添加具有蛋白酶、脂肪酶和亚硝酸盐还原酶活性的微球菌,可以改善产品色泽和风味,提高产品的抗氧化性,减少哈喇味。除了乳酸菌和微球菌外,酵母也会影响肉类食品的色泽和风味。汉逊德巴利酵母具有分解脂肪和蛋白质的能力,可以在肉类发酵过程中产生醛、酮、酯类和含硫化合物等风味化合物,这些物质可以产生类似蔬菜、水果的气味,增加发酵肉制品的风味多样性。生物酶制剂也可以用于改善肉类食品的感官风味。利用复合风味蛋白酶可对鹅肝进行脱腥、脱苦,改善鹅肝酱的风味;在中式香肠中添加适量风味蛋白酶,可以加速肌肉蛋白质降解,减缓脂质氧化,改善风味;将风味蛋白酶与脂肪酶同时应用到西班牙干发酵香肠中,可使香肠中的乙酯和酸类物质含量均增加约 1 倍;将从假丝酵母中提取的脂肪酶添加到香肠中,可使香肠的游离脂肪酸含量明显上升;将真菌蛋白酶 EPg222 添加到干发酵香肠中,则发现其蛋白水解程度显著增强,提高了氨基酸来源的挥发性风味物质含量。

　　发酵肉制品多以生鲜肉或解冻肉为原料,在天然或人工控制条件下,借助发酵菌株或酶的作用产生一系列生化反应,从而形成其独特的风味、色泽、质地等感官品质及营养品质(周亚军 等,2019)。发酵肉制品既满足了消费者对肉类的需求,又降低了胆固醇、脂肪的摄入,是营养健康肉制品的首选(Stadnik and Kęska,2015)。在发酵过程中,肉品中的蛋白质、脂肪、碳水化合物等大分子化合物被分解为氨基酸、多肽、脂肪酸等小分子物质,易被人体吸收利用(López et al.,2015)。

　　益生菌与人体的免疫、代谢等生理功能紧密相关,可将兼具优良益生性能和发酵性能的乳酸菌应用于肉类食品生产,提高肉类食品的营养价值。发酵肉制品中益生菌的加入还可改善人体肠道环境,具有降血脂、降血压、提高人体免疫力的作用(Kołożyn-Krajewska and Dolatowski,2012)。例如,将从泡菜中筛选出的具有降血压、降胆固醇功能的乳酸菌株作为发酵剂生产发酵香肠,可提高香肠的风味和营养品质;将益生菌鼠李糖乳杆菌 CTC1679 应用于发酵香肠生产,结果表明在成熟香肠中该菌仍具有较高的存活率,显示了其作为香肠益生型发酵剂的潜力;人们从内蒙古传统肉制品中分离得到了具有较强胆固醇降解能力的乳酸菌X3-2B,该菌株作为发酵剂生产的发酵香肠,其胆固醇含量显著低于未添加该菌的香肠。

3.5.5　水产品生物制造技术

微生物发酵技术和酶工程技术是水产品生物制造的重要组成部分。发酵水产食品风味独特，高蛋白、低脂肪，富含多种游离氨基酸，营养丰富，易消化吸收。水产品传统发酵是利用环境或鱼体自身携带的微生物自然发酵，发酵时间长，易感染杂菌，还易积累亚硝基化合物和生物胺，难以确保产品质量和安全性。通过开发基于优势菌种的新型发酵剂，改进优化发酵条件，建立可控发酵技术体系，加速了发酵水产品的工业化生产。植物乳杆菌、发酵乳杆菌、戊糖乳杆菌、清酒乳杆菌、戊糖片球菌等优势发酵菌种（表 3-4）的筛选及应用，不仅缩短了发酵时间，也保证产品的质量和稳定性。

表 3-4　常见发酵鱼制品中优势乳酸菌种类（密更 等，2019）

发酵食品	地区	原料	优势菌种
糟鱼（醉鱼）	中国江浙	常见淡水鱼，盐，酒糟，米酒	植物乳杆菌，发酵乳杆菌，戊糖乳杆菌
鱼鲊	中国湖北	草鱼等淡水鱼，盐，黑米	植物乳杆菌，戊糖片球菌
酸鱼	中国贵州	淡水鱼，盐，小米饭	植物乳杆菌，消化乳杆菌，清酒乳杆菌
鱼露	中国潮汕	蓝圆鲹，盐	发酵乳杆菌，德式乳杆菌，短乳杆菌，乳酸乳球菌
Som-fak	泰国	大眼鲷，米，蒜，香蕉叶	植物乳杆菌，戊糖片球菌，戊糖乳杆菌
Saba-narezushi	日本	日本鲭，熟制大米，盐	肠膜明串珠菌，植物乳杆菌
Bakasang	印尼	低值小杂鱼，盐	乳酸链球菌，乳酸微球菌，乳酸片球菌

臭鳜鱼是我国的传统发酵水产制品。为了提高发酵效率和提升品质，从臭鳜鱼中筛选了 4 株具有耐盐、耐酸、耐亚硝酸盐特性及有一定产酸能力的乳酸菌（罗靓芷 等，2013）。通过改良发酵工艺、优化发酵参数，建立集营养和挥发性风味于一体的现代化发酵技术，加盐量 6%、10～12℃发酵 7d，制得的臭鳜鱼鱼肉纹理整齐，呈蒜瓣状，具有较好的弹性、紧实性，具有独特的"臭"味，而非腐臭、异味；鲜嫩味美，爽口细腻（宋亚琼 等，2015；杨召侠 等，2019）。将植物乳杆菌 IFRPD P15 和罗伊氏乳杆菌 IFRPD P17 作为发酵剂添加到 plaa-som（泰国传统发酵鱼制品）中，有效缩短了发酵周期，提升了传统发酵产品工业化生产的效率（Saithong et al.，2010）。

发酵可以除去鱼肉中的腥味，赋予鱼肉特殊的风味和滋味，以及独特的营养功能特性。蜡样芽孢杆菌和苏云金芽孢杆菌在发酵过程中分泌大量蛋白酶，使鳜鱼中多肽、游离氨基酸等小分子化合物含量增加（杨培周 等，2014）。传统鱼鲊中分离的植物乳杆菌和戊糖片球菌，接种到鱼肉中进行发酵，提高了游离氨基酸和必需氨基酸含量，使鱼肉鲜味更明显。腌鱼接种酵母菌能够有效改善产品风味，有效降低氧化还原电势、延缓脂肪酸败。接种 3%复合菌（发酵乳杆菌 RC1：植物乳杆菌 RC4 为 1：1）37℃发酵 5h，使鱼香肠具有较强的抗氧化性能，血管紧张素转化酶抑制率高达 78.18%（吕鸣春 等，2017）。将季氏毕赤氏酵母、黑曲霉与植物乳杆菌按 1：3：5 混合，以 2.5mL/100g 接种到虾头中进行发酵，提升了虾头酱氨基态氮含量（解万翠 等，2018）。

　　将低值水产品（如小杂鱼、毛虾、小蟹、贝类）和水产加工副产物（如鱼头、鱼排、虾头、扇贝裙边等）利用生物酶或微生物发酵技术加工成水产酱类，既实现了水产品高值化利用，又减少了环境污染。通过筛选蛋白酶活力高、发酵产物鲜味醇厚、香味浓郁的菌种制备发酵剂能够提升发酵水产调味品（如鱼露、鱼酱油）的品质和风味。鱼露发酵过程中，枯草芽孢杆菌、木糖葡萄球菌等微生物能够产生各种蛋白酶、肽酶、碱性磷酸酶等对水产品原料进行降解和生物转化，进而产生氨基酸、小肽、呈味物质等营养与风味物质（表 3-5 和图 3-8）（宁豫昌 等，2018；吴帅 等，2014）。添加木糖葡萄球菌能够减轻鱼酱油的鱼腥味和酸败味，使鱼酱油风味整体得到改善；在鱼酱油发酵过程中，接种葡萄球菌 CMC5-3-1 使 2-甲基丙醛含量增加，赋予鱼酱油黑巧克力风味。产香酵母（如埃切假丝酵母和鲁氏酵母）增加了鱼酱油中的氨基酸含量，显著提升了产品的鲜香气味。

　　水产品发酵过程是微生物种群变化和微生物内源酶共同作用的结果。未来，探明水产品发酵过程微生物种群变化趋势，挖掘关键发酵微生物，阐明其对水产品风味、滋味及营养品质的影响，建立基于传统发酵风味、生产过程可控、营养安全的现代水产品发酵调控技术，将是水产品生物制造的研究重点。

表 3-5　从不同鱼露（鱼酱油）中分离的微生物及其所产酶（宁豫昌 等，2018）

微生物	酶
枯草芽孢杆菌 JM-3	酸性蛋白酶
巨大芽孢杆菌	碱性蛋白酶
枝芽孢杆菌 SK37	胞外细胞结合蛋白酶
泰国喜盐芽孢杆菌	胞外丝氨酸金属蛋白酶
枝芽孢杆菌 SK33	丝氨酸蛋白酶
嗜盐四联球菌	组氨酸脱羧酶
耐盐别样芽孢杆菌 MSP69	胞外碱性磷酸酶
盐水四联球菌	组氨酸脱羧酶
嗜盐四联球菌 MS33 和 M11	胞内氨基肽酶
木糖葡萄球菌	酪胺氧化酶

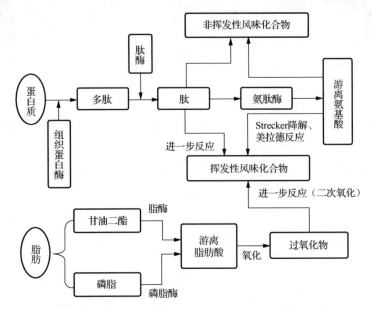

图 3-8　鱼露中蛋白质和脂质降解形成风味的主要途径（吴帅 等，2014）

3.6　食品绿色制造技术

　　随着环境和气候变化形势的日益严峻，节能减排已经成为世界发展的共同主题和任务。全球食品工业的迅猛发展带来了较为严重的能源浪费和环境污染问题，增加绿色国内生产总值（gross domestic product，GDP）的呼声越来越高。努力降低产业能耗水平，提高单位能耗效率，大力发展节能环保新技术、能源资源综合（再）利用技术是食品绿色制造的主要方向。本节从食品加工通用节能降耗技术、重点食品加工行业节能降耗技术、冷链节能技术 3 个方面详细介绍食品绿色制造技术的研究应用进展，结合发达国家的成熟技术介绍我国食品绿色制造的未来研究和发展方向，为我国将来食品生态加工及绿色 GDP 的发展和普及奠定基础。

3.6.1　食品加工通用节能降耗技术

　　进入 21 世纪，世界范围内能源价格急剧上升，食品加工行业作为传统能源消耗大户，亟待挖掘完善食品加工装备节能降耗潜力，开发节能、高效的生产加工装备，提升水、电、气等资源综合利用效率，这既是食品绿色制造技术的核心和关键，也是保障食品加工业可持续发展的重要方向。

1. 通用设备的节能

　　食品加工过程通用设备能量转换技术的提升不仅可以降低食品加工过程的能

源消耗，还可以进一步降低食品工业的总成本、增加利润空间。能源利用效率的提升既能提高经济效益，又能为环境保护、社会可持续性发展、能源供应安全提供巨大的环境效益和社会效益。

1）电力设备节能

电力设备驱动（发动机）及食品在冷却、冷冻和冷藏中的用电，是食品行业的两大用电方向，分别占总用电量的 48%和 25%（Wang，2008）。电动机的能量损失通常为 5%～30%，这部分损失主要来源于低功率因数、电机负载不当及电机控制不当。电动机在满足实际功率要求运行条件下，电阻和电感也需要消耗无用功率，因此，应考虑提高功率因数以提高电机的电效率，降低电机的能耗。电动机在额定负载下运行效率最高，将电动机的额定负荷与所需负荷相匹配是一种有效的节能方法，可变速电机的应用将显著降低使用过程中的电能浪费。电动机的操作不当也会造成大量电能的浪费，精准的操作及定期维护是使电动机保持较高能效的有效方式。

2）蒸汽系统节能

大多数食品加工设施需要大量蒸汽和/或热水。在食品工业中，锅炉是提供蒸汽作为不同单元操作（如杀菌、巴氏杀菌、蒸发和脱水）的过程热的最大燃料用户。锅炉消耗大约三分之一的能源或超过一半（50%）的燃料。在蒸汽的产生和分配过程中，烟囱烟气、排污水、蒸汽泄漏和表面绝缘不良而损失了可观的能量（Wang，2008）。建立 PLC 控制系统用于热蒸汽节能烘干，可大幅减少热蒸汽的无效排放，可同步实现提高生产效率及节能减排双重目标（杨雪珍，2019）。

3）换热器节能

换热器可实现食品的加热和冷却。此外，换热器在余热回收中也起着关键作用。换热器的面积及尺寸对其能源利用效率和运行成本均有影响。因此，提高换热器的能效成为食品加工业节能减排的重要研究方向之一，强化传热、除垢、优化换热器设计和网络等多种节能技术逐步被开发（Wang，2008）。强化传热可提高现有换热器的性能、提高能量效率，减小所需换热器的尺寸及成本（Wang et al.，2000），将换热器绝缘可减少 15%～25%的能耗（Simpson et al.，2006）。换热器结垢影响传热效率，换热器结垢使液态牛奶厂能耗增加 8%、牛奶巴氏杀菌环节能耗增加 21%（Ramirez et al.，2006）。为了减少换热器的结垢，新型纳米涂层逐步应用于换热器中（Kananeh et al.，2010）。利用系统方法设计的节能型换热网络也能够进一步提高能源利用效率（Smith，2000）。

4）压缩空气系统节能

压缩空气系统是实现食品输送和过程控制的重要组成部分，相关设备是主要的能耗设备。对压缩机和压缩空气系统进行适当改造是实现食品加工过程节能降耗的必要手段。通过使用高效和变速电机、降低进气温度、使用压缩机的冷却或余热回收装置、减少空气分配管路上的空气泄漏、降低气压和使用局部送风系统等技术手段，可节省系统能耗的20%~50%（Mull，2001）。此外，通过云平台及数据分析的应用，也可从企业自身进行集设备节能、技术节能和管理节能于一体的系统节能（杨建国 等，2017），实现能源高值化利用。

2. 食品高能耗单元操作节能技术

杀菌、蒸发干燥和冷冻是3种主要的能源密集型食品加工单元操作。在这一进程中，提高现有机组的能源效率，用新型节能机组替换高耗能机组，以及使用可再生能源特别是食品加工废物产能是实现节能的主要途径。提高现有机组的能源效率是降低能源消耗的最主要考虑因素。此外，引入热泵、超临界流体处理、非热杀菌和巴氏杀菌工艺、热能动力制冷循环等新型节能技术也是实现能源高效利用的有效途径。

1）杀菌节能技术

食品蒸煮加热过程总能耗和瞬时能耗模型可以对食品加工过程进行节能优化。在间歇式蒸煮操作中，最大的能量需求发生在排气过程，升高产品初始温度可使排气过程能耗降低25%~35%（Simpson et al.，2006），可见，适当提升杀菌产品初始温度可以降低杀菌能耗。巴氏灭菌包含加热和冷却步骤，利用新型热泵来耦合加热单元和冷却单元之间的能量流可实现有效节能。图3-9为牛奶巴氏杀菌过程中液-液热泵的运行模式示意图，在72℃的巴氏杀菌温度及32℃的冷凝温度下，热泵的冷冻系数为2.3~3.1，与传统的牛奶巴氏杀菌系统相比，可节省约66%的一次能源消耗（Ozyurt et al.，2004）。

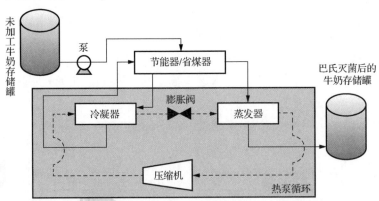

图3-9　牛奶巴氏杀菌过程中液-液热泵的运行模式示意图
（Ozyurt et al.，2004；Wang，2008）

传统热杀菌缓慢的热传递效率限制了能量利用率的提升空间，高压脉冲电场杀菌、超高压杀菌、微波杀菌等新型杀菌技术逐步在食品中应用，以取代传统的

热杀菌和巴氏杀菌工艺，来节约能源、提高产品质量和安全性及资源利用率
（Wang，2013）。陈爱群（2014）将电子脉冲电源应用于液态食品高压灭菌中，通
过高压电容级联进行能量储存，极大地降低了高压脉冲电源的输出内阻，增加了
高压脉冲的瞬态输出功率，实现高效灭菌的同时大幅提高能源利用率。微波加热
在多层食品 HTST 杀菌中具有应用优势。多层食品导热系数低，常规加热方法无
法对其进行高温处理，而微波则快速渗透到食物中，使温度迅速上升至巴氏杀菌的
温度。目前，在 30℃下应用脉冲电场处理液体食品需要 100kJ/kg 或更高的比能量
输入，远高于传统热处理过程，生产成本大幅增加，商业化应用还有待进一步研究。

2）浓缩、脱水及干燥环节的节能技术

浓缩、脱水、干燥是食品加工中常用的降低食品含水量的单元操作，旨在降
低水分活度、防止食品变质并减少运输、储存食品的重量及体积。脱水、干燥是
一种高能耗单元操作，能效相对较低。比如，水分蒸发所需能量通常为 2.5～
2.7MJ/kg，但总能量输入需要 4～6MJ/kg；意大利面干燥过程的能量及㶲效率分
别为 75.5%～77.09%和 72.98%～82.15%（Ozgener and Ozgener，2006）。

通过过程节能和单元设备节能可以提高干燥过程能源的利用效率、降低一次
能源消耗、提高单位能耗产值。过程节能指生产过程的节能，上游生产的产品或
副产品可作为下游生产的原料或燃料。比如对干燥尾气的循环利用，既达到了节
能目的，又防止了废气的排放。利用太阳能作为补充热源，采用热管技术和热泵
技术对余热进行回收，也可以达到节能目的。单元设备节能包括干燥器和热源设
备的节能改造。通过提高入口空气温度、降低出口空气温度、降低蒸发负荷、预
热料液、减少空气从连接处漏入、用废气预热干燥介质、采用组合干燥、利用内
换热器、废气循环、改变热源、干燥区域保温等实现设备的节能。挂面干燥时，
使用热风炉的热效率（74.65%）和烟气炉的热效率（76.93%）均高于传统锅炉的
热效率（69.80%）（陆启玉，2014）。㶲效率随温度和风速的升高而降低，选择适
宜的干燥温度及风速至关重要。Akpinar（2004）研究了红辣椒干燥过程的㶲效率，
发现在入口温度为 55℃、干燥风速为 1.5m/s 的对流式干燥条件下，实际干燥效率
可高达 97.92%。超临界 CO_2 具有较低的临界温度（31.1℃）和临界压力（7.3MPa），
可以在远低于传统空气干燥的温度条件下进行，从而节省大量加热所消耗的能源
（Brown et al.，2008）。

膜分离技术与蒸发技术相结合可以降低蒸发过程总能耗（Kumar et al.，1999）。
使用多效蒸发系统制糖时，通过预加热和逆流操作，其能效比为 3.33（Kaya and
Sarac，2007）。多效蒸发系统效数越多，能量消耗就越小。在番茄酱加工中，由
四效蒸发器改为五效蒸发器，可节能 20%，但考虑总经济成本时，发现四效蒸发
器最适合（Simpson et al.，2008）。可见，系列蒸发器的数量及其布置应以实现能
源利用率及经济成本的协同为目标。

3）冷却/冷冻过程的节能技术

冷却/冷冻（风冷或水冷）环节也是食品加工的主要能耗环节。据统计全球范围内约有 15%的能源用于这一过程，美国这一比例高达 25%（Wang，2013），其中，乳制品和肉类行业分别占据第一和第二的位置。

风冷式制冷机或冷冻机的风机在运行过程中，风扇产生的热量随着所需空气负荷的增加而增加，因此，优化空气流速以同时实现产生热量最小化及制冷效果最大化，对实现冷却/冷冻过程高效节能至关重要。隧道式冷冻机的风速一般为4m/s，使用变速风扇可以节省高达 44%的能源。计算流体力学模型已被广泛用于改善鼓风式制冷机或冷冻室的空气分布（Dempsey and Bansal，2012）。此外，空气挡板、空气导流叶片、风机进风锥和出风扩压器的应用也是常用、廉价、简单的节能措施。

在气流冷却/冷冻过程中，从冷空气介质到食品内部的热传递必须经过两层热阻：冷空气与食品表面之间对流换热的外部阻力、固体食品内部导热阻力。Bio数是内电阻与外电阻之比。当 Bio≤0.1 时，可忽略内电阻；当 Bio≥40 时，可忽略外电阻，其计算公式为（Singh and Heldman，2001）：

$$\mathrm{Bio} = \frac{hl}{k} \tag{3-1}$$

式中，l 为食品的特征尺寸，一般是圆形体的半径、扁平体的厚度（m）；h 为表面对流换热系数（W/m^2℃）；k 为食品的导热系数（W/m℃）。

空气流速的增加将增加 h 值，依据式（3-1），Bio 数将增加。因此，对于冷却/冷冻 l 值较大的食品（如牛肉），应使用较小的空气流速，因为较高的速度只能使冷却时间小幅减少，但却需要大幅增加风扇能量并产生更多的额外热负荷；对于豌豆等 l 值较小的食品，在冷却/冷冻过程中应使用高风速（Wang，2008）。

基于液-液吸收、液-固吸附和流体喷射的新型制冷循环为食品制冷提供了潜在的节能机会。其中，液-液吸收-解吸循环的基础是基于制冷剂蒸汽的分压为制冷剂溶液温度和浓度的函数这一假设。LiBr-H$_2$O 和 H$_2$O/NH$_3$ 是吸收式制冷循环的两种主要工质。吸收式制冷循环有 4 个主要的热交换器：发电机、蒸发器、吸收器和冷凝器。液-固吸附则是分子从液相（流动相）向固定吸附颗粒（固定相）转移，解吸是从固体吸附剂颗粒中分离吸附分子的过程。吸附式制冷循环的关键部件是沸石-水或活性炭-甲醇等介质（Choudhury et al.，2013）。如吸收式和吸附式新型制冷循环，可由低级余热或其他可再生能源提供动力（Chen et al.，2013），这将大幅降低制冷过程的能源消耗，同时也为企业应用的废热回收及固废产能综合利用技术提供原位利用机会。

3. 新型能源的使用

太阳能是一种清洁、环保、可持续利用的绿色能源，地球每年接收的太阳能总能量达 $1.0×10^{18}kW·h$，相当于地球上油储量的近千倍（朱克庆，2010）。以我国北方为例，每平方米太阳能热水器年平均节约用煤 150kg、节电 450kW·h，减少 CO_2 排放 100kg。以蒸汽产生为例，将太阳能吸收转换装置与建筑结构和生产设备有机结合，通过管道、阀门和控制技术形成由集热器、反射器和热交换器组成的运行系统，进而将水加热转化成蒸汽，可应用于主食加工中（图 3-10）。目前，太阳能集热技术仍需借助电力辅助，还有待继续研究，将太阳能技术的优势发挥到最大。

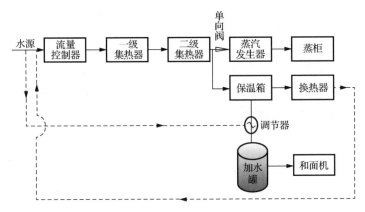

图 3-10　主食生产集热系统示意图（朱克庆，2010）

地下热能是太阳能资源在漫长岁月中储藏于地球表面浅层（通常小于 400m 深）的地热资源，通过地源热泵技术的研发与应用逐渐进入供暖制冷空调系统。地源热泵技术属于经济有效的节能技术，目前尚未有成型技术应用于食品加工行业，是未来清洁能源技术发展的重要方向之一。

虽然新型清洁能源在现有食品加工中使用较少，但随着世界范围内能源紧缺问题的日益加剧，新型能源必将走入食品加工行业，成为主要的食品生态加工重要研究方向之一。

4. 节水技术

淡水是食品加工行业不可替代的重要资源，是食品加工的关键加工元素和主要成分。全球水资源短缺和水供应减少，使减少水资源消耗、确保水资源可持续利用成为食品工业可持续发展的优先事项之一。与供水和废水排放相关的成本是决定企业投资水循环利用和废水处理系统的重要考虑因素，因此，严格的环境法规将促进可持续用水的生态创新技术的开发和利用（Sanchez et al.，2011）。食品加工全过程节水和废水处理及再利用是食品工业节水管理的两个重点途径。

1）基于危害分析与关键控制点的节水策略

食品加工行业节水的主要挑战是缺乏不同生产线上特定步骤的用水量和排水量的数据。据估计，拥有系统的水管理方法路线后可使总用水量减少 30%～50%（Ölmez，2013）。开展用水量审计、明确特定工艺的定量和定性水质及水量要求是实施节水战略的重要路径。Casani 等（2005）开发了一个基于危害分析与关键控制点（hazard analysis and critical control point，HACCP）的可用于食品工业水循环的通用模型，如图 3-11 所示。该模型由两组主要步骤组成：初始步骤指的是 HACCP 通用意义上的团队及实施水审计的定义；第二步是实施 HACCP 体系的 7 项原则。食品加工企业基于 HACCP 的节水计划将有助于确定安全的水循环、再利用和回收机会，这实际上是工业应用中节约用水的主要手段。

在食品加工过程中，实施最佳用水管理是以最低投资实现节水目标的有效途径。提高从业人员节水意识、修改常规清洁计划、维护用水管线防止泄漏等简单的节水措施可减少用水量 30%（CIAA，2008；FDM-BREF，2006）。一般来说，食品加工中可实现的节水措施如下：①使用易清洗输送带（如 V 形滚筒）；②自动控制喷雾冲洗取代传统溢流系统；③多级逆流系统（与传统单级洗涤系统相比耗水量可减少 50%）；④保持最佳水流量的限制器；⑤使用有触发控制器的输水软管；⑥将不同水质特点的废水进行分离处理，并将再生水回用至可使用的工序；⑦在有机物进入水中时即采取相应工艺去除有机物，避免其与其他污染物混合；⑧水洗之前先进行干洗；⑨可实现冲洗水存储，即使用后可将化学品回收的原位清洗（cleaning-in-place，CIP）系统（Kaya et al.，2009）；⑩使用具有脉冲冲洗的 CIP 系统；⑪使用高压低容量的清洗系统；⑫使用气动或机械输送系统代替液压系统；⑬使用蒸汽烫代替传统水烫；⑭用真空解冻、鼓风解冻或静置在空气中解冻代替传统开水解冻；⑮使用风冷代替水冷；⑯使用干式剥皮代替湿式剥皮。

此外，借助数学规划程序（Boix et al.，2011）和概念设计技术（Feng et al.，2008）也可实现连续系统和间歇系统的节水利用。数学规划程序包括混合整数线性规划（mixed integer linear programming，MILP）和混合整数非线性规划（mixed integer non-linear programming，MINLP）模型。使用概念方法建立数学规划模型被视为提供最佳解决方案的更有效方法（Boix et al.，2011）。结合图形和数学技术也被用于最小化间歇系统用水，Oliver 等（2008）用 MILP 进行水夹点分析，以优化酿酒厂间歇过程中的用水，实现了用水量减少约 30%（理论值）。此外，使用数字和图形相结合方法还可以实现工业加工过程中的同步节水节能（Manan et al.，2009），但目前尚无其在食品加工业中应用的相关报道，亟须加大研究力度，早日将其应用于食品生态加工过程。

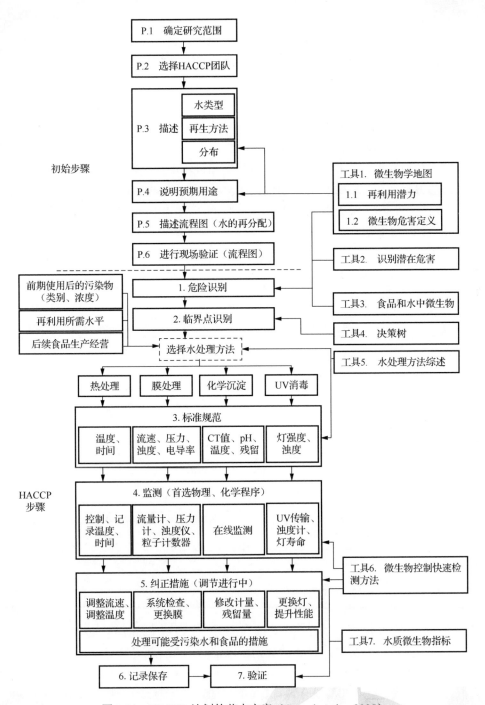

图 3-11　HACCP 计划的节水方案（Casani et al.，2005）

2）再生水综合利用技术

国际食品法典委员会《食品卫生通则》指出，再生水循环利用的前提是其不会对食品安全和适宜性造成潜在风险，处理工艺应当得到有效的监管；未经进一步处理的循环水和从食品干燥、蒸发等过程回收的水，只要其不会对食品安全性和适宜性构成风险，均可再次使用。再生水综合利用的目标主要分 3 个层次：①减少淡水资源的消耗；②尽量降低废水排放量；③实现企业零排放，即废水经过适当的处理后再利用，直至不需要排放。

废水处理应根据废水的特点、水质要求和目标用途，在满足要求条件下选择最经济的方法及工艺。根据处理程度，废水处理工艺一般可分为预处理、二级处理（生物处理）和三级处理（深度处理）（佟爽 等，2019）。不同层级的废水处理单元介绍如表 3-6 所示。

表 3-6 不同层级废水处理单元

工艺	主要作用
预处理	
混凝/絮凝	去除大于 30μm 颗粒物质
过滤	去除大于 3μm 颗粒物质，常用于混凝/絮凝之后
二级处理（生物处理）	
厌氧	去除溶解态及悬浮态有机物
好氧	去除悬浮物、BOD_5、氨氮、致病菌等
营养物质去除（厌氧-缺氧-好氧组合）	去除总氮及总磷，降低再生水中的营养物质含量
消毒	去除病原微生物
三级处理（深度处理）	
活性炭吸附	去除疏水性有机物
气浮	去除氨氮及挥发性有机物
离子交换	去除钙、镁、铁、铵等阳离子及硝酸盐等阴离子
化学沉淀	深度沉淀悬浮物及剩余 TP
膜过滤	去除细小颗粒物及微生物
反渗透	去除溶解盐、矿物质及病原体

消毒是再生水回用的最关键步骤，其直接关系到再生水的安全性。氯化消毒是最常用的废水消毒技术，但氯的使用会对环境和健康构成威胁。紫外（ultraviolet，UV）和臭氧已经逐渐成为废水消毒的主流工艺。还有一些正在发展和新兴的技术，包括巴氏杀菌、二氧化钛光催化、高铁酸盐、脉冲紫外线消毒、膜消毒、生物活性炭消毒及联合消毒等（盖文红和孙惠霞，2017）。李灵珍等（2017）研究了 UV-二氧化钛消毒技术对二次供水的消毒效能，发现其效果明显优于单独的 UV 消毒，且其对氯含量衰减影响程度也明显减小，是一种绿色安全的消毒方

法。在食品加工过程中，某些特定工艺操作中的废水回用工艺，可使淡水需求量减少 90%。食品加工过程再生水回用在减少淡水使用方面贡献较大的子行业及其相应工艺如表 3-7 所示。

表 3-7　主要行业再生水回用对淡水需求减少量贡献表

行业	工艺描述	淡水需求减少量/%	参考文献
禽肉加工	冷却罐、冷却通道和贮存箱废水应用于活禽装卸场的清洗	91	Amorim et al.，2007
	超滤后用于预冷器；过滤后用于冷冻室	34	Matsumura and Mierzwa，2008
水果加工	混合工艺用水经预处理、纳滤和紫外线消毒后用于浓缩、冷却、巴氏消毒或瓶子预清洗	81	Blöcher et al.，2002
乳品加工	蒸汽冷凝液经预处理、纳滤和紫外线消毒后回用于锅炉补给；单项冲洗水的循环利用	75	Mavrov et al.，2001；Fernandez et al.，2010

为推进节水技术在食品加工企业的广泛应用，工业和信息化部与水利部联合发布《国家鼓励的工业节水工艺、技术和装备目录（2021 年）》，列入目录的食品领域节水技术有啤酒行业再生水综合利用技术、糖厂水循环及废水再生回用技术和发酵有机废水膜生物处理回用技术。

① 啤酒行业再生水综合利用技术集成生物、物理化学、膜分离等技术处理再用啤酒生产过程的净水（冷却水）和亚净水（冲洗水），再生水用于全自动清洗系统的预冲洗水、回收啤酒瓶的预清洗水和洗瓶机的预浸热水、锅炉用水、CO_2 汽化用水等，使再生水利用率从 70% 提高至 90%。

② 糖厂水循环及废水再生回用技术采用的是闭路循环回用技术，压榨、汽轮机及制炼抽真空用水冷却回用，生产蒸汽冷凝水直接回用，生产污水经好氧活性污泥法处理后，再经一体化净水器+连续膜过滤装置深度处理再生利用。预计推广比例为 50%，推广后预计每年可节水 6 000 万 m^3。

③ 发酵有机废水膜生物处理回用技术将高效膜分离技术与生物处理技术结合，通过膜分离技术将活性污泥与大分子有机物、细菌等截留于反应器内，通过生物反应器内微生物作用降解废水中有机物，使废水达到回用水水质要求。预计推广比例为 50%，推广后预计每年可节水 5 000 万 m^3。

5. 废热回收及利用

食品加工行业产生大量的废热，如何实现生产过程中的同步综合利用逐渐成为各生产企业及环保部门的关注重点，也是我国新时期实现生态加工的必然要求。从热平衡的角度出发，任何高于环境温度的空气、蒸汽和水流均有可能成为能源来源。锅炉流气、锅炉流水、蒸汽冷凝、烘干机和烘箱排出气体、空气压缩机和大型电动机的冷却空气和水、炊具的蒸汽等均是废物热源。据统计，通过再循环和回收废热，可将食品加工设施的能源消耗削减 40%（Wang，2013）。食品加工设施中的废热通常是一种低温或中温能源来源。

可用于食品工业废热回收的设备类型很多，其中最常见的是换热器，主要包括气-气换热器、气-液换热器和液-液换热器。众所周知，热泵是一种从低温热源吸收热量并向高温转移的设备，因此，通过投入少量额外的外部能量费用，可利用热泵将食品加工废热进行回收并转移到一个高温流体流中进行新的利用（Wang，2008）。食品加工业各子行业中废热可回收及利用方向如表 3-8 所示。

表 3-8　食品加工业各子行业中废热可回收及利用方向

子行业种类	废热可回收及利用方向
肉类生产与保藏	换热器网络、热泵、热回收
油脂生产	液-液热回收
水果保藏	在干燥/洗涤/蒸煮工艺中可进行气-气/液-液换热实现热回收
马铃薯加工与保藏	蒸煮/预热回收的废热用于清洗
水产加工	热回收、吸收式制冷机二次制冷
谷物生产	干燥
酿造、果酒制造、麦芽	热泵、气-气/液-液换热实现热回收
乳品加工与干酪制造	热泵
可可、巧克力和糖果	气-气/液-液/气-液换热实现热回收
果汁、软饮料和矿泉水	带有使用热泵情况下的液-液热回收

如表 3-8 所示，不同食品加工子行业加工过程中产生的废热具有回收价值，实现这部分废热回收再利用，将大幅降低食品加工能耗，是在现有加工工艺基础上实现节能降耗的有效手段之一。但是，废热回收装置的研发与其在食品加工工艺中的配合应用仍存在许多难点亟待解决。崔仁姝和闫芳（2017）介绍了合成气废热回收器产品技术要点及应用，其中明确解析了管箱制造、分气闸、管板加工、焊接垫片、管端定位、胀接等技术难关的攻关方法，为更多废热回收装置的研发与应用奠定了基础。宋鹏远等（2018）以蛋白粉加工为例研究了尾气余热回收喷淋塔的热工特性，建立数值模型，分析喷嘴高度、入口水温、喷淋密度、尾气流速和尾气入口湿球温度对喷淋塔热回收性能的影响规律，进而获得了喷淋塔在实验工况范围内的换热效率曲线及经验关联式，为我国食品加工尾气喷淋热回收塔的优化设计与工程应用提供了分析工具。此外，对于那些难以利用的预热废热，还可以考虑将其应用于工厂车间及生活区，用于保持室内空间的恒温环境，以最大化使用热能。

3.6.2   重点食品加工行业节能降耗技术

1. 粮食加工行业

粮食谷物加工尤其是深加工是一把双刃剑，换言之，深加工不但能够高效集约地利用粮食资源，又能为社会发展增加食品资源、保障国家粮食安全，还大大增加企业经营效益，但是水、电、气的大量消耗及废水的大量处理和排放等困扰着粮食谷物深加工的绿色发展。根据国家粮食局 2012 年统计，全国平均加工每吨大米的电耗为 50.3kW·h，加工每吨小麦粉的电耗为 68.8kW·h，加工每吨食用油的电耗为 103.6kW·h，与行业内的先进指标差距很大。

以绿色产品、绿色工厂、绿色园区为重点，建立绿色粮食谷物产业供应链，从节能减排行动中寻找新的经济增长点，是构建粮食谷物绿色加工体系的关键。实现粮食谷物绿色加工需要把控两个关键问题：其一是注重节电、节煤、节气、节水等能源资源的降耗；其二是废水、废气、废渣、废物等污染物的减排。

1) 节能

在粮食谷物加工节能降耗中，适度加工是必不可少的考量环节。通过加强新工艺、新技术研究，探索缩短工艺、减少设备的方法，对工艺、设备、过程控制、原辅材料等改进和革新，来实现能源资源的降耗。以大豆油精准适度加工为例，大豆油精准适度加工涵盖大豆原料质量控制、预处理、制取、精炼、成品油储存流通等各环节，并相互依赖，构成一个完整系统，包括大豆去皮-瞬时高压湿热酶钝化技术、双酶脱胶/超级脱胶-无水洗长混脱酸耦合技术、低活性脱色剂两步脱色技术、低温短时两级捕集回流脱臭技术，以及配套的带孔折流板脱胶絮凝反应器、高效折流脱色系统、低温短时脱臭装置、两级捕集回流装置，并加以集成（王兴国 等，2015）。可根据大豆原料品质和工厂生产要素，灵活进行工艺与设备的配置，实现精准适度加工与绿色制造。

（1）大豆去皮-瞬时高压湿热酶钝化技术。降低毛油非水化磷脂含量是大豆油绿色加工的关键之一，以钝化酶类降低非水化磷脂含量为主要目的，通过高效大豆去皮、调质、挤压膨化的组合，即形成大豆去皮-瞬时高压湿热酶钝化技术。大豆脱皮效果主要受水分影响，将大豆水分作为去皮工艺的关键指标，水分含量控制在 10%～10.5%，脱皮后仁中含皮 3.0%以下，获得高效去皮效果，从而大幅降低了湿粕残溶（25%以下）和豆粕残油（1%以下），在生产效率、降低能耗方面具有较大优势。高效大豆去皮与传统脱皮工艺指标对比见表 3-9。研究发现酶活是导致非水化磷脂含量变化的主要原因，而水分影响酶活，进而影响脱胶油中磷脂含量。对轧坯前大豆进行调质时，通过热风处理将温度、水分分别控制在 75～80℃

和 10%～10.5%，形成高湿条件；进一步采用国际先进的挤压膨化设备，如巴西 TECNAL 膨化机，通过挤压膨化处理，使豆胚温度数秒内超过 100℃，豆胚中酶类钝化，有效减少毛油中非水化磷脂含量，使脱胶油磷含量控制在 30.0mg/kg 以下。

表 3-9 高效大豆去皮与传统脱皮工艺指标对比

指标	高效大豆去皮	传统脱皮
耗时/（h/t）	0.5～0.7	28～30
脱皮率/%	70～80	30～45
粉末度/%	1	5
电耗/（kW·h/t）	17	21
蒸汽/（kg/t）	90	210

（2）双酶脱胶/超级脱胶-无水洗长混脱酸耦合技术。酶法脱胶通常采用磷脂酶 A，其脱胶产物溶血磷脂亲水性好，易于水洗去除，但耗时过长，难以连续操作，同时溶血磷脂随油脚而洗去。磷脂酶 C 能特异性水解磷脂，生成的甘油二酯可成为食用油的一部分，既能实现物理精炼，又可提高脱胶油的得率。为此开发出磷脂酶 A-磷脂酶 C 双酶脱胶技术，先用少量磷脂酶 A 进行常规酶法脱胶，生成溶血磷脂，形成有利于后续磷脂酶 C 作用的乳化体系，而后加入适量磷脂酶 C 脱胶。磷脂酶 A-磷脂酶 C 双酶脱胶工艺流程见图 3-12。优化的工艺参数：加酶量 200～250mg/kg（磷脂酶 A 与磷脂酶 C 比为 1：10），温度 55℃，时间 90～120min，pH 4.5，加水量 2%～2.5%。双酶脱胶比通用磷酸脱胶、常规酶法脱胶的中性油得率平均提高 0.5%，有效降低脱胶油磷含量，油中残磷平均含量小于 8mg/kg，提高了脱胶油品质。新型超级脱胶（白长军 等，2012）工艺流程见图 3-13，脱胶油残磷可降至 30mg/kg 以下。为提高脱胶效果，絮凝罐中加入开孔折流板，折流作用使以较低搅拌速度即可消除絮凝罐沉积死角，降低罐清洗频率，不仅节约能量，同时较低转速利于胶质结晶，提高絮凝效果，利于油脚分离。

传统碱炼脱酸需水洗除皂，产生大量废水，夹带 0.2%～1%的中性油，增加精炼损失。无水洗长混脱酸工艺，与常规碱炼脱酸工艺（需水洗）相比，新工艺由于无水洗，软水吨油消耗由 110kg 减少至 30kg，提高精炼率约 0.06%，工艺流程见图 3-14。

生产实践表明，对于游离脂肪酸含量低的毛油，经双酶脱胶或超级脱胶可不经碱炼脱酸，直接进行后续脱色；游离脂肪酸含量高的毛油，脱胶后进行无水洗长混脱酸。

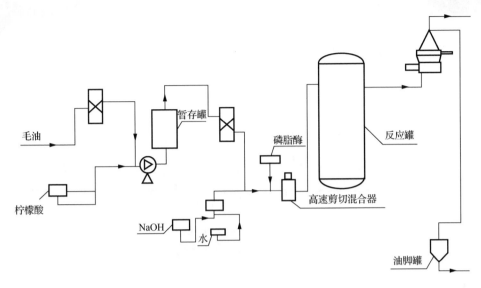

图 3-12　磷脂酶 A–磷脂酶 C 双酶脱胶工艺流程

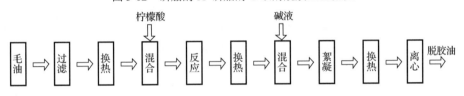

图 3-13　新型超级脱胶工艺流程

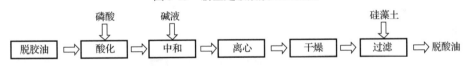

图 3-14　无水洗长混脱酸工艺流程

（3）低活性脱色剂两步脱色技术。选择低活性、低吸油率的凹凸棒土（简称凹土）作为吸附剂，以传统活性白土为对照，发现凹土的倒罐时间、滤饼残油等脱色性能指标均优于传统活性白土，且凹土脱色可改善大豆油品质，提高油脂稳定性，避免形成"白土味"。凹土用于食用油脱色时，呈现两段吸附的特点，为此开发了两步脱色技术。一次脱色吸附剂仍具有一定吸附活性，让中和油先通过填满一次脱色吸附剂的过滤机进行预脱色，脱除部分皂、磷及色素，然后进行常规脱色，据此开发出预脱-复脱两步脱色工艺，同时改进了脱色系统，在混合器与脱色器间增加预脱色器，且脱色器带有狭长分割室。折流装置及两步脱色工艺流程见图 3-15。油脂在狭长空间内折流溢流输送，实现油与吸附剂充分混合和油脂"先进先出"，保证脱色时间均匀一致。与常规工艺相比，两步脱色工艺在保证脱色效果的前提下，脱色时间缩短 5～10min，脱色吸附剂用量减少 38%以上，维生素 E、甾醇损失也有所减少。

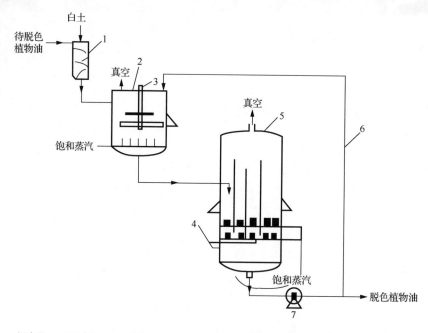

1.混合器；2.预脱色器；3.机械搅拌器；4.放空阀；5.脱色器；6.脱色油循环管；7.脱色油输送泵。

图 3-15　折流装置及两步脱色工艺流程

（4）低温短时两级捕集回流脱臭技术。精炼，特别是脱臭过程，对油脂品质的影响显著，包括生育酚、反式脂肪酸、氧化稳定性等指标，脱臭显著影响生育酚降解和反式脂肪酸形成，全精炼大豆油中生育酚平均精炼损失 5.6%，其中脱臭损失 12.5%，占总精炼损失 80.1%；脱臭油反式脂肪酸平均含量 1.47%，软塔在降低生育酚损失、控制反式脂肪酸生成方面要明显优于板塔；除温度和时间外，蒸汽用量和操作压力是影响油中微量物质的关键因素。低温短时两级捕集回流脱臭技术有望改善上述问题。改进的脱臭塔（图 3-16），将脱臭塔 4～6 层塔板通过外部管道相互连接，根据油品种类和品质控制确定汽提塔板层数，缩短脱臭时间，并使所有油脂与蒸汽接触时间尽可能一致；将脱臭馏出物捕集器改为两级捕集装置，分别冷凝收集两级馏分。一级馏分主要含维生素 E 和甾醇，捕集温度为 130～150℃；二级馏分主要含脂肪酸，捕集温度为 40～100℃。一级馏分重新循环到脱臭塔倒数第二层板中，减少脱臭过程中维生素 E、甾醇损失。与常规脱臭工艺相比，新工艺脱臭温度降低 20～25℃，脱臭时间缩短 20～45min，油中反式脂肪酸含量控制在 0.3%以下，内源性维生素 E、醇保留率达 90%以上。

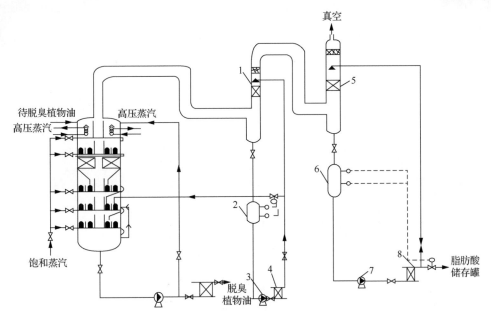

1.甾醇和维生素捕集器；2.暂存罐；3.输送泵；4.换热器一；5.脂肪酸捕集器；
6.脂肪酸暂存罐；7.脂肪酸输送泵；8.换热器二。

图 3-16　改进的脱臭塔

　　根据不同品质的原料和工厂生产实际的需要，集成上述大豆绿色加工技术，已形成了一条年生产 36 万 t 的大豆油精准适度加工示范生产线，并进行生产试验。与现有通用常规工艺相比，精炼率提高 1.5%以上，吨溶耗降低 7.7%，吨汽耗降低 14%，吨电耗降低 5%，脱色剂用量减少 38%，软水消耗降低 73%，在产生良好经济效益的同时，还具有显著的节能减排效果。

　　2）减排

　　粮食谷物加工产生的污染主要包括废水、废气等。本部分以玉米深加工为例介绍减排技术。区别于传统的末端治理措施，玉米深加工减排技术是从清洁生产理念出发，充分考量玉米深加工行业的生产工艺与装备选择的先进性、资源能源利用的可持续性、产品先进指标、污染物产生的最小化、废物回收利用和环境管理的有效性等方面内容（林卓和马小凡，2011），从源头减少污染物排放量，侧重生产过程当中产生的污染回收。

　　玉米深加工清洁生产的工艺、设备和能耗有明确的分级标准和要求。玉米深加工包括玉米净化、浸泡、破碎、细磨、纤维分离、洗涤、干燥、淀粉乳分离与精制、蛋白分离和干燥、副产品干燥、粗制玉米油、玉米浆蒸发等工艺流程。玉米深加工和玉米淀粉生产的清洁生产指标和标准见表 3-10 和表 3-11。目前，玉米深加工企业主要遵循现有的清洁生产标准作为企业清洁生产审核的技术导向，若没有相应加工产品的清洁生产标准，一般按照同行业技术先进企业的同类指标进行对比。

表 3-10　玉米深加工清洁生产指标和标准

清洁生产指标	一级	二级	三级
耗电量/（kW·h/t 淀粉）	≤200	≤220	≤250
取水量/（m³/t 淀粉）	≤3.0	≤4.5	≤6.0
水重复利用率/%	≥85	≥70	≥60
玉米淀粉收率/%	≥70	≥68	≥67
总产品干物收率/%	≥99	≥95	≥92
硫黄用量/（kg/t 淀粉）	≤1.0	≤2.2	≤3.0

表 3-11　玉米淀粉生产的清洁生产指标和标准

清洁生产指标	一级	二级	三级
废水产量/（m³/t 淀粉）	≤2.8	≤4.0	≤5.0
COD 产生量/（kg/t 淀粉）	≤14	≤24	≤32
氨氮产生量/（kg/t 淀粉）	≤0.16	≤0.24	≤0.3

从生产工艺来看（表 3-12），对于以玉米为原材料进行加工的淀粉行业来说，新水的使用是在淀粉洗涤过程中所必需的，而其他的过程均可采用使用过程的工艺水，最后将工艺水作为浸泡水，用于生产玉米浆。在整个工艺过程中，只有蒸发冷凝水和各种干燥程序排放出废气，这种工艺技术就是闭环逆流循环。该清洁生产技术即使在生产过程中有瞬时的泄漏，但最终物料也可回收到工艺当中，不至于向外排放废物。从生产装备来看，性能优良的设备会使玉米磨碎、筛分、分离等工序达到相应的指标要求，是清洁生产技术的必要条件之一。譬如采用国内外先进的二级凸齿磨破碎浸泡后的玉米，用胚芽分离器分离胚芽，可达到 6.5%～7.4%（干基）的胚芽得率，比使用漂浮槽分离胚芽高 2.1%～2.7%（干基）。而对于分离胚芽后进行过两次破碎后的玉米，仍需要进行第三次精磨。在此过程当中采用针磨技术，国外的联结淀粉一般控制在 8%～13%（干基），国内在 10%～18%（干基），而其他设备则远远大于这个百分比［20%～39%（干基）］，这样使淀粉和蛋白粉得率下降，直接进入下一环节（纤维饲料）。根据玉米深加工全加工流程产排污情况分析（图 3-17），形成了加工过程中的废水、废气和固体废弃物（固废）减排技术和工艺。

表 3-12　生产工艺与设备要求清洁生产指标和标准

清洁生产指标		一级	二级	三级
生产工艺		以水环流为主线，包括物流和热环流在内的全闭环逆流循环工艺		
设备要求	胚芽分离	采用凸齿磨及旋流分离装置		漂浮槽
	精磨	采用棒式针形磨等节能设备		—
	淀粉精制	采用蝶式离心机进行分离，洗涤旋流器进行精制，分离因数≥5000	采用蝶式离心机进行分离，分离因数 3500～5000	采用蝶式离心机进行分离，分离因数<3500
	麸质水的处理	采用蝶式离心机、浓缩机、真空吸滤机或全自动隔膜压滤进行脱水		板框过滤
	淀粉干燥	采用负压脉冲气流干燥机等节能设备		—
	玉米浸泡水浓缩	采用产品干燥废热，采用高效负压蒸发器		采用高效负压蒸发器
	控制系统	采用完善的工艺控制系统和先进的控制程序（如 PLC）		根据实际情况采用自动化控制

（1）废水。玉米深加工企业在生产过程中最主要的污染物就是废水，主要包括 COD、BOD_5、悬浮物、氨氮和总磷等污染物，涉及工艺废水、清净下水、设备及地面冲洗水和生活废水 4 个部分。①工艺废水。原有工艺废水主要集中在玉米清洗工段、浸泡工段、纤维榨水工段、浓缩工段及蛋白压榨工段，现阶段除淀粉洗涤工段使用新鲜水外，其他工序基本采用过程的工艺水，当工艺水循环到某种程度时，还需向外排放。玉米经过浸泡后，稀玉米浆浓缩为浓玉米浆的蒸发冷凝液水量较大，不能够返回系统循环使用，必须外排。②清净下水。清净下水主要是指循环冷却水、配电站锅炉排污水、脱盐水站外排水等。③设备及地面冲洗水。冲洗设备及地面时排放的废水。④生活废水。生活废水主要是指企业食堂、办公排放的废水，其污染物含量较小，一般经雨水管排入市政排水管网，最终进入污水处理厂处理。

废水的回收与利用技术包括 3 个方面。①回收玉米浸泡水。玉米的浸泡水在生产过程中用量很大，一般占加工玉米总量的 45%左右。浸泡水中固形物所占比例最大，为 40%～50%，部分企业将玉米浸泡水中固形物的含量浓缩至 20%左右，将浓缩后的浸泡水再混合玉米皮生产加浆玉米皮，作为饲料原料出售。②分离、筛选废水的回收。在淀粉分离和筛选的过程中也会产生大量的废水。在分离废水时，通过离心浓缩机板框脱水、一级板框压滤等工艺，可以实现对此工段废水的回收，回收的废水一部分可以返回到筛分工段重新利用，也可进入下一个工艺将脱水分离后的物质生产成蛋白粉，作为原料用于饲料的生产。③中水回用。中水回用主要是指对蒸发冷却循环水的回用，通过专业处理，最后经消毒可达到循环水冷却指标。有的企业还会对中水进行深度处理，处理后可达到饮用水标准。

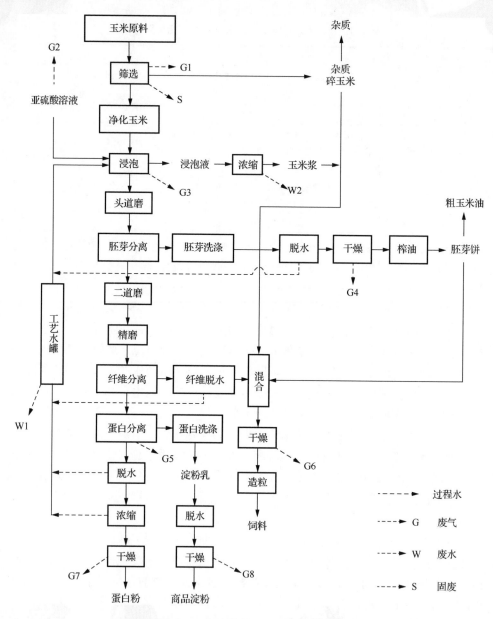

图 3-17　玉米深加工产排污综合图

（2）废气。玉米企业装置产生的废气主要包括锅炉烟气、生产工艺中的工艺废气、污水处理站沼气 3 个部分。①锅炉烟气。企业一般设有热电站，以及配套安装的若干台循环流化床蒸汽锅炉、抽背机组和背压式汽轮发电机组。一般采用静电除尘及炉内石灰石法脱硫，设计年燃煤量为一定量，烟气经处理后，通过一定高度和内径的烟囱排放。在清洁生产审核的过程中，根据此处的烟尘、氮氧化物、SO_2 的产生浓度及产生量推算减排量。②工艺废气。工艺废气主要包括玉米预处理粉尘、亚硫酸制备工段 SO_2 尾气、浸泡工序 SO_2 废气、玉米油工艺废气、蛋白分离废气、纤维饲料干燥粉尘、蛋白粉干燥粉尘、淀粉干燥粉尘等。③污水处理站沼气。污水处理站沼气一般分为两部分：一部分是经脱硫脱水后用做两台沼气发电机燃料，外供电能，燃烧尾气经排气筒外排；另一部分厌氧沼气进行综合利用的同时，设火炬及自动点火装置，当沼气超过规定浓度时点燃火炬防止恶臭气体排放。

通常情况下，对于锅炉产生的烟尘通过静电除尘和袋式除尘两种措施解决。对于 SO_2 的减排可从 3 个方面考虑：①从源头上采用低硫燃料脱硫；②燃烧的过程中采取措施脱硫；③对末端尾气脱硫。对于工艺废气，主要可采取以下措施：严格控制产品及其副产品的烘干温度，尽量减少因温度过高而产生的尾气；通过控制外排尾气的温度，加设低位能源设备对尾气进行冷凝回收，以达到削减的目的；加设水喷淋设备回收到生产过程中。

（3）固废。玉米加工产生的固废主要包括玉米净化废渣、锅炉炉渣、污泥及生活垃圾，其中锅炉炉渣一般可用于建材生产；生活垃圾由环卫部门统一处理；玉米净化废渣中的砂石、灰土及硅藻土一般外运至填埋场进行填埋；另外各工序由布袋除尘器收集下来的粉尘均回到各自工艺的产品中。

2. 果蔬加工行业

果蔬加工行业是高耗水行业。据统计，每加工 1t 果蔬速冻产品，需要消耗 28～30t 自来水；加工 1t 罐头，需要消耗 30～50t 自来水；加工 1t 果蔬浓缩汁，需要消耗 6～10t 自来水。果蔬加工节水措施主要是通过优化用水工艺和提高水的重复利用率来实现的。首先是通过采用新的低耗水的生产技术来改造传统的生产工艺，从而直接减少用水量和废水排放量；其次是将生产中产生的较洁净的废水经过合适处理后再回用到生产工序中，达到节约用水和减少排污的目的。

1）速冻果蔬生产节水技术

速冻果蔬产品生产工艺流程通常是原料筛选→预清洗→切分→烫漂→冷却→二次清洗→脱水→速冻→包装→冻藏。袁春新等（2014）基于果蔬速冻加工工艺，对烫漂用水和冷却用水进行重复利用，即烫漂用水经过滤处理后用于原料预清洗，以除去果蔬上的灰尘和泥沙；冷却用水经处理恢复为水质达标的 0℃左右的低温水，再用于二次清洗。该节水技术提高了水的循环再利用率，速冻产品生产总耗水量由 28t/t 降为 18t/t。

2）浓缩果汁节水技术

浓缩苹果汁工艺流程通常是原料（流水输送）→清洗、挑选→预煮、破碎→

榨汁→澄清→离心过滤→树脂吸附→多效浓缩→杀菌→冷却→灌装→成品→贮藏。原果被压榨后，经过一系列工序，被输送到降膜蒸发器中，蒸发器为五效七段加热蒸发，一、二效和浊汁杀菌器为预浓缩，即前巴杀，预浓缩出料温度（经板式换热器降温后）为（52±1）℃；三、四、五效和清汁杀菌器为浓缩，最终出料糖度公差为±0.5Brix。

通过对浓缩汁生产设备进行改造、对技术工艺优化升级来实现节水的目的，主要的节水措施如下。

（1）冷凝水水质改良再利用。冷凝水水质改良再利用主要是改善一效冷凝水水质。一效蒸发水初始温度约90℃，杀菌温度高于120℃，一效冷凝水的最终温度在98℃左右，热能很高，具有很高的利用价值。但因蒸发水接近沸点，泵送时易产生汽蚀；同时果汁蒸发时产生的冷凝水混入，造成回收水的pH为3～4，在输送管道中极易造成设备腐蚀。因此，将闭式冷凝水回收设备改造，新增酸度调节罐和消泡阀，控制炉水碱度、消汽指标，改善后的一效冷凝水可用于输送原果。

（2）冷凝水回收再利用。安装新型闭式高温冷凝水回收系统，将四、五效的冷凝水通过闭式回收系统，回送至锅炉中，提高热水再利用率。

（3）树脂清洗纯水回收再利用。树脂再生清洗时需要用大量纯水冲洗，冲洗后阶段流出的是较干净的水，可以收集到增设的收集罐中，用于给冷却塔补水。

通过上述措施，可以将浓缩果汁生产总耗水由15t/t降为7t/t。

3. 屠宰及肉类加工行业

1）隧道式蒸汽烫毛技术

烫毛是屠宰加工过程中对生猪屠体表面进行加工处理的关键步骤之一，是有效清除猪屠体体表鬃毛的前提。烫毛方式不仅直接影响脱毛机的脱毛效果，也关系到整条屠宰线的加工质量和产品的安全性（周伟生，2008）。

隧道式蒸汽烫毛技术采用蒸汽与温水雾化加湿，在隧道内充分混合冷凝后对猪体进行浸烫，浸烫过程在悬挂输送线的行进过程中完成，受热均匀；隧道内的浸烫温度可精确控制，提高下一工序的脱毛效率。较之传统的烫池烫毛工艺，该技术可将耗水量由10.7L/头降至1L/头（Klemes et al.，2013），同时一般病原微生物可在蒸汽温度下被杀死，避免了交叉感染的风险。蒸汽烫毛隧道由双面不锈钢保温板组合而成，设有多道密封门，具有良好的保温效果，热损耗低。通过悬挂输送机可将烫毛隧道和脱毛机连接在一起免于摘钩，实现了烫毛、脱毛自动化和生产连续化，提高了生产效率（杨波和赵传峰，2010）。

2）畜禽粪便及胃肠内容物收集技术

畜禽屠宰和加工过程中不可避免地产生粪便、胃肠内容物、毛羽等固体废弃物，使用干法回收粪便技术收集待宰圈和运输车辆的粪便，使之在固体状态下收集，较之直接使用高压水枪清洗可减少约 50%的用水量，同时也降低了后续污水的处理负荷（吴萱，2013）。

固体废物风送系统可将屠宰过程中产生的毛羽、胃肠内容物等物质在密封管道内运送至污物储存处，使用该设备可将上述污染物质在常规输送过程中的遗洒降为零，有效解决污物对肉品的二次污染、减少进入冲洗水中的污染物质，使毛羽回收率达 95%以上、肠胃内容物回收率达 80%以上。该技术适用于畜禽屠宰企业，可有效减少屠宰过程中污染物的排放量，其中 COD 减排 7.5kg/t（活屠重）、氨氮减排 0.4kg/t（活屠重），从而进一步降低企业污水站的处理负荷和污水处理费用。

3）低温高湿解冻技术

冷冻畜禽肉是现代肉及肉制品加工业所需原材料的重要贮藏形式，是国家储备和调节肉品市场的重要手段，也是肉类产品进出口贸易及地区之间流通的主要产品形态（黄鸿兵，2005）。解冻是冷冻肉在加工前最重要的步骤，也是保证冷冻肉最终品质的关键因素之一。

低温高湿解冻技术利用低温高湿的循环空气吹拂冻品，结合气流分配装置使冻品表面形成均匀的气流，通过分阶段控制解冻的温度和时间，使其缓慢解冻。解冻过程中冻品中心与表面温差始终保持在最小范围内，冻品从中心到表面解冻均匀，细胞汁液流失极少，保持了食品原有的色泽、风味，减少了营养成分的损失并降低了失重率（李银 等，2014）。与传统低温解冻相比，该技术解冻所耗时间短，可在有效提高解冻效率的同时保持解冻肉品品质（朱明明 等，2019）。同时，该技术较之水解冻方式具有显著的节水效果，解冻 1t 原料肉的用水量仅为流水解冻的 0.5%，在节约水资源消耗的同时减少废水排放，可降低企业生产成本及废水处理费用。

3.6.3　冷链节能技术

1. 冷库节能技术

冷库在食品加工尤其是冷冻食品加工中必不可少，制冷设备和制冷系统是维持冷库低温环境的关键。在我国冷库作为耗电大户，每年每平方米平均耗电量约 131kW·h，是英国、日本等国家的 2～3 倍。降低冷库热负荷、提高制冷系统的运行效率是冷库节能的重要途径。

1）冷库保温节能技术

冷库热负荷主要有经保温材料进入冷库的热量、需冷冻冷藏的加工食品及冷库门频繁开关进入的热量，而通过保温材料进入冷库的热量是冷库总热负荷的 20%～35%。选用性能优良的保温材料可以有效减少冷库中冷量的损失、降低冷库热负荷。水产冷冻保温板一般使用 100mm 或 150mm 聚氯酯保温板、双面彩板涂层或不锈钢板，彩钢板面加工成隐形槽，其重量轻、强度高、保温隔热性能好、耐腐蚀、抗老化，库板装配容易（何丽，2017）。我国超过 80% 的冷库沿用的是传统红砖加保温板的建设模式，因其保冷隔热性能差，导致制冷能耗高。冷库围护结构一体化节能技术，通过采用改性阻燃型 PS 颗粒一次加热呈空腔构造模块、使用聚氨酯发泡隔热层和膨胀玻化微珠防火层等材料，构建冷库围护结构，使保温材料和墙体结构紧密结合，避免产生冷库围护结构热桥效应，有效提高冷库的保冷隔热性能，大幅降低冷库电耗（中华人民共和国国家发展和改革委员会，2018），较传统土建冷库节电 30%～60%，在 4 500m³ 冷库（-26℃）应用可实现年节能收益 18 万元。该技术已被纳入《国家重点节能低碳技术推广目录（2017年本，节能部分）》，并向全国推广。此外，通过在冷库门处设置空气幕，并对空气喷口宽度和空气喷射流速等参数进行优化，可以减少因冷库频繁开关导致的外界热空气的进入、降低冷库热负荷。

　　2）优化制冷系统

　　压缩机是制冷系统的核心装备。从压缩级数看，制冷系统可分为单级压缩制冷系统、双级压缩制冷系统和复叠式制冷系统。不同制冷系统的选择与食品制冷区间密切相关。当食品制冷温度高于-18℃时，单级压缩制冷系统更为经济节能。螺杆式制冷压缩机适用于大中型冷库，活塞式制冷压缩机适用于小型及运行时间较短的冷库。NH_3/CO_2 复叠式制冷系统以 NH_3 为高温制冷剂、CO_2 为低温制冷剂，尤其适用低于-25℃的制冷工况，其能效比高于单级 NH_3 压缩载冷制冷剂制冷系统（田雅芬 等，2016）。相同制冷量下，NH_3/CO_2 复叠式制冷系统耗电量较 NH_3 单级制冷系统降低 25%、较 NH_3 双级制冷系统降低 7%，制冷成本较 NH_3 双级制冷系统降低 7%～8%。

　　压缩机变频技术也能提高制冷系统运行效率、减少能耗。冷库在建设时，一般是参照全年最大热负荷选择压缩机。实际运行中，冷库内存放食物或加工食品较少时，为节省成本，往往选择部分冷间运行，进而导致压缩机电机处于低负载状态。通过压缩机能量调节，可以减少制冷量，但能耗减少的幅度小。压缩机变频调速技术可以避免频繁启动压缩机、延长压缩机寿命，其调速范围（15～180Hz）较广、调节更为精准。与压缩机 ON/OFF 控制相比，压缩机变频调速技术在低热负荷下，节能能耗效果明显；随热负荷增加，其节能效率下降。热负荷为 20% 时，变频调速比压缩机 ON/OFF 控制节能 43%；热负荷升至 50% 时，节能仅为 13%（杨昭 等，2005）。

　　3）冷库节能管理技术

　　除了压缩机外，冷凝器和蒸发器也是冷库制冷的重要组成部分。冷凝器作为换热器，其功能是将压缩机中排出的高温高压气态制冷剂冷却冷凝成高压液体以循环使用，主要分为水冷式冷凝器和蒸汽式冷凝器。水冷式冷凝器在运行过程中不可避免会产生水垢。水垢厚度影响制冷效果，结垢 1.5mm，耗电量会增加 9.7%。蒸发式冷凝器集冷凝器、冷却塔、水泵于一体，占地面积小，且节水节电，耗水量、耗电量分别是水冷式冷凝器的 5%~10%、40%。蒸发器也是一种热交换设备，其通过液化制冷剂蒸发吸热使冷库内空气冷却。冷库蒸发温度每提高 1℃，可节能 2%~2.5%，在确保产品冷链贮藏品质的前提下，增加蒸发温度可实现冷库的节能降耗。此外，冷库空气中的水分高于蒸发器温度，会在蒸发器管壁上形成浮霜，霜层持续堆积会形成热阻、降低传热效率，当霜层厚度大于 10mm 时，传热效率降低超过 30%（张立新 等，2018）。因此，冷凝器定期除垢和蒸发器定期除霜是保证制冷系统节能的重要途径。

4）自动化、立体化冷库

普通冷库自动化程度低，人们通常根据工作经验对冷库温湿度等参数进行手动粗调节，易导致制冷不足或制冷过载。自动化冷库通过对冷库内温度的实时监控，并结合食品的冷冻冷藏条件对制冷系统进行精准调控，进而改善冷冻冷藏效果、降低制冷消耗。相同制冷条件下，自动化冷库比普通手动冷库耗电量减少 5%~15%（刘寒 等，2018）。基于动态调节换热温差、按需除霜技术、夜间深度制冷技术等自适应调控技术，实现冷库制冷机组的动态调节，以提高制冷效率、降低能源消耗。该技术应用畜禽屠宰和肉制品加工中，可实现每小时节电 178kW·h，节能约 30%。该技术为自动化冷库研究应用奠定了基础，并列入工业和信息化部《肉类加工行业清洁生产技术推行方案》加以推广。

当前，控制系统、监控软件和各种监控设备的配备保证了自动化冷库的安全、稳定运行。立体化、自动化冷库无需人工便可实现食品装卸和码垛的智能化。基于 PLC 的自动控制系统在自动化冷库运行中使用最为广泛。PLC 控制系统编程简单、易于掌握，还有效缩减接线数量、缩小电路在控制系统的空间，能够提高冷库运行效率、节约冷库运营成本。冷库自动控制包括压缩机的开关及能量调节、冷凝管的自动融霜、冷库温度的自动控制及辅助设备的自动调节等。温度传感器、压力传感器、质量流量传感器、制冷剂（NH_3、CO_2 等）检测传感器等对冷库内各项环境数据自动实时采集，旋转编码器和微动开关可分析冷库货物位移和库位是否有货。LabVIEW 软件、KingView 软件可以实现冷库设备运行中温度、湿度等各项数据的采集、分析和调节。

2. 新型制冷技术

1）液化天然气制冷技术

冷库与液化天然气（liquefied natural gas，LNG）结合技术可有效降低冷库制冷的耗电量。液化天然气以气体形式供给千家万户，气化过程会吸收热量、释放冷能，天然气汽化热和气态天然气从储存温度升至环境温度的显热约 830kJ/kg，相当于 830kJ 的冷量。这部分冷量用于冷库制冷是 LNG 冷能综合利用的途径之一。20 世纪 70 年代，日本神奈川县根岸基地利用 LNG 技术对金枪鱼进行冷加工，比传统机械制冷节能 37.5%（申江，2013）。黄广峰等（2018）将 LNG 冷能直接蒸发制冷系统应用于 2.5 万 t 的冷库（−23～−21℃），每小时比机械压缩式制冷系统节省电量 1370kW·h，每年节省电费约 493 万元，每天可以减少 CO_2 排放 24t、NO_x 128kg、SO_2 274kg、总颗粒物 1.31t（按标准煤计算）。考虑 LNG 冷能供应的稳定性和场地的限制，利用 LNG 卫星气化站冷能开展冷库建设将实现与 LNG 冷能综合利用和冷库节能降耗的双赢。

2）相变蓄冷技术

相变蓄冷技术是利用制冷剂固液态转变时的吸热与放热过程来储存冷量，降低冷库能耗。相变蓄冷剂在冷链运输中应用较为广泛，主要用于维持冷藏车或冷链包装箱内温度的相对恒定，减少温度波动。相变蓄冷技术在冷库中的应用主要与峰谷电价有关，相变蓄冷材料在用电低峰吸收冷量，在用电高峰则释放冷量，通过冷负荷的转移来节省用电量。

相变蓄冷技术在冷库制冷中的应用分为高温冷库（0～4℃）和低温冷库（−30～−20℃）两种，其所应用的蓄冷材料也各有不同。冰蓄冷技术主要用于高温冷库制冷。冰蓄冷结合湿空气保鲜冷库技术可以满足高温冷库的蓄冷要求，具有制冷设备容量小、耗电量低等特点，应用于鲜活农产品贮藏，还可以减少贮藏农产品的水分损失、提升保鲜效果（吴学红 等，2016）。对于低温冷库，传统的冰蓄冷无法满足制冷要求。一般选用低相变温度、高相变潜热的复合相变蓄冷材料（如乙酸钠丙三醇水溶液、乙二醇氯化铵），将其填充安装到低温冷库顶棚或两侧的蓄冷板中，用以蓄冷降温。但是，值得注意的是，相变蓄冷技术作为补充冷量的一种技术手段，应以保持食品冷藏冷冻品质为前提，在用电高峰，应结合冷量需求合理调整制冷设备运行，不可直接停止制冷设备运行。

3）CO_2 跨临界循环制冷技术

氯氟烃和氢氯氟烃（hydrochlorofluoro carbons，HCFCs）等传统制冷剂具有较高的全球变暖潜值和臭氧消耗潜值，对臭氧层造成破坏。尽管氢氟烃不会对臭氧层造成破坏，但为有效应对全球气候变暖，《蒙特利尔议定书》要求发达国家在 2010 年以前停止使用 HCFC 制冷剂，我国也承诺在 2030 年以前停止这两种制冷剂的使用。NH_3、碳氢化合物和 CO_2 等天然制冷剂逐渐成为替代制冷剂，尤其 CO_2 被视为最具潜力的新型环保制冷剂。

跨临界 CO_2 循环制冷以自然工质 CO_2 为制冷剂进行连续制冷，因循环放热在 CO_2 临界点以上、吸热在其临界点以下而得名。CO_2 在蒸发器中吸收冷库内的热量，然后进入压缩机被压缩，随后进入气体冷却器放出热量，最后经节流变成湿蒸汽重新进入蒸发器,开始新一轮的制冷。CO_2 气化潜热大,单位容积制冷能力是卤代烃制冷剂的 5~8 倍。CO_2 跨临界循环技术的制冷量、制热量均低于常规制冷,目前在发达国家超市中应用较为广泛,以欧洲和日本居多。截至 2018 年 3 月,欧洲应用跨临界 CO_2 制冷循环系统的超市多达 14 000 家,这些超市应用该制冷系统,比传统制冷方式节能 7%~50%(轩福臣和谢晶,2019)。Jakub 等(2018)将跨临界 CO_2 制冷循环系统应用于远洋捕捞渔船,用于金枪鱼等水产品超低温冷冻,通过对蒸发器、喷射器参数进行优化,制冷性能提高了 70%。

3.7　食品智能制造技术

物联网、人工智能、云计算等新一代信息技术和现代制造业的深度融合推动全球智能制造不断向纵深方向发展。食品加工制造业是制造业的重要组成部分,食品智能制造技术的研发应用将推动食品加工制造由机械化、自动化向智能化转型升级,进而降低生产成本、提高生产效率、提高产品质量,推动食品加工能源的高效利用,减少人为因素导致的食品安全风险。本节重点介绍了食品智能制造的发展概况,以及食品智能制造技术在粮食谷物、果蔬、畜禽肉和水产品加工领域的应用进展。

3.7.1　概述

智能制造是一个系统工程,其本质是将生产中的各个环节实现无人化的互联,形成以智能生产为主线、智能产品为主体、用户为中心的新的生产模式,通过大数据和人工智能的结合协调生产效率,改进企业管理绩效,增加经济收益。食品产业是国民经济发展的支柱产业之一。食品智能制造技术的研发应用,能够有效提升生产效率、提升能源利用率、降低运营成本、保障食品安全与品质稳定,将有效推动我国食品产业和国民经济高质量发展。食品智能制造关键技术包括智能装备、智能生产线、智能车间、智能工厂、智能管理系统和智能决策系统等,用于食品生产加工的智能装备和智能生产线有机组合形成智能车间,智能车间与智能管理系统、智能决策系统共同构成食品智能工厂,智能工厂是食品智能制造技术的终极目标和实现形式。

美国、德国和日本等发达国家在食品智能制造领域进行战略布局较早,食品智能制造技术和装备均处于全球领先地位,是全球食品智能制造技术的主要输出国,瑞士的 ABB 公司、德国的 KUKA 公司、日本的发那科和安川电机占据我国工业机器人 70%以上的市场份额。我国《智能制造工程实施指南(2016—2020 年)》将包括农产品智能拣选、分级成套装备,食品高黏度流体灌装智能成套装备,多功能聚对苯二甲酸乙二醇酯(PET)瓶饮料吹灌旋一体化智能成套设备,液态食品品质无损检测、高速无菌灌装成套设备在内的农业装备领域列为十大领域智能制造成套装备集成创新重点，凸显了食品智能制造的迫切性。

食品智能装备和智能生产线是食品智能制造的基础。畜禽屠宰分割自动化装备和生产线、食品自动灌装设备、自动称重包装装备、自动码垛机器人等的应用大幅提升了食品生产效率、节省了人工成本，同时也提高食品加工全过程的可控性、精准性，减少人工操作可能导致的二次污染，提升加工食品品质均一性和安全性。除了食品智能化装备和智能生产线的开发应用，食品生产过程的信息化管理和智能化决策也是食品智能制造的重要组成部分。将物联网技术、RFID 技术、生产加工全程监控系统、能源管控系统、智能仓储物流系统、企业管理系统等相融合，通过实施采集生产流程数据、监控设备运行状态等，实现订单生产、库存管理、采购管理、能源管理等生产全链条的自动化、信息化、数字化和智能化。

3.7.2 粮食谷物智能制造技术

粮食谷物加工是一个传统行业，在国民经济中占有举足轻重的地位。随着计算机、自动控制等技术在粮食谷物加工行业中的应用，粮食谷物加工普遍实现了自动化。粮食谷物加工自动化系统中，多采用 PLC 作为主控制器，控制方式、动力线和信号线都要集中到总控室，存在布线复杂、线缆成本增加、维护不方便等问题。在全球工业 4.0、智能制造的大环境下，传统粮食谷物加工亟待转型升级，由当前的生产自动化逐步向信息化、智能化发展是必然趋势。在粮食谷物加工中以互联网平台作为载体，将生产、销售、采购、决策、售后等各环节信息共享互联（邓遵义和王中营，2019），将多传感器信息融合、三维仿真场景再现、质量可追溯、设备信息管理、关键能量点精益控制等关键技术综合应用在一起，将使粮食加工技术逐步达到智能化的基本要求。

1. 在线检测技术

在线检测技术是粮食谷物加工业向自动化、智能化发展，实现少人或无人工厂的基本前提条件。安装在工艺流程关键点的在线检测装备能把检测到的物料特性数据直接反馈给控制系统，控制系统能自动地对加工工艺参数和设备的参数及工作状态进行调整，无须人工调节。而且在线检测技术使工艺和设备得以及时调节，使整个工艺流程和设备一直处于最佳状态，更有利于保证产品质量和生产的稳定。

2. 智能控制决策技术

当前粮食谷物加工厂普遍实现了自动化控制，但是还仅仅是实现了自动启动、停止设备，采集、显示一些生产信息和生产数据。设备的参数调整、工艺参数的调整还需要人工干预，没有真正实现对整个生产过程的自动化和智能化控制。智能工厂能够根据原料的不同、产品品种的不同自动调整工艺参数和工艺流程，能够根据在线采集原粮、中间物料和产品的特性参数变化，自动地对相关环节进行调整，以保证生产的稳定性和柔性化。这些功能的完成，都需要对在线采集的各种传感器信息进行处理，形成智能控制决策，来完成智能控制。

3. 多传感器信息融合技术

要实现粮食谷物加工的智能化，各种设备信息、生产数据和物料在线参数的获得要靠分布在粮食谷物加工车间的各种类型的传感器。因此，对连续监测各项指标的近红外仪及环境监测传感器的信息进行融合研究，形成所需要的智能决策依据是十分必要的。

4. 互联网+技术

搭建覆盖全厂的互联网网络平台，生产、销售、采购、决策、售后等部门通过互联网共享信息，如生产车间实现基于互联网的控制系统与设备远程诊断功能和基于 Web 浏览器与智能手机的监控功能，销售和采购部门实现网络管理等。

5. 三维仿真生产场景技术的应用

当前的工业控制组态画面大都是 2D 显示，存在视觉效果差、反映车间实际状况不够真实直观的缺点。采用三维仿真技术，可以从任何角度查看设备运行，创建丰富的、身临其境的三维效果，以显示设备现场和工厂的实时数据。基于三维特效的车间生产状况，无论是大屏幕展示还是网站浏览，都能带来震撼的用户体验。实时的三维立体效果既能实现复杂设备的全部细节显示及监控，也能实现丰富多样的动态特效。

6. 设备信息管理系统

粮食谷物加工厂设备数量多、管理困难、维护和运营成本高。构建粮食谷物加工设备信息管理系统，可以建立以预防性和预知性维修为主的设备管理体制，降低维修成本，实现设备安全长效运行的目的；建立企业信息知识库，将员工实践经验转化为企业知识库；帮助企业建立动态设备数据库，将设备、人员、项目、资金计划、合同、供货商等要素自动关联起来，形成一套规范的过程控制体系，自动实现设备全生命周期管理。

7. 能量精益控制技术

粮食谷物加工厂中磨粉机、高压风机、高方平筛等前处理设备是能耗关键点，在线精确采集每一个关键点的能耗，对每一个能耗关键点进行精细控制调节，使生产企业能够实时得到在线单位能耗数据，并能进行存储、比较分析，指导加工企业进行生产调整。

3.7.3 果蔬智能制造技术

智能制造是传统果蔬加工制造业转型升级的重要方向。得益于电子信息技术和计算机技术的快速进步，食品机械智能化得以发展，果蔬制造业呈现出明显的智能化升级趋势，生产方式逐渐由粗放式转向精细化，实现制造过程的自动化和智能化，生产效率显著提升。

果蔬智能制造，将实现生产过程动态优化、制造和管理信息的全程可视化，以及企业在资源配置、工艺优化、过程控制、产业链管理、节能减排及安全生产等方面的智能化，最终建立通信网络架构，实现工艺、生产、检验、物流等制造过程各环节之间，以及制造过程与数据采集和监控系统、生产执行系统、企业管理系统之间的信息互联互通。

果蔬智能制造涉及产品研发、生产制造、质量管控、终端销售等各个环节的智能化管理。娃哈哈集团在食品饮料生产过程采用智能制造技术，将自动化、数字化和智能化融为一体。智能制造主要体现为在线控制和智能物流管理两方面。在线控制方面，将在线传感器与企业管理系统深度融合，实现生产线的全程监测与调整优化，提升食品安全管控能力；智能物流管理方面，将物联网与智能机器人技术应用于整个物流管理系统中，从生产线自动接单、安排生产、自动传输、到产品入库管理及安排发货等各环节，均实现了智能物流机器人技术的应用。

天地一号苹果醋生产发酵系统是基于物联网技术的智能化系统，将发酵控制技术与信息系统有机结合。高度自动化的生产线以物联网技术为基础，结合智能传感器技术和无线通信技术，施行精制监测，生产工序则是由智能系统根据上传到计算机的数据进行复杂的操作来完成，员工的主要工作由生产转变为检查各种参数和对产品进行抽样检测。如在最关键的发酵车间内，口径不同的管道连接着数十个大型果醋发酵罐，计算机程序能够清楚显示果醋发酵系统的工作状态。果醋发酵系统可以检测和及时调控每一个发酵罐的温度。这一系统的应用不仅能够节省大量劳动力，还可以降低由手工操作造成的误差，使果醋发酵过程更为稳定，大大提高了果醋的产品质量（任毅和东童童，2015）。

3.7.4 畜禽肉类智能制造技术

1. 畜禽屠宰智能化技术和装备

屠宰机器人、屠宰自动化生产线等畜禽肉类智能化装备能够提升产品品质、保证屠宰分割产品的一致性、减少人工操作带来的二次污染，还能够执行人类无法完成的任务，如基于计算机视觉、红外检测等获取海量胴体品质数据并进行深度学习、实现产品在线、自动分割分级，经济效益和社会效益尤为显著。激光扫描技术、机器视觉定位技术、X 射线扫描技术、超声技术等是畜禽屠宰分割自动化、智能化的重要技术支撑。通过激光扫描、视觉定位、X 射线扫描采集畜禽胴体外形轮廓、不同部位肉轮廓、家禽膛口位置等信息，为机械手分割胴体、剔骨、摘取脏器提供指导。荷兰 Stork 公司、荷兰 MPS 公司、丹麦 SFK 公司是全球知名的畜禽屠宰智能化装备生产商。

1）生猪屠宰分割智能化装备

去毛、去除内脏、胴体分割是猪肉屠宰加工的主要步骤。目前，生猪去毛已实现人工辅助半自动化生产。荷兰 MPS 公司 Q-线 Tarzan 打毛机可基于生猪品种和大小对烫毛时间、烫毛温度进行柔性调整，每小时打毛能力最高可达 1 600 头。自动化去内脏是生猪屠宰自动化最难实现的一步。丹麦 SFK 公司 APE4 机器人能够在一个设备上完成切开胴体腹部、摘除内脏两项操作，实现了内脏的自动化去除，但该机器人对胴体长度有一定限制（Guire et al.，2010）。丹麦肉类研究所开发了基于视觉测量的自动除内脏机，通过视觉测量对不同胴体内脏位置进行定位，10s 内可完成内脏去除与设备清洗等操作，有效地减少了胴体携带病原菌和需氧菌的数量，较 APE4 机器人扩大了应用范围（Purnell，2012）。丹麦 SFK 公司生猪胴体自动分割机器人（APF7）采用三维成像技术采集胴体图像，通过图像处理和深度学习向机器人发出刀具分割指示，进而完成分割操作，该机器人可增加剔骨里脊肉的产量。澳大利亚 Linley Valley Fresh Pork 公司采用激光扫描系统实现对猪胴体的精准识别和自动分割。丹麦 SFK 公司生猪自动劈半锯机（APS65I）采用腹腔内导向和背部滚轮对生猪进行劈半操作，有效提升了劈半操作的精准度和产品的标准化（丛明 等，2013）。我国济宁兴隆食品机械制造有限公司采用双刀劈切技术、数控和机电仪一体化技术自主研发了我国第一台猪胴体自动劈半机（TZ-ZPB160），2015 年又推出第一台机器人劈半机，单机生产能力可达 450 头/h，劈偏率低于 3%。

2）其他畜禽屠宰分割智能化技术和装备

掏膛是实现家禽屠宰自动化、智能化的关键。荷兰 MEYN 公司、Marel Stork Poultry Processing 公司生产的自动掏膛装备产能高，每小时掏膛能力超过 10 000 只，但对内脏完整性无要求，在我国应用受到一定限制。吉林艾斯克机电股份有限公司（简称吉林艾斯克公司）自主开发的家禽自动掏膛成套装备，集自动切爪、切肛、扩肛、吸肺、绞嗉囊、转挂和掏膛于一体，产能与国外设备相近，且具有柔性，可基于家禽胴体大小对加工参数进行调整。自动化去骨机器人的研发应用可以满足不同客户对家禽胴体的分割要求。美国佐治亚理工学院研究所（Georgia Tech Research Institute）研发的切割剔骨机器人，由固定机械臂固定胴体，基于

3D 测量技术对鸡胴体形态进行分析并确定最适切割算法,由切割臂按照系统算法对鸡胴体进行精准切割剔骨。

目前,牛羊屠宰尚未完全实现自动化、智能化。从致昏到分割胴体的肉羊半自动化屠宰装备的应用,在减少人力成本、提高工作效率已具备一定优势;基于视觉成像的分割设备可以实现牛羊胴体及部位肉的自动精准分割。

3)智能化分级技术及装备

发达国家基于超声、激光扫描、机器视觉等技术,先后开发了多套畜禽在线分级装备。猪肉胴体分级由最初的探针式装置发展到如今的超声分级、影像分级装备。丹麦皇冠集团屠宰生产线配备在线超声扫描装置,可实现 127 个参数的自动检测,并基于肉的成分、瘦肉率、脂肪含量等对生猪胴体进行分级(张朝明 等,2019)。牛肉胴体分级装备以机器视觉和图像分析技术为支撑,通过对胴体或不同部位肉的肉色、脂肪色、大理石花纹等信息进行采集,实现牛肉品质分级。20 世纪 90 年代,美国农业部 RMS 公司开发的 VIAScan 应用于规模生产企业。丹麦 SFK 公司开发了基于多视角立体成像技术的 BCC-3 牛肉胴体自动化分级装备。羊胴体自动分级以电子探针为主,我国在图像识别羊胴体等级的基础上,采用气动道岔、自动传感和自动控制系统实现不同等级羊胴体进入指定轨道,分级能力为 1000~2000 只/班(郭楠 等,2017)。荷兰 MEYN 公司研发的家禽视觉分级设备,以家禽胴体腹部和背部颜色为分级标准,具有分辨率高、分级速度快等优点。该设备与分割剔骨生产线集成,可实现家禽屠宰分级分割的全自动化作业(杨璐 等,2019)。我国基于近红外、高光谱成像等原理的智能化分级技术也在不断研究推进中,目前仍以实验研究为主,在实际生产中的应用还需要数据模型优化、在线分级设备研发等环节。

4)屠宰智能化平台

采用数据采集传感器或芯片,对畜禽屠宰车间设备、工艺参数及畜禽产品信息进行实时采集、监控、追溯与分析,及时发现设备运行故障及不合格屠宰分割产品,以实现屠宰加工过程的智能化控制。基于 RFID 的畜禽屠宰可追溯系统可以实现从养殖到屠宰加工产品全过程信息的追溯。近场通信(near field communication,NFC)以其设计简单、短距离传输和保密性强等优点也开始在畜禽肉追溯系统中应用,受较高价格限制,应用较少(黄胜海 等,2018)。吉林艾斯克公司采用数据链管理模式,将家禽屠宰车间各项设备运行参数通过远程控制方式进行云存储、云计算,在监控中心实现参数的统计分析与故障诊断,实现设备的远程培训与维修,降低维护成本(张奎彪,2016)。

2. 肉类加工智能化技术和装备

基于拉曼光谱、多光谱成像的便携式鲜冻畜禽肉品质无损检测设备可用于肉制品加工原料肉的质量把控。肉制品加工物料的自动化输送节省了人工成本、提高了肉制品的安全性，智能化烟熏炉可实现肉制品熏制过程的实时数据监控和分析，有效提升烟熏肉制品品质。周黑鸭国际控股有限公司的现代化生产中心引进微波解冻隧道、RFID 智能分选生产线、螺旋冷却隧道、蜘蛛手、码垛机等卤鸭自动智能化生产线，实现肉制品原料和成品的自动传送、产品批次信息采集、生产设备自动清洗、产品自动包装，生产能力较传统生产线提升 400%（工业和信息化部消费品工业司，2019）。

除了肉制品加工过程的智能化外，以个性化需求为导向的新型肉制品智能制造也是未来的发展方向。Lipton 等（2010）将火鸡肉泥中添加转谷氨酰胺酶，并采用 3D 打印技术打印各种形状的肉饼，经加热后成型完好，为 3D 制造肉制品提供了可能。可以预见，具有独特营养组成、色泽、口感和风味的新型打印肉制品将不断推出。生物培育肉大多结构松散，将生物培育肉和食品交联剂混合再经 3D 打印可赋予其致密而又富有弹性的结构。该技术还可以实现对肉质颗粒度、坚韧度的编程控制，使其与真实肌肉组织感官更为相近（Gunther et al.，2014）。

3.7.5　水产品智能制造技术

鱼、虾、蟹、贝等水产品品种繁多，加工尤其是前处理工序也较为复杂，如鱼去头、去鳞、去皮、去刺，鱼肉切割，虾去壳，贝开壳、采肉等。采用人工操作加工效率低，水产品品质也较难保障，再加上日益增加的劳动力成本，水产品加工企业对水产品前处理机械化、智能化技术和装备的需求也越发迫切。

欧美、日韩等国家水产品智能装备和生产线加工精度高，自动化、智能化水平国际领先。德国 Baader 公司致力于中大型鱼类加工智能装备研发，鳕鱼去皮机、Baader136 鳟鱼去骨机、三文鱼加工全自动生产线自动化程度高、产品质量和利用率高。冰岛 Marel 公司开发了一款 FleXicut 高级鱼片加工系统（图 3-18），集高精度 X 光鱼骨检测和水刀智能切割于一体。该系统具备柔性加工的特点，Innova 质量控制软件基于在线视觉技术可发现待切割鱼片表面杂质并去除；X 光鱼骨检测装置可根据每个鱼片鱼骨的位置自动找到最佳切割样式，鱼骨定位精准度可达 0.2mm；水刀根据选定的切割样式和鱼骨位置对鱼骨进行 V 形切割，鱼骨在鱼肉中占比控制在 4%～6%，远低于人工去骨；FleXiSort 产品分配系统可将分割的鱼片按不同部位自动分配到适合的包装线，实现鱼片智能柔性分割，极大提升了鱼肉利用率和生产效率，同时也减少了对熟练分割工人的需求。瑞典 ARENCO 公司开发了自动化去鳞、去头尾、去脏、去背鳍的鱼类加工生产线。美国 Gregor Jonsson 公司对虾剥壳智能化装备实现断尾壳、开背、开肠线、壳肉分离的自动化。日本基于过热蒸汽原理开发了扇贝自动加工设备，该设备通过蒸汽加热使贝壳张开，再用真空装置将周边脏器去除，既提升了去壳速率，又保证了扇贝的质量和品质。丹麦企业成功开发了一种压力过热蒸汽流化床干燥系统，其易于快速去除内部水分，具有节能、干燥时间短和对环境无污染等优点，在实现藻类干燥自动化的同时，提升了干燥藻类产品的复水性（洪凯，2012）。

图 3-18　冰岛 Marel 公司 FleXicut 高级鱼片加工系统

　　目前，国内在海洋食品加工装备研究方面取得了一些阶段性成果，仍以机械化为主。冷冻鱼糜加工及鱼糜制品加工生产线、全自动烤紫菜加工设备（图 3-19）、调味紫菜加工生产线、烤鳗加工生产线、鱼粉加工生产线等，已基本实现国产化，且装备性能逐年提升；加工原料清洗机械、鱼糜加工成套设备、烤鱼片加工设备、鱿鱼丝加工设备、调味紫菜加工设备等，设备性能达到或接近世界先进水平。尤其是通过对冷冻鱼糜加工及鱼糜制品生产线的关键设备进行组合和升级，完成了冷冻鱼糜生产模块化设计，创新开发了冷冻鱼糜加工组合式生产工艺技术、多级回收系统、鱼糜加工温升控制技术，提高了鱼糜加工装备的适应性、鱼糜产品品质、得率、投入产出比（欧阳杰 等，2017）。我国水产品智能化装备和生产线仍以引进国际先进生产线为主。国联水产黄坡智能化对虾加工厂引进美国自动剥虾系统及剥虾设备、瑞典流态化单冻机、荷兰低温蒸煮机、荷兰自动裹粉油炸生产线等智能化装备和生产线，建立生产控制中心，通过智能化设备和高度集成系统对车间生产实现视频监控及数据监控，实现生产过程的智能管理和决策，通过引进码垛机器人、立体中控冷库、视觉识别机器人等，智能化自动完成包装、检测、装箱等系列工作。

图 3-19　瑞雪海洋全自动烤紫菜加工设备

第4章

食品加工副产物的生态加工

4.1　食品加工副产物

　　食品加工副产物在食品加工中不可避免，如麸皮、谷壳、果皮果渣、动物骨血、虾壳等。食品加工副产物量大、富含多种营养物质，如果得不到有效利用，不仅浪费了宝贵的食物资源，随意堆弃还会污染环境，甚至可能因疫病传播等危及人类健康，不利于全链条食品生态加工的推进。本节重点概述粮食谷物、果蔬、畜禽和水产品加工中产生的加工副产物及其利用价值，为食品加工副产物生态加工技术研发应用提供指导。

4.1.1　概述

1. 粮食谷物加工副产物

　　粮食安全是国家安全战略的重要组成部分，粮食谷物在加工环节产生的损失和浪费已成为目前保障粮食安全必须克服的现实问题。粮食谷物在精深加工、提升附加值的过程中，产生大量加工副产物，每年产生的粮食谷物加工副产物占当年粮食谷物产量的 1/7～1/5，且呈逐年递增趋势。粮食谷物加工副产物种类繁多，主要的粮食谷物加工副产物及功能性成分见表 4-1（刘晓庚 等，2004a，2004b）。

表 4-1　主要粮食谷物加工副产物及功能性成分

粮食谷物	副产物	主要功能性成分
稻谷	稻壳米糠	纤维素、膳食纤维、淀粉、低聚糖、蛋白质、氨基酸、核酸、多肽、多酚、B族维生素、生物素、黄酮类物质、甾醇、脂质、矿物质和谷物素等
	米糠油	饱和与不饱和脂肪酸及衍生物、胡萝卜素、甾醇、维生素、谷维素、萜烯、磷脂、阿魏酸及衍生物等
	糠蜡	二十八烷醇、三十烷醇、高级脂肪醇、脂肪酸等
	胚芽	谷胱甘肽、二十八烷醇、膳食纤维、低聚糖、活性蛋白质、氨基酸、多肽、多酚、维生素E、生物素、黄酮类物质、饱和与不饱和脂肪酸、矿物质、胡萝卜素等

续表

粮食谷物	副产物	主要功能性成分
小麦	麸皮麦壳	纤维素、膳食纤维、低聚糖、活性蛋白质、氨基酸、多肽、多酚、维生素、生物素、黄酮类物质、脂质、矿物质等
	胚芽	膳食纤维、多糖、低聚糖、活性蛋白质、氨基酸、多肽、多酚、维生素 E、生物素、黄酮类物质、饱和与不饱和脂肪酸、矿物质、胡萝卜素等
玉米	玉米芯	膳食纤维、多糖、低聚糖、活性蛋白质、核酸、氨基酸、多肽、多酚、生物素、黄酮类物质、矿物质等
	玉米皮	纤维素、膳食纤维、低聚糖、色素、活性蛋白质、氨基酸、多肽、多酚、维生素、生物素、黄酮类物质、矿物质等

1) 稻谷加工副产物

稻谷加工过程中约产生 20% 的稻壳、15% 的碎米和 10% 的米糠等副产物。

稻壳富含 50% 以上的纤维素和木质素、18%～20% 的灰分和 14%～16% 的二氧化硅，可用作燃料或吸附活性炭、石墨烯纳米片等工业材料；稻壳中的戊聚糖经水解可生产木糖、木糖醇和糠醛等物质。碎米是稻谷在脱壳、碾米等机械加工过程中产生的 10%～15% 的破碎米粒，包含皮层、胚乳和胚 3 个部分。米糠是把糙米轧制成精白米时产生的种皮、外胚乳、糊粉层和胚等的混合物。米糠集中了约 64% 的稻谷营养素，含有蛋白质、脂肪、多糖、维生素、矿物质等营养物质，以及谷胱甘肽、生育酚、生育三烯酚、谷维醇、28 碳烷醇、角鲨烯、神经酰胺、植酸等多种生理活性物质。表 4-2 中列出了目前米糠中较为重要的几种营养物质的功能及应用（李楠楠 等，2017）。米糠不含胆固醇，其所含脂肪为不饱和脂肪酸，必需脂肪酸含量达 47%，含有 70 多种抗氧化成分。米糠必需氨基酸组成与 FAO/WHO 所列出的蛋白质氨基酸组成的理想模式基本一致。

表 4-2　米糠中几种营养物质的功能及应用

营养物质	占比/%	提取方法	功能	应用
油脂	18～22	压榨法、浸出法、流体萃取法、水酶法等	提高免疫力、降低胆固醇、调节血脂、防止动脉硬化	食品、化妆、工业和医药等行业
膳食纤维	16～31	化学法、酶解法、化学-酶解法、膜分离法等	降血压、降血脂、减肥	焙烤制品、饮料制品、肉制品
蛋白质	14～16	碱法、酶解法等	赖氨酸含量高，具有较高营养价值	功能肽、营养补充剂、食品添加剂
植酸	4～6	沉淀法、离子交换法、微波辅助法、超声波辅助法等	防腐、抑菌	食品添加剂

2）小麦加工副产物

小麦制粉时，约 75% 的小麦加工成面粉，其余的 25% 以加工副产物的形式存在，其中包括 20% 的麸皮、5% 的次粉和 0.2% 的胚芽，同时还有大量的谷朊蛋白（孙婷 等，2019）。麸皮是小麦制成粉时的皮屑，是小麦面粉厂的主要加工副产品，仅我国年产量便达 2000 万 t。麸皮由小麦的果皮、种皮、糊粉层、少量胚和胚乳组成，富含膳食纤维、低聚糖、蛋白、多糖、酶类物质、阿魏酸等生物活性物质。次粉也称尾粉，由外层胚乳、糊粉层和少量皮层及麦胚组成，含有丰富的淀粉、蛋白质、戊聚糖、矿物质、维生素和酶类，营养价值较高。小麦胚芽虽仅占麦粒质量的 2%，但营养却为整个麦粒的 97%，是面粉的 4 倍、鸡蛋的 2 倍；含有人体必需的 8 种氨基酸及一般谷物中短缺的赖氨酸（每 100g 小麦胚芽约含赖氨酸 205mg，是鸡蛋的 1.5 倍）。其氨基酸的构成比例与 FAO/WHO 颁布的模式值及大豆、牛肉、鸡蛋的氨基酸构成比例基本接近。此外，占胚芽质量 10% 左右的小麦胚芽油，其主要成分是亚油酸（约 50%）、油酸和亚麻酸等不饱和脂肪酸，同时还富含维生素 E、谷胱甘肽、麦胚凝集素、维生素 B 族等。小麦谷朊蛋白也称面筋蛋白，是小麦淀粉加工的副产物，蛋白质含量高达 70%，是一种良好的植物性蛋白来源。

3）玉米加工副产物

玉米加工副产物主要包括玉米芯、玉米皮、玉米胚芽、玉米须和玉米秸秆。

玉米芯也称玉米轴，是玉米加工过程中的主要副产物，年产量约 1 亿 t，可用于生产木糖、木糖醇、低聚木糖、糠醛、乳酸和纳米粒子等一系列高附加值产品，还可用作农作物栽培基料、饲料预混料载体、兽药载体等。我国玉米芯年产量约 1 亿 t，但利用率仅为 10%～15%，大部分作为能源燃料燃烧或廉价出售后回田沤肥。玉米皮是玉米淀粉生产和加工的副产物，占原料的 30% 左右。玉米皮主要成分中膳食纤维含量最高，还含有玉米醇溶蛋白、玉米黄色素、阿魏酸、活性肽、活性多糖、肌醇、低聚糖等。玉米胚芽是玉米籽粒的重要组成部分，其油脂含量高达 35%～55%，占玉米脂肪总量的 80% 以上。此外，玉米胚芽富含蛋白质、γ-氨基丁酸、还原型谷胱甘肽、植物甾醇等成分，氨基酸评分在常用谷物中最高（表 4-3）。玉米须是禾本科玉蜀黍属植物玉米的花柱和柱头，含有粗纤维、粗蛋白、多糖和粗脂肪等物质，同时还含少量的黄酮及其苷类、生物碱、有机酸、甾醇、挥发油。玉米秸秆主要由糖、蛋白质、脂肪、矿物质等组成，其中干物质为 91.3%。在干物质组分中，粗蛋白为 1.2%，粗纤维为 23.9%，无氮浸出物为 49.1%，灰分为 7.9%，钙为 0.3%，磷为 0.23%。

表 4-3　常用谷物蛋白的氨基酸评分

谷物	第一限制氨基酸	第二限制氨基酸
小麦强力粉	36（赖氨酸）	81（苏氨酸）
精白粉	61（赖氨酸）	—
黑麦粉	64（赖氨酸）	95（亮氨酸）
燕麦粉	72（赖氨酸）	95（苏氨酸）
玉米胚芽蛋白	81（异亮氨酸）	97（色氨酸）

2. 果蔬加工副产物

新鲜果蔬储运及果蔬产品加工中，因原料的品级、部位、比例不同，会产生部分废弃残次原料及果皮、果核、果汁、花、籽、根茎等加工下脚料。果蔬产品原料不同，损失率也存在差异。以加工果蔬汁为例，苹果损失率为 20%～25%，柑橘为 50%～55%，葡萄为 30%～32%，菠萝为 50%～60%，西番莲为 50%～66%，香蕉为 30%～45%，番茄为 10%，胡萝卜为 40%，青豌豆为 60%，芦笋为 28%（王向东，2007）。我国每年会产生数亿吨的果蔬加工副产物。

果蔬加工副产物富含蛋白质、氨基酸、膳食纤维、酚类物质、果胶等营养成分。柑橘、柠檬、苹果、葡萄等果皮中果胶资源丰富，可用于食品胶质的提取；果皮中还含有丰富的类黄酮、类胡萝卜素、花青素类化合物，既是天然食用色素的重要来源，还具有抗氧化、抗癌作用；柠檬皮、橙皮等果皮中含有一定量的精油；柠檬、葡萄、苹果等含酸量高的果蔬，其未成熟的落果及残次果可用于制备果酸；桃仁、杏仁、核仁、葡萄种子等含油量高，可作为植物油脂的来源；核果类果实的种壳组织坚硬致密，是制备活性炭的重要原料。此外，柑橘类的橘皮和橘络中含有的橘皮苷等糖苷类物质，菠萝果心、果根、外皮残渣中提取的蛋白酶（夏文水，2018），可用于食品加工；莲藕藕节、藕皮中含有的可溶性膳食纤维可用作营养补充剂（赵春梅 等，2012）。

3. 畜禽加工副产物

畜禽加工副产物主要是畜禽屠宰、加工后所得的食用和非食用副产品，包括内脏、脂、血液、骨、皮、头、蹄（或爪）、尾等。畜禽种类不同，宰后家畜副产物占其活体重或胴体重的比例存在较大差异。一般产净肉量大的家畜，宰后副产物占其活体重或胴体重的比例相对较小。猪的屠宰率为 70%～80%，猪骨占活体的比例为 15%左右，采血量在 3%左右，猪皮率在 10%左右、内脏占 18%左右（谭红和吴买生，2019）。牛的屠宰率为 50%～58%，骨约占 13.5%，头蹄尾约占 5.5%，脏器约占 9.1%，血约占 4.2%，皮约占 10.7%（郭兆斌和余群力，2011）。羊的屠宰率为 50%，其中肉骨比为 3.5，血液占活体 3.0%、皮占活体 6.3%、内脏占活体 12.5%。成年家禽血液占禽胴体总重量的 7.5%，皮占 7%~10%，头约占 2%（Gál et al.，2020），骨架占 20%~25%，内脏占 2%~3%（余锦春，1991）。因家畜家禽的品种、年龄等不同，副产物占其活体重或胴体重的比例也存在较大差异。贵州白山羊屠宰率约为 47%，肉骨比约为 4.7（钱成 等，2015）；小尾寒羊屠宰率约为 51%，肉骨比约为 3.5（权凯 等，2019）；丹巴黄羊公羊、母羊屠宰率分别为 45%、39%，肉骨比分别为 2.89、2.86；贾洛羊，12 月、24 月龄羊的屠宰率约为 34%、47%，肉骨比约为 2.6、3.2，血液占总重的 3.6%、3.0%，皮约占总重的 6.9%、6.3%，内脏约占总重的 13.7%、12.5%（陈勇 等，2017）。

畜禽屠宰加工副产物营养丰富，骨、血、肝、肺、肾、脑、脾、皮毛等产物含有较高的蛋白质、多种氨基酸、钙、镁、铁、辅酶 Q10（维生素）、牛磺酸、肌肽和肌酸等营养物质，在食品、医药、农业领域有着广泛的用途，可用于制备营养保健品、营养方便食品、食品添加剂等。骨副产物含有 200 万 t 的优质蛋白，足够满足 8 000 万人对蛋白质的年需求，还含有胶原蛋白、多肽、多种氨基酸及磷、钙、镁、铁等营养功能性物质。血液中蛋白质含量高达 17%~20%，含人体所需的 8 种必需氨基酸，是一种优质蛋白质。血液中还含有多种微量元素、维生素和矿物质等营养物质，以及免疫球蛋白、超氧化物歧化酶和凝血酶等生物活性物质，具有很高的营养价值和医用价值。皮中含有丰富的胶原蛋白，而肠道等器官和腺体如肾上腺、甲状旁腺、垂体、甲状腺、卵巢、胰腺和睾丸可用于产生肾上腺素、雌激素、胰岛素、甲状旁腺激素、促肾上腺皮质激素、促生长激素、促甲状腺激素、睾酮和促甲状腺激素等。

4. 水产品加工副产物

全球水产品资源极为丰富，仅我国便有 3 000 多种鱼类、300 多种虾类、600 多种蟹类、700 多种贝类、90 多种头足类、1 000 多种藻类。水产品加工过程产生大量加工副产物，约占水产品总产量的一半。

鱼类加工副产物包括鱼头、鱼鳍、鱼尾、鱼排骨、鱼皮、鱼鳞、内脏、鱼血等，占原料鱼体质量的 45%~60%。鱼皮、鱼鳞中含有丰富的胶原蛋白和鱼明胶，鱼碎肉、鱼排、鱼头和内脏中含有蛋白质、鱼油、活性肽等生物活性物质。内脏中富含油脂和蛋白酶、超氧化物歧化酶、胆碱酯酶、酸（碱）性磷酸酶等。鱼骨中钙含量高达 30%左右，是非常好的钙源，可制成易于被人体吸收的活性钙制剂。鱼眼中含透明质酸，可用作制备天然透明质酸的原料。鱼血中含有超氧化物歧化酶、血红蛋白等。

虾类加工副产物有虾头、虾壳、虾尾等，其中虾头占体重的 35%~45%。蟹类加工产生的副产物主要是蟹壳、蟹小脚和蟹身。贝类加工副产物主要包括贝壳、中肠腺软体组织、裙边肉、汤汁、内脏等。废弃虾蟹壳是生产甲壳素、壳聚糖、虾青素的重要原料。虾头中含有丰富的不饱和脂质。虾蟹贝类副产物富含蛋白质、不饱和脂肪酸、多糖、维生素、氨基酸、矿物质等营养成分，具有重要的生理活性。

鱿鱼等软体动物加工过程中产生皮、内脏、鱼眼、墨汁、精卵巢、软骨等副产物，约占鱿鱼体重的 20%。内脏营养丰富，每 100g 鱿鱼内脏中含脂肪 21.15g、蛋白质 21.24g、钙 51.46mg、铁 609.07μg 和磷 95.88μg，内脏油脂脂肪酸中含有 10.58%的二十碳五烯酸（EPA）和 15.23%的二十二碳六烯酸（DHA），另有丰富的糖蛋白。软骨占体重的 1%，主要是酸性黏多糖和胶原蛋白（于丁一 等，2019）。鱿鱼皮富含胶原蛋白；鱿鱼墨主要含有黑色素、岩藻糖；鱿鱼鱼精蛋白具有抗菌、抗疲劳、抗氧化、抗凝、强肝等功能。

4.1.2　食品加工副产物对生态的影响

1. 浪费资源

食物是人类赖以生存的必要条件，由于世界人口的迅速增长和食用资源的日益短缺，人类为了获取充足的资源，必须开发新的食物资源。全球食用农产品生产和加工过程中产生的副产物资源十分丰富，据统计，欧盟农产品加工副产物总量约 1 600 万 t，其中德国 300 万 t、英国 260 万 t、意大利 190 万 t、法国 180 万 t、西班牙 160 万 t。食品加工副产物中含有丰富的碳水化合物、蛋白质、脂肪和其他生物活性物质，将其充分开发利用可以为人类直接或间接提供优质蛋白质等营养资源。副产物综合利用一直是可持续发展关注的问题。发达国家稻谷加工副产物综合利用率普遍达 90%以上，日本米糠综合利用率接近 100%，但我国碎米利用率约 16%，米糠利用率不足 10%，稻壳利用率不足 5%。我国畜禽屠宰加工综合利用率畜类为 29.9%、禽类为 59.4%。食品加工副产物资源利用率不高或利用不足造成食物资源的极大浪费（郑立友 等，2016）。

2. 污染环境

农产品和食品加工副产物的随意排放及粗放、低值化利用，严重影响了全球生态安全和可持续发展。受食品加工副产物收集储运难、投入产出比不高限制，不少小微企业选择将果渣果皮菜帮、畜禽骨和内脏、鱼骨鱼鳞和内脏等随意堆弃或者将麸皮、稻壳等直接焚烧。加工副产物营养物质丰富，随意堆弃极易导致微生物滋生、副产物腐败变质、产生异味，甚至污染土壤和地下水。畜禽屠宰废水主要由脂肪、血液、蛋白质等构成（王守伟 等，2018），屠宰一头猪、牛、羊的废水中 BOD_5、COD_{Cr}（以重铬酸钾计）、$NH_3\text{-}N$ 分别排放 694t、1156t、58t，污染物的平均浓度超出《肉类加工工业水污染物排放标准》排放标准限值的几倍到几十倍（王程程 等，2018）。由于技术、宗教等方面的原因，血液作为废弃物的排放量相对较大，不仅会产生明显恶臭味，随意排放还会造成河流、湖泊、海洋等水体的污染。麸皮、稻壳等随意焚烧产生的气体对大气造成污染。

除了食品加工副产物的随意排放，采用传统提取制备技术对食品加工副产物进行再利用，也会带来能源的高消耗和环境污染。比如，利用果皮菜帮提取果胶、利用畜禽骨提取胶原蛋白等均会消耗大量的酸液、碱液，不仅造成水资源的大量消耗，加工废水的排放也面临极大的环保压力；畜禽骨生产骨素过程中，抽提和浓缩环节的耗能量大，生产 1t 骨素消耗的煤、电力、蒸汽等能源成本超过 2000 元。

3. 影响人类健康

食品加工副产物中含有大量的蛋白质、脂质、碳水化合物等有机质，易导致大量细菌滋生污染周边环境，还可能导致寄生虫大量繁殖，甚至动物疫病的传播。水产品养殖环境的污染使水产品寄生虫和微生物繁殖，人若食用了未加热熟透的水产品，易引发食源性疾病。饲料是食品加工副产物利用的初级形式，若食品加工副产物中含有因环境污染或疫病导致的病毒，其加工而成的饲料会增加动物疫病的发生和流行风险，部分疫情甚至会出现人畜传染，对人体的健康造成威胁。欧洲暴发的人畜共患病牛海绵状脑病（疯牛病）就是牛吃了被朊病毒感染的牛内脏和骨制成的饲料导致的。我国曾暴发的猪高热病有可能是使用同源性动物饲料导致的（耿春银和杨连玉，2007）。我国研究学者发现，暴发非洲猪瘟的 Pig/HLJ/18 株完整基因组与饲料血粉样品中污染的非洲猪瘟病毒（DB/SY/18 株）基因组序列完全相同，说明猪血粉作为饲料存在传播非洲猪瘟病毒的风险（Wen et al.，2019）。

此外，食品加工副产物中富含的类黄酮类、不饱和脂肪酸、酸性黏多糖（软骨素）、活性肽等生物活性物质，具有抗氧化、抗癌、抗衰老、降血糖等营养健康特性。食品加工副产物利用粗放、不充分，导致营养功能性活性成分提取率低、提取品质差，难以发挥促进人体营养健康的作用。

4.2　食品加工副产物的生态加工技术

食品加工副产物的综合利用能够有效提升食物资源的利用率，同时也减少了对环境的污染、更好地促进人类营养与健康。但是，传统综合利用技术（如酸提取、碱提取）仍存在高能耗、高污染等弊端。可持续发展背景下，全球各国纷纷意识到基于生态加工理念的食品加工副产物综合利用的重要性。本节提出食品加工副产物生态加工的内涵，重点概述粮食谷物、果蔬、畜禽和水产品加工副产物可应用的关键生态加工技术和衍生产品，以期实现食品加工副产物的高效、绿色、健康利用。

4.2.1　概述

全球资源短缺、环境污染、生态失衡问题越发紧迫，人们对食品加工副产物全值利用、循环利用的需求显得尤为强烈。传统食品加工副产物综合利用技术仅强调对副产物的利用，但对各种综合利用技术节能减排效果、提取产品品质和提取效能的关注较少，导致在实现加工副产物综合利用的同时，也带来了进一步的能源消耗和污染物排放。

食品加工副产物生态加工是食品生态加工的重要组成部分，其目的是将食品加工副产物中具备食品特性的营养功能成分通过物理、生物等生态手段加以高效提取和制备，进一步提升提取和制备产物的品质，最大限度地减少加工过程中的能耗和排放，以实现食品加工副产物中食品营养成分的高值化利用、绿色化加工和健康化开发。食品加工副产物中蛋白质、脂肪、微量物质、酶、激素等含量丰富，但在副产物中的成分较复杂，融合生物靶向酶解技术、酶解-膜分离耦合技术、功能性物质提取技术、热反应技术、微生物发酵技术等，精细化提取生物活性物质、量化产品功能特性，将有效提升食品加工副产物的高值化利用水平、更好地促进人体营养与健康。采用物理、生物技术手段对食品加工副产物中的有效成分进行高效提取分离，既能减少化学方式对生物活性物质品质的影响，还能减少能源的消耗、废水废气的排放，推动低能耗、低排放绿色目标的实现。

随着科学技术的进步，蒸汽爆破技术、超微粉碎技术、酶工程技术、发酵技术、细胞工程、精准提取技术、高效分离技术、微生物基因组分子改造技术、超临界流体萃取技术、膜分离技术等多学科高新技术的融合应用，将推动食品加工副产物生态加工技术不断创新应用。

4.2.2　粮食谷物加工副产物的生态加工技术

1. 概述

粮食谷物加工副产物通过采用各种生态加工技术进行高效提取制备，可以得到种类繁多、高附加值的衍生产品。稻米加工副产物中，稻壳可制备木糖、木糖醇，米糠可制备米糠油、米糠多糖、米糠蛋白、米糠膳食纤维。小麦加工副产物中，小麦麸皮可制备小麦麸皮膳食纤维、低聚糖、蛋白、多糖、β-淀粉酶、植酸酶、阿魏酸等食品功能性原料；小麦淀粉加工副产品谷朊蛋白经物理、酶法改性得到具有不同功能特性和营养特性的专用功能性谷朊粉蛋白系列产品，广泛应用于面制品、肉制品等食品品质改良及特殊食品营养功能品质提升等。玉米芯可提取膳食纤维、功能性低聚糖，玉米胚可制备玉米胚芽油等。

粮食谷物加工副产物生态加工技术因粮食谷物加工副产物种类和获取的功能物质而异。利用超临界萃取技术、酶工程技术等，可以从米糠、玉米胚芽中提取得到富含不饱和脂肪酸的功能性油脂米糠油、玉米胚芽油。利用酶工程技术和生物发酵技术，能够从米糠、小麦麸皮、玉米皮中提取得到可溶性膳食纤维、功能性低聚糖。利用超微粉碎技术、挤压膨化技术、超高压技术、超声波技术等物理手段对粮食谷物加工副产物进行预处理，有效提升副产物中功能性成分的提取效率，最大限度地保留功能性成分的生理活性。利用纳米技术将副产物中的淀粉、玉米醇溶蛋白、木质素与抗氧化物质进行高效组装，制备生物可降解膜、纳米粒子以提升食品品质。

2. 关键技术

粮食谷物加工副产物生态加工技术主要包括功能油脂生态提取技术、酶解生态加工技术、发酵生态加工技术、物理生态加工技术，以及近年来与纳米科学相结合的交叉领域——生态纳米加工技术。

1）功能油脂生态提取技术

功能性油脂是为人类营养、健康所需要，并对人体的健康有促进作用的一大类脂溶性物质，既包括甘油三酯，也包括油溶性营养素（如维生素 E、磷脂、甾醇等类脂物）。功能性油脂具有降血脂、抗衰老、改善心肌功能、提高运动耐力的作用。米糠、玉米胚芽中富含功能性油脂。粮食谷物副产物油脂提取技术中，机械压榨法出油率偏低、米糠饼残油量较高，溶剂浸出法废弃物处理成本高、易存在有机溶剂残留，流体萃取和酶催化提油有望成为油脂生态提取技术。

（1）流体萃取法。目前应用较为广泛的是亚临界流体萃取法，其是一种利用亚临界流体作为溶媒介质，在常温气态条件下，于密封压力萃取釜中将溶媒介质与油料相互渗透，因相似相溶机理使油脂溶解于溶媒中，进而通过压力变换使油脂与溶媒分离的技术。利用该法提取的油脂可最大限度地保留原料营养成分和活性物质。最具代表性的是超临界 CO_2 流体萃取技术，其是以超临界状态的 CO_2 作为萃取溶剂，通过与物料的相互作用，将油脂从物料中萃取出来，再通过一定的压力、温度等条件将溶剂气化回收，从而达到油脂与物料分离的目的。该法所用溶剂为 CO_2，无色、无味、无毒害，回收后可循环利用，是当下倡导绿色生产的一大亮点。该法绿色环保、产出油脂品质高，已在很多精油类、特色油脂类（如山茶油）等脂溶性成分提取中应用。

（2）酶催化提油法。酶催化提油技术是指在机械破碎的基础上，采用对植物油料细胞壁和脂蛋白、脂多糖等复合体有降解作用的酶处理原料，通过酶对细胞壁结构、脂蛋白和脂多糖的破坏作用，使油脂从油料中游离出来的提油技术。酶作用能够破坏包裹于油脂表面的脂蛋白膜，降低乳状液的稳定性，达到提高出油率的目的。该技术还具有保护油脂、蛋白质、胶质等成分品质的作用。酶催化浸出工艺几乎可有效地从米糠中获取全部油脂，油脂质量优异、蛋白质含量高、灰分和纤维含量低，残粕可作为家畜饲料或其他食品用（林亲录 等，2015）。浸出工艺包括：米糠的预处理，米糠磨成 20 目粉状，通过水热法钝化脂肪酶的活性（与水混合，95℃加热 15min）或蒸炒法浸出脂肪酶（120℃蒸炒 1min）；预处理米糠冷却，用盐酸将水和米糠混合物的 pH 调至 4.5，加入果胶和纤维素酶，在指定温度下进行酶催化反应；油和其他组分的收集，限定催化反应后，提高米糠-水混合物温度，维持 80℃、5min 以破坏酶的活性，加入浸提剂浸出油脂。水酶催化浸出工艺取决于温度、酶反应时间、酶用量、米糠浓度、溶剂用量等。

2）酶解生态加工技术

粮食酶解加工法是指在提取过程中添加特定酶类，从而得到粮食中功能物质的一种方法。目前该法已广泛用于米糠、小麦麸皮、谷朊蛋白、玉米皮、豆皮等粮食副产物中膳食纤维、生物活性肽、糖类等功能物质的提取，其中膳食纤维功能食品的生产最具代表性。传统化学或物理制备过程虽然高效，但存在低 pH、酸腐蚀且须中和及去除过程中产生大量废物的缺点，更为重要的是提取出的膳食纤维只有一部分在上消化道内可被吸收，而酶法制备的条件可模拟消化系统中的条件，提取的膳食纤维吸收利用率更高。但几乎所有的酶法提取都需要较长时间和较高温度。因此，将酶提取技术与其他技术结合是未来生态加工的方向，可提升膳食纤维的产量和功能。

（1）复合酶解法。复合酶解法是指以米糠为原料经清洗去除杂质，将纤维素酶、α-淀粉酶、糖化酶和蛋白酶等以适当比例混合，在适宜的浸泡温度和反应时间下进行酶解。将滤渣经清水洗涤至中性后，收集、清洗滤渣，烘干冷却至室温，即得到米糠膳食纤维成品。工艺条件为：先添加 4%的纤维素酶，45℃和 pH 5.5 条件下，酶解 1.5h 后，再添加 6.0%的木瓜蛋白酶，60℃水浴条件下酶解 30min。该工艺条件下水溶性膳食纤维得率为 16.32%。由于多种酶的协同作用，复合酶解法能够更好地起到酶解效果，能够显著提高不溶性膳食纤维的提取率。

（2）化学试剂辅助酶解法。化学试剂辅助酶解法是指采用α-淀粉酶和蛋白酶等水解米糠原料，除去其中的蛋白质和淀粉，然后用一定浓度的氢氧化钠溶液浸提，从而制备纯度较高的膳食纤维的一类方法。该法得到的膳食纤维纯度要比单纯用酶法提取的纯度高很多。一般工艺流程为：脱脂米糠→粉碎→浸泡→加酶水解→沉淀、过滤→碱液浸泡→漂洗、除杂→粉碎精制→脱水干燥→米糠膳食纤维。以膳食纤维含量为考察指标，通过采用α-淀粉酶用量、酶解时间、碱液质量分数和碱解时间 4 个因素进行正交组合试验分析，最佳提取工艺条件为：α-淀粉酶用量 0.4%，酶解时间 40min，碱液质量分数 4.0%，碱解时间 45min。此工艺条件下膳食纤维的提取率为 39.3%。

（3）超声辅助酶解法。超声波细胞粉碎仪的机械振动和空化作用能有效破坏植物内部组织，能显著提高纤维素酶的酶解速率，从而加快米糠中水溶性膳食纤维的释放，有助于提高提取率。该法最为显著的影响因素是酶解温度，其次为超声功率和超声时间，酶用量的影响很小。据报道，最佳工艺条件为：料液比 1：24，加酶量 5.3%，超声功率 415W，超声时间 5min。在此工艺条件下，米糠水溶性膳食纤维的得率为 9.36%。该法工艺简单，与化学法相比，提取条件温和，无化学残留污染，且制得的水溶性膳食纤维品质良好。单纯酶法或单纯超声法提取耗时长且得率较低，而该法综合了单纯酶法和单纯超声法的优点，在一定程度上提高了产品提取率，明显缩短了提取时间，所得的水溶性膳食纤维呈淡黄色，无明显异味、纯度高、质量较好，可作为添加剂用于食品生产。

3）发酵生态加工技术

发酵技术在膳食纤维提取中的应用较为广泛。通常采用曲霉、乳酸菌和链孢霉等微生物获得膳食纤维。曲霉发酵麦麸、果渣或豆渣是通过菌体分泌纤维素酶、半纤维素酶类等物质，使不溶性纤维的糖苷键断裂，生成小分子多糖，转化为水溶性纤维，从而改善膳食纤维的生理活性。利用嗜热链球菌和德氏乳酸杆菌对豆渣中的膳食纤维进行发酵提取，可溶性膳食纤维由原来的 6.4%提高到 9.7%，不溶组分与可溶组分的比例由 11.6%降到 7.8%。发酵法和动态高压微流化结合使可溶性膳食纤维含量提高到 23.6%（Tu et al.，2014）。利用自制的混合菌曲 A 发酵豆渣制备大豆膳食纤维，膳食纤维可溶性组分含量（13.13%）明显高于发酵前（4.23%），并且持水力也可从 516mL/g 增加到 663mL/g（涂宗财 等，2005）。

4）物理生态加工技术

物理生态加工是指利用机械力、热能、高频振荡、物理场等手段对物料进行处理，主要包括挤压处理、高压处理、超声波处理、超细化处理和热处理。物理法相较化学法、生物法而言具有无污染、工艺简单、成本较低等优势，在粮食加工中深受青睐（周丽媛 等，2019）。具体来说，近年来国内外多采用超微粉碎、挤压膨化、超高压、超声波等技术。

（1）超微粉碎技术。超微粉碎技术是利用机械或流体动力的方法克服固体内部凝聚力并使之破碎的粉碎技术，可以使物料的粒度达 10μm 以下，甚至达到 1μm 的超微米水平。从 20 世纪 80 年代开始我国便将超微粉碎技术应用于食品加工中，超微粉碎技术不仅有效改善食品的食用口感，而且能够提高食品有效成分的释放速度与含量，促进人体吸收，可最大限度地保留谷物粉体中的生理活性物质，并有效提高原料中功能性成分的溶出率。

（2）挤压膨化技术。挤压膨化是采用高温短时处理和干燥技术对物料进行成型加工的创新技术。目前食品工业中应用广泛的挤压膨化机械主要是螺杆挤压机，其分为单螺杆、双螺杆和多螺杆 3 种。挤压膨化可使物料的组织结构、外观及理化特性等发生改变，在改善产品适口性方面优势显著，具有原料利用率高、营养成分保持良好、耐储存、生产能力大等优点。米糠经挤压膨化改性后，其铁离子还原能力及 1,1-二苯基-2-三硝基苯肼（DPPH）自由基清除能力加强，可溶性固形物增多，米糠膳食纤维表面疏松，物化性质得到明显改善（王旭，2018）。经挤压处理后的小麦麦麸可溶性膳食纤维含量较原麦麸提高 70%，持水性、持油性、膨胀性显著提高（闫晓光，2016）。挤压膨化技术虽可同时实现破碎、杀菌、膨化成型等一系列操作，生产效率高，但其处理温度较高会造成物料色泽加深，对须保持物料本身较浅色泽的产品开发产生不利影响。

（3）超高压技术。超高压技术是兴起于 19 世纪末的食品加工高新技术之一，最先应用于食品杀菌。其原理是利用 100MPa 以上的压力，在常温或较低温度下对物料进行改性、糊化或变性，具有保持食品风味、营养、延长保质期的优点。相比膨化改性技术，超高压技术具有处理温度低、时间短、对物料色泽几乎没有影响的优势，可用于对颜色有严格要求的食品改性。

（4）超声波技术。采用超声-微波法对小米糠膳食纤维进行改性，改性后小米糠可溶性膳食纤维对α-葡萄糖苷酶活性的抑制作用较强，相对分子质量变小（曹龙奎 等，2018）。超声波改性不仅可增加副产物中小分子物质的溶出量，而且对物料功能活性的改善具有显著优势，但它同超高压技术一样虽然改性效果良好，但由于设备昂贵、成本高大多停留在实验室阶段，未实现规模化、工业化生产。

5）生态纳米加工技术

纳米技术是近 20 年中最具创新性的技术之一，已广泛应用到食品保鲜、食品包装、天然物质分离提取、食品安全监测及食品加工品质改良等领域。通过纳米技术，采用全新的方法对粮食加工副产物进行深度加工和利用，将其转化为具有特殊功能或结构的纳米材料，不仅能够提高资源利用的附加值，实现副产物的高值化利用，也有利于节约资源、保护环境，同时还能带动相关产业的发展。表4-4 列出了纳米技术在粮食谷物加工副产物处理中应用于淀粉和蛋白质的情况（朱宇竹 等，2019）。

表 4-4　纳米技术在粮食谷物加工副产物处理中的应用

原料	制备方式	纳米产品	优点
淀粉	酶处理	玉米淀粉颗粒	粒径小、结晶度较高、环保
	高压均质法 反相微乳法	三偏磷酸钠-交联淀粉纳米颗粒	大小均一、稳定性好
	反应性挤出法	低黏度淀粉纳米颗粒	粒径小、黏度低
	浇铸法	淀粉纳米晶-大豆分离蛋白膜	方法简单、膜均一透明，可与胆固醇螯合

续表

原料	制备方式	纳米产品	优点
蛋白质	反溶剂法	负载姜黄素大豆分离蛋白纳米颗粒 负载百里酚玉米醇溶蛋白-酪蛋白酸钠纳米颗粒膜	表面光滑、包封率高、稳定性较好，可用于制备药物传送系统，有较好的防水能力及良好延展性
	液-液分散法	负载白藜芦醇大麦醇溶蛋白纳米颗粒	粒径均一，有较好的包封率和分散性，可用于其活性的保护与长效利用
	水相反溶剂法	负载麝香草酚小麦醇溶蛋白纳米颗粒	水溶性较好、包封率高，有较好的控释能力和持续抗菌能力

（1）淀粉。淀粉颗粒由许多纳米尺寸的半结晶小块组成，是一种天然的可降解多糖，广泛分布在自然界中。玉米加工副产物及麦麸等副产物中淀粉含量较为丰富、价廉易得，并具有可降解、可再生、环保等特性，所以淀粉纳米粒子被认为是用于食品、化妆品、药品及各种复合材料中的新型生物材料之一。通过脱支酶处理将蜡质玉米淀粉制备成纳米颗粒，与天然淀粉相比，所制备的纳米颗粒呈现不规则形状的碎片，粒径为60~120nm，且其产率可高至85%。该纳米粒子可广泛用于生物医学应用和新材料的开发（Sun et al.，2014）。利用简单浇铸法可制备淀粉纳米晶增强的大豆分离蛋白薄膜（Gonzalez and Igarzabal，2015）。随着淀粉纳米晶添加量的增加，该膜的特性得到增强，变得更不易伸长并且更加耐用。这种方式制得的淀粉纳米晶-大豆分离蛋白膜含有β-环糊精，在与富含胆固醇的食物（如牛奶）接触时能够螯合胆固醇。随着膜中β-环糊精含量的增加，这种效果更明显。该方法制备的可生物降解膜，与优化前相比，物理和机械性质得到了明显增强，可被用作活性食品包装涂层。

（2）蛋白质。蛋白质是粮食谷物加工副产物中的重要成分，通过反溶剂法，可以将其制备成粒径小、不易聚集的纳米颗粒及均一透明的淀粉膜等纳米材料。通过反溶剂技术可制备负载百里酚的玉米醇溶蛋白-酪蛋白酸钠纳米颗粒的新型抗微生物膜（Li et al.，2012）。该玉米醇溶蛋白-酪蛋白酸钠纳米颗粒膜与酪蛋白酸钠膜相比，具有更高的机械抗性、防水能力及良好的延展性。由于负载一定量的百里酚，玉米醇溶蛋白-酪蛋白酸钠纳米颗粒的膜具有抗大肠杆菌和沙门氏菌的抗菌活性及DPPH自由基清除活性。采用液-液分散法可自组装大麦醇溶蛋白纳米颗粒（殷婷和管骁，2015），并负载白藜芦醇，制备的白藜芦醇-大麦醇溶蛋白复合纳米颗粒表面光滑，并且呈现球状。该方法制备的纳米颗粒可作为白藜芦醇的有效载体形式，应用于其活性的保护与长效利用。

（3）木质纤维素。木质纤维素是地球上最丰富的可再生生物质资源，广泛存在于粮食作物加工生产废弃物中，如秸秆、稻壳、麸皮、玉米皮等。在制备纳米木质素过程中，研究者们多利用不同技术单一地将木质素进行纳米化，虽然赋予纳米木质素一定的热学和力学性质、吸附性能等，而如果将木质素制备成纳米磁性材料、纳米催化材料载体、纳米传感器等功能性材料，还须将木质素进行化学修饰或在制备过程中进行修饰（黄曹兴 等，2019）。一般来说，纳米木质素可通过化学沉降法、机械分散法、溶剂自组装法等制备而成（Xiong et al.，2016），其中，溶剂自组装法为目前研究最多的方法（图 4-1），制备的材料已广泛应用于医学制药和工业材料制备领域。将木质素分散于四氢呋喃溶液中，随后将去离子水逐滴加入分散液中使分散相逐步转变为连续相，木质素在 π-π 作用下层层自组装形成具有开口的木质素纳米微球。该微球比表面积大、稳定性强，可作为生物医药的载体（Xiong et al.，2017）。利用木质素和聚二烯丙基氯化铵配合物通过自组装技术制备纳米级木质素，将其引入橡胶材料中，两者间具有强烈的界面黏附性，可提高天然橡胶材料的热稳定性和机械性能（Jiang et al.，2013）。利用木质素在四氢呋喃-去离子水体系层层自组装得到纳米颗粒，同时加入 Fe_3O_4 磁性颗粒制备具有磁性的木质素纳米颗粒，在染料吸附方面表现出较好性能（Li et al.，2016）。通过纳米化技术将木质素制备成不同的纳米材料，不仅可提高木质素的利用价值，有利于环境保护和生物资源的高值化利用，符合可持续发展的目标，还能创造性地制备出新型材料。然而，如何保证纳米木质素在复合材料中均一分散，如何克服木质素分子间由于氢键和范德瓦耳斯力引起的团聚现象，如何提高纳米木质素的性能以使其在某些特殊领域应用是纳米木质素复合材料研究亟待解决的难题。

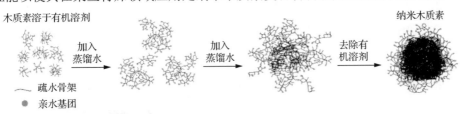

图 4-1　溶剂自组装法制备纳米木质素示意图

4.2.3　果蔬加工副产物的生态加工技术

1. 概述

果蔬加工副产物综合利用可分为两类：一类为可食性物质的提取，另一类为非可食性物质的提取。可食性物质有果胶、香精油、天然色素、蛋白质和维生素等；非可食性物质有乙醇、甲烷及活性炭等。可食性物质的提取是果蔬加工副产物生态加工技术的主要应用领域。

利用超声波/微波辅助提取技术从柑橘皮、苹果渣及西瓜皮中提取的果胶，属于半乳糖醛酸的交替大分子聚合物，分子的长链结构能够和钙离子结合形成稳定的凝胶结构。高甲氧基果胶可用在含糖量较高的胶凝食品中，低甲氧基果胶则可用在低糖或无糖的食品中。从葡萄籽中提取的葡萄籽油,有营养脑细胞、调节神经、降低血脂的作用,可以作为幼儿和老人的营养用油。葡萄皮渣可用于提取天然色素,用于饮料的生产;还可提取食物纤维,作为营养强化食品的原料。辣椒的残次品可以用来生产辣椒红素,胡萝卜的皮渣可以用来生产色素及类胡萝卜素;马铃薯的残次品及剩余品可以用来生产淀粉。采用生物发酵技术可以将果蔬加工副产物加工制成果酱、果醋等。当前,从苹果皮、柑橘皮中提取果胶,从番茄皮中提取番茄红素等,均已经成熟商业化,显著提升了果蔬加工副产物的经济价值。

2. 关键技术

果胶生态提取技术、香精油生态提取技术和生物发酵技术制备果醋食品是比较有代表性的果蔬加工副产物生态加工技术。

1)果胶生态提取技术

果胶是果实及植物组织中,由 α-1,4 糖苷键连接半乳糖醛酸组成的复杂多糖物质,一般由半乳糖醛酸聚糖(HGA)、鼠李半乳糖醛酸聚糖-Ⅰ(RG-Ⅰ)和鼠李半乳糖醛酸聚糖-Ⅱ(RG-Ⅱ)组成。其中 HGA 和 RG-Ⅰ 分别占果胶含量的 65% 和 20%～35%,RG-Ⅱ含量约为 10%。果胶在植物中的主要功能是与半纤维素和纤维素一同赋予植物机械强度,通过水化作用维持细胞外水相平衡,并为植物提供对外界环境的屏障。植物体内果胶物质一般有 3 种形态:①原果胶,原果胶是一种甲酯化聚半乳糖醛酸的糖苷链,一般和纤维素结合在一起,存在于细胞壁中且不溶于水;②果胶,包括具有不同程度甲基化的半乳糖醛酸链,主要存在于高等植物细胞壁的中胞层;③果胶酸,具有完全游离羧基的聚半乳糖醛酸链的羧基,稍溶于水。

果胶的名称来源于希腊词"pektikos",即凝固剂。果胶是食品生产中应用较为广泛的增稠剂,广泛应用于饮料、乳制品、果酱、焙烤食品中。果胶作为一种亲水性植物胶体,广泛存在于高等植物的根、茎、叶、果的细胞壁中。果胶的工业来源主要包括柑橘皮、苹果渣和甜菜浆。近年来,马铃薯、香蕉皮、番木瓜皮、猕猴桃渣等也逐渐成为提取果胶的研究原料。

目前用于提取果胶的方法主要有酸法、碱法、盐提法和离子交换法等。酸法、碱法提取时间长、提取率低,还对果胶的品质造成一定影响,碱法提取的果胶分子量、黏度和胶凝能力下降。随着"生态化学"概念的慢慢兴起,一些新型的生态提取技术(如酶法、超声波/微波辅助提取法、超临界 CO_2 萃取法、电磁感应加热法及高压脉冲电场法、离子交换树脂法)也正在逐渐应用于果胶提取中。但是,提取方法不同,果胶的得率、结构和性质也不尽相同。

(1)超声波/微波辅助提取法。超声波辅助提取法利用声波增加果蔬组织细胞内部的能量,加速细胞壁破裂,使果胶组分快速溶解,从而加速果胶的提取过程。

超声波处理可降低提取温度、缩短提取时间，对果胶的中性糖侧链结构破坏程度小，果胶得率较高。杨希娟和党斌（2011）采用超声波辅助盐酸法从马铃薯中提取果胶，果胶得率为 15.76%、纯度为 70.27%；与普通酸法相比，提取时间由 100min 缩短至 47.6min。

微波提取使用的是频率为 300MHz～300GHz 的电磁波，对物质的加热方式为内加热，无须传导，物质快速均匀受热，从而促进果胶物质的溶出（张曼 等，2015）。微波提取法可以与酸法或碱法协同使用，大幅缩短果胶提取所需时间，并提高果胶得率。

（2）酶提取法。酶提取法是引入菌种发酵，从酵母中培养出多糖降解酶（包括果胶酶、纤维素酶和半纤维素酶），利用这类降解酶可选择分解植物细胞组织中的复合多糖体，将植物组织中的果胶释放出来，可显著节省提取时间、提高果胶得率，具有提取条件温和、操作安全、无污染等优点。与酸或碱提取法相比，酶提取法具有提取时间短、产品品质好及节能等优点；但酶的价格相对较高，且酶活性对外界条件具有较高的要求。此外，根据处理的原料不同所需酶种类也会有所不同，普遍适用性较差，因而之后的研发方向应为开发适用性广且活性高的酶类物质。

（3）离子交换树脂提取法。离子交换树脂法提取果胶是将预处理后的阳离子交换树脂、原料和水混合后，调节溶液 pH，在一定温度下提取一定时间后，经过滤，得果胶浸提液。阳离子树脂含有的 H^+ 可交换果胶中的钙离子、镁离子等阳离子，解除阳离子对果胶的束缚，加速果胶溶解，从而提高果胶得率。利用离子交换法提取香蕉和杏仁果胶，离子交换树脂用量为 5%～7%，pH 为 2～2.5，提取温度为 85℃，提取时间为 2.0h，料液比为 1∶20（g/mL），果胶得率分别为 19.54% 和 4.85%，均高于普通酸法提取。虽然这种方法可以提高果胶得率，但是阳离子交换树脂的预处理过程较为烦琐，这也在一定程度上限制了该方法的广泛应用。

2）香精油生态提取技术

香精油也称植物精油，是一类具有一定挥发性的油状液体，是植物组织中形成的次生代谢产物。香精油中富含萜类化合物、芳香族化合物、脂肪族化合物、含氮含硫化合物等。果蔬加工副产物尤其是水果外果皮中香精油含量最为丰富。水果外果皮中香精油的提取以柑橘类最为普遍，以柠檬皮油、橙皮油质量为好。蒸馏法、浸提法、压榨法、擦皮离心法、超临界流体萃取法等均可用于果蔬加工副产物中香精油的提取。尽管浸提法提取温度低、香精油挥发损失少、制备的香精油质量较好，但因使用石油醚、乙醚、酒精等有机溶剂易导致溶剂残留，不符合生态加工绿色化的理念。利用水蒸气蒸馏技术从水果外果皮中提取的香精油，其醛类、酯类挥发性成分受热被破坏，原料色素不能蒸馏带出，故精油品质较差，获得率低、价值低。

除了第 3 章 3.3.2 小节中的超临界 CO_2 流体萃取技术、亚临界水提取技术、分子蒸馏提取纯化技术、超声/微波辅助提取技术外，压榨提取技术、擦皮离心法和压榨离心法也是水果外果皮香精油生态提取技术。

　　（1）压榨提取技术。柑橘类果实的香精油主要以油滴状集中在外果皮的油胞里，可施加压力将油胞压破，挤出香精油来。一般带深橙黄色，品质好。果皮白色朝上晾晒，使果皮水分减少到 15%～18%，破碎至 3mm 见方大小，用水压机压榨每 50kg 上述湿度的干皮，可得 0～0.6kg 香精油。

　　（2）擦皮离心法。把柑橘类外果皮擦破，让油胞里的香精油逸出，用高压水冲洗下来，再将油、水分离而取得香精油。一般是以整个完好的新鲜饱满的果实在机械上进行摩擦，而以圆形果实效果较好。一般在罐头和果汁加工时多用此法取得香精油。

　　（3）压榨离心法。现在工厂用机械操作，先将新鲜皮用饱和石灰水浸泡 6～8h，使果皮变脆硬，油胞易破，以便利于压榨。浸泡时间要适当，时间短硬度不够，时间长则变韧，都会影响出油率。处理后的果皮用橘油压榨机进行破碎和榨油，压出的香精油在高压水冲下，经过滤后，引入高速离心机（6 000r/min 的油水分离机）分出香精油。分出的水由水泵循环，重新用来冲洗压出的香精油制出的香精油通称"冷油"，品质很好、价值高。

　　3）生物发酵技术

　　果醋是利用水果或者各种水果加工下脚料为主要原料，经酒精发酵和醋酸发酵加工成醋，既具有传统醋的酸味物质，同时也具有水果的果香味和营养成分，其保健性能优于粮食醋，被誉为第四代饮料。

　　（1）醋酸发酵原理。果实中的糖经过酵母菌作用生成乙醇。乙醇在醋酸菌的作用下，氧化生成乙酸（醋酸）。醋酸菌对乙醇的忍受浓度以 5%～10%为宜，12%以上的酒精就会抑制醋酸菌的活动。酒精浓度达到 14%则会抑制醋酸发酵。空气中存在大量的醋酸菌，应用最广泛的是许氏醋酸杆菌。其生长适宜温度为 25～27℃，产醋力强，产醋量比较稳定。发酵过程要控制醋酸进一步氧化。醋酸发酵，需要供给充足的 O_2。

　　（2）果醋酿制方法——液体酿制方法。

　　① 以果酒或果汁为原料，1mL 酒精理论上可生成 1.305g 醋酸，实际上只能产生 1g 醋酸。一般食醋含酸量为 6%左右，发酵液酒度应调整到 7～8 度。

　　② 酿成方法有缓酿法和速酿法。

　　③ 缓酿法。将调整好的发酵液注入桶内，为容积的 1/2，然后接种醋酸菌，用量为发酵液的 5%，适宜温度为 30%，经 24h 发酵液面上有醋酸菌的菌膜形成，发酵期每天搅动 1～2 次，10d 左右醋化完成。

　　④ 速酿法。在发酵桶上装有速酿装置，称醋塔或醋化器，发酵液自上而下流

动，空气由下而上升，以加速酒液氧化。醋塔一般 2～5m 高，直径为 1～1.3m。

（3）果醋酿造方法——固体发酵法。利用残次落果及果皮、果屑、果心，还可利用生产果酒的渣、皮、酒脚等。采取制曲、配料、堆积发酵、淋醋等工序。1L 醋胚加水 1L，泡 4h。

（4）果醋的陈酿和保藏。果醋陈酿作用与果酒相同，陈酿的过程主要发生酯化作用，产生乙酸乙酯，是果醋香气的主要来源。陈酿时醋中有 0.5% 左右的酒精，将醋装入容器，密封、静置 1～2 个月，完成陈酿过程，速酿法制成的果醋要经过陈酿才具有香气。

4.2.4　畜禽加工副产物的生态加工技术

1. 概述

血、骨、皮等畜禽屠宰加工副产物经过生物发酵技术、酶解技术、高效分离技术、精准提取技术等生态加工技术，开发出种类多、纯度高、功能强的衍生产品。根据畜禽加工副产物种类的不同，畜禽副产物生态加工衍生产品分为血衍生产品、骨衍生产品、皮衍生产品和其他衍生产品等。

1）血衍生产品

血衍生产品包括血红蛋白、血浆蛋白、血红素、超氧化物歧化酶、亚硝基血红蛋白、免疫球蛋白、多肽类、血卟啉衍生物、原卟啉钠、铁蛋白等生物活性物质。在欧洲和日本，猪血被用来开发肽类试剂及功能性食品添加剂，其利用率已达 50% 以上（袁恒立，2008）。此外，日本科学家将畜血加工制成调味粉，与其他呈味成分复配，呈现独特的肉类风味，产品价值有较高的提升（周若兰，2006）。将血色素作着色剂、血浆粉作为动物性蛋白代替肉类蛋白添加到香肠的制作中，能够改善香肠的色泽和乳化性，同时提高了产品中蛋白质的含量（周于蓝 等，2017）。

2）骨衍生产品

骨衍生产品有胶原蛋白肽、离子钙、肉味调味品等。采用酶解技术可以从畜禽骨中提取制备胶原蛋白多肽，其具有促进骨骼生成、抗氧化、预防骨关节疾病等功能。将骨钙即羟基磷灰石或酶解或与有机酸反应形成易于机体吸收的离子钙。骨酶解产生的游离氨基酸、小分子肽与骨钙相结合生成水溶性氨基酸钙和肽钙。利用酶解生成的骨蛋白多肽与糖类发生美拉德反应可制备肉味调味品。

3）皮衍生产品

畜皮中含有丰富的胶原蛋白，含量可达 90% 以上。利用生物酶解技术从畜皮中可提取制备胶原、明胶、功能性多肽、氨基酸等。对猪皮进行酶解，可分离、制备具有自由基清除能力和金属络合能力的双重生物活性寡肽，其大小为 2～8

个氨基酸片段；胶原蛋白-铬（Ⅲ）螯合物具有降血糖、预防骨质疏松等作用（张征立，2019）。

4）其他衍生产品

采用酶工程技术、超声波辅助技术等可以从畜禽脂肪中提取食用油脂。以猪小肠为原料，可生产猪肠衣和肝素钠。从畜禽内脏等其他副产物原料中可提取制备胃蛋白酶、胰蛋白酶、血管紧张素转化酶、超氧化物歧化酶和弹性蛋白酶等酶制剂、谷胱甘肽、磷脂等功能因子。

2. 关键技术

根据畜禽屠宰加工副产物种类不同，其应用的生态加工技术可分为血生态加工技术、骨生态加工技术、皮生态加工技术和动物油脂生态加工技术。生物酶解技术、超声波/微波辅助提取技术广泛应用于血、骨、皮中活性肽及动物油脂的提取制备，高温高压浸提技术、超高压技术能够有效提升骨、皮中功能性成分的提取效率，微生物发酵技术也可实现畜禽骨中生活活性肽和商品酶制剂的高品质提取和制备。

1）血生态加工技术

应用生物酶解技术、超声波辅助提取技术等生态加工技术对畜禽血液进行加工，不仅可以减少废弃血液对环境的污染，还可以提高畜禽血液附加值和利用率，对畜禽血液加工副产物的工业化生产和生态环境的保护具有重要作用。

（1）生物酶解技术提取畜禽血源生物活性肽。生物酶解技术是一种在畜禽骨血皮副产物领域广泛应用的现代生物工程技术，可使大分子蛋白质降解为小分子多肽或氨基酸等物质。生物酶解技术具有反应温和、操作简单，且酶具有专一性、易获得高纯度肽等优点。蛋白水解酶主要有胃蛋白酶、胰蛋白酶、木瓜蛋白酶、中性蛋白酶、碱性蛋白酶和风味蛋白酶等（王文婷 等，2017）。一般最佳酶解条件与酶种类、反应时间、温度、pH和底物浓度等相关。

血红蛋白是畜禽血液中含量最为丰富的蛋白质资源，通过酶解等方式能够制备得到具有抗菌、抗氧化和血管紧张素转化酶抑制活性的生物活性肽。Sun 等（2012）分别利用胃蛋白酶、AS1398 中性酶、胰蛋白酶、风味酶、木瓜蛋白酶和碱性蛋白酶水解猪血红蛋白，经研究发现胃蛋白酶消化猪血红蛋白后的水解产物显示出更高的抗氧化活性，再将其依次利用超滤膜、离子交换色谱、凝胶过滤色谱和反相高效液相色谱进行分离纯化出一种新的具有高抗氧化活性的肽段，并通过 MALDI-TOF 质谱鉴定其序列为 ARRLGHDFNPDVQQAA，该肽段序列与猪血红蛋白的β链的 115～129 个残基一致。Hu 等（2011）通过阳离子交换色谱和反相高效液相色谱对位于牛血红蛋白α-亚基中心部分的肽进行了纯化，经鉴定该纯化肽序列为 VNFKLLSHSLLVTLASHL，表现出对大肠杆菌和金黄色葡萄球菌具有一定的抑制效果。Deng 等（2014）分别利用胃蛋白酶、木瓜蛋白酶等 6 种酶水解猪血红蛋白，研究发现胃蛋白酶是提取生物活性肽最有效的蛋白酶，经大孔树脂色谱法、凝胶色谱法和反相高效液相色谱法分离提纯得到具有较高血管紧张素转化酶抑制活性的猪血红蛋白肽。唐雯倩（2016）采用超声波辅助酶解技术制备抗氧化肽，不仅缩短了酶解时间，还提高了酶解效率。

（2）超声波辅助提取技术提取血红素。血红素是肌红蛋白、血红蛋白和红细胞的辅基，是重要的天然卟啉铁化合物。血红素铁是机体内重要的活性物质，参与多种代谢活动。

超声波辅助酶解技术能够缩短酶解反应时间、提高酶解效率，增加产物得率，是一种获得血红素的较为环保的方法。刘文营等（2016）采用超声波辅助酶解技术制备猪血血红素，不仅提高了酶解效率，还使酶活力提高 25.5%，所得产品纯度达 83.2%。有报道以冷冻牦牛血液为原料，研究了超声波辅助提取条件对牦牛血红素提取效果的影响，结果表明超声波辅助酶解技术能有效增加冷冻牦牛血液中血红素的提取效率（闫忠心，2018）。

（3）畜禽血液中其他成分的开发利用。①亚硝基血红蛋白。从畜禽血液中提取血红蛋白可以制备着色剂。以 NO 为配体和血红蛋白制备的亚硝基血红蛋白，具有较好的稳定性、水溶性和乳化性，已在肉制品中得到很好的应用（Shen et al.，2019）。杨锡洪等（2007）采用 6 种多糖与亚硝基血红蛋白溶液混合制备糖基化血红蛋白，结果表明形成的糖基化亚硝基血红蛋白的光、热稳定性明显提高，且壳聚糖处理的血红蛋白热稳定性最理想。近年来，为解决亚硝基血红蛋白稳定性较差的问题，还使用了烟酸、组氨酸等配体和血红蛋白复合制备着色剂。②超氧物歧化酶（SOD）。SOD 是从畜禽血液中提取出来的具有抗氧化活性并含有金属元素的活性蛋白酶，SOD 是 $O_2 \cdot^-$ 的天然清除剂，具有抑制超氧阴离子自由基破坏细胞的能力，具有良好的抗炎、抗衰老、抗辐射、免疫调节、血脂调节等功效（郑召君和张日俊，2014）。有报道利用超声波和胰酶共同作用从牦牛血中提取 SOD，结果表明胰酶酶解牦牛血提取的 SOD 比自然及超声条件溶血所获得的 SOD 活力高（狄蕊 等，2017）。付文力（2013）研究发现，与天然酶相比，羊血红细胞中 SOD 经壳聚糖载体修饰之后，酸热稳定性和半衰期等明显提升。③TG 酶。TG 酶可以催化肉类蛋白质和肽分子之间发生交联反应，使蛋白质形成凝胶结构，从而使其塑性、持水性、水溶性和功能性得到改善（臧学丽和陈光，2019）。Han 等（2015）利用从牛血中提取的 TG 酶，提升了鲜肉产品在低温下的结合能力。另外，通过添加从动物血液中提取的 TG 酶，可以实现在不加热的情况下加工重组肉制品，并使重组肉制品中磷酸盐含量降低（Kieliszek and Misiewicz，2014）。

2）骨生态加工技术

畜禽骨是由蛋白质和钙等物质构成的网状结构。畜禽骨中富含多种矿物质、胶原蛋白和软骨素，以及多种生物活性物质，例如具有可促进肝功能造血作用的蛋氨酸、神经递质和其他活性物质，以及人类大脑必不可少的磷脂与磷蛋白。超微粉碎技术、高温高压浸提技术、生物酶解技术和微生物发酵技术是较为有代表性的骨生态加工技术，能够实现骨中食品功能性成分的高值化、绿色化和健康化提取应用。

（1）超微粉碎技术。超微粉碎技术是指借助机械或流体动力的方法，将物料颗粒快速粉碎成粒度为 10～25μm 微粒的技术。经过超微粉碎的骨粉具有巨大的表面积和空隙率，良好的吸附性和流动性使畜禽骨中的营养物质更易于吸收（杨红叶，2019）。利用超微粉碎技术将畜禽骨制成骨粉，既能保留其中的有效成分，又能增强机体的吸收率。超微粉的制备方法主要包括化学法和物理法。一般采用物理法，根据物料的状态可分为干法粉碎和湿法粉碎。干法粉碎主要有球磨式粉碎、冲击式粉碎、振动式粉碎和气流式粉碎等。湿法粉碎主要是胶体磨和高压均质机。其中，气流式粉碎法特别适用于低熔点、热敏性及高硬度物料的超微粉碎。目前，借助于气流超微粉碎技术已生产超微骨粉配制的富钙饮料。王梦娇（2015）用超微粉碎技术制得鹿骨微粉，发现经超微粉碎后的鹿骨微粉粒度小于 160 目的占 79.8%，易被人体吸收；无论从颗粒细度还是口感上均较为理想，且含有多种氨基酸等营养物质。

（2）高温高压浸提技术。高温高压浸提技术是畜禽骨加工行业应用较为广泛的一种方法。影响高温高压浸提技术的因素主要包括温度、时间、料液比、粒度大小和畜禽骨类型等。与常压蒸煮相比，高压熬煮耗时较短，不仅能够降低营养物质的损失，还能提高产品状态的稳定性（张天鹏 等，2017）。与酶解提取技术相比，高温高压浸提技术更容易保留畜禽骨的自然风味。赵芩等（2015）发现与常压熬煮的鸡骨汤相比，高压熬煮所得鸡骨汤中的总氨基酸和游离氨基酸含量均更高，且大多数为令人愉悦滋味的氨基酸。赵永敢等（2015）采用高温高压浸提技术从鲜牛骨中提取牛骨素，并对其工艺条件进行了优化。

（3）生物酶解技术和微生物发酵技术在畜禽骨中的应用。①骨胶原。胶原蛋白是许多畜禽副产品中含量最高的蛋白质，并且是畜禽骨中的主要成分，具有增强代谢活性和延缓衰老的功能。成晓瑜等（2009）采用低温酶解技术，结合透析技术，分离纯化牛骨胶原蛋白，纯度可达 99%；经 SDS-PAGE 分析提纯的牛骨胶原肽链结构为典型的胶原Ⅰ型结构，且在提纯的过程中牛骨胶原的肽链结构没有发生改变，完整地保持了胶原的三螺旋结构。②生物活性肽。骨胶原蛋白是生物活性肽的重要来源。目前，大量研究利用酶解技术从畜禽骨中提取出具有一定活性功能的胶原多肽，如抗氧化肽、降压肽和抑菌肽等。有学者利用碱性蛋白酶酶解牦牛骨，通过柱层析和反相高效液相色谱分离纯化，经质谱鉴定出序列为GPAGPPGPIGNVGAPGPK 和 GKSGDRGETGPAGPAGPIGPVGAR 的两种抗氧化多肽（姜海洋 等，2019）。刘小红等（2014）采用碱性蛋白酶、木瓜蛋白酶和风味蛋白酶对猪骨胶原蛋白进行酶解，并依次经超滤、离子交换层析、凝胶层析进行分离纯化，得到活性较高的血管紧张素转化酶抑制肽。张顺亮等（2012a）分别采用 7 种酶对牛骨胶原蛋白进行酶解，研究发现中性蛋白酶酶解牛骨胶原蛋白得到的多肽对金黄色葡萄球菌具有最高的抑菌效果，风味蛋白酶酶解牛骨胶原蛋白得到的多肽对肠炎沙门氏菌具有最高的抑菌效果。③呈味肽。呈味肽是一类分子量低于 3 000u 的寡肽，通常由酶水解或氨基酸合成获得，呈现特征滋味。从蛋白质中能够提取咸味肽、鲜味肽和酸味肽等。张顺亮等（2012b）利用复合动物蛋白酶和风味蛋白酶对牛骨进行分步酶解，经凝胶色谱分离，得到纯度较高的咸味肽组分，并利用反向高效液相色谱和基质辅助激光解吸电离飞行时间质谱对其组分进行了分析。同时，咸味肽作为呈咸味的多肽，在一定程度上可以代替食盐用于食物烹调中，对满足高血压、心血管疾病患者等特殊人群对低钠食品需求的研发具有重要意义。④微生物发酵技术在畜禽骨中的应用。利用微生物发酵技术既能直接制备生物活性肽，又能生产低廉的商品酶，经济实用且工艺简单，为活性物质的提取提供了有利条件。刘丽莉等（2017）利用蜡样芽孢杆菌、植物乳杆菌、结合嗜热链球菌混合发酵牛骨制得牛骨血管紧张素转化酶抑制肽，且与牛骨胶原蛋白相比，牛骨胶原血管紧张素转化酶抑制肽具有更强的热稳定性，且胃肠道酶对牛骨血管紧张素转化酶抑制肽的影响较小。

3）皮生态加工技术

畜禽皮是一种优质的动物蛋白资源，富含胶原蛋白。畜禽皮经生物酶解可实现胶原蛋白、胶原蛋白多肽的高效提取，促进胶原蛋白多肽在人体内更好地吸收。采用超高压技术、微波辅助技术可以使畜禽皮中的胶原蛋白降解成明胶，作为一种天然高分子材料，被广泛应用于食品加工领域。

（1）生物酶解技术在畜禽皮胶原蛋白及多肽中的应用。①皮胶原蛋白。与传统的碱法、酸法提取相比，酶法提取畜禽皮中的胶原蛋白，具有回收率高、反应速度快、耗时短、无环境污染等优点。王川等（2007）分别利用胰酶、木瓜蛋白酶和胃蛋白酶从猪皮中提取胶原蛋白，研究发现用胰酶提取胶原蛋白得率最高，但结构破坏较严重，用胃蛋白酶提取的胶原蛋白结构最完整，色泽洁白，但得率最低。据报道，在醋酸溶液中用胃蛋白酶从猪皮中提取胶原蛋白，经盐析和透析技术纯化，得到了纯度较高的猪皮胶原蛋白，且三螺旋结构保持完整，主要由 3 种亚基组分组成（纪倩 等，2017）。②生物活性肽。胶原的三螺旋结构很难被机体吸收，通常将其降解为分子量较低的胶原多肽，一般采用酶解技术提取胶原多肽（成晓瑜 等，2011）。敖冉等（2016）分别利用中性蛋白酶、碱性蛋白酶和木瓜蛋白酶提取猪皮胶原多肽，发现碱性蛋白酶的酶解提取效果最好。此外，相关研究表明双酶水解猪皮制备胶原多肽的酶解效果优于单一酶水解（敖冉 等，

2015)。张莹等（2016）采用超声协同稀碱预处理猪皮，利用碱性蛋白酶提取猪皮胶原血管紧张素转化酶抑制肽，经凝胶色谱和半制备高效液相色谱分离纯化后，采用液相色谱串联质谱对血管紧张素转化酶抑制活性较强的肽进行序列鉴定。有学者利用酶解技术和膜分离技术从鸡爪皮中提取胶原多肽，并通过体外细胞实验证实了鸡爪皮胶原多肽的安全性及其对黑色素的合成具有阻碍作用（陈龙，2014）。

（2）超高压技术在畜禽皮明胶提取中的应用。胶原蛋白向明胶的转变主要包括胶原蛋白的明胶化和热水提胶两个过程。胶原蛋白的明胶化是指破坏维系胶原三螺旋结构的非共价键和共价交联，使胶原的三螺旋结构松散，进而得到明胶化胶原；热水提胶是明胶化的胶原经过热水解，使氢键等非共价键断裂、三螺旋解体，亚基分子充分分散进入溶液的过程（周梦柔，2014）。目前常用的诱导胶原蛋白明胶化的方法包括酸碱法和生物酶解法等。酸碱法生产效率低、造成环境污染，易破坏胶原亚基的完整性，影响明胶品质。

近年来，超高压技术在诱导胶原蛋白明胶化中的应用备受关注。于玮等（2015）利用超高压协同稀盐酸诱导猪皮胶原蛋白明胶化，结果表明超高压协同酸处理会破坏胶原的三螺旋结构，二级结构的破坏程度与明胶得率有关，并且可抑制热处理过程中亚基组分的过分降解。陈丽清等（2012）采用超高压协同稀酸诱导猪皮胶原明胶化，并优化工艺条件，发现当超高压250MPa、超高压时间10min、HCl质量分数0.75%时，猪皮明胶提取率达88.62%，凝胶强度可达384.43g。与传统酸法相比，缩短了预处理时间，降低了酸废水量，大幅降低了对环境的污染。

（3）微波辅助提取技术在畜禽皮胶原蛋白和明胶制备中的应用。李兴武和李洪军（2012）利于微波辅助技术提取猪皮胶原蛋白，经研究发现与未经微波处理相比，经微波处理后的猪皮胶原蛋白提取率显著提高，且经微波处理后猪皮胶原蛋白的三螺旋结构保持完整。陈海华和李海萍（2009）对酸法鸡皮明胶提取工艺进行改进，采用微波技术加热提胶，发现微波处理能够大幅缩短工艺流程，同时提高明胶提取率。

4）动物油脂生态加工技术

动物油脂是肉类屠宰行业中的重要副产物。目前，利用酶解技术提取高品质动物油脂受到越来越多研究人员的关注。Wang等（2016）通过酶解技术从屠宰厂的副产品猪脂肪中提取猪油，发现碱性蛋白酶Alcalase 2.4L对油脂的提取更为有效，提取率可达95.19%，且与传统提取油脂的方法相比，采用酶解技术提取猪油的各项理化指标均更为优越。许笑男等（2018）研究了超声和谷氨酰胺转氨酶处理对乳化猪油体外消化特性的影响。结果表明，超声处理使乳化猪油更易于消化，而谷氨酰胺转氨酶处理减缓了乳化猪油的消化速率。戚彪等（2018）采用超声辅助中性蛋白酶酶解法提取食用猪油，在最优工艺条件下猪油的提取率可达（95.14±1.65）%。

4.2.5　水产品加工副产物的生态加工技术

1. 概述

基于生态干燥技术、酶解技术、微生物发酵技术等，可实现鱼虾贝类等水产品加工副产物的高值化、绿色化利用。水产品加工副产物生态加工的主要衍生产品有胶原蛋白、脂质、生物活性肽、甲壳素、壳聚糖、虾青素、活性钙等。

1）胶原蛋白及衍生品

鱼皮、鱼鳞、鱼骨中含有丰富的胶原蛋白。与陆地动物胶原蛋白相比，水产胶原蛋白（表 4-5）主要是 I 型胶原蛋白，含有 3 条α链，占比为 80%～90%；具有更低的抗原性和低过敏性，可溶性高，变性温度低，能被蛋白酶水解；具有更好的凝胶特性、低黏性、持水性和吸水性（王明超 等，2018）。胶原蛋白含有可促进人体钙吸收的氨基酸，可提高人体对钙的吸收、改善骨质疏松；从鱼鳞、鱼皮中得到的胶原蛋白，进一步水解成胶原蛋白肽之后，其具有强的抗氧化活性和血管紧张素转化酶抑制活性。

表 4-5　水产胶原蛋白与陆地动物胶原蛋白的比较（王明超 等，2018）

区别	水产动物源胶原蛋白	陆地动物源胶原蛋白
热稳定性	较低，变性温度 16～34℃	较高，变性温度高于人体温度
结构	纤维结构疏松	纤维结构紧密
提取	酶、热等反应更容易，易于提取	相对较难提取
安全性	较高，潜在的疾病因素少	存在人畜共患病的风险
成本	较低	较高
宗教	不受宗教影响	受影响因素较多
应用	广泛应用于食品、农业、医药领域	在食品领域应用较为广泛

2）脂质及衍生品

水产品的内脏及虾头等下脚料含丰富的脂质。鱼内脏中油脂含量为 30%～50%，富含多不饱和脂肪酸，特别是高不饱和脂肪酸 DHA 和 EPA 对人体健康有特殊的作用，因此从鱼内脏提取鱼油已产业化。鱼油在贮藏过程容易氧化，所以将鱼油进行微胶囊化处理得到的微胶囊鱼油，不仅改善风味，还易于包装保存（李杰和李林洁，2019）。

除了 EPA 和 DHA，水产品副产物中还富含磷脂、角鲨烯和烷氧基甘油等天然活性成分。海洋磷脂主要含有磷脂酰胆碱、磷脂酰乙醇胺、磷脂酰丝氨酸等组分（赵静 等，2011；闫媛媛 等，2012），可以预防心脑血管疾病、延缓大脑衰老和抑制肿瘤细胞生长等。烷氧基甘油具有防止疾病和感染、抗氧化、降低肿瘤化疗损伤等功能（Alabdulkarim et al.，2012）。

3）生物活性肽及衍生品

鱼类内脏、贝类内脏、鱼骨、虾头、海参内脏中均含有蛋白，可通过温和生态的酶法水解来制备活性肽。不同种类的鱼内脏水解用到的酶种类各不同，包括中性蛋白酶、风味蛋白酶、胃蛋白酶、胰蛋白酶、碱性蛋白酶等，酶解之后进一步通过离心、盐析、膜过滤等获得不同分子量、不同生理活性的肽（表4-6）（郑子懿 等，2019）。蛋白酶水解金枪鱼肝可得到抗氧化肽（Je et al.，2009），从大黄鱼鱼鳔的蛋白质水解产物中分离出 SBP-III-3，具有抗氧化和抗疲劳活性（Zhao et al.，2016），木瓜蛋白酶酶解斑点叉尾鮰内脏，制备了血管紧张素转化酶抑制率为72.34%的活性肽（杨晓军 等，2010），中性蛋白酶酶解马鲛鱼骨可制备抗氧化肽，以及血管紧张素转化酶抑制肽（张宝林，2018）。

表4-6　鱼内脏蛋白酶解物中活性肽及功能活性（郑子懿 等，2019）

鱼种类	氨基酸序列	酶种类	生物活性
大黄鱼	未测定	碱性蛋白酶 Alcalase	抗氧化
斑点叉尾鮰	未测定	木瓜蛋白酶	血管紧张素转化酶抑制
马鲛鱼	Ala-Cys-Phe-Leu	胃蛋白酶，胰蛋白酶，α-糜蛋白酶	抗氧化
沙丁鱼	Phe-Arg-Gly-Leu-Met-His-Tyr	碱性蛋白酶 03、糜蛋白酶、地衣芽孢杆菌和棒曲霉提取酶、沙丁鱼内脏混合酶	血管紧张素转化酶抑制
乌鲳	Ala-Met-Thr-Gly-Leu-Glu-Ala	胃蛋白酶，胰蛋白酶，α-糜蛋白酶	抗氧化
大西洋鲭鱼	Gly-Leu-Pro-Gly-Pro-Leu-Gly-Pro-Ala-Gly-Pro-Lys	鲭鱼内脏混合酶	抑制单核细胞增生李斯特菌、大肠杆菌
鲑鱼	未测定	鲑鱼胃蛋白酶，猪胃蛋白酶	抑制嗜冷黄杆菌、鲑鱼肾杆菌
大西洋鳕鱼	未测定	P"Amano"6 复合蛋白酶	
尼罗罗非鱼	未测定	罗非鱼肠混合酶，碱性蛋白酶	抗氧化
		Protamex 复合蛋白酶、芽孢杆菌复合蛋白酶	抑制鲁氏耶尔森菌、迟钝爱德华菌、巨大芽孢杆菌

4）甲壳素、壳聚糖、虾青素

虾蟹壳中含有丰富的甲壳素和虾青素等，通过生物酶法降解，可制备成壳聚糖及壳寡糖、虾青素等功能性成分。壳聚糖、壳寡糖具有优异的生物相容性、生物降解性和热化学稳定性，可应用于食品领域。从虾蟹壳中提取的壳聚糖，添加氧化石墨烯后制成纳米复合膜，具有热稳定性和机械性能，是一种新型包装材料；利用斑节对虾虾壳制的甲壳素和壳聚糖对卵巢癌细胞有显著抑制活性；将虾蟹壳经过脱钙、脱蛋白和脱色后，羧甲基化制成羧甲基甲壳素，然后加入壳聚糖酶进一步水解羧甲基甲壳素，分解成二糖、三糖、六糖的甲壳素低聚寡糖，其对肿瘤细胞有很好的抑制作用，也具有明显的抑菌作用（Ahmed et al.，2017；Srinivasan et al.，2018；孙蓓蓓，2016）。虾青素是类胡萝卜素的一种，具有抗氧化、抗肿瘤、增强免疫力和改善视力等功能，其抗氧化活性比β-胡萝卜素高约 10 倍、比维生素 E 高约 500 倍（Lorenz and Cysewski，2000）。

5）活性钙及衍生品

鱼骨、虾蟹壳和贝壳中含丰富的钙、磷等矿物质，含量为 20%～30%，且钙磷比接近人体钙磷比，是一种优质的人类补钙源。采用酶水解法将水产品加工副产物中的蛋白质和油脂、骨或壳分开，然后收集鱼骨、虾蟹壳或贝壳，进行超微粉碎成超微细骨/壳粉或纳米级骨/壳粉，添加到食品中开发成高钙食品，如骨糊/骨羹食品、休闲鱼骨食品。用乳酸、醋酸、碳酸、柠檬酸、苹果酸等从鱼骨或贝壳、虾蟹壳中提取制备乳酸钙、醋酸钙、碳酸钙、柠檬酸钙、苹果酸钙或羧甲基纤维素钙等补钙制剂，比传统碳酸钙更易被人体消化吸收。

氨基酸螯合钙是人体最好的补钙产品，不仅易吸收而且生物利用率高。将鱼排、鱼头用蛋白酶水解，得到富含小肽和氨基酸的酶解液和鱼骨，将鱼骨酸化后，再与酶解液进行螯合，可制备得到氨基酸螯合钙，产品的钙螯合率可达 95%以上。利用酶解技术将真鳕鱼排水解，可以得到鱼骨胶原蛋白及骨胶原活性小分子肽，其气味柔和、口感鲜美；以提取骨胶原多肽剩余的骨渣为原料提取果酸钙，最终苹果酸钙提取率达 93.8%。通过生态联产加工方法，将真鳕鱼排上附着的鱼肉经酶解获得的多肽作为多肽食品或水产饲料，提取的骨胶原肽与苹果酸钙剩余的骨渣可作为磷肥，从而实现鳕鱼加工废弃物鱼排的全部回收利用，以实现零废弃和水产低值资源的高值化利用（毛毛 等，2017）。

2. 关键技术

随着提取技术的不断改进，鱼虾贝类加工副产物综合利用技术不断朝着提升高值化利用率、增加产物得率、提升产品品质等方向发展。

1）微生物发酵技术

将鳕鱼皮洗净去杂质后，采用微生物发酵法可制备鱼皮胶原蛋白多肽。在相同的发酵条件下利用蛋白酶活力较强的 BNIV-7、JQIDF1、BNIV-1、JF0Y3、JFADF3、DCI-1、JQⅢDF5 和 H-2 共 8 株微生物进行单菌种发酵，以水解度（DH）为指标，可挑选出水解能力最强的菌株（马丽杰 等，2013）。此外，通过比较褐藻胶裂解酶产生菌在摇瓶和发酵罐培养过程中生物量、褐藻胶寡糖含量及褐藻胶裂解酶活性的变化，确立微生物发酵-膜分离技术制备褐藻胶寡糖的条件（欧昌荣 等，2005）。

2）水解酶提取技术

水解酶提取法在制备水产品生物活性肽、脂质、多糖等方面具有优势。通过使用碱性蛋白酶 Alcalase、胰凝乳蛋白酶，用地衣芽孢杆菌 NH1 和 Aspergillus clavatus ES1 的粗酶制剂等水解沙丁鱼内脏，获得的蛋白质水解产物均表现出对血管紧张素转化酶的抑制活性，其 IC_{50} 值为 1.24～7.40mg/mL（Bougatef et al.，2008）。使用碱性蛋白酶 Alcalase、中性蛋白酶 Neutrase、胃蛋白酶、木瓜蛋白酶、α-胰凝乳蛋白酶和胰蛋白酶水解从金枪鱼骨架蛋白中提取血管紧张素转化酶抑制肽，对血管紧张素转化酶 I 抑制活性最高的组分进行纯化，其氨基酸结构为 Gly-Asp-Leu-Gly-Lys-Thr-Thr-Thr-Val-Ser-Asn-Trp-Ser-Pro-Pro-Lys-Try-Lys-Asp-Thr-Pro（Lee et al.，2010）。刘超等（2015）建立了酶法提取鳕鱼肝油的最佳工艺：料液比 1：1.5、酶解 pH 6.5、加木瓜蛋白酶酶量 3 270U/g、在 50℃酶解 2h，鳕鱼肝油提取率为 93.44%，酸价 5.49mg/g，碘价 148.31g/100g，过氧化值 7.49meq/kg，品质良好。

3）微波辅助提取技术

李雪等（2018）将罗非鱼进行冻干粉碎后采用微波辅助法萃取罗非鱼鱼油，通过单因素及正交实验确定微波辅助萃取罗非鱼鱼油的最佳工艺条件是：原料与正己烷料液比 1：10（g/mL），在微波功率 100W 时萃取 10min，萃取率可达 29.17%。孙武等（2014）建立了微波辅助提取罗非鱼鱼鳞中卵磷脂的最佳工艺：鱼鳞与乙醇的料液比 1：20、乙醇体积分数 95%，在微波功率 300W 时提取 6min，罗非鱼鱼鳞卵磷脂得率为 2.67%。

为制取较高品质的胶原蛋白肽粉，王溢等（2014）采用微波辅助水提法作为酶解前处理鱼鳞方式，即鱼鳞在 10kW 的微波干燥机处理 15s，再进行酶解制取鱼鳞胶原蛋白低聚肽粉，可使胶原蛋白肽粉得率提高到 57.8%，而且分子量小于 1 000u 的胶原蛋白肽比例为 87.84%，鱼鳞胶原蛋白的品质得到较大的提升。

4）超声波辅助提取技术

孙丽霞等（2015）建立了超声波辅助法从罗非鱼内脏提取油脂的条件：超声功率 400W，提取时间 42min，液料比 1.78：1，油脂提取率为 29.55%。郑学超（2018）比较了超声波辅助有机溶剂提取法提取章鱼副产物中粗鱼油的工艺条件：料液比为 1：7，提取温度为 70℃，提取时间为 1.5h，在此条件下的鱼油提取率为（73.93±1.23）%；酶法提取章鱼副产物中鱼油的条件：料液比为 1：2，酶解时间为 3h，碱性蛋白酶添加量为 1 200U/g，鱼油提取率为（53.50±1.04）%。但是两种方法得到的粗鱼油未达到我国水产行业鱼油的二级标准，进一步精制可以大大提升鱼油的品质，其比较结果表明采用超声波辅助有机溶剂提取章鱼副产物中油脂更为合适。

5）超临界流体萃取技术

利用超临界 CO_2 作为萃取溶剂的一种耦合萃取分馏工艺，可以除去游离脂肪酸，提高鱼油质量，替代物理和化学精炼过程。王亚男等（2015）采用超临界 CO_2 流体萃取技术精制金枪鱼粗鱼油，发现超临界 CO_2 流体萃取技术对醛类、酮类、胺类等主要影响鱼油风味的物质去除率达 100%，对酸类去除效果良好。许艳萍等（2015）以大黄鱼鱼卵为原料，采用超临界 CO_2 流体技术萃取鱼卵鱼油，对影响萃取率的因素进行了研究，建立了最佳萃取工艺：萃取时间 90min，萃取温度 45℃，萃取压力 30MPa，萃取率为 86.12%，鱼卵鱼油中含有的 ω-3PUFA 占脂肪酸总量的 20.91%，其中 EPA 和 DHA 之和达到 19.40%。Fiori 等（2012）用超临界 CO_2 流体萃取技术从鳟鱼内脏中提取的油脂中的脂质，在所有底物中，不饱和脂肪酸占脂肪酸总量的 72.6%～75.3%。张静等（2017）通过超临界 CO_2 与有机溶剂提取两种方法对秋刀鱼内脏中的磷脂进行提取，结果表明超临界 CO_2 提取率高，但两种方法提取的磷脂及磷脂酰胆碱、磷脂酰乙醇胺的脂肪酸组成及含量没有差异。

6）高压脉冲电场技术

高压脉冲电场是近年来液态食品非热处理领域研究的热点之一，其杀菌时间短，能量使用效率高，目前在水产品中的应用研究刚刚开始。将鳕鱼肉在高压脉冲电场中处理后，通过电泳发现其对鱼肉蛋白的分子量和分子组成没有影响，还有助于使鱼肉组织中的脂肪颗粒释放出来，从而提高鱼油的提取率。贺琴（2016）利用高压脉冲电场辅助酶解河蚌蛋白，发现可明显提高河蚌蛋白提取率，而且提高了河蚌蛋白溶解性和乳化性能，但同时降低了河蚌蛋白起泡性能，对河蚌蛋白结构中 N-H（氢键）伸缩振动及三股螺旋结构有影响。

第 5 章

食品生态包装

5.1　食品包装概述

食品包装是食品加工的最后一个环节，它能够保护食品不受外来生物、化学和物理因素的破坏，更好地维持食品质量与安全、便于食品生产运输和销售。包装技术的发展与包装材料种类的丰富，在满足食品包装需求、便捷人们生活的同时，也不可避免地带来了环境污染和食品安全问题。随着全球可持续发展和生态文明建设的不断推进，具有资源循环再生、环境保护、促进人类健康等特点的食品生态包装正被广泛地研究、开发和利用。本节重点概述传统包装和现代包装的主要产品形式，以及对资源、环境和人类营养健康的影响，为食品生态包装的研发应用提供指导。

5.1.1　传统包装

传统食品包装以延长食品贮藏时间为主要目的，目前在各类食品中仍广泛应用。在古代，人们就开始利用竹子、葫芦、荷叶等天然植物、陶瓷罐来包装食品，比如流传几千年的粽子和葫芦盛酒。公元前 316 年，我国出现了世界上最早的"食品罐头"包装——陶罐，它使用纱布、草饼、竹叶、稀泥等进行多层密封，以延长食品保质期限。随着造纸术的发明，纸张、纸盒逐步开始用于茶叶、熟食、糕点等的包装。19 世纪以来，工业革命推动食品包装开始朝着金属、玻璃、塑料等多样化方向发展。传统包装主要是为了对产品进行贮藏的包装。1805 年阿佩尔采用加热密封方法成功研究出可以长期贮存的玻璃瓶装食品。1810 年，英国人 Peter Durand 发明了用于制作食品包装铁盒的马口铁。1903 年，全自动玻璃生产制备研制成功，食品玻璃罐开始规模化生产。20 世纪 30 年代，塑料逐渐成为食品包装材料，1936 年，由塑料薄膜制备而成的热收缩包装结合真空技术延长了肉制品的保质期。1963 年，铝制易拉罐诞生，成为啤酒和碳酸饮料最为常见的包装形式。如今，金属、玻璃、塑料等材料制成的传统食品包装广泛应用于各类食品中。

1.　主要形式

传统食品包装可分为罐头包装和真空包装两种。

1）罐头包装

（1）金属罐包装。金属罐包装主要有马口铁罐和铝罐。马口铁罐可用于罐装饮料、饼干、啤酒、奶粉等。马口铁的强度、阻隔性及加工使用性能优越，可以有效保持产品的品质。潘新春（2015）研究马口铁罐、玻璃瓶和乙烯/乙烯醇共聚物塑杯包装对黄桃罐头品质的影响，发现马口铁罐保持产品品质、质地、色泽和香气的效果最优。郑平（2014）分别以马口铁罐、玻璃瓶、高阻隔瓶和普通塑料瓶为包装材料，对橘瓣进行包装贮藏，在贮藏过程中发现马口铁罐头对橘瓣罐头营养成分和色泽的影响最小。铝罐包装重量轻、稳定性好、密封性能好、可回收，多用于啤酒、碳酸类饮料等食品的包装。

（2）玻璃罐包装。玻璃无毒无味，密封性、防湿性、防气性及透明性良好，经济且可回收，主要用来包装啤酒、白酒、葡萄酒、调味品等。玻璃罐包装的食品具有良好的贮藏性能。徐贞（2017）采用真空玻璃罐对香辣蟹包装贮藏，香辣蟹的常温贮藏货架期为 56d。单云辉等（2018）采用玻璃瓶包装草莓果浆，其阻氧效果较为显著，可显著延缓花色苷的降解，有利于保持草莓果浆品质。不同颜色的玻璃对光氧化的防护能力不同，其防护能力为棕色>无色。Taoudiat 等（2018）将含 0.01%（v/v）月桂花精油的初榨橄榄油分别包装在玻璃（棕色、透明）容器中，在加速光氧化条件下贮藏，发现棕色玻璃包装的橄榄油能够在 90d 后保持最高量的叶绿素和类胡萝卜素。

（3）蒸煮袋包装。蒸煮袋包装俗称"软罐头"，主要用于包装肉制品、调味品、水产品制品等。蒸煮袋的材料主要有 PET、尼龙（PA）、PE、PP、流延聚丙烯（CPP）、聚偏二氯乙烯（PVDC）、聚碳酸酯 PC、聚乙烯醇（PVA）、中密度聚乙烯（MDPE）、铝等。这些材料避光，可隔氧、防潮，在性能上能满足较高蒸煮温度（135℃以上）、深度低温冷冻（-40℃）和抽真空及充 N_2 等技术要求。为了提高包装材料的防护性能，一般将材料复合使用。郭艳婧等（2014）采用 PET/Al/PA/CPP 铝箔蒸煮袋包装罐罐肉，可以更好地抑制罐罐肉氧化。采用 AlO_x 涂层的 PET+MDPE 袋包装绿橄榄，更有利于贮藏期间保持绿橄榄颜色（Sánchez et al., 2017）。采用复合铝箔蒸煮袋包装的水果块罐头的保质期可达 18 个月。

2）真空包装

真空包装是指利用一定的包装设备将产品包装内的气体去除，然后对产品进行密封，达到产品与外界环境完全隔绝状态的一项技术，广泛应用于禽蛋、肉制品、水果、蔬菜、豆制品、酱菜、水产品等食品中。真空包装袋一般是多种塑料复合薄膜袋或铝箔复合薄膜袋，包装材料主要有 PET/PE、PA/PE、PP/PE、

PET/Al/PE、PA/Al/PE 等（彭润玲 等，2019）。真空包装可避免外界微生物的污染、减少水分蒸发、有效延缓氧化、延长产品货架期。吴文锦等（2016）发现，在相同的包装材料下，真空包装比普通包装的鸭肉品质更好。李爽和艾启俊（2016）采用包装材料为 PA/CPP、PA/PE 的真空包装可以有效延长冷鲜羊肉的保质期，且对羊肉品质的影响无显著差异。Anelich 等（2001）分别使用真空包装和 O_2 透过性包装来包装鲶鱼鱼片，发现真空包装的鱼片货架期更长。不过，当真空包装的真空度达到一定水平，高度抽真空使材料变形，进而导致包装袋阻隔性变差，不再发挥延长产品货架期的作用。

2. 对环境和食品安全的影响

罐头包装和真空包装产品种类丰富，便于食品贮藏，可为消费者的生活提供便利，因此在食品包装上占据了重要地位。然而，由于包装材料主要是金属与塑料，在生产、销售过程中其成分可能会迁移到食品中造成食品污染。金属罐包装容器内壁涂覆的环氧酚醛树脂和有机溶胶树脂（Verissimo and Gomes，2008），在加工、高温灭菌和储藏过程中，可能会迁移至罐内的内容物中，带来食品安全问题（Aparicio and Elizalde，2015）。玻璃瓶作为食品包装较环保，可多次重复使用，有效减少了包装材料原料的消耗、对空气的污染和矿物性废料的产生，玻璃工业用回收的废旧食品玻璃瓶作原料，环境效益显著；但也存在一定的安全隐患，曾多次出现玻璃啤酒瓶爆炸伤人事件。蒸煮袋包装体积小、重量轻、便于运输，传热快、可减少能耗，同时避免食品罐藏味，但是蒸煮袋含有的有机物质可能会迁移到食品中（González-Castro et al.，2011）。铝箔常作为蒸煮袋包装材料的中间层，当食品中的酸、碱类化合物渗透到铝层时，会产生相应的铝化合物迁移到食品中，造成食品污染。此外，塑料包装材料对环境危害相对较大，其以石油为原料加工而成且难降解，大量塑料包装的使用不仅会造成石油能源的枯竭，还会因难降解而导致严重的白色污染问题，比如聚氯乙烯等塑料包装焚烧会造成大气污染，而填埋入地下，则需要超过百年才能完全降解。与蒸煮袋相似，真空包装材料主要是高阻隔性塑料与铝箔，对环境危害相对较大。

5.1.2　现代包装

传统食品包装尤其是塑料包装不仅给环境带来巨大压力，而且从包装材料内壁释放出的有机物带来食品安全问题，可能危害人体健康。随着包装行业的发展，现代包装应运而生。现代包装不再只是将食品进行简单的封装和贮藏，而是被赋予了更多的功能，如便于食品制造、运输与贮藏，保持食品新鲜度和营养品质，延长货架期，实现食品贮运销售环境及食品品质变化的实时监测，同时满足环保、低碳的要求。现代包装是食品包装发展的必然趋势。20 世纪 70 年代，除氧活性包装研发成功。80 年代，英国经气调包装的生鲜肉开始进入零售终端，同时，提出智能材料的概念。随着智能材料的发展，1992 年，人们首次对智能包装进行定义。当前，不同形式、不同功能的现代食品包装不断研发并逐步应用到食品生产中。

1. 主要形式

现代食品包装主要包括活性包装、气调包装、无菌包装及智能包装等。

1）活性包装

活性包装能调节食品内和食品外环境的气体成分，根据作用原理分为吸收型和释放型，吸收型包括水分清除剂（干燥剂）和 O_2 清除剂；释放型包括抗氧化剂、CO_2 释放装置和抗菌包装（Yildirim et al.，2018）。

食品中水分的增加容易造成食品质地和外观改变、微生物腐败，从而缩短保质期，因此常在包装中添加干燥剂，食品中常见的干燥剂有沸石、膨润土、山梨糖醇、氯化钙、聚（丙烯酸）钠盐、氯化钠等。含干燥剂的活性包装主要应用在果蔬、肉制品中。添加蒙脱土的羧甲基纤维素钠/壳聚糖海绵衬垫应用于鲜肉，具有良好的吸湿性能（卢唱唱 等，2016）。

脱氧包装通过脱氧剂清除包装中的 O_2，可有效控制因 O_2 造成的食品氧化酸败和腐败变质，达到食品贮藏保鲜的目的。脱氧包装目前主要应用在糕点、水产制品、肉制品、果干、谷物和茶叶等方面。脱氧包装技术可显著延缓半干型荔枝干果肉褐变，抑制包装内好氧菌的生长（刘源 等，2013）；也可有效抑制馒头中部分好氧芽孢杆菌的增殖，将馒头的微生物货架期延长至 6d（盛琪，2015）；还可有效抑制因油脂氧化导致的蛋糕酸败（郑晓燕，2009）。

CO_2 释放装置是与 O_2 清除剂互补的包装体系，它可以防止包装塌陷。包装内部维持高浓度 CO_2 可以保持肉类、家禽、鱼、草莓、奶酪等食品的品质。CO_2 释放装置抑制微生物生长的能力与 CO_2 浓度成正比，在 100%CO_2 中储存鸡柳，鸡柳的微生物货架期可延长 7d（Holck et al.，2014）。市场上常见的 CO_2 释放装置产品有 Ageless®GE（日本 Mitsubishi Gas Chemical 公司）、FreshPax®M（美国 Multisorb Technologies 公司）和 Verifraise（法国 SARL Codimer 公司）。

抗菌包装是指为了显著延长产品货架期，由添加抗菌剂的包装材料制成的一种包装。抗菌剂无毒副作用，不显著影响食品品质，与包装基材具有良好的相容性（Gokce et al.，2014）。抗菌剂分为有机抗菌剂与无机抗菌剂。有机抗菌剂包含化学杀菌剂、酶类、细菌素、聚合体、天然抗菌物；无机抗菌剂包含银、铜、锌等。添加双金属银-铜纳米颗粒和肉桂精油制备的多功能聚乳酸复合膜，可使 4℃冷藏的鸡肉在 21d 内显示出最大的抗菌作用（Ahmed et al.，2018）。Yang 等（2019）开发了一款涂有植物乳杆菌素 BM-1 和壳聚糖的多层复合塑料膜，可显著抑制冰鲜肉中微生物的生长。

2）气调包装

气调包装是通过改变包装内气体组成，使食品处于不同于空气组分的环境中以延长贮藏期的一项技术。气调包装的常用气体是 CO_2、O_2 和 N_2，其中 O_2 能抑制厌氧菌的繁殖；CO_2 能抑制大多数需氧菌的繁殖，延长细菌生长的迟滞期；N_2 性质稳定，能防止腐败和霉菌生长（宋程 等，2017）。目前气调包装主要应用于新鲜果蔬和肉制品上。气调包装（75% CO/25% N_2）处理轻盐腌制草鱼可获得比普通包装和真空包装更长的货架期（Zhang et al.，2019）。

在实际应用中，气调包装经常与低温贮藏、臭氧杀菌、脉冲电场等物理保鲜技术，天然动物源（壳聚糖、抗菌肽、溶菌酶等）、植物源（茶多酚、魔芋葡甘聚糖、香辛料等）和微生物源（Nisin、ε-聚赖氨酸等）生物保鲜剂及杀菌剂、抗氧化剂等混合搭配使用（谢晶 等，2020）。气调包装和过冷技术结合可减慢蛋白质和脂质的氧化，延长游泳蟹的保质期（Sun et al.，2017）。气调包装结合没食子酸/壳聚糖可食用涂层，可以更好地保持新鲜猪肉的品质（Fang et al.，2018）。

气调包装可分为自发性气调包装和主动性气调包装。自发性气调包装多为产品本身，例如新鲜蔬果利用自身的呼吸作用消耗 O_2 并产生 CO_2，包装内自发形成低 O_2 和高 CO_2 浓度的气体环境，从而降低呼吸速率并延长货架期。主动性气调包装通过快速降低包装内 O_2 浓度，达到蔬果进行微弱有氧呼吸的程度，并利用果蔬的呼吸作用、薄膜的渗透作用和贮藏环境间的动态平衡保持该气体环境（Paulsen et al.，2019）。

气调包装通常与 CO_2 指示剂或者 CO_2 传感器联用监测气体成分变化。Wang 等（2019）制作了一种 CO_2 敏感的智能黏合剂，由酚红涂覆在二氧化硅纳米颗粒并分散在热熔压敏黏合剂中制得。把该黏合剂置于气调包装中，CO_2 存在时该标签的颜色为橙黄色，CO_2 泄漏后标签颜色为深紫色，因此可作为泄漏指示标签广泛应用到气调包装中。花青素也可作为气调包装中 CO_2 的指示剂。Sailu 和 Pergola（2018）首次将花青素，同时结合氨基酸（赖氨酸）和多肽用于制作 CO_2 响应的食品染料。其变色机制是赖氨酸的 ε-氨基与 CO_2 发生可逆反应生成的氨基甲酸衍生物可使 pH 急剧变化，适用于监测气调包装的最佳气体成分的保存情况。

3）无菌包装

无菌包装是指在无菌条件下，把无菌的或预杀菌的产品充填到无菌容器并密封，常用于奶制品、饮品、点心、果酱、调味品和香料等食品。无菌包装的罐装材料为马口铁或合金，瓶装材料为玻璃或塑料，盒或杯装材料多由纸、铝或多层塑料复合而成。被包装食品、包装容器、包装材料也需要通过杀菌以达到无菌要求。紫外线灭菌、过氧化氢杀菌、过热蒸汽灭菌、超高温瞬时灭菌、远红外杀菌技术、欧姆杀菌技术、超高压杀菌技术较为常用（马梦晴和高海生，2015）。目前常用包装材料的灭菌方法及其在商业化包装系统中的应用见表 5-1（孙书静，2015）。

表 5-1 常用包装材料的灭菌方法及其在商业化包装系统中的应用

灭菌方式	包材及容器	内容物
过热蒸汽	金属、塑料膜、铝箔、纸/Al/PE/复合罐	点心、布丁、果汁、果酱
过氧化氢	纸、铝箔、PE 多层结构、塑料膜、可热成型塑料、塑料杯（袋）、玻璃	牛奶、果汁、咖啡、奶粉、点心
环氧乙烯	塑料袋	冰激凌
UV	塑料膜、铝箔	点心
过氧化氢+ UV	纸、铝箔、塑料袋、PE 多层结构	牛奶、果蔬汁
γ射线	塑料袋	奶精

此外，新型杀菌技术和装置在达到杀菌效果的前提下还能保持产品的优良品质。牛佳等（2017）采用自行研制的无菌真空包装舱不仅能避免二次杀菌对低温羊肉品质的影响，还能有效延长羊肉保鲜期。连续蒸汽灭菌装置可生产出比传统罐头产品质量更高、货架期更稳定的食品（Anderson and Walker，2011）。将无菌包装与其他技术结合，能保留食品中更多的营养成分。微波处理和无菌包装可以获得耐贮藏、高抗氧化成分的紫薯泥（Steed et al.，2008）。

4）智能包装

智能包装是一种能通过执行智能功能（如检测、传感、记录、跟踪、通信和应用科学逻辑）来控制食品包装内环境，并提供产品相关信息的包装形式（Yam et al.，2010），它可以提高食品质量和安全性，延长食品保质期，广泛应用于生鲜肉、果蔬、肉制品、禽蛋类、奶制品、果汁等食品。基于工作原理，智能包装可分为信息型包装、功能材料型包装和功能结构型包装。

（1）信息型包装。信息型包装技术主要包括时间-温度指示器（temperature-time indicator，TTI）技术、条形码技术、RFID 技术等。

① TTI 技术根据颜色或结构发生不可逆的变化来感知所处环境的改变（钱静 等，2013）。TTI 技术主要应用于肉制品、水产品、蔬菜、奶制品等食品中。TTI 技术以简单、精确的形式确保冷冻去骨鸡胸肉的最终质量（Brizio and Prentice，2014），还可以通过监测冷链系统中酸奶的时间-温度历史记录来保障酸奶品质（Meng et al.，2018），也可通过监视牛奶存放期间的 pH 变化来检测牛奶质量变化（Pereira et al.，2015）。此外，TTI 也可用于评估灭菌的效率。

② 条形码技术是对根据编码规则得到的一组包含特定信息的图形标识符进行表达和识别的技术。二维条形码可实现对产品各环节信息的追溯，为消费者选购和使用提供便利，保障食品安全（兰龙辉和邱荣祖，2013；Kim and Woo，2016）。目前，二维条形码技术在乳制品、肉制品、谷物、果蔬制品、茶叶、酒品、水果等食品的防伪、追根溯源方面具有广阔的研究前景。

③ RFID 技术是一种基于标签读取的自动识别系统，通过使用无线传感器来识别产品并收集数据。RFID 具有识别、分类和管理货物流的能力，已成功地应用于可追溯性控制和供应链管理。市场上有带标签的 RFID，可用于监视产品的温度、相对湿度、光照、压力和 pH。目前广泛应用于蔬菜、肉制品、大米、奶、蛋等食品中。

（2）功能材料型包装。功能材料型包装主要分为新鲜度指示型包装、泄漏型指示包装。①新鲜度指示型包装利用食品在贮藏过程中产生的某些特征气体与特定试剂产生特征颜色反应、温度激活生物学反应，以及酶作用等引起指示标签变化，从而对食品新鲜度做出判断。新鲜度指示型包装通过检测食品腐败变质过程中产生的 CO_2 气体、挥发性含氮化合物和 H_2S 等含量来指示新鲜度，在果蔬、生鲜肉和水产品中均有报道。例如，可根据 CO_2 导致的甲基红与溴百里酚蓝指示液的颜色变化判断蓝莓新鲜度（冯刚，2019）。此外，可根据由挥发性盐基氮导致的溴甲酚紫颜色变化来识别猪肉的新鲜度（孙媛媛，2013），可根据由红甘蓝中花青素制成的 pH 敏感膜的 pH 颜色变化识别鱼肉的新鲜度（Prietto et al.，2017）。②泄漏型指示包装是通过检测包装内 O_2 或 CO_2 气体浓度来反映食品贮运过程中的品质状态（封晴霞和王利强，2019）。目前，应用于食品包装体系中的 O_2 指示剂大都是在可见光范围内有荧光发射和吸收的化合物（Mills，2005）。Andrew 团队研究了一系列 UV 激活 O_2 指示剂，可以用于指示包装完整性及间接反映包装内食品的新鲜程度（黄少云，2019）。由于 CO_2 是酸性气体，CO_2 浓度指示剂通常是对 pH 变化具有明显指示的化学材料（胡云峰 等，2014）。

（3）功能结构型包装。功能结构型包装指为满足某些特定需求，对包装结构进行相应改进的一类智能型包装。功能结构型包装主要有自动报警包装、自加热和自冷却包装。在自动报警包装体系中，包装袋底部嵌有依靠压力作用实现报警的封闭报警系统（蒋海鹏，2014）。自加热包装，主要利用无火焰化学加热技术，目前国内市场上的自热食品主要有自热火锅、自热米饭、自热面条等（陈梦竹，2017）。此外，雀巢公司还推出了自动加热牛奶咖啡罐，日本出现了自动加热清酒罐。自冷却包装利用由水变成水蒸气需要消耗热量这一过程来产生制冷效果，由 Crown Cork & Seal 公司和 Tempra 技术公司合作研发的自动冷却罐可用于冷却饮料和啤酒（郝晔，2007）。

2. 对环境和食品安全的影响

活性包装、气调包装、无菌包装及智能包装等现代活性包装具有传统包装无法获得的功能特性，可满足消费者对食品质量和安全的要求，符合未来食品包装设计的新理念，是食品包装的发展趋势。但是，不同的现代食品包装方式也存在一定问题。

活性包装虽然能显著延长食品货价期，但其中含有对人体不利的有害物质，可能对食品造成二次污染，仍需开发天然来源的添加剂应用于食品包装，在延长保质期的前提下更好地保证食品安全。气调包装在保证产品新鲜度的前提下，对人体无副作用，可保证食品安全。然而，传统气调包装并不能充分抑制食品在贮藏期间微生物的生长，所以需要进一步研究气调包装中的气体成分与比例。

无菌包装因具有严格的操作程序，食品安全得以保证，但生产中需要使用大型设备，尤其是食品灭菌机和无菌包装机等，导致能耗较大（李平舟，2014）。智能包装通常使用天然材料与食品直接接触，可在维持食品新鲜度的同时，保证食品的质量与安全（黄志刚，2003）。但是使用智能包装的自加热食品可能会带来危险。一些自热食品的加热包在遇到水后 3～5s 即可升温，温度高达 120℃以上，同时释放出大量的蒸汽，这些蒸汽在密封的包装内可能引起爆炸，操作不当还会出现蒸汽灼伤。此外，自热食品的加热包所含有的化学物质，在使用后会形成一些对环境有害的污染物，后续垃圾处理不当可能对环境产生危害（木须虫，2019）。

现代包装技术能够提高产品保鲜性能、延长保质期，使消费者选购和食用食品更加便捷。但是，还需要加大对这些技术的进一步研究，尽量在食品包装中添加天然来源的物质，减少有害物质的产生，保证食品安全。同时，还应提高产品使用的安全性，避免在使用中带来安全隐患和风险。在生产加工过程中注重节能减排及对环境的保护。

5.2　食品生态包装技术

传统和现代食品包装在满足不同食品包装要求、延长食品储存期限、保持食品品质等方面发挥了重要作用，但受限于部分食品包装材料难降解或其有害物质易向食品中迁移，对保护生态环境和保障食品安全带来挑战。追求资源友好、生态友好、健康友好的食品生态包装技术及相应包装材料正不断成为全球食品从业者研究的重点。本节简述食品生态包装的内涵及主要产品形式，重点对几种食品生态包装技术的最新研究进展进行概述。

5.2.1　食品生态包装概述

1. 定义与内涵

生态包装也称绿色包装、环境友好包装。1987 年联合国世界环境与发展委员会在题为《我们共同的未来》的报告中首次提出了生态包装的概念，即对生态环境和人体健康无害、能循环使用和材料回收再利用、可促进持续发展的包装。我国《绿色包装评价方法与准则》（GB/T 37422—2019）定义"绿色包装"为在包装产品全生命周期中，在满足包装功能要求的前提下，对人体健康和生态环境危害小、资源消耗少的包装。关于生态包装，目前尚未形成统一、权威的定义，但对环境和资源的消耗少、包装使用性能优越、使用后可循环再生或回收再利用、对人体健康危害低四大原则已经成为全球推动生态包装发展的共识。

食品生态包装以实现食品包装的生态化、绿色化、包装食品的安全化为目标，也需要满足上述四大原则的要求。首先，食品生态包装使用的材料应对环境和资源的消耗少。氯乙烯等塑料包装材料制备需要消耗大量的石油资源，作为食品包装使用后在环境中难以降解，造成土壤、水源污染，甚至破坏生物多样性。玻璃、纸板等可回收食品包装应鼓励轻量化设计，以避免食品过度包装、节省包装资源。其次，食品生态包装应具有优越的使用性能。随着食品智能制造理念的兴起和发展，除了传统的延长食品保质期、便于运输和携带等功能外，利用智能手段对食品储运过程品质和微生物变化进行实时监测，能够在食品储运环境改变、品质劣变之时及时采取相应措施，更有效地减少食品腐败发生、避免食品资源的浪费。再次，食品生态包装材料应具有可降解、循环再生或回收再利用的要求。食品包装材料的可降解、循环再生或回收再利用有效节省了包装材料，减少了环境和生态保护的压力，如智能包装中可回收的 RFID 标签的使用既降低了企业成本，又减少了垃圾的产生。最后，食品生态包装应尽量减少食品包装及其内容物中含有的有害物向食品中的迁移，更好地促进食品安全和人体健康。部分食品包装涂层以大豆蛋白、壳聚糖等为基本原料制成的可食用包装（膜）不仅避免了包装中有害物质向食品的迁移，食用后还能够为消费者提供机体所需的营养和能量，也减少了向环境中排放的垃圾数量，实现生态友好和健康友好的双赢。

2. 主要形式

食品生态包装主要包括可降解包装和可食性包装两种。此外，可降解、可食性包装材料与纳米技术、智能包装技术相融合，形成的包装材料既符合资源循环利用的要求，同时又提升了食品品质，是对食品生态包装的拓展和深化。

1）可降解包装材料

可降解包装材料根据来源不同主要有以可食性材料为基质，如淀粉、纤维素的包装材料，纸浆基质包装材料，以竹纤维基质为来源的包装材料和以生物降解高分子来源的包装材料（刘林 等，2016）。纸包装材料废弃之后，可快速自然降解；木、竹来源的包装材料，原料充足且可回收。可降解原料最终以无毒、无污染的产物输送到自然环境中（刘建龙和刘柱，2015；戴宏民和戴佩燕，2014）。

2）可食性包装材料

可食性包装材料可防止食品和外包装粘连，如糖果的糯米包装纸、香肠的肠衣，也可作为食品成分直接食用，间接地起到保护生态环境的作用。可食性包装材料以淀粉、蛋白质、多糖等天然可食材料为原料（张赟彬和江娟，2011），可以作抗菌抗氧化性等活性物质的载体，同时能提高食品表面机械强度和承载力，便于食品流通和加工，有效延缓食品中水分和营养成分流失，阻止食品中风味物质挥发。

3）多功能组合包装材料

将可降解、可食性包装材料与纳米技术、智能包装技术相融合，形成的活性包装和可视化智能包装，提升了食品生态包装的结构特性和智能保鲜特性。采用纳米技术等将天然抗氧化剂和天然抗菌剂（植物精油、茶多酚等）与蛋白质、多糖等可食性材料组合，制备的包装材料可以提升食品包装抗氧化、抑菌的性能。添加天然着色剂的多糖复合比色膜可以较为灵敏地反映水产品和畜禽肉新鲜度变化，减少食品腐败和食品浪费的发生。

5.2.2 食品生态包装关键技术

1. 可降解包装技术

1）新型纸浆膜塑包装

纸浆膜塑包装，即以芦苇、蔗渣等草本植物纸浆为主要原料，通过添加功能性化学药品（防水剂、防油剂、增强剂等），经真空抽滤成型、加热干燥而成的包装。其生产工艺较为简单，可加工成各种形状，废弃后既可回收利用，也可自行降解。由质量分数为 80% 的废弃谷物秸秆纤维获得的纸浆膜塑制品拉伸性能良好，可以用于制作圆形餐盘，同时具有高度的生物降解性能，在未消毒的土壤中掩埋 4 周后可降解其质量的 20%（Curling et al.，2017）。

2）瓦楞纸包装

瓦楞纸包装可以纸代木、以纸代塑，材料可以回收利用，能够很好地保护商品、方便印刷各种标记和图案，广泛应用于热饮、果蔬、酸牛奶、坚果、面点制品、生鲜农产品等食品。此外，瓦楞纸包装具备一定的缓冲能力，还可作为玻璃等易碎品的包装以防止玻璃破损变形（吴萍和高铭悦，2015）。

3）新型淀粉基塑料包装

淀粉基塑料包装按原料不同，分为填充型淀粉塑料、共混型淀粉塑料、全淀粉型塑料。填充型淀粉塑料主要是将淀粉作为填料填充于通用塑料，如 PE、PP 等，具备优良的力学性能，但是无法完全降解；共混型淀粉塑料由淀粉与聚乳酸（PLA）、聚己二酸对苯二甲酸丁二酯（PBAT）等材料共混获得，大部分可生物降解；全淀粉型塑料可以完全降解。以淀粉为主体原料的降解材料的应用主要集中在食品包装及容器、生鲜食品盘、冰激凌杯、一次性茶杯、刀叉、食品托盘与超市净菜盘等方面。

4）新型纤维素基塑料包装

以纤维素为主体制作的包装主要用于制作一次性餐具，具有明显的环保优势和资源优势。李明等（2019）以豆渣为基材，添加变性淀粉、食品级羧甲基纤维素钠、山梨醇、单甘酯制成的可食用一次性餐具，成型良好、外观光滑，具有良好的使用价值，为豆制品行业副产品的综合开发利用开辟新的途径。董学敏（2012）研究了一种以生物质纤维粉（竹粉）为基质的餐具配方及生产工艺，生产的餐具满足相关标准要求，采用全自动成型机装置可实现餐具的系列化和自动化生产。

5）竹原纤维增强塑料包装

热塑性淀粉的力学性能和阻燃性能较差，其制成的包装不能满足使用要求，所以需要对原料进行增强。钟宇翔（2010）通过使用香蕉纤维、剑麻纤维和氢氧化镁对淀粉材料进行增强，增强了其力学性能和阻燃性能，拓宽了淀粉和纤维材料的使用范围。由木薯淀粉、生物降解短纤维、生物降解增韧剂制成完全生物降解的纤维增强淀粉发泡餐具强度高、韧性好，可完全生物降解（庞买只和梁海天，2019）。

6）植物纤维发泡缓冲包装

植物纤维发泡缓冲材料包装是由可降解的植物纤维、黏合剂和发泡剂为原材料制成的具有良好缓冲性能的发泡纸制品。植物纤维具有较好的力学性能、缓冲性能及自身的降解性能，在发泡缓冲包装材料中可以起到增强作用，提高包装材料的抗压强度和撕裂强度。该包装可替代自然环境不能分解的泡沫包装，且抗震耐冲性能更加优良，可用作食品中的防震内衬。

7）生物降解高分子材料包装

目前已开发的高分子材料主要有 PLA、聚羟基脂肪酸酯、聚碳酸亚丙酯、PVA、聚己内酯、聚乙醇酸、聚琥珀酸丁二醇酯（PBS）等。PLA 具有良好的生物降解性、生物相容性和生物可吸收性，同时具有优异的后加工性、气体阻隔性、热阻隔性和透明性，但其脆性高、抗冲击性差、热变形温度低、亲水性差（邹萍萍，2013），需要与其他材料复合使用来提高包装性能。例如，以 L-聚乳酸（PLLA）为基材，PVA 层作为中间层夹在聚乳酸层中，由此制备的阻隔性和机械性能优良的 PLLA/PVA/PLLA 3 层复合膜，可以更好地保鲜猪肉（王爽爽，2014）。PBS 属于全生物分解热塑性树脂，价格低廉、使用价值高，但是纯 PBS 结晶度较高、不利于加工成型，通过对其改性可获得性能优良的材料。添加 30% PBAT 对纯 PBS 进行共混改性后，薄膜的力学性能、CO_2、O_2 及水蒸气的透过性能显著提升（刘孟禹，2019）。

2. 可食膜技术

可食膜是以可食性的生物大分子为原料，辅以安全可食的增塑剂、交联剂，通过混合、涂布、干燥等工序，形成具有选择透过性和物理机械性能的多孔致密网状结构的薄膜。可食膜绿色环保、可生物降解、无毒无害，可提高食品的食用价值和安全性。可食膜被广泛应用于肉类和水产品、禽蛋制品、新鲜果蔬、糖果、焙烤食品、调味包、果脯等食品中。然而单一可食膜的热封性、耐水性、阻油性和机械强度较差，制约了可食膜在食品中的应用。为了提高可食膜在食品上的使用性能，一般会添加其他基质或天然活性物质制备复合可食膜。根据可食膜成分的不同，可分为多糖类可食膜、蛋白质类可食膜、脂质类可食膜、复合可食膜及功能可食膜。

1）多糖类可食膜

多糖类包括动植物胶、淀粉、多糖、纤维素等。多糖类可食膜是由多糖聚合物通过分子内和分子间的氢键等作用而形成网状结构薄膜。多糖膜具备良好的成膜性和机械性能，能有效地阻隔 O_2 和油脂，但是多糖属于亲水性物质，故多糖膜具有一定的水溶性，可作为速溶食品的包装材料（卢星池 等，2014）。

2）蛋白质类可食膜

蛋白质类可食膜的原料主要来自植物蛋白和动物蛋白。常用的植物蛋白有大豆蛋白、玉米醇溶蛋白和小麦面筋蛋白等；常用的动物蛋白有乳清蛋白、胶原蛋白等。蛋白质是以肽键连接的天然有机高分子化合物，通过蛋白质分子之间氢键、静电作用力、疏水相互作用和二硫键来稳定结构。而蛋白质经过处理后，蛋白质分子展开，使埋藏在分子内部的部分疏水基团、巯基和二硫键等暴露出来，形成新的二硫键，可得到具有一定阻隔性能和机械强度的蛋白膜。但是由于蛋白质的亲水结构特性，使蛋白质的阻水性较差。

3）脂质类可食膜

脂质类可食膜的原料主要有蜂蜡、软脂酸、硬脂酸等。脂类物质极性低，所以脂质膜具有优异的阻水能力，但由于脂质类膜的强度极低，通常与蛋白质、多糖复合使用。

4）复合可食膜

通常单一成膜基质达不到包装食品的要求，因此以两种及两种以上材料为制膜基质制备复合膜。将不同比例的多糖、蛋白质、脂质结合在一起，获得二元或三元复合膜，以提高可食膜的机械性能和力学性能，起到有效阻隔气体和水分的作用。

5）功能可食膜

为了赋予可食膜抗菌和抗氧化性能，通常将天然抑菌剂和天然抗氧化剂添加到可食膜中。天然抑菌剂主要有植物提取物和精油、壳聚糖、溶菌酶、蜂胶、细菌素；天然抗氧化剂主要有植物提取物。天然抑菌剂和天然抗氧化剂无毒无害，绿色环保，在可食膜膜中应用越来越广泛，是未来可食膜的研究热点。功能可食膜在食品中的应用如表 5-2 所示。

表 5-2 功能可食膜在食品中的应用

基质	添加剂	食品	应用效果	参考文献
壳聚糖	肉桂油	酱牛肉	能够显著改善储藏过程中的酱牛肉的品质	罗宁宁，2016
壳聚糖	茶多酚	猪肉肉饼	保持食品品质，延长保质期	Qin et al.，2013
淀粉	丁香/肉桂	白虾	有效抑制微生物种群的增长，减少脂质氧化和总挥发性碱氮的含量	Meenatchisundaram et al.，2016
乳清蛋白/纤维素纳米纤维	氧化钛/迷迭香精油	羔羊肉	可以有效保持羔羊肉的微生物和感官品质	Alizadeh et al.，2017
藜麦蛋白	壳聚糖/葵花籽油	蓝莓	可在32d内控制霉菌和酵母菌的生长	Abugoch et al.，2015
谷蛋白	亚麻籽胶/低原花青素/月桂酸	调味料	可在75d内保持调味料包的使用效果	Liu et al.，2018
马化油基聚氨酯/壳聚糖	氧化锌纳米颗粒	胡萝卜片	与商业聚乙烯薄膜相比，可有效减少细菌污染	Sarojini et al.，2019

3. 纳米包装技术

纳米包装是指采用纳米包装材料使包装具有超级功能的一类包装。纳米包装材料是指运用纳米技术，将颗粒大小为 1～100nm 的分散相纳米粒子与传统包装材料通过纳米合成、纳米添加、纳米改性等方式加工而成的具有某一特性或功能的新型食品包装材料（郭筱兵 等，2013）。常见的纳米包装有纳米复合包装和添加纳米粒子的活性包装（李丹 等，2019）。纳米保鲜包装已在水果、干果、谷物、蔬菜、茶叶、肉制品等多种生鲜或加工食品中应用。纳米包装技术在食品中的应用如表 5-3 所示。

1）纳米复合包装

纳米复合包装由纳米复合材料获得，复合材料一般指以多聚物为基体，通过包埋由活性物质制得的纳米级复合物或和其他材料混合后制备的纳米复合材料。通过将功能性分子与聚合物材料进行复合，可以改善聚合物的性能，从而使包装具有一定的气体阻隔性能和力学性能。

2）添加纳米粒子的活性包装

添加纳米活性物质可以增加包装袋/膜的各项性能。纳米粒子主要有纳金属（银、锌等）、金属氧化物（二氧化钛、氧化锌等）和无机聚合物等。将纳米粒子加入包装膜/袋，可以大幅提升包装的力学性能和机械性能，增加包装的应用范围。

表 5-3　纳米包装技术在食品中的应用

基质	纳米材料	食品	应用效果	参考文献
塑料	银/二化化硅	白莲藕	保持白莲藕贮藏期间的食用品质和贮藏品质	孙世旭 等，2019
小麦粉	纳米氧化锌/纳米高岭土	干酪	可保持其理化特性和质量，防止微生物生长	Jafarzadeh et al.，2019
低密度聚乙烯	纳米碳酸钙	甘蔗	可以有效地抑制褐变并保持鲜切甘蔗的品质	Luo et al.，2014
琼脂	纳米氧化锌	葡萄	延长葡萄的货架期	Kumar et al.，2019
PE	纳米银/高岭土/二氧化钛	草莓	能维持草莓果实良好的品质	Yang et al.，2010
壳聚糖	纳米纤维素	甜樱桃	可延长水果的货架寿命，防止真菌生长	Nabifarkhani et al.，2015
PLA	纳米氧化锌	鲜切苹果	维持感官品质，对微生物的生长有显著的抑制作用	Li et al.，2017
PLA	二氧化钛	香菇	维持香菇贮藏期间的感官品质，抑制呼吸强度	曾丽萍 等，2017
PVA	纳米二氧化硅	咸鸭蛋	可在 6 个月内维持咸鸭蛋的色泽和风味	雷艳雄，2011

4. 智能包装技术

　　智能包装被定义为在一个包装、一个产品或者产品-包装组合中，有一集成化元件或一项固有特性，利用其元件或特性赋予产品包装特定职能，或体现于产品本身的使用中（黄昌海和卢超，2018）。简而言之，就是将现有的最新技术（如传感、信息、控制、电子）结合创新思维，使产品包装除了具有其基本功能外，还兼具检测、监控、感知和调整包装内的环境状态，将信息传递给消费者的功能。另外，在商品质量、物流管理等方面，智能包装也大大减小了监管难度、提高了管理效率。同时，追踪溯源、防伪识别这些附加功能也增加了智能包装的价值。智能包装是包装行业发展的新方向，前景广阔。

　　根据其包装方法及材料不同，智能包装分为信息型、功能材料型、功能结构型 3 种。信息型智能包装是指将产品的各类信息（如名称、成分、规格、产地、保质期）在仓储、运输及销售期间进行追踪记录，实现自动化管理（李志浩，2015）。功能材料型智能包装是指利用新型包装材料对产品包装进行重新设计，使其具有识别与判断包装内环境的功能。此类型智能包装通常将气敏、光敏、湿敏等功能材料与包装材料复合使用，对包装内湿度、温度、气体含量等进行识别、判断及自适应控制（许文才 等，2010）。功能结构型智能包装是指对产品的内部包装结构进行可控性改变，使产品具备某种特定的功能，例如自动冷却和自动加热包装。相比于功能材料型的"包"，功能结构型包装更多的是通过"装"来达到智能的目的（刘莹，2013）。

1）信息型智能包装

信息型智能包装技术有 TTI 技术、条形码技术、RFID 技术。

（1）TTI 技术。TTI 通过时间-温度累积效应来指示食品温度的变化过程，可记录食品在运输、储存、销售过程中的温度变化，保障食品安全。现在普遍应用的 TTI 主要有 3 种：VITSAB，Lifelines Freshness Monitor，3M MonitorMark。VITSAB 是酶促反应型 TTI，其工作原理是时间-温度指示器上的底物经过酶促反应导致 pH 降低，其颜色将发生琥珀色-橙色-紫红色的不可逆变化。Lifelines Freshness Monitor 是基于聚合反应引起颜色变化的 TTI。3M MonitorMark 基于染色脂肪酸酯融化、扩散原理引起颜色变化（郭鹏飞 等，2018）。

（2）条形码技术。条形码技术是指将规律的编码排列，将信息隐藏其中再用图形标识符进行识别表达，通过用光学仪器对条形码的宽度和厚度进行扫描，从而得到条形码中贮存的商品选购及使用等信息的技术。条形码分为一维和二维两种类型：一维条形码是将黑条与白条进行简单的线性排列；二维条形码采用的是更为复杂的二维几何图案（陈克复和陈广学，2019）。

（3）RFID 技术。RFID 技术的工作原理是当标签进入读写器的磁场范围内时，RFID 中的微型芯片接收到读写器的信号，并将产品信息等数据传输到计算机中，也可将新数据重新写入芯片中。它可以与其他智能包装技术（如 CO_2 传感器、新鲜度指示器）结合使用，更全面地监测产品质量（郭鹏飞 等，2018）。

NFC 是 RFID 的一种，属于非接触式射频识别技术。NFC 由一个阅读器和标签组成。当标签置于读写器线圈磁场中时，标签天线收集能量唤醒标签，通过 NFC 数据交换格式将数据发送回读写器。除此之外，NFC 可以通过任何具有 NFC 识别功能的智能手机而不是专用阅读器来读取信息。Nguyen 等（2019）提出了一种基于检测包装内气压无电池的食品腐败监测系统。包装内的气压变化由该智能标签上的压力灵敏传感器检测，根据不同的气压将食品划分为不同的新鲜等级，并结合开发的应用程序通过智能手机显示给用户。

2）功能材料型智能包装

功能材料型智能包装能够改善或增加包装功能，以满足特定的包装要求。常见的功能材料型智能包装有新鲜度指示型和泄漏指示型等。

（1）新鲜度指示剂。新鲜度指示剂可以直接提供有关产品质量的微生物生长或者化学变化的信息。

挥发性盐基氮是水产品和畜禽肉新鲜度的重要指标，其测定值是蛋白质分解产生的氨及胺类等碱性含氮挥发性物质的总和。选取对不同浓度挥发性胺（氨）引起的 pH 变化较为敏感的功能材料开发新鲜度指示剂，可实现对水产品和畜禽肉新鲜度的监测和判定。

花青素作为一种天然着色剂，添加在智能包装中可用于水产品和畜禽肉中挥发性胺的测定。Yun 等（2019）将富含花青素的杨梅提取物加入木薯淀粉中，研制出具有抗氧化性能的 pH 敏感型智能包装，当淀粉-杨梅提取物薄膜暴露于氯化氢和氨气中时，其颜色会发生明显变化，能够监测猪肉的新鲜度。Kang 等（2019）设计了一种添加玫瑰花青素的 PVA/秋葵黏液多糖复合比色膜。该膜在 pH 2～12 时显示出明显的颜色变化，并且对挥发性氨高度敏感，可以有效地实时监测虾的新鲜度，并且肉眼可以轻松分辨颜色变化。Ahmad 等（2019）将从蝶豆属和芸薹属植物中提取的花青素混合加入卡拉胶膜中，制成的比色 pH 传感膜具有更广泛的颜色变化范围。

茜素作为染色试剂和酸碱指示剂也可用于检测挥发性胺。Ezati 等（2019）将 1%（w/v）的茜素加入用溶胶-凝胶法制得的纤维素壳聚糖膜中制得的比色指示剂，可根据挥发性胺产生颜色变化来检测牛肉糜的新鲜度。Ezati 和 Rhim（2020）以壳聚糖和茜素为原料制成的具有比色功能的薄膜颜色随着 pH 在 4～10 变化，对鱼产生的挥发性胺较为敏感，从鱼变质开始，复合膜的颜色从卡其变为淡棕色。

其他的新鲜度指示剂也常被用于检测食品中的挥发性胺。Luo 和 Lim（2019）利用食品中的常见芳香化合物二乙酰、苯甲醛、对茴香醛、对甲苯甲醛合成了基于肉桂基和喹喔啉衍生物的指示染料，对海鲜腐败过程中的挥发性氨敏感。此类染料具有多种生物活性，例如抗菌性、抗炎性和抗癌性，但还需要进一步研究染料加入实际包装中的方法。Jia 等（2019a）获得的双发射固体荧光材料，对浓度在 $5.0～2.5×10^4$ mg/kg 的氨表现出灵敏度高、变色、快速的线性反应。纤维素衍生物的良好溶解性和可加工性使其可被加工成油墨、涂层、柔性膜和纳米纤维膜等多种材料形式。电纺纳米纤维膜可作为低成本、高对比度、响应快速的荧光商标，可用于监测虾和蟹的新鲜度。Wells 等（2019）首次开发了 pH 敏感染料溴酚蓝的聚合物薄膜，在鱼肉变质时，聚合物包封的染料颜色从黄色变为蓝色。其方法是将溴酚蓝涂覆在锻制二氧化硅上形成颜料，并通过挤压分散在低密度聚乙烯（LDPE）薄膜中。该膜可对鳕鱼中的挥发性胺快速响应，从而反映鳕鱼的新鲜度。

将新鲜度指示剂与手机结合可更精准地检测包装内的食品质量。Lee 等（2019）制作出了一种检测鸡肉腐败度的比色阵列新鲜度指示剂。该指示剂由 3 层结构组成，分别为聚醚酰胺嵌段共聚物膜、由 8 种聚合物固定的 pH 染料变色层和 PET 膜，可以监测鸡胸肉的腐败，与智能手机摄像头和数字图像处理相结合，可以使消费者能够轻松、可靠地判断食品质量。

（2）泄漏指示剂。对于新鲜蔬果和肉类食品来说，由于细胞的呼吸作用或使用气调包装的原因，其包装内 O_2 体积分数维持在 2%～5%，CO_2 的体积分数维持在 20%～80%。但包装的泄漏或者变形会使最佳气体环境发生变化，从而对产品口味、营养、整体的安全性产生严重的影响。因此，根据 O_2、CO_2 的含量变化可以用来判断食品的品质。泄漏指示标签分为 O_2 敏感型和 CO_2 敏感型，通常置于包装内部以直接接触检测包装的内部环境，当包装泄漏发生气体浓度改变时，标签颜色会随之改变从而提醒消费者（Kalpana et al.，2019）。

CO_2 敏感型泄漏指示标签用来反映食品中 CO_2 含量变化。一般 CO_2 由食品中的微生物产生，并在包装的顶部空间积累。因此，检测顶空 CO_2 的含量可以反映出食品质量的变化，尤其在发酵食品中。

食品中广泛存在的蛋白质和多糖之间相互作用形成的复合物可很好地反映生物聚合物之间的静电力，根据此特性可用于制作指示剂。酪蛋白酸钠是一种可溶性的酪蛋白，果胶是阴离子多糖，根据酪蛋白酸钠和果胶之间会产生静电作用的特性，Choi 和 Hans（2018）首次将两者的悬浮液在不同 pH 下结合制备 CO_2 指示剂，指示剂的透明度可根据 pH 的改变产生明显的变化，可用于监测泡菜的品质与成熟度。

在 CO_2 指示标签中具有颜色指示作用的 pH 染料是亲水的，不易与包装材料的疏水性聚合物混合，适当添加相转移催化剂可以将 pH 敏感性染料从亲水性转化成为疏水性。季铵盐（包括四丁基铵阳离子和四辛烷基铵阳离子）可作为相转移催化剂，使染料中的阴离子与其配对。离子对染料有足够的亲脂性，与原来的染料相比，对 pH 的响应也更灵敏。利用相转移催化合成了基于溴百里酚蓝和四丁基铵阳离子的离子配对染料，并添加含伯胺的支化聚乙烯亚胺作为 CO_2 吸附剂，制备而成的 CO_2 敏感包装薄膜可以监测泡菜发酵过程（Lyu et al.，2019）。

O_2 敏感型指示剂需要具备极高的安全性和稳定性、监测可重复性和无校准性，还应与包装材料兼容。Kelly 等（2020）研究了一种挤压磷光 O_2 敏感型复合材料，该材料由 Pt-苯卟啉染料和交联 PS-二乙烯基苯构成，并分散在 LDPE 或 PLA 载体聚合物中，通过手持 Optech 阅读器监测肉类和奶酪样品中 O_2 的水平。该传感器具有良好的层合膜结构，具有稳定、可预测的传感特性，对于 O_2 的响应稳定且迅速。其中 PLA 传感器膜显示出较高磷光信号，适于高 O_2 水平的气调包装；LDPE 传感器更稳定，适于低 O_2 水平的包装。Carballo 等（2019）设计了一种基于亚甲基蓝还原反应的用于检测顶空 O_2 的色彩传感器，它由以亚甲基蓝作为牺牲电子供体的甘油、作为光催化剂的二氧化硅及作为结构聚合物基质的乙烯-乙烯醇共聚物构成，外层的传感器用来显示颜色变换，内层可在传感材料接触内部大气的同时避免与食物直接接触。该传感器可对浓度低至 0.5% 的 O_2 进行检测，也可检测需要加热的包装产品。

3）功能结构型智能包装

功能结构型智能包装可使包装更方便简洁，最有代表性的包装是自动加热和自动冷却包装，这两种包装都是增加了包装部分结构，而使包装具有部分自动功能。自动加热型包装是一种多层、无缝容器，以注塑成形方法制成，容器内层分成多个间隔，容许产品自我加热。自动冷却包装内置冷凝器、蒸发格、盐，冷却时催化作用产生的蒸汽和液体贮藏于包装底部，这项技术可在几分钟内将物品温度降至 17℃，最具代表性的是智能啤酒密封罐技术。

随着人们生活品质的提高，人们的环保意识更加强烈，消费者更加注重食品安全与环境保护，同时期待食品包装具备更多的功能。可生物降解包装与可食膜符合可持续发展的理念，具备健康、低碳环保、可循环再生等优点，需要加大研究和开发新产品的力度。纳米包装可赋予食品包装优异的机械能、物理化学性能和功能特性等，同时其中的纳米粒子可通过降解作用避免对环境造成危害，接下来需要研究纳米粒子在食品中的安全性。智能包装可以使消费者通过商品包装了解该商品透明度更高的信息，保证食品安全，方便消费者选购，保障消费者合法权益，同时能够提供便于生产企业、物流链、销售商管理的相关信息。然而目前智能包装还处于初级发展阶段，降低智能包装系统的成本和开发多功能的智能包装是目前的发展方向。因此，更多的科研力量应投入智能包装的研究中，推动智能包装产业发展。

第6章

食品营养与安全

6.1 食品加工与人类健康

食品营养与安全是促进人类健康、践行食品生态加工健康友好属性的关键。食品加工在丰富产品种类、抑制微生物生长和酶活性、延长保质期的同时，对某些食品的营养价值和食品安全指标也造成一定影响。食品加工操作中，食物中的营养物质会发生各种物理化学变化，不仅造成营养物质的破坏，也会产生 BaP、杂环胺、生物胺等加工有害物，影响消费者的营养安全和食品安全。本节重点对食品加工中营养物质变化和可能产生的有害物进行概述，以期为食品生态加工技术促进人类健康提供指导。

6.1.1 食品加工中营养物质变化

食品原料在研磨、腌制、加热、冷冻、浓缩、干燥和发酵等加工过程中，食物会发生变性、氧化、水解、酶解等各种物理化学变化，这些变化对食物营养的影响是利是弊，则取决于食品种类、食品加工过程和食品储存条件。

1. 食品加工中营养物质的有利变化

在食品加工过程中，食物富含的营养物质不断分解转化成人体更易消化吸收的小分子物质，提升了食品的功能特性和营养价值。

1）丰富食品中的营养组分

大米、小麦粉通过蒸煮热加工加速淀粉糊化，提升淀粉的消化性。葡萄糖经葡萄糖异构酶生成果糖，从而提高玉米果葡糖浆的甜度。谷物加热时，结合态的烟酸能部分释放出来，更好地被人体利用。畜禽肉加工中蛋白质适度分解成氨基酸、多肽等易消化吸收的小分子。糙米富含γ-氨基丁酸、谷胱甘肽、谷维素、肌醇、膳食纤维等具有生理活性的健康功能因子，发芽后氨基酸、还原糖、脂肪酸含量显著增加，尤其是γ-氨基丁酸含量增加近 2 倍（王立 等，2019）。适当的热加工使食品中蛋白质发生变性、折叠的肽链变得松散，更易分解成小分子肽和氨基酸，提高消化率和生物利用率。发酵肉制品和水产制品在微生物发酵和酶的作用下，产生较多的多肽和比例更合理的氨基酸。食品加工过程中还会添加一些营养强化剂，如矿物质、氨基酸、维生素等，使其营养价值达到或超过未加工的食品，如营养强化米。

2）钝化抗营养物质

有些食品中天然存在一些抗营养物质，如豆类中的酪氨酸抑制剂和血球凝集素、鱼中的硫胺素酶、蛋中的抗生蛋白和谷物中的肌醇六磷酸等。这些抗营养物质大多具有蛋白质的性质，因此，在温和加热条件下，这些抗营养物质被钝化、失活，不再影响营养物质的消化吸收。

2. 食品加工中营养物质的不利变化

在食品加工过程中，食品中还可能发生许多不利的物理化学变化，对食品的营养价值和功能特性造成不利影响。

1）过度碾磨和精炼造成营养物质流失

稻谷皮层和胚中含有大量的营养物质，如蛋白质、脂肪、维生素、膳食纤维、矿物质等。不同的加工精度，去掉颖果的皮层和胚的量不同，粮食营养物质总体减少，减少程度存在差异（郭亚丽 等，2018）。加工精度越高，大米中蛋白质、维生素、膳食纤维等的含量越低，过度加工将导致粮食营养物质的损失。如表 6-1 和表 6-2 所示，留胚米和糙米的营养成分明显高于大米的营养成分。多次抛光的大米胚破碎，营养物质大量损失，剩下的部分以淀粉为主，营养成分损失严重。

表 6-1　一级大米与留胚米营养成分比较（王萌 等，2016）

营养成分	一级大米	留胚大米
能量/（kJ/100g）	1496	1519
蛋白质/（g/100g）	6.24	6.44
脂肪/（g/100g）	1.03	1.4
碳水化合物/（g/100g）	79.51	79.9
维生素 B1/（mg/100g）	0.1	0.18
维生素 B2/（mg/100g）	0.01	0.01
维生素 E/（mg/100g）	0.4	0.61
钠/（mg/100g）	1.07	1.11
钾/（mg/100g）	66.02	72.93
铁/（mg/100g）	0.44	0.63

表 6-2　大米和糙米营养成分比较

营养成分	粳米（一级）	粳糙米	籼米（一级）	籼糙米
蛋白质/%	6.8	7.1	7.8	8.3
脂肪/%	1.3	2.4	1.3	2.5
碳水化合物/%	76.8	74.5	76.6	74.2
纤维素/%	0.3	0.8	0.4	0.7
钙/（mg/100g）	8	13	9	14
磷/（mg/100g）	164	252	203	285
维生素 B_1/（mg/100g）	0.22	0.35	0.19	0.34
维生素 B_2/（mg/100g）	0.05	0.08	0.06	0.07
维生素 E/（mg/100g）	0	13.5	0	13

　　小麦麦皮、胚乳和胚的营养成分组成和含量有明显差异（表 6-3），小麦制粉过程中，去掉麸皮和糊粉层，有的还要去掉胚，其中含有的蛋白质（氨基酸）、脂肪、糖、膳食纤维、维生素（维生素 B、泛酸、维生素 E，少量维生素 A）、矿物质等将有不同程度的损失。与稻谷加工类似，加工精度不同，出粉率不同，营养成分的含量存在明显差异。出粉率越低，营养成分的损失越严重，当出粉率为 97%，接近全麦粉的程度时，营养成分的损失较小（表 6-4）（王晓曦 等，2012）。与全麦粉相比，加工精度较高的面粉，蛋白质、维生素 B_1、维生素 B_2、烟酸、铁、钙和锌等分别损失 15%、83%、67%、50%、80%、50% 和 80%（丁文平，2011）。

表 6-3　小麦籽粒各部分营养成分（丁文平，2008）

组成部分	各部分平均质量比例/%	淀粉/%	蛋白质/%	纤维素/%	矿物质/%	脂肪/%	维生素/%
全麦粒	100	100	100	100	100	100	100
麦皮（糊粉层和皮层）	15.0	0.0	20.0	88.0	30.0	62.0	50.0
胚乳	82.5	100	72.0	8.0	50.0	17.0	26.0
胚	2.5	0.0	8.0	4.0	20.0	21.0	24.0

表 6-4　不同出粉率面粉营养物质含量（王晓曦 等，2012）

出粉率/%	灰分/%	湿面筋/%	降落数值/s	蛋白质/%	脂肪/%	维生素总量/（mg/100g）	矿物质总量/（mg/100g）
40	0.45	27.9	368	10.33	0.74	0.83	567.17
50	0.47	29.8	393	11.04	0.76	0.93	614.38
60	0.48	31.8	376	11.78	0.77	1.47	630.76

续表

出粉率/%	灰分/%	湿面筋/%	降落数值/s	蛋白质/%	脂肪/%	维生素总量/（mg/100g）	矿物质总量/（mg/100g）
70	0.49	33.6	357	12.44	0.81	1.53	639.56
80	0.66	34.2	341	12.67	1.02	2.8	740.95
90	1.39	32.4	336	13.12	1.3	3.1	1436.73
97	1.6	30	310	13.22	1.64	3.53	1517.25

注：维生素包含维生素 B_1、维生素 B_2、维生素 B_6、烟酸等；矿物质包含锰、锌、铁、铜、钠、磷、钾、钙、镁等。

2）热/冷加工、O_2 和酸碱处理导致营养物质流失和降解

蛋白质的营养价值及其安全性随热、O_2 和碱性条件变化而改变，也会由于与其他有机分子反应而改变。无氧和活性羰基存在时，加热蛋白质会导致蛋白质变性并生成一些交联键，如果加热程度剧烈，还会发生氨基酸组分的破坏。有活性羰基存在时（例如还原糖和脂质氧化产物），加热蛋白质会促使发生美拉德反应和 Strecker 降解，这些反应不仅会引起感官特性的显著变化，而且会对食品的营养价值产生不利的影响。在有碱存在时，加热蛋白质会产生外消旋作用、形成赖丙氨酸，二者对蛋白质营养价值都有负面效应。

食品中脂质在高温下易发生氧化和聚合反应，降低必需脂肪酸含量，顺式脂肪酸部分转变成反式脂肪酸，共轭脂肪酸转变成反式构象、参与二聚反应和多聚反应，还对维生素 A、维生素 D、胡萝卜素等脂溶性营养物质造成破坏。与蛋白质和脂肪相比，碳水化合物一般比较稳定，加工中不易发生损害营养价值或产生毒性物质的化学反应。但是，具有活性羰基的碳水化合物，极易参与美拉德反应和蛋白质的 Strecker 降解，从而对蛋白质营养价值产生不利的作用。

维生素是不稳定的，维生素 C、D、E、A 和叶酸盐特别容易氧化钝化，维生素 C、叶酸盐、硫胺素和维生素 B_6 易受热降解，核黄素特别容易发生光催化降解反应，因此在某些食品加工过程中会损失掉。水果和蔬菜加工中，烫漂处理通常是必不可少的环节。烫漂过程中，果蔬中的部分水溶性维生素（如维生素 C）、B 族维生素会随水流失，可溶性单糖、双糖等碳水化合物也会有流失。高温油炸也会造成脂溶性维生素氧化分解。肉制品和水产品加工时，冷冻产品的解冻也容易造成水溶性维生素的流失。

此外，食品中矿物质性质较为稳定，不会因 O_2、酸碱处理等发生损失，损失主要来自蒸煮、烫漂等热加工过程，食物与热水、热蒸汽接触而导致其随水流失。此外，矿物质与食品中其他组分相结合降低了生物利用率，也是导致矿物质损失的重要途径，如蔬菜中的植酸与钙离子结合，降低了被人体吸收利用的程度。

3）腌制、乳化等工艺易导致食品高盐高脂高糖

金华火腿、腊肉、咸鱼等传统食品加工时，一般采用高盐腌制，以减少水分含量、延长保存时间，最终产品中含盐量在10%左右。除了食盐外，食品加工中较常使用的黄豆酱、酱油等发酵调味品，以及风味增强剂等食品添加剂中也有一定的含盐（钠）量。长期过量摄入食盐尤其是钠盐，会增加人们患高血压、心血管疾病、骨质疏松、胃癌等疾病的概率。

香肠、乳化肠等肉糜类制品加工时，为减少蒸煮损失、赋予良好风味，往往添加15%～30%的动物脂肪，但过多动物脂肪的摄入易引发肥胖症、心脑血管疾病等，还可能增加患结肠癌的风险。焙烤食品为获得良好的色泽和风味，会添加较高含量的食用油、起酥油和糖类，果酱、果脯等加工时同样需要添加大量的糖以中和水果中的酸性成分，导致食品中脂肪和糖含量较高，长期过多食用易增加肥胖和患慢性病的风险。

6.1.2　食品加工中产生的有害物

除了蛋白质、脂肪、碳水化合物、维生素、矿物质等营养物质外，食品加工过程中还会因加热、腌制、发酵等加工环节产生各种物理性、化学性和微生物性危害物，不利于人体健康。粮食谷物、果蔬、畜禽肉和水产品中的蛋白质、脂肪和碳水化合物等主要营养物质含量各异，产生的加工有害物也各有不同。

1. 粮食谷物加工中的主要加工有害物

粮食谷物加工过程产生的危害物包括丙烯酰胺、BaP。其中，BaP既可由原料引入，也可在加工过程中产生。

1）丙烯酰胺

粮食谷物中淀粉含量较高，经高温油炸烘烤后容易产生丙烯酰胺。面包中丙烯酰胺平均含量为136μg/kg，早餐谷物类食品，其平均含量为0.313mg/kg，最高含量为7.834mg/kg。丙烯酰胺产生量受温度、加热时间、pH、水分、糖、加热介质、蛋白质等影响。

2）BaP

粮食谷物中BaP的来源主要有两种。一是来自环境污染。由于BaP是亲脂性化合物，生长在有BaP污染地区的粮油作物，粮食籽粒中BaP的含量明显偏高（Sagredos et al.，1988），这部分污染主要在种皮中，容易除去。粮食和油料在包装、运输过程中，如果接触BaP污染的材料，也易增加风险（Grob et al.，1991）。二是在加工过程中产生的风险。粮油在加工过程中，如果原料有霉变，或者加工温度过高等，会增加BaP的风险（袁毅，2014）；如在炒籽时温度过高（超过200℃）、高温压榨，或长时间高温脱臭、脱溶，BaP的含量会增加。

2. 果蔬加工中的主要加工有害物

1）丙烯酰胺和 PAHs

丙烯酰胺是食品中碳水化合物和氨基酸经高温加热发生美拉德反应的产物，天冬酰胺和碳水化合物是形成丙烯酰胺的主要前体物质。淀粉含量较高的果蔬，如板栗（33%以上）、马铃薯（14%~25%）、莲藕（12.77%）（夏文水，2018），在经过热加工时果蔬内氨基酸天冬酰胺与羰基源类物质发生美拉德反应，产生丙烯酰胺。杏仁中含天冬酰胺 2000~3000mg/kg、葡萄糖和果糖 500~1300mg/kg、蔗糖 2500~5300mg/kg，其热加工制品中丙烯酰胺的含量可达 260~1530μg/kg。杏仁烘烤过程中，加热温度达 130℃左右时丙烯酰胺开始形成，杏仁颜色深浅与丙烯酰胺的含量有很大的关联性，杏仁的含水量越高，烘烤后产生的丙烯酰胺越少。

莴苣、番茄、苹果等果蔬类产品，在食品加工过程中受加工环境的污染及经煎炸、熏烤等高温处理会产生一定量的 PAHs。熏烤材料高温分解产生的化学物质在食品表面环化聚合形成 PAHs；果蔬中有机成分在高温下分解，发生键断裂，再经缩合聚合反应同样会生成 PAHs（聂文 等，2018）。

2）亚硝酸盐

果蔬类植物在种植过程中，由于过量施用氮素肥料而使食品中累积了一定量的硝酸盐。当果蔬加工前，在原料库存放过长时间时，附着在果蔬表面的腐败菌就会大量繁殖造成果蔬腐烂，这时亚硝酸盐含量就会由于细菌的代谢作用而明显增加。新鲜果蔬（如白菜）在经过腌渍加工制成产品后，由于原料本身及在发酵过程中细菌的作用而使硝酸盐含量降低了，亚硝酸盐的含量升高（苏肖晶，2014）。

3. 畜禽肉加工中的主要加工有害物

肉制品加工过程中产生的主要有害物包括有害微生物和 PAHs、亚硝胺等化学性危害物等。

1）有害微生物

肉制品加工过程中有害微生物主要来自两个方面。一方面，由于加工环境清洁不彻底、操作人员操作不规范及加工设备消毒不到位等问题造成微生物污染；另一方面是指在加工过程中添加的部分添加物存在微生物污染，进而导致肉制品污染。发酵肉制品加工过程中添加未经过严格筛选的发酵剂，造成肉制品的霉菌污染（张楠 等，2016）。在酱卤肉制品的加工过程中添加来自植物根茎的天然香辛料，导致土壤中的嗜温热性芽孢菌类污染肉制品（安耀强，2008）。

2）PAHs

烟熏和烘烤加工是肉制品中 PAHs 的重要来源，BaP 是最为常见的 PAHs 类物质。烟熏实质上是肉品吸收木材分解产物、赋予肉制品独特烟熏风味的过程。木材的不完全燃烧，或肉类蛋白质和脂肪的高温热解都会产生 BaP 等 PAHs 类物质。新鲜猪肉熏前的 BaP 含量为 0～0.04μg/kg，熏后即增加到 1～10μg/kg；熏前香肠中的 BaP 约为 1.5μg/kg，熏后最高可达 88.5μg/kg；鳗鱼熏前为 1～2.7μg/kg，而熏后增加到 5.9～15.2μg/kg（赵月兰和秦建华，1996）。烟熏温度越高，PAHs 产生量越多。采用空气循环式烟熏装置时，热熏法处理的肉制品中 PAHs 的含量为 30μg/100g，而冷熏法仅为 6.0～7.0μg/100g（王新禄，2000）。

肉或半成品肉通过热力进行熟化和烘干，获得具备独特色香味的烘烤肉制品。烘烤的高温工艺，加速肉制品中有机物（如脂肪和蛋白质）发生热解、环化和聚合反应，形成 PAHs。一般来说，燃料产生的烟气中 BaP 含量最多，同时随着温度升高，加工时间延长，BaP 对食品的污染也越严重。

3）亚硝胺

肉品腌制是导致肉制品中形成亚硝胺类有害物的最主要环节。亚硝酸盐作为形成亚硝胺的主要前体物质，具备发色、抗氧化和抑制肉毒梭菌产生等重要作用，是一种难以被完全替代的肉制品腌制剂。在腌制过程中，亚硝酸盐极易引发亚硝基化反应，形成一定量的亚硝胺，给人体健康带来威胁。原料肉种类、肉制品加工条件（加热时间、加热温度及方式）、pH 及微生物作用在一定程度上加速或抑制亚硝胺的形成。

4）杂环胺

富含蛋白质的食物尤其是肉制品中，极易通过高温或长时间热加工而形成杂环胺。肉制品中大部分杂环胺是由肉中含有形成杂环胺的氨基酸、糖类和肌酸酐等前体物质，经过热加工处理发生一系列复杂的美拉德反应而生成的。从加工方式看，油煎、油炸和烧烤等直接与火或灼热金属表面接触的高温烹调方法，产生的杂环胺含量最大；其次是焙烤和烘焙等间接传热和较低温度的烹调方式，产生中等含量的杂环胺；炖、焖、煨、煮等低温（低于 100℃）且水分较多的烹调方式几乎没有杂环胺产生（Yao et al.，2013；郭海涛，2013）。经酱卤处理的羊肉，其总杂环胺含量为 51.07～120.32ng/g，显著高于油炸和煎炸的 3.59～43.24ng/g 和 0.71～10.05ng/g（郭海涛，2013）。除热加工方式以外，糖类、氨基酸、肌酸（肌酸酐）等前体物质，加工时间、加工温度等也显著影响了肉制品中杂环胺的形成。

4. 水产品加工中的主要加工有害物

水产品加工过程中产生的有害物主要有因热加工引发美拉德反应产生的有害羰氨化合物、干制产生的甲醛、发酵产生的生物胺、腌制产生的亚硝胺等。

1）美拉德反应产物

美拉德反应也称羰氨反应，是指食品在加热过程中羰基化合物（还原糖类）

和氨基化合物发生缩合、聚合生成类黑色素物质的反应。美拉德反应在赋予食品诱人香气和色泽的同时，也可能产生一些伴生的对人体健康有潜在风险的危害物，包括丙烯酰胺、杂环胺、5-羟甲基糠醛和晚期糖基化末端产物（AGEs）等，可引发癌症及人体动脉粥样硬化、视网膜病变、神经退行性疾病及糖尿病等慢性疾病（时海波 等，2019）。AGEs 包括羧甲基赖氨酸（CML）、戊糖苷素和羧乙基赖氨酸等，尤以 CML 较为常见。朱凤等（2019）检测发现，不同加工方式影响水产品 CML 含量，焙烤、煎炒和油炸水产品的 CML 含量分别为 14.27～25.63mg/kg、13.72～23.61mg/kg 和 21.58～33.67mg/kg。

2）甲醛

水产品加工中高含量的甲醛分为外源性甲醛和内源性甲醛两类。外源性甲醛主要来源于不法分子为追求经济效益违规将甲醛添加到水产品中，以增加水产品外观品质和较长保质期（宁鸿珍 等，2012）。除了外源性甲醛，水产品在加工和贮藏过程中由于自身代谢也会产生一定含量的甲醛，即内源性甲醛。内源性甲醛产生途径主要有两种：一是水产品处于冷藏冷冻环境中，在酶及微生物特别是在氧化三甲胺去甲基酶的催化作用下自然产生；二是高温非酶途径，即水产品热加工过程中氧化三甲胺受热分解所产生。高温条件下，半胱氨酸、亚铁离子、血红素等的存在能够加速氧化三甲铵分解产生甲醛（Lin and Hurng，1985）。段文佳（2011）发现，水产品类型不同，甲醛含量也存在一定差异，具体表现为水产干制品甲醛含量最高，其次为海水鱼类样品、头足类样品、甲壳类样品和贝类样品，淡水鱼类甲醛含量最低。

3）生物胺

生物胺是一类含氮的低分子量有机化合物，根据其结构可分为脂肪族生物胺（包括腐胺、尸胺、精胺、亚精胺等）、芳香族生物胺（包括酪胺、苯乙胺等）、杂环族生物胺（包括组胺、色胺等）（Ruiz-Capillas and Jiménez-Colmenero，2005）。水产品中，大多生物胺是由自身的前体氨基酸在天然存在的或微生物产生的氨基酸脱羧酶作用下生成。一般来说，鲜活水产品中生物胺含量很低，在储存或加工过程中，它们的浓度会受到影响（Ruiz-Capillas and Jiménez-Colmenero，2010）。发酵水产品中的生物胺主要包括组胺、色胺、苯乙胺、尸胺、腐胺、亚精胺、酪胺和精胺 8 类，其中，组胺和酪胺含量显著高于其他生物胺，且组胺更易引发过敏反应、影响人体健康（Bodmer et al.，1999）。

4）N-亚硝基化合物

鲜活水产品一般不含有 N-亚硝基化合物，腌制水产品中较为常见。水产品在腌制过程中产生亚硝酸盐，同时蛋白质分解产生胺类物质，胺类物质与亚硝酸盐反应生成 N-亚硝基化合物。根据结构不同，N-亚硝基化合物分为 N-亚硝胺和 N-亚硝酸胺。有些鱼制品中 N-亚硝基化合物含量能达到 300μg/kg。盐与鱼质量比 1∶5、室温下进行干腌的蓝圆鲹，其 N-甲基亚硝胺含量为 2～6μg/kg，腌制 2d 后其含量超过食品安全国家标准要求的 4μg/kg（陈胜军 等，2015）。

6.1.3　食品加工有害物风险评估

食品安全风险评估是对食品、食品添加剂中生物性、化学性和物理性危害对人体健康可能造成的不良影响所进行的科学评估，包括危害识别、危害特征描述、暴露评估、风险特征描述等（付文丽 等，2015）。通过风险评估，可以明确食品加工过程产生的 PAHs、杂环胺等有害物对人体健康的影响程度，以指导食品生态加工和相关食品安全标准的修订、引导消费者形成健康合理的膳食习惯。

1. PAHs

食品加工中，PAHs 主要来源于有机化合物的不完全燃烧，在油炸、炙烤和烟熏食品中较为常见。PAHs 具有致突变性、致癌性。PAHs 进入人体后，大部分经混合功能氧化酶代谢生成各种中间产物和终产物，其中一些代谢产物可与 DNA 共价结合形成 PAH-DNA 加合物，引起 DNA 损伤诱导基因突变，控制细胞生长酶和激素结构中的蛋白质部分变异或损失，从而导致细胞丧失生长能力。

毒理学研究表明 PAHs 对多种动物具有肯定的致癌性，能够引发肺、胃、食道、皮肤、膀胱等部位的肿瘤和癌变。小鼠灌胃 0.2mg/kg BaP 可诱发前胃肿瘤，并且存在量效关系。采用含有 250mg/kg BaP 的饲料饲喂小鼠可诱发前胃肿瘤，长期饲喂还会导致肺肿瘤及白血病。流行病学研究显示，常吃熏制产品的地区居民常见胃癌高发，采用当地熏制食品饲喂大鼠可导致大鼠出现胃癌等恶性肿瘤。此外 PAHs 对人类或动物还具有局部、全身危害，靶器官包括中枢神经、淋巴细胞、肝脏、内分泌系统等。目前 FAO 和 WHO 尚未制定食品中 PAHs 的每日允许摄入量或暂定每周耐受摄入量，但是一般认为人体每日摄入量应当控制在 10μg 以内。我国《食品安全国家标准　食品中污染物限量》（GB 2762—2017）规定谷物及其制品、肉及肉制品、水产动物及其制品限量均为 5μg/kg，油脂及其制品限量为 105μg/kg。2015 年，欧盟委员会发布第（EU）NO 2015/1125 号法规，对第（EC）NO 1881/2006 号法规作出相关修改，并规定了 PAHs[①]在食品中的最大限量，熏鱼、熏肉贝类中 PAHs 总含量不应超过 30μg/kg。

目前国内对 PAHs 健康风险的影响多集中于环境残留，食品中相关研究尚不多见。北京科技大学对中国西南高致癌发生地区进行膳食调查与研究，发现当地有 10.7%城市居民和 2.1%农村居民的终生致癌风险值超过严重危险水平（10^{-4}），提示膳食暴露的 PAHs 可能与该地癌症高发具有一定相关性。

---

① 苯并[a]芘（BaP）、苯并[a]蒽（BaA）、苯并[b]荧蒽（BbFA）及 1,2-苯并菲（CHR）总量。

2. 杂环胺

杂环胺主要源于富含蛋白质的食品在热加工过程中产生，在熟制动物源性食品中较为常见。国际癌症研究机构（International Agency for Research on Cancer，IARC）在 1993 年将 IQ 列为 2A 类[①]可能致癌物，将 MeIQ、MeIQx、PhIP、AaC、MeAaC、Trp-P-1、Trp-P-2 和 Glu-P-10 列为 2B 类潜在致癌物，并且建议减少这些化合物的暴露量。

1）致突变性

加 S9 的 Ames 实验显示杂环胺对 TA98 菌株有较强的致突变性，提示其可能是移码突变物。杂环胺对哺乳细胞致突变性低于对细菌的致突变性。相较于其他已知致癌物，杂环胺的致突变能力一般是 PAHs 和亚硝酸盐的 10～100 倍，是黄曲霉毒素 B_1 的 100 多倍。杂环胺致突变途径方式多样，除导致细菌突变外，它还可以在哺乳动物体内经过代谢活化产生致突变性，引起 DNA 损伤。

2）致癌性

存在 S9 活化系统时 Trp-P-2 和 PhIP 对中国仓鼠卵细胞致突变性较强。病例对照研究显示不同类型癌症的发病率尤其是结肠癌和 MeIQx、PhIP、DiMeIQx 高摄入量呈正相关性。流行病学研究显示杂环胺摄入与罹患食管癌、胃癌、结肠癌、胰腺癌等的风险增加相关。有研究发现结肠癌、直肠癌、膀胱癌和肾癌患者总杂环胺每日摄入量分别为 66ng、63ng、96ng 和 84ng，计算得出摄入杂环胺与上述癌症发病的相对风险依次为结肠癌为 0.6（95%置信区间 0.4～1.0），直肠癌为 0.7（95%置信区间 0.4～1.1），膀胱癌为 1.2（95%置信区间 0.7～2.1），肾癌为 1.0（95%置信区间 0.5～1.9）。还有研究显示 MeIQx 是唯一与肺癌发病有关的杂环胺，MeIQx 摄入量每增加 10ng，罹患结肠腺瘤的风险会上升 5%。

流行病学研究表明，直肠癌、胃肠道癌和前列腺癌等多种癌症都与摄入过量、过度加热的肉制品中杂环胺有明显的关系（Rahman et al., 2014）。Terada 等（1986）表明，杂环胺是通过在代谢过程中与 DNA 加合形成加合物而导致的致癌作用，具体来说，杂环胺可引起脂肪、蛋白质和 DNA 氧化，导致人体内氧化应激，进而对细胞和生物活性功能造成损害，增加人体患癌风险。

---

① 1 类：对人致癌，87 种。确证人类致癌物的要求是：有设计严格、方法可靠、能排除混杂因素的流行病学调查；有剂量反应关系；另有调查资料验证，或动物实验支持。2A 类：对人很可能致癌，63 种。此类致癌物对人类致癌性证据有限，对实验动物致癌性证据充分。2B 类：对人可能致癌，234 种。此类致癌物对人类致癌性证据有限，对实验动物致癌性证据并不充分；或对人类致癌性证据不足，对实验动物致癌性证据充分。3 类：对人的致癌性尚无法分类，即可疑对人致癌，493 种。4 类：对人很可能不致癌，仅 1 种。

3. N-亚硝基化合物

N-亚硝基化合物是一类致癌性很强的化学物质，已经证实其可诱发多种动物的食管癌、胃癌、肝癌、结肠癌、膀胱癌和肺癌等。作用途径主要是经肝微粒体细胞色素 P450d 代谢活化产生具有强致癌、致突变活性的烷基偶氮羟基化物。蒋家骝（2017）发现长期小剂量食用含亚硝胺的食品就可能使人致癌，临床试验证明这种物质可致畸、致突变、致癌，严重的可导致中毒者死亡。目前缺乏 N-亚硝基化合物对人类直接致癌的证据，但是大量流行病学研究显示一些地区胃癌、肝癌的高发与饮食、饮水中较高的亚硝酸盐含量有关；沿海地区经常食用腌制水产品的人群胃癌发病率较高，这与腌制水产品中的亚硝酸盐、亚硝胺含量较高关系密切。加工食品中其来源主要包括：鱼、肉在腌制、烘烤、煎炸过程中产生的胺类化合物与亚硝酸盐反应，不同原料不同工艺含量差异较大，大多为 10μg/kg，但是有些鱼制品能达到 300μg/kg；蔬菜、水果在加工和储存过程中产生，含量为 0.01~6.0μg/kg；乳制品（如干奶酪、奶粉）也含有微量的亚硝胺，含量多为 0.5~5.0μg/kg。

1）致癌性

亚硝胺是毒性和危害作用很强的一类化学致癌物质，拥有短脂肪链的亚硝胺导致癌症的风险更大。亚硝胺的致癌机理是：在酶的作用下，先在烷基的碳原子上（通常是碳原子）进行羟基化，形成羟基亚硝胺，然后经脱醛作用，生成单烷基亚硝胺，再经脱氮作用，形成亲电子的烷基自由基，后者在肝脏或细胞内使核酸烷基化，生成烷基鸟嘌呤，使 DNA、RNA 复制错误，引起细胞遗传突变，从而致癌。大量的人群流行病调查表明，人类某些癌症（如肝癌、食管癌、胃癌、结肠癌、膀胱癌、肺癌）都与 N-亚硝胺有关。

2）致突变性

亚硝胺本身不是直接致突变物，需要经过哺乳动物微粒体混合功能氧化酶系统代谢，被肝酶激活后才具有致突变性。有关动物实验研究发现母体在接触亚硝胺类物质后产下的仔鼠会出现脑、眼等畸形症状。

4. 丙烯酰胺

丙烯酰胺可以通过消化道、呼吸道、皮肤黏膜等多种途径被人体吸收，还可通过胎盘与乳汁进入胎儿和婴幼儿体内。

丙烯酰胺的急性毒性于大鼠、小鼠、豚鼠和兔经口的 LD_{50} 为 150~180mg /kg，属于中等毒性物质，且其神经毒性、生殖发育毒性、遗传毒性、致癌性在动物实验、体外实验、体内实验等中均已得到验证。大鼠 90d 喂养试验，以神经系统形态改变为终点，最大未观察到有害作用的剂量（no observed adverse effect level，NOAEL）为 0.2mg/kg bw/d，大鼠生殖和发育毒性试验的 NOAEL 为 2mg/kg bw/d。IARC 于 1994 年对丙烯酰胺致癌性进行了评价，将其列为 2A 类致癌物，即人类可能致癌物，其主要依据为丙烯酰胺在动物和人体均可代谢转化为其致癌活性代谢产物环氧丙酰胺。

FAO/WHO 食品添加剂联合专家委员会（Joint FAO/WHO Expert Committee on Food Additives，JECFA）提供数据显示：丙烯酰胺含量较高的 3 类食品分别是：高温加工的土豆制品，平均含量为 0.477mg/kg，最高含量为 5.312mg/kg；咖啡及其类似制品，平均含量为 0.509mg/kg，最高含量为 7.3mg/kg；早餐谷物类食品，平均含量为 0.313mg/kg，最高含量为 7.834mg/kg。其他种类食品的丙烯酰胺含量基本在 0.1mg/kg 以下。一般人群平均摄入量为 0.3～2.0μg/[(kg·bw)·d]，90～97.5 百分位数的高消费人群其摄入量为 0.6～3.5μg/[(kg·bw)·d]，99 百分位数的高消费人群其摄入量为 5.1μg/[(kg·bw)·d]。

国家食品安全风险评估中心发布的《食品中丙烯酰胺的危险性评估》报告指出，我国尚缺少足够数量的各类食品中丙烯酰胺含量数据，以及这些食品的摄入量数据，因此，还不能确定我国人群的暴露水平。但由于我国对居民摄入含较高丙烯酰胺食物量与世界均值差距不大，故摄入水平应该不高于 JECFA 评估的一般人群的摄入水平。报告指出我国居民食用油炸食品较多，暴露量较大，长期低剂量接触有潜在危害。在我国第 5 次总膳食研究的 240 份混合食品样品中，丙烯酰胺的检出率为 40%，检测值为 0～211.8μg/kg，该研究认为我国总人群来自膳食的丙烯酰胺暴露大约为每人每日 0.319μg/(kg·bw)。

5. 生物胺

适量生物胺可以调节生理机能，而摄入过量就会引起呼吸、血压等生理机能紊乱，过敏反应、大脑出血，甚至危及生命（Shalaby，1996）。食品中生物胺一旦形成，很难被破坏，即使高温处理也很难将其去除（Cardozo et al.，2013）。生物胺可经呼吸系统、消化系统、皮肤、眼睛等进入人体引发中毒。毒理学研究表明，组胺、酪胺、腐胺、尸胺、色胺、β-苯乙胺、亚精胺和精胺均具有一定程度的急性毒性，组胺、酪胺和亚精胺还具有致突变性（表 6-5）。组胺对人体健康影响最大，口服 8～40mg 产生轻微中毒症状，超过 40mg 导致中等中毒，超过 100mg 则严重中毒（刘景 等，2013）。不同种类生物胺毒性具有协同作用，二胺和多胺会抑制单胺进一步代谢、增强毒性（Shah and Swiatlo，2008）。

表 6-5　生物胺的毒理学数据（刘景 等，2013）

种类	毒理数据	危险性描述
组胺	急性毒性：小鼠经口 LD_{50} 220mg/kg；大鼠经静脉 LD_{50} 630mg/kg	R22；R36/37/38；R42/43
	致突变：小鼠胚胎细胞遗传学分析 200mg/L，人体细胞 DNA 抑制系统 2μmol/L	
酪胺	急性毒性：小鼠经静脉 LD_{50} 229mg/kg	R36/37/38
	致突变：小鼠腹腔细胞遗传学分析 686mg/kg	
腐胺	急性毒性：小鼠经腹腔 LD_{50} 1 750mg/kg；大鼠经口 LD_{50} 463mg/kg	R20/21/22；R34
尸胺	急性毒性：小鼠经口 LD_{Lo} 1 600mg/kg；大鼠经皮下 LD_{Lo} 1 250mg/kg	R34
色胺	急性毒性：小鼠经静脉 LD_{50} 100mg/kg；小鼠经皮下 LD_{50} 500mg/kg	R22；R36/37/38
β-苯乙胺	急性毒性：小鼠经腹腔 LD_{50} 175mg/kg；小鼠经静脉 LD_{50} 100mg/kg	R22；R34
亚精胺	急性毒性：小鼠皮下 LD_{30} 450mg/kg；小鼠经静脉注射 LD_{50} 78mg/kg	R34
	致突变：大鼠肝脏突变测试系统 4mmol/L；小鼠腹水瘤 DNA 抑制测试 2mmol/L；小鼠肝脏 DNA 抑制测试 2mmol/L；仓鼠卵巢 DNA 破坏测试 300μmol/L	
	多剂量毒性：鸡经口 TD_{Lo} 9 504mg/kg/14D-C	
精胺	急性毒性：大鼠经腹腔 LD_{50} 33mg/kg；大鼠经静脉 LD_{50} 65mg/kg；小鼠经静脉 LD_{50} 56mg/kg	R34

注：LD_{30} 亚致死剂量；LD_{50} 半致死剂量；LD_{Lo} 最低致死剂量；TD_{Lo} 最低中毒剂量；14D-C 剂量作用时间 14d；R22 吞食有毒；R34 引起灼伤；R20/21/22 吸入、皮肤接触及吞食有毒；R36/37/38 刺激眼睛、呼吸系统和皮肤；R42/43 吸入及皮肤接触可能致敏。

6.　甲醛

甲醛具有致癌性和生理毒性，IARC 将其列为 1 类致癌物，高浓度的甲醛暴露可能导致耳鼻喉癌。段文佳（2011）以风险熵表征食用水产品途径的甲醛膳食风险，评估结果显示，我国普通居民仅通过食用水产品途径摄入甲醛，对人体健康状况造成风险的可能性不大，但是幼儿、儿童是食用水产品途径甲醛暴露的敏感性群体，在后续的风险管理过程中应给予足够的关注和重视。郑智溢等（2018）研究发现蛤蜊、泥蚶、牡蛎、青蟹等水产品中残留甲醛的急性和慢性膳食暴露风险是可以接受的，但龙头鱼急性暴露风险评估安全限值为 2.5（≤1 意味着对人体的健康风险超过了可接受限值），不建议短时间内大量食用。

6.2　食品生态加工营养保持技术

研磨、加热、漂洗、冷冻等食品加工工序在一定程度上对食品中蛋白质、脂类、碳水化合物、维生素、矿物质、水与膳食纤维等七大营养素造成破坏，腌制、乳化等还可能导致食品高盐高脂高糖。不健康饮食的摄入造成肥胖、心血管疾病、糖尿病、癌症等慢性非传染性疾病的发生（孙宝国和王静，2018）。基于生态加工理念的营养保持技术不仅较好地保留了食品中的营养组分、减少高盐高脂高糖的摄入，还提升了食物资源的利用率、减少食物资源的损耗和浪费。本节简述食品生态加工营养保持技术的内涵，重点概述粮食谷物、果蔬、肉类和水产品生态加工中可应用推广的营养保持技术。

6.2.1　概述

营养缺乏和营养过剩已经成为全球共同关注的话题。所有人能够获得充足的营养和健康已经写入《2030 年可持续发展议程》《联合国营养行动十年（2016—2025 年)》《2016—2025 年营养愿景和行动》等全球纲领性文件。随着经济社会的快速发展和人们生活水平的逐渐提高，全球营养健康建设不断推进，公众追求营养健康的意识也不断强化，对食品营养健康属性提出了更高的要求。

传统食品加工技术在提升营养素生物利用率、确保产品贮藏和食用安全的同时，也不可避免地导致一些热敏性、水溶性和脂溶性营养素的损失，产品风味、色泽、质构等食用品质的弱化，以及部分加工食品中盐分、油脂和糖的含量偏高。食品加工营养保持技术已经成为全人类消除饥饿、改善营养、健康生活的重要推动力。食品加工行业也从一味追求生产率和优化加工工艺向研制高品质、高营养食品转变。

食品生态加工营养保持技术，以保持食品营养为核心，同时注重食物资源的高效利用和生产加工过程的节能环保，通过应用物理、生物手段，添加天然来源的功能性成分及非热加工新技术等来实现食品营养组分保持的最大化和饮食健康的最大化与食物资源高效利用、节能减排多重目标的协同。传统腌制工艺中为达到更均匀的腌制效果，往往添加过量的食盐或糖，但真空浸渍、变压滚揉等生态加工营养保持技术不仅保留了食品中更多的营养成分，又提升了腌制效率和均匀度、缩短了腌制时间，避免了腌制工艺中盐或糖的过量添加。超高温瞬时杀菌尽管杀菌时间极短，但仍对果蔬汁营养品质造成一定损失，也需要消耗一定的热能。高压杀菌技术常温下便可实现改善果蔬汁营养品质、减少热敏性营养物质损耗的目标。

6.2.2　粮食谷物生态加工营养保持技术

粮食谷物加工工艺对其营养物质影响较大。当下，过于追求精白米面导致的粮食谷物制品过度加工，使富含的膳食纤维、维生素、蛋白质等大量营养物质随麸皮、米糠流失。通过适度碾磨、糙米发芽、蒸谷米、添加营养物质等方式，既可以有效保持粮食谷物中的营养物质，又可以减少粮食损耗、有效应对粮食短缺问题，较少加工副产物的产出也一定程度上减轻了环保压力。

1. 小麦生态加工营养保持技术

小麦的胚、次粉、麸皮中含有丰富的蛋白质、脂肪、膳食纤维、维生素、矿物质微量元素，胚乳的主要成分是淀粉，但也含有蛋白质、脂肪、维生素等营养物质。适度加工是保留小麦营养成分的根本途径。

小麦出粉率增加，小麦粉的粗蛋白含量、吸水率增加，但稳定时间、粉质指数下降。出粉率为 35%～70%时，蒸制的馒头适口性无显著性差异；出粉率为 80%～97%时，蒸制馒头的硬度、胶黏性、咀嚼性显著增加，弹性、凝聚性、回复性显著下降；不同出粉率蒸制馒头的挥发性风味物质存在显著性差异（王才才 等，2016）。充分利用糊粉层，将其添加到面粉中，可以显著增加小麦粉的营养物质含量，改善营养物质的平衡。制粉时，选择合适的研磨道数、磨辊参数，设置筛理路线、筛长度，配置一定目数的筛网，可以提高小麦粉的出粉率和出粉质量（王晓芳 等，2016）。在小麦粉加工中，4%～6%的碾削率可以有效地增加面粉中维生素、矿物质的含量，降低微生物、重金属的含量；对于全麦粉加工来说，2%的碾削率，可以充分保留营养物质，显著降低微生物、重金属、植酸的含量（邹恩坤，2013）。

提高出粉率，或在制粉工艺的集粉绞龙处添加营养强化剂，可以提高面粉中微量营养物质的含量。采用微胶囊技术，确保水溶性营养物质（维生素 B_1、维生素 B_2、铁营养剂）不流失（丁文平，2011）。通过蒸煮挤压的全麦粉脆片，淀粉全部糊化，蛋白质消化率增加，可溶性膳食纤维增加，多酚氧化酶和过氧化物酶失活，挤压产品营养物质、口感等比原小麦有明显改善（鲍王璐，2019）。

2. 稻谷生态加工营养保持技术

留胚大米可以保留胚中的维生素、脂肪等营养物质。留胚米是指碾米的时候，去掉糠层、保留胚，留胚率≥80%，或米胚的质量占 2%以上的大米。留胚米的脂肪、维生素 E 含量分别是普通大米的大约 2 倍、4 倍；矿物质元素含量比普通大米高，并且含有丰富的亚油酸、α-亚油酸、谷胱甘肽；γ-氨基丁酸是普通大米的 4 倍左右（高雪燕，2016）。新发布的大米国家标准在加工精度上不再分一、二、三、四级，而是分为精碾和适碾，规定了留皮和胚的程度，通过修订标准的方式，引导大米的适度加工。

蒸谷米是稻谷经清理、浸泡、蒸煮、干燥与冷却等处理后，按常规稻谷加工方法生产的产品。蒸谷米可以最大限度地保留维生素和矿物质等营养物质。通过蒸谷米加工工艺，大米胚部维生素 B_1 进入胚乳，成品中维生素 B_1 含量为 1.8～3.3mg/kg，维生素 B_1 和 B_5 的含量提高了近 1 倍，钙、磷及铁的含量也有不同程度的提高，部分淀粉链断裂变为糊精，更易于人体吸收（阮少兰和阮竞兰，2007）。

糙米属于稻谷脱壳后经适度加工而成的全谷物产品。糙米的皮层、胚和胚乳等保留较完整，故营养物质比普通大米高，尤其是膳食纤维、维生素、脂类和功能因子，另外矿物质的含量也较高。通过糙米发芽，部分纤维素和淀粉等大分子被分解，糙米质地软化，可以改善糙米口感、增加营养，尤其是γ-氨基丁酸和膳食纤维显著增加（表 6-6）。γ-氨基丁酸具有清除自由基、降低血压、胆固醇、抗衰老、降血脂等作用（Toshiyuki et al.，2019）。影响发芽糙米品质和营养物质含量的主要工艺参数为发芽温度、发芽时间和干燥温度。当发芽温度为 30℃，发芽时间为 31h，干燥温度为 55℃时，发芽糙米的品质较好，γ-氨基丁酸含量可达16.1mg/100g。发芽、发酵、酶解等稻谷加工技术，可以有效地改善和增加营养物质。

表 6-6　发芽糙米营养物质比较（王斐，2019）

营养成分	大米	糙米	发芽糙米
蛋白质/（g/100g）	6.8	7.1	7.5
膳食纤维/（g/100g）	0.74	1.94	2.8
氨基丁酸/（mg/100g）	1.5	7.3	16.5
维生素 B/（mg/100g）	0.12	0.19	0.3
维生素 E/（mg/100g）	0.4	0.7	1.7
镁/（mg/100g）	33	59	74
铁/（mg/100g）	0.5	0.9	1.1
钙/（mg/100g）	6.0	7.4	8.1

6.2.3　果蔬生态加工营养保持技术

　　果蔬原料经前处理、杀菌、干燥、粉碎、浸渍等，加工成果蔬汁、果蔬脆片、果蔬粉、果脯等加工产品。除了前述章节提及的全果制汁技术外，超微粉碎、真空浸渍、CO_2 浸渍等也是典型的生态加工营养保持技术。这些技术不仅促进果蔬中维生素、矿物质等营养物质的保留和吸收，也缩短了加工时间、改善了产品加工品质，尤其真空浸渍和 CO_2 浸渍技术能够缩短后续干燥时间、减少干燥能耗。

　　1. 超微粉碎技术

　　作为近 20 年开始迅速发展的新技术，超微粉碎技术本质上是利用机器或者流体动力将物料颗粒粉碎至微米级粉体的过程（郭武汉 等，2015）。传统粉碎技术，如粉碎、破碎和碾碎，对物料粒径的粉碎一般只能达到 45μm，而超微粉碎加工后的物料粒径更小，可以达到 10μm，甚至 1μm。超微粉碎技术具有生产效率高、粒径细、分布均匀和污染少的特点，其加工产品原料成分更易保留，可以改善产品的口感，促进产品中营养物质吸收。

经过超微粉碎后的果蔬粉，在分散性、溶解性和固香性方面都有良好的表现，而且果蔬本身的生物活性物质和营养成分都得到了很好的保持；粒径的改变促进食品的口感，也增强了对营养成分的吸收（梅桂斌，2017）。超微粉碎技术在果蔬制品和果蔬副产品加工中均可应用，相对应的果蔬产品有苹果粉、波罗蜜粉和葡萄渣粉等。Chen 等（2016）对石榴皮应用超微粉碎法得到石榴皮粉，经测定发现随着颗粒尺寸减小，其水溶性指数、持水能力、多酚和黄酮类物质含量得到显著提高，DPPH 自由基清除能力等级为 A，表明超微粉碎技术显著提高了石榴粉的抗氧化性能。

超微粉碎技术应用范围广、操作难度较低，可以得到高附加值产品，经济效益显著。大多数果蔬经过超微粉碎处理后，理化性质得到全面提升，尤其对功能性食品有很大潜力。因此，扩大超微粉碎技术的应用范围，加强和其他技术的联用，是未来果蔬深加工研究的方向之一。

2. 真空浸渍技术

浸渍是果蔬加工工艺的重要组成部分，蜜饯、果蔬蜜酱、果蔬盐坯制品、糖制干果、果蔬冻糕类等果蔬制品加工中都会用到浸渍工艺。真空浸渍技术使物料置于低温、真空环境下时，物料内部的气体外溢、食品内部的液体汽化蒸发，使物料内部压力降低，此时在浸渍液中，物料在细胞内部和外部压力差的影响下，浸渍液的扩散性和渗透性显著提升，提高了浸渍效率（毛佳琦 等，2016）。

真空浸渍有助于提高产品质量。在真空中，气体膨胀去除泡孔中的部分 O_2，所以真空浸渍可以在不使用抗氧化剂的情况下对褐变进行有效抑制；真空浸渍处理的操作温度较低，可将植物组织的热损伤降到最低程度，从而保护颜色、风味、香味及热敏营养组分，大大改善了具有多孔结构的食品品质；真空浸渍有利于降低物料塌陷和细胞分解，减少物料在后续干燥、罐装或冻结过程中的汁液损失，改善食品质量。

影响真空浸渍效率的因素有浸渍溶液形式、真空压力和时间、浸渍温度等（于红果 等，2015）。浸渍液常被分为 3 种形式：等渗透溶液、低渗透溶液、高渗透溶液。将物料浸渍在不同形式的溶液中，果蔬组织细胞的反应不同：在等渗透溶液中，细胞既不收缩也不膨胀；在低渗透溶液中，由于水进入细胞，细胞膨胀；在高渗透溶液中，细胞因水分离开而收缩或干枯。因此，生产中常根据浸渍处理的目的和果蔬成品的形式来选择真空浸渍溶液。

目前，真空浸渍技术在果蔬加工中的应用非常广泛，不仅可用于生产浸渍食品，还可用于干燥、冻结前的预处理及功能性食品的开发（龚海辉 等，2008）。

在国际上，真空渗透技术已经普遍用于食品生产中，美、日等国在生产中已经实现机械化与连续化，具有很高的自动化程度，而得到的产品基本上都属于低糖、低盐类型，有极好的护色和营养成分保护效果。在今后的研究中，针对浸渍溶液的循环利用、增强加工物料与溶液的接触、真空浸渍溶液及其加工产品的微生物安全等还需更深入的研究。

3. CO_2 浸渍技术

CO_2 浸渍（carbonic maceration，CM）是 1935 年法国人 Flanzy 在对葡萄酒酿造技术命名时首次提出的。葡萄被浸渍在充满 CO_2 的密闭容器中，待其进行厌氧代谢，CM 过程引发植物细胞一系列的结构变化和化学反应（梁学军，2001）。在 CM 法酿酒的反应过程有物理的扩散作用，有通过细胞膜的半渗透作用，有葡萄中发生的各种厌氧代谢活动，也有酵母菌和细菌参加的酒精发酵和苹果酸-乳酸发酵等活动。

CM 处理是一种新型干燥前处理技术，它可以显著提高干燥速率、缩短干燥时间，同时提高颜色及营养品质的保留率（安可婧 等，2019）。CM 处理会改变果实的内部结构，提高孔隙率，增加细胞通透性；细胞内营养成分在无氧环境下发生有益变化，如酚类物质含量增加、抗氧化性增强。

CM 技术具有操作简单、低成本、低能耗、无废水排放、无化学试剂添加的优点，且 CO_2 气体可循环使用，符合绿色食品加工的理念，CM 技术具有产业化应用的前景。魏来等（2018）采用 CM 对三华李进行处理，发现 CM 能够破坏三华李表面蜡质层，提高细胞膜渗透率，缩短干燥时间。此外，CM 可以显著钝化多酚氧化酶和过氧化物酶，提高总花青素、总酚、总黄酮的含量及总抗氧化性。目前人们对 CM 技术的应用逐渐从果酒发酵拓宽至其他果蔬加工中，同时将实验室小试前处理技术逐步向工业化、产业化迈进，将实现 CM 技术的智能操作、精准控制。

6.2.4　畜禽肉生态加工营养保持技术

鲜冻畜禽肉经解冻、腌制、发酵、酱卤、熏烧焙烤等加工处理，由"生"变"熟"，形成各具特色的肉制品。然而，肉经传统解冻、腌制工艺易造成肉中营养物质的流失，腌腊、发酵、乳化等工艺需要添加较高含量食盐和动物脂肪，难以达到营养健康肉制品的要求。新型解冻技术、新型腌制技术、减盐技术和减脂技术等肉类生态加工营养保持技术将推动肉制品加工资源友好、环境友好和健康友好目标的实现。

1. 新型解冻技术

目前，冷冻肉因其易贮藏、安全性高而被肉制品加工企业广泛使用，在深加工前需要进行解冻处理。解冻过程往往伴随着脂质和蛋白质的氧化、变性及酶促、非酶促等不良反应，从而不可避免地影响肉的营养品质。不同的解冻技术对肉品中营养成分影响不同，为更好地保持肉制品的营养品质，需选择恰当的解冻技术。

微波解冻主要利用电磁波改变肉品内部分子的电荷方向，通过分子摩擦产热，从而实现对肉品的解冻，可明显缩短解冻时间；适当的微波辐射剂量，可较好地保持蛋白质、脂肪结构，减少维生素降解和蛋白质氧化（James et al.，2017）。高压静电解冻主要依靠电场形成的微能源产热使肉品实现解冻，能够显著减少解冻损耗及营养成分流失（Jia et al.，2019b）。超声波穿透力强，可更好地保持肉类产品的新鲜度和营养品质（Gabriyelyan et al.，2015）。低温高湿变温解冻技术及装备可减缓肉类蛋白质的氧化、变性，与传统 4℃解冻库解冻相比，可更好地保持肉类原有的营养成分（崔燕 等，2020），与传统流水解冻相比，可大幅节省水资源、减少废水的排放。此外，红外解冻、真空解冻、射频解冻均可降低肉的氧化变性，维持肉原有的营养品质（王芳芳 等，2019）。高压脉冲电场由于对热敏性成分影响小的优点而被广泛研究（Kumar et al.，2016），有望替代传统的肉类解冻技术。上述新型解冻技术不但提高了解冻速率，而且减少了蛋白质、维生素等营养成分的损失，抑制蛋白质、脂肪变性的发生，从而更好地保持原料肉的营养特性。也有研究将几种解冻方式进行组合，扬长避短，更好地保持或提高肉制品的营养品质。

2. 新型腌制技术

原料肉经过腌制，可延长保藏期、改善色泽、形成特有的风味，但传统腌制方法不利于肉制品品质和营养的保持。干腌技术虽然营养成分损失较少，但是存在腌制不均匀、腌制时间长的问题；湿腌技术腌制的产品中盐分分布均匀，但是易造成蛋白质、无机盐、氨基酸的扩散，不利于肉制品的营养保持。注射腌制技术可以提供肉的保水性，保持其营养品质，多用于西式火腿类产品、酱卤类产品（陈星 等，2020）。随着肉品加工技术的快速发展，变压技术、滚揉技术、超声波技术等现代腌制技术也得到广泛的发展和应用，大大改善肉制品的营养品质。

肉制品加工过程中，辅料和食品添加剂的添加对终产品品质影响较大。抗氧化剂可减少或抑制脂质、蛋白质的氧化。随着人们健康意识的逐渐增强，天然抗氧化剂的需求越来越大，包括酚类化合物、维生素类化合物、含氮化合物等。植物是天然抗氧化剂的主要来源之一，含有较高的营养成分，如蛋白质、脂肪、碳水化合物、矿物质等，可提高肉制品的营养品质，同时，良好的抗氧化特性可减少肉制品营养损失（廖志强 等，2019）。

3. 减盐技术

食盐尤其是钠盐的添加能够保持肉制品的持水性和乳化性、抑制微生物生长，还能提升肉制品的色泽、质地、风味、滋味等品质特性。但过量食盐的添加不利于消费者身体健康。直接降低食盐添加量会影响肉制品质地和风味，肉制品减盐技术应满足降低钠盐添加量和保持肉制品品质的双重目标，主要包括使用钠盐替代物、添加风味增强剂和品质改良剂等。

钠盐替代物主要有盐酸盐、乳酸盐、咸味肽等。氯化钾是应用最多的盐酸盐，不仅降低了钠盐添加量，还能调节机体钠、钾平衡，降低高血压等心血管疾病的发生率。不过，氯化钾的替代比例不宜过高，一般在 50%以下，酱卤肉制品不宜超过 30%，以避免出现金属涩味和苦味。氯化钾与乳酸盐复配使用，在减盐的同时，还提升了肉制品的抗氧化、护色和抑菌性能。李鹏飞等（2020）将 0.28%氯化钾、0.11%氯化钙和 0.95%的乳酸钾添加到萨拉米香肠中，不仅使钠盐添加量降低 28%，还改善了产品质构、色差和感官可接受度。咸味肽作为一种呈味肽，能够增强肉制品的咸味和鲜味，还具有一定的抗氧化功能，在替代钠盐方面也具有一定的优势。李迎楠等（2016）从牛骨中提取制备的咸味肽，在 0.1～0.5g/mL 时，其咸味强度高于相同添加量的食盐。

风味增强剂和品质改良剂主要有赖氨酸、酵母提取物、TG 酶、黄原胶等，用来改善因钠盐减量可能导致的低盐肉制品风味、口感和质地缺陷。赖氨酸作为风味增强剂，其本身无咸味，但与食盐复合使用能够发挥协同效应，提升消费者对咸味的感知。同时，赖氨酸能够抑制氯化钾替代 50%氯化钠带来的金属味（Dos Santo Alves et al.，2017）。此外，添加 TG 酶、黄原胶等能够与肌纤维蛋白互作形成凝胶网状结构，提升保水性和黏合性，改善因氯化钠减量导致的质地缺陷、降低低盐肉制品蒸制损失。

4. 减脂技术

肉糜乳化型制品（如香肠、乳化肠）中往往添加 15%～30%的动物脂肪，尽管产品具有良好的品质和感官特性，但动物脂肪过多摄入不利于营养健康。肉制品减脂技术同减盐技术相似，应同时降低动物脂肪添加量和保持肉制品原有品质。研究应用较多的减脂技术是采用脂肪替代物，其主要有蛋白基质替代物、多糖基质替代物和脂肪基质替代物。利用天然来源的蛋白质、多糖和不饱和脂肪酸含量较高的植物油形成乳液或凝胶，添加到肉中以替代动物脂肪，不仅减少动物脂肪和化学合成乳化剂的使用，还可以补充人体必需的脂肪酸、氨基酸等，契合生态加工理念。

大豆蛋白、乳清蛋白等具有油水乳化双亲结构，能够与油脂、肌原纤维蛋白和水形成乳液或凝胶，作为脂肪替代物可改善低脂肉制品的质构、降低蒸制损失。TG 酶诱导橄榄油和大豆分离蛋白形成乳液凝胶添加到法兰克福香肠中，热加工后无油水渗出，香肠的硬度、黏合力、咀嚼性均优于全脂香肠（Jiménez-Colmenero et al.，2010）。采用微粒化和剪切技术处理乳清蛋白和鸡蛋蛋白制备的替代脂肪，具有油脂润滑的感官特性，还能补充一定量的赖氨酸和蛋氨酸。植物油与魔芋制备乳液凝胶添加到法兰克福香肠中，低脂法兰克福香肠的色泽和感官特征与传统香肠无显著变化（Salcedosandoval et al.，2013）。预乳化的芝麻油、稻米油、橄榄油或共轭亚油酸等替代动物脂肪添加到肉制品中，既降低了动物脂肪的含量，又改善了脂肪酸的组成，既健康又营养。不过，脂肪替代物在提升肉制品风味方面的研究较少，如何避免动物脂肪减量导致的风味弱化将是未来研究的重点。

6.2.5　水产品生态加工营养保持技术

水产品含有的营养成分包括蛋白质、脂肪、多糖、矿物质、维生素，以及虾青素、角鲨烯等萜类化合物和海参皂苷、磷虾油等热敏感活性物质。水产品加工中，要最大限度地保持或保留营养成分尤其是热敏感活性物质，非热加工技术、低温无氧加工技术等生态营养保持技术尤为重要。

1. 超高压加工技术

超高压加工技术作为非热加工技术之一，能够杀灭水产品中大多数微生物、抑制酶活性，较好地保持食品原有的营养、色泽和风味（Rastogi et al.，2007）。

海参具有丰富的营养价值。将鲜活海参直接加工成即食海参，能够完好保存海参的外观、颜色、形状和风味，能够很好地满足消费者需求。受海参内源酶和微生物的作用，新鲜海参从海水中捞出后极易发生自溶现象，为海参营养保持带来了极大的挑战。利用超高压技术可将海参体内自溶酶钝化、杀死微生物，同时最大程度避免了营养流失和风味变化，进而延长海参的保质期。夏远景等（2009）发现，在温度 25℃、保压 20min 的条件下，200MPa 较低压力下自溶酶酶活性降低，相对残存活性为 88.25%；250MPa 较高压力下自溶酶被激活，酶活性为 106.77%；550MPa 高压下酶活性最低，为 29.81%。王成忠和夏敏敏（2013）研究发现，300MPa、60℃处理 10min，得到的海参持水力大，胶原蛋白和多糖含量与鲜海参含量更接近，有效保留了功能成分。

2. 高密度 CO_2 加工技术

高密度 CO_2（dense phase carbon dioxide，DPCD）加工技术是指在一定温度（低于 60℃）和压力（高于 5MPa 而低于 50MPa）条件下对物料进行处理，利用压力和 CO_2 的分子效应形成高压和酸性环境，实现杀菌、钝酶及蛋白质变性等目的，从而使食品可以长期保藏或直接使用。与传统的热加工相比，DPCD 处理无氧、低温的特性，能更好地保留食品中的热敏性成分，如维生素、生物活性成分等。与超高压（100~1 000MPa）相比，DPCD 处理的压强、能耗和成本更低、更易于操作与控制反应过程（陈亚励 等，2014）。作为一种新型的非热加工技术，DPCD 在杀死致病菌和腐败菌的同时，对保留营养成分也有一定效果。刘书成等（2013）在对凡纳滨对虾进行 DPCD 和热处理技术进行比较时发现，与鲜虾相比，DPCD 处理会造成虾肉水分和粗脂肪含量显著降低（$P<0.05$），但粗蛋白含量无显著变化（$P>0.05$），而热处理使虾肉粗蛋白和粗脂肪含量显著减少（$P<0.05$）；DPCD 处理后，主要呈味成分（游离氨基酸、ATP 及关联化合物、有机酸、糖原等）无显著变化（$P>0.05$），热处理则造成大部分呈味成分的损失。

3. 鱼油高效生态提取技术

海洋鱼油中富含 $n\text{-}3$ 系列多不饱和脂肪酸，其中 EPA 和 DHA 最为重要，是人体内不能合成的必需脂肪酸。但天然鱼油中的 EPA 与 DHA 之和含量偏低，一般在鱼体中的含量约为 10%，且饱和脂肪酸含量高。因此，富集或者提高鱼油中 EPA 和 DHA 的含量需要应用生态技术。

超临界流体萃取富集 EPA 和 DHA 近年来得到重视。在超临界状态下具有与液体溶剂相当的萃取能力，又具有与气体相近的黏度。将超临界流体与脂肪酸酯混合，通过逐步加压的方法，分子量小的脂肪酸在压力低的情况下被萃取出来，分子量大的 EPA 和 DHA 则在压力升高后被萃取出来，然后通过降低压力，使其溶解能力和密度降低，萃取物与载气分离开。任其龙等（2002）通过自行设计超临界 CO_2 萃取装置来富集鱼油中的 EPA 和 DHA，得到的 EPA 和 DHA 含量近 60%。

酶法也普遍被应用于鱼油中 EPA 和 DHA 的分离富集。与物理和化学方法相比，酶法催化效率高，且固定化酶能被多次重复利用。酶催化的反应温度低，避免了 $n\text{-}3$ 不饱和脂肪酸中顺式结构的双链被氧化、顺反产生异构化、双键移位等不良反应的发生。同时酶催化反应可以降低能量的消耗，节约能源。石红旗等（2001）用国产解脂假丝酵母脂肪酶对鱼油进行选择性水解实验，产品中 DHA 和 EPA 含量分别提高到 34.0% 和 13.9%，总含量为 47.9%。

6.3　食品生态加工风险识别技术

食品从农田到餐桌需要经历种植养殖、生产加工和流通销售等多个环节，每个环节都可能存在物理性、化学性和生物性风险因素，如粮食谷物和果蔬中的杂质、虫眼、生物毒素，畜禽肉和水产品中的兽药残留、微生物等。在食品加工过程中，借助快速、无损、在线的检测技术实现对这些风险因素的有效识别是确保食品生态加工产品安全的重要一环。本节简述食品生态加工风险识别技术的内涵，重点概述粮食谷物、果蔬、畜禽肉和水产品加工中应用的风险识别技术。

6.3.1　概述

　　风险识别是指在风险事故发生之前，运用系统的、连续的思维认识所面临的各种风险，并分析风险事故发生的潜在原因。食品安全风险识别是对食品加工全链条中可能存在的食品安全风险进行寻找、检测并判断其含量是否带来食品安全危害的过程。食品加工全链条中物理性、化学性和生物性风险的产生和变化较为复杂且不可视，需要借助检测手段来实现对不同风险因素的精准识别。传统检测手段（如比色法、色谱法甚至质谱法）成本较高、花费时间较长、对操作人员的要求较高，废弃化学试剂的排放还对环境造成污染，快速、无损、在线检测技术的研发逐渐成为研究焦点。

　　资源友好、环境友好和健康友好是食品生态加工的三大基本属性。食品安全快速检测和在线识别技术是食品生态加工风险识别技术的重要组成部分。食品安全快速检测和在线识别技术对仪器要求低、操作简便、检测条件灵活，能够在较短时间内快速、准确地识别食品加工中可能存在的食品安全风险因子，便于实现在线控制；以食品加工过程控制取代产品终检验，以实现食品原料和加工过程的安全可控，避免不安全食品对环境和人体健康的危害，推动食品生态加工三大属性的实现。

　　食品生态加工快速检测和在线识别技术主要包括基于免疫分析技术的试纸、试剂盒等产品，以及基于光谱特性、气味采集的快速无损检测设备、探针、电子鼻、电子舌等。基于免疫分析技术的试纸、试剂盒等快检产品主要针对原料的质量控制，如原料中的农兽药残留、微生物、真菌毒素等食品安全指标，以及产品成品后的质量控制，如对产品加工后的微生物、真菌毒素及有害物质的快速检测。基于各种光谱技术及气味采集技术的在线识别设备可实现原料和食品加工过程中重金属、异物（如霉变粒、鱼骨）、白度、嫩度等关键质量特征及主要成分（如蛋白质、脂肪、挥发性盐基氮、风味）的质量监控。近年来，随着免疫分析技术及光谱技术的不断发展，快速检测及在线识别技术在检测灵敏度、分析速度、目标响应特异性及成品化产品的便携性等方面都有了巨大的提升，在食品原料质量控制、生产加工过程风险识别和成品质量控制等全生产链得到广泛应用。

6.3.2　粮食谷物生态加工风险识别技术

　　粮食谷物加工过程食品安全风险来源主要包括粮食及加工用辅料带来的风险，加工设备、厂房等环境设施引入的不安全因子，以及加工技术引入的新的食品安全风险等。粮食谷物生态加工风险识别技术包括在线无损检测/识别技术和离线快速检测技术，前者主要用于对粮食谷物中异质粒、霉变粒、水分、容重等质量品质指标进行无损识别和检测，后者更多用于重金属、真菌毒素、农药等痕量安全指标的快速检测，会对样品产生一定的破坏。

1. 在线无损检测/识别技术

为了确保进入加工环节的粮食谷物质量安全，在收购和原料预处理环节应用在线无损检测/识别技术是非常重要的。粮食收购具有很强的季节性，收购和预处理的样品量大且集中，在线无损检测/识别技术能够准确快速识别风险因子、除杂、去除霉变粒等，确保待加工粮食谷物的品质和安全。

采用图像识别、紫外线、电子鼻、电化学、傅里叶近红外光谱、拉曼光谱等在线无损检测/识别技术，可以有效防止霉变粒、异质粒、磁性物质、黄曲霉毒素超标的粮食谷物进入粮食加工生产线。图像识别技术能够检测粮食谷物中的霉变粒、异质粒、杂质、不完善粒及粮食谷物中微生物污染情况。核磁共振成像技术通过记录原子核在磁场作用下能级跃迁释放的信号进行断层成像，进而检测粮油制品内部结构和特征，可用于检测粮食谷物及其制品中水分、蛋白质、淀粉、新鲜度等；太赫兹时域光谱（terahertz time-domain spectroscopy，THz-TDS）及其成像技术已经用于面粉增白剂、防腐剂、真菌毒素等粮油食品安全指标的检测（周志龙，2016；秦建平 等，2013）。紫外线技术可用于检测黄曲霉毒素超标的粮食。电子鼻、傅里叶近红外光谱、拉曼光谱等可以在线快速识别脱氧雪腐镰刀菌烯醇污染的粮食（De Girolamo et al.，2009）。此外，衰减全反射红外光谱、傅里叶变换红外漫反射光谱、激光图像等可以用于农药残留的检测。拉曼光谱、傅里叶变换红外光谱可用于微生物快速检测。红外磁性金属物检测技术及金属异物检测机能够检测粮食谷物中的金属异物和磁性物质。

水分、容重、不完善粒、杂质等常规质量指标是粮食谷物品质无损快速检测的重要指标。在线水分检测技术可以测定粮食及其制品是否在安全水分内。红外烘干天平的快速检测仪，电容式、电阻式粮食水分快速检测仪，微波快速水分检测仪，近红外水分检测仪等已经广泛应用于粮食水分检测。基于全自动图像分析系统的谷物外观检测仪，可以同时检测稻谷的出糙率、整精米率、破损粒、异种粒、黄变粒、垩白粒等。容重主要使用容重仪来检测。不完善粒、杂质等主要是由人工检测。为了降低劳动强度，提高结果的可比性和追溯性，以图像为基础，配合不同算法的快速检测仪已开始研究开发。食味计、大米测鲜仪、白度仪等也在粮食行业广泛应用。基于近红外的多指标检测仪也广泛应用，可以同时检测氨基酸、水分、蛋白质、脂肪、纤维、灰分、钙、磷、盐等指标，为粮食加工提供了较好的支撑数据。

2. 离线快速检测技术

基于免疫分析、电化学传感等技术的快速检测产品，如酶联免疫试剂盒、胶体金试纸条技术等，在粮食谷物重金属、真菌毒素、农药残留等危害物检测中大量应用。近红外光谱技术，即通过近红外光谱采集粮食样品信息，与采用金标方法检测的结果结合建模，建立目标物快速检测方法，可以作为在线实时监测技术，也可以作为离线快速检测技术，用于检测水分、蛋白质、脂肪等常量指标，在增强作用下，也可以用于检测痕量指标，如真菌毒素、农药残留等。ATP 生物发光技术、聚合酶链式反应（polymerase chain reaction，PCR）试剂盒等快速检测技术，也可用于检测病原微生物。一些新技术也开始在快速检测中应用，如超声波检测农药残留和重金属。

1）重金属快速检测技术

重金属快速检测技术主要包括酶抑制法、电化学分析法、生物传感器法、免疫分析法、直接光谱分析法等。目前比较实用的是 X 射线荧光（X-ray fluorescence，XRF）光谱技术。该技术实现了粮食谷物中重金属的快速检测，现阶段以测镉为主，铅等指标还处于研发阶段。基于电热蒸发原理的快速测汞仪，能直接测定粮食谷物中的汞含量，是一种环保绿色的检测方法，可以检测汞和二价汞，已经在市场推广应用。基于抗体的胶体金快速检测方法等已经进入实际应用阶段，尤其是基于抗体的重金属胶体金快速检测试剂盒，可以实现铅和镉的检测。该技术相对于 XRF 检测技术更便宜，准确性也更高。等离子体固样分析发射光谱可用于检测稻米中镉、铅等元素。基于生物传感方法，即利用酶、抗体、细胞、微生物等识别元件也可实现重金属的快速检测。基于激光诱导击穿光谱（laser-induced breakdown spectroscopy，LIBS）检测技术也可以尝试在粮食快速检测中应用，通过超短脉冲激光聚焦，在粮食样品表面形成等离子体，利用光谱仪对等离子体发射光谱进行分析，可以实现粮食中多种元素的定性及定量检测。

2）真菌毒素快速检测技术

免疫分析技术是利用真菌毒素与特异性抗体相结合发生免疫反应开发的快速检测技术，是目前粮食收购把关和过程控制应用最为广泛的快速检测技术，主要包括免疫亲和柱-荧光分光光度法、酶联免疫吸附法（enzyme-linked immunosorbent assays，ELISA）、免疫胶体金技术、时间分辨荧光分析、化学发光免疫分析、量子点免疫分析、上转换免疫分析、电化学免疫传感分析、免疫芯片传感分析、PCR 等技术。基于过氧化物酶信号放大的 ELISA 试剂盒方法，具有通量高、半定量、快速方便的优点，适合大规模样品的同时检测。基于侧流免疫层析法的快速试纸条方法，成本更低，操作更加方便，适合粮食收购时单个样品的快速检测，便于快速出结果后判定是否收购。美国 Charm Sciences 公司开发的 Rose 霉菌毒素快速检测系统能半定量检测目前全球关注的主要真菌毒素，结果与金标准方法无显著性差异，已通过美国农业部谷物检验、批发及畜牧场管理局和联邦谷物检验局、国家粮食和物资储备局标准质量中心等机构的认证。基于免疫分析的部分快速检测产品见表 6-7。

表 6-7　基于免疫分析的部分快速检测产品

品牌	产品种类	国家	新技术
Romer	试纸条/试剂盒	奥地利	水基提取
Charm	试纸条	美国	水基提取
拜发科技	试纸条/试剂盒	德国	手机读数
Beacon	试纸条/试剂盒	美国	
华安麦科	试纸条/试剂盒	中国	
上海飞测	试纸条	中国	时间分辨荧光
中检维康	试纸条/试剂盒	中国	
勤邦生物	试纸条/试剂盒	中国	
智云达	试纸条	中国	时间分辨荧光
安普诺	试纸条/试剂盒	中国	
安易	试纸条/试剂盒	中国	
维德维康	试纸条/试剂盒	中国	时间分辨荧光
瑞鑫	试纸条/试剂盒	中国	
易瑞生物	试纸条/试剂盒	中国	

　　分子印迹技术是指以目标分子或其结构类似物为模板分子，由模板分子经共价或非共价键与功能单体预组装后，通过聚合反应在模板分子周围形成高度交联的三维网状聚合物，利用该聚合物的特异识别结合功能，抓取目标物实现分析的技术。基于分子印迹技术的真菌毒素快速检测技术，现已被广泛研究。

　　核酸适配体分析技术通过指数富集配基的系统进化技术从寡核苷酸序列库中筛选获得的对靶物质具有高亲和力的单链寡核苷酸片段，可以是 RNA 或 DNA，应用寡核苷酸对真菌毒素特异识别结合实现检测的技术。近年来，基于适配体的真菌毒素检测技术研究较多，其原理和免疫检测很类似。

　　增强近红外技术可实现粮食中真菌毒素的无损检测。Sieger 等（2017）提出了一种利用中红外可调谐量子级联激光器（quantum cascade laser，QCL）光谱技术对真菌毒素污染进行光谱分析的创新方法——MYCOSPEC。该分析技术将 QCL 技术与 GaAs/AlGaAs 薄膜波导材料相结合，采用多元数据挖掘技术，建立花生中呕吐毒素和黄曲霉毒素 B_1 检测技术，满足欧盟有关玉米、小麦中呕吐毒素（1250μg/kg）污染限量的要求，以及花生中黄曲霉毒素 B_1（8μg/kg）限量检测的要求（Sieger et al.，2017）。

　　3）农药残留快速检测技术

　　粮食谷物农药残留快速检测方法主要包括：利用有机磷农药的氧化还原反应，用显色剂进行检测的化学方法；利用有机磷及氨基甲酸酯类农药可特异性地抑制乙酰胆碱酯酶活性设计的试剂盒快速检测方法；以特异性抗体识别、抓取农药的免疫分析方法；用对农药敏感的活体生物检测的快速分析方法。两类乙酰胆碱酶抑制法、胶体金试纸条法等一批快速检测技术已经成熟，酶联免疫试剂盒和胶体金试纸条相继开发并得到大量应用。

4）转基因快速检测技术

1996年转基因作物开始商业化种植以来，转基因作物的种植面积不断扩大，中国每年进口大量的转基因大豆和玉米。转基因粮食快速检测技术的研究和推广，是实现粮食分类储存和加工、确保消费者对转基因食品知情权的重要保障。转基因快速检测技术，以启动子、终止子、目的基因、标记基因为基础进行设计，包括以核酸恒温扩增为基础的直接检测基因序列的试剂盒方法，以特异性免疫抗体识别的免疫胶体金检测特异性蛋白的免疫分析方法，以 DNA 杂交为基础的快速检测方法。

3. 基于互联网物联网大数据的粮油食品安全危害物识别技术

粮油加工过程中食品安全危害物采集与分析的信息来源较多，如快速检测设备、在线识别传感检测装置、离线高通量多目标物检测、历年食品安全危害因子、与食品安全相关的间接参数（温度、湿度、外观）等，这些信息和数据构成了完整的食品安全危害物识别监管技术体系。通过互联网物联网的信息传输共享，连接孤立的信息，为食品安全风险识别提供基础数据，通过云平台、大数据分析挖掘等，及时提供食品安全判定结果、风险因子、防控措施等，可以有效地提高粮油加工过程危害物识别技术水平和管理水平。雷云（2015）基于 HACCP 体系，建立了稻谷供应链危害分析和关键控制点，筛选了关键指标，基于 RFID 和二维码标识技术，建立了稻谷加工企业种植、储存、加工、流通全产业链质量安全追溯体系。

6.3.3 果蔬生态加工风险识别技术

果蔬生态加工过程中，人们不仅对果蔬物料的运输速度进行监控，更需要运用一些风险识别技术对加工过程中的风险因子（如农药残留、劣质果、新鲜度等）进行识别和检测。电子鼻、电子舌、高光谱图像检测技术、磁共振成像技术和近红外光谱技术等快速、无损识别及检测技术是目前乃至未来一段时间内果蔬生态加工风险识别技术研究和应用的主要趋势。

1. 电子鼻和电子舌

1）电子鼻

电子鼻（electronic nose）是一种由具有部分选择性的化学传感器阵列和适当

的模式识别系统组成，能够识别简单或复杂气味的仪器（刘淼，2012）。它的基本工作原理是模仿人类的嗅觉系统，作用步骤可以分为 3 步：①嗅觉细胞的接触，即人工嗅觉系统中的传感器阵列吸附气味分子、产生信号；②嗅觉神经网络的传递，即生成的信号经各种方法加工处理与传输；③大脑的反应，即将处理后的信号经模式识别系统做出判断，对气味做出判断。

电子鼻在果蔬加工领域应用非常广泛。在原料验收环节，可以使用电子鼻对蔬菜、水果等的新鲜度及农药残留进行检测。王光芒（2009）对喷射同种农药但不同浓度的蔬菜，采用 13 个 TGS-8 系列金属氧化物气体传感器组成的自制电子鼻进行定量识别，运用 BP 神经网络对获得的数据进行分析，分析结果表明该系统可以较好地区分不同浓度农药残留的蔬菜，区分正确率为 100%。在果蔬加工过程中，可用于监测发酵、存储等生产过程。还可用于果汁等饮料的新鲜度等品质的评价。此外，它还可以用来分析包装材料及其与产品的相互作用。

2）电子舌

电子舌是通过模拟人的味觉，以低选择性、非特异性和交互敏感性的多传感器阵列为基础，检测液体样品的整体特征响应信号，结合化学计量学方法对样品进行模式识别处理，进行定性和定量分析的检测技术（黄嘉丽 等，2019）。

该技术可用于食品的味道评价及比较、溯源、质量分级、掺伪鉴别和加工过程监测，具有快速、简便、灵敏度高等特点，在食品检测领域展示了广阔的应用前景。Yan 等（2017）采用电子舌监测室温下新鲜椰奶的质量变化，并通过主成分分析、聚类分析和相似性分析对数据进行分析；采用化学和微生物分析椰奶的pH、可滴定酸度和微生物含量。研究表明，电子舌分析结果与化学和微生物分析结果一致，新鲜椰奶在室温 2～3h 和 7～8h 两个时间段内发生显著变化，在 2h 内完成加工可确保椰奶产品的品质。

3）电子鼻和电子舌联用

食品风味的评价是一个非常复杂的味觉评估过程，单用电子舌评估食品味道往往具有片面性，电子鼻由具有选择性的电化学传感器阵列和适当的模式识别系统组成，可识别和区分不同的气味。电子舌和电子鼻联合使用可更好地模拟食品的风味，获得更可靠的区分和鉴别结果（黄嘉丽 等，2019）。

2. 高光谱图像检测技术

高光谱成像技术拥有光谱和图像的优点，可以同时获取研究对象的空间及光谱信息。物体内部物理结构及化学成分能用光谱数据来反映，而果蔬的外部特征、表面缺陷及污斑情况能用图像来反映。高光谱图像检测技术，一般分为高光谱反射光成像技术和高光谱荧光成像技术。反射成像是基于高光谱成像系统最常见的高光谱图像获取技术，获取的图像光谱范围通常在可见近红外波段（400～

1 000nm）或者近红外波段（1 000～1 700nm）（马淏，2015）。这种技术常被用来检测水果、蔬菜、肉类、谷物等外部品质。

在水果和蔬菜检测方面的应用，高光色谱成像技术主要分为：①外部品质检测，如损伤、冻伤、腐败等；②内部品质检测，如可溶性固形物含量、淀粉含量、成熟度等；③品质安全检测，如粪便污染、农药残留等。薛龙等（2012）以激光诱导荧光结合高光谱图像技术为手段检测脐橙表面的敌敌畏农药残留，应用支持向量机方法在最佳光谱区间的基础上建立预测模型，预测集的相关系数为0.810 1。

3. 核磁共振成像技术

核磁共振（nuclear magnetic resonance，NMR）是原子核的磁矩在恒定磁场和高频磁场同时作用，且满足一定条件时所发生的共振吸收现象，是一种利用原子核在磁场中的能量变化来获得关于核信息的技术（林向阳，2006）。研究比较多的核磁共振技术主要是以氢核为研究对象，食品中的水分是在食品中使用核磁共振技术的基础条件。

对于内部烂心或腐败的果蔬，仅靠肉眼无法判别。磁共振成像技术可以精确计算损伤体积，不会对样品有破坏性等。彭树美等（2008）利用NMR获得不同水果和蔬菜的二维质子密度成像图，直接观察到那些与质量有关的不良现象，如碰伤、虫眼、干区（dry region）等。

4. 近红外光谱技术

波长介于可见光和中红外光之间的电磁波称为近红外（near infrared，NIR）光，其波长为700～2 500nm（熊英，2013）。近红外光谱分析原理是利用近红外区域的光谱所包含的物质信息对物质进行分析，实现对有机物质的定性、定量分析。其拥有可见光谱易于获取信号和红外光谱区域丰富的信息量等优点。

NIR光谱技术具有同时测定几种组分、无须样品预处理、测试距离远、分析速度快和实时分析等优点（李军良，2011）。研究表明，腐烂的水果表面和健康的水果表面反射的光线强度有区别，而这种差别可以被NIR技术所识别。近年来，科研人员面对水果表面的缺陷区和梗萼凹陷区较难识别的问题，利用近红外漫反射图像，对缺陷苹果进行快速检测，很好地解决了这一技术壁垒（郭志明，2015）。运用近红外的特点，对果面的缺陷部分进行识别，极大地提高了缺陷水果的检测速度和精度。

6.3.4 畜禽肉生态加工风险识别技术

在畜禽肉加工过程中，对原料肉质量、加工过程品质变化及成品质量进行风险识别和检测，能够快速识别肉制品加工中的微生物、兽药残留等风险因素，及时采取控制措施以有效提高肉制品的食用安全性。目前，常用的生态加工风险识别技术包括近红外光谱技术、拉曼光谱技术、探针式传感技术和免疫分析技术等。

1. 在线检测技术

1）近红外光谱技术

近红外光谱技术是利用目标化合物在近红外光谱区内的特异性光谱特性，对样品中某一种或多种化学成分进行快速检测的技术（于红樱 等，2006）。近红外光谱仪原理图见图 6-1。

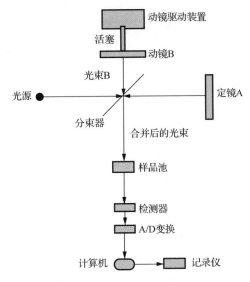

图 6-1　近红外光谱仪原理图

近红外光谱技术检测速度快、可实现多项目同时检测、准确度较高、对样品无损、检测费用低（于红樱 等，2006）。对于肉制品加工企业而言，产品产量大并且产品基质相对单一，对检测速度的要求较高，近红外光谱检测技术与企业的检测要求十分契合，因此是目前在肉制品加工过程中应用较为广泛的在线识别技术。近红外光谱检测技术不但能在线检测产品水分、蛋白质、脂肪、动物源性成分等指标，还可以检测 pH、系水力、剪切力等物理性指标，除此以外，还能够对加工过程中肉的保水性、渗透性、肉汁的损失率、干物质质量等工艺指标进行在线监控（吴习宇 等，2014）。

王辉等（2017）使用便携式近红外光谱仪在线检测了原料猪肉的胆固醇含量，使用 Savitzky-Golay（SG）一阶导数、SG 平滑正交信号校正组合预处理方法，构建了猪肉中胆固醇的预测模型。该预测模型在近红外光谱中波区对猪肉中胆固醇的分辨能力与预测准确度均较好，在 50～70mg/100g 的区段内预测准确率为

91.7%。白京等（2019）利用近红外光谱技术结合化学计量学方法构建了牛肉汉堡中的猪肉掺假的定性判别模型，并根据猪肉掺假比例建立了定量检测模型。应用偏最小二乘回归法建立的预测模型分析效果优于其他方法，最优模型校正集和验证集判别正确率为 100%。Viljoen 等（2007）利用近红外反射光谱对羊肉糜中的钾、磷、钠、镁、铁、锌等矿物元素构建了预测模型。研究结果表明：锌、钾和镁的预测相关系数较好，相关系数为 0.86～0.92；对于铜、硼、锰、钙和铝预测相关系数较差（0.26～0.49）。胡耀华等（2009）用近红外漫反射光谱仪检测真空包装猪肉系水力的方法，研究利用偏最小二乘法建立定量检测系水力的预测模型，同传统的滴水损失法和压力法相比较，传统方法与近红外光谱法的预测值相关系数为 0.73～0.79。

2）拉曼光谱技术

拉曼光谱技术是基于拉曼效应发展起来的，它是一种分子对光的非弹性散射效应。随着科学技术的不断发展、学科交叉的日益紧密，傅里叶转换拉曼光谱、表面增强拉曼光谱、高温拉曼光谱、激光共振拉曼光谱和共聚焦显微拉曼光谱等新的拉曼光谱技术的出现，扩充了拉曼光谱技术的应用领域，在肉制品加工过程中也越来越多地出现基于拉曼光谱技术的在线识别设备（刘畅 等，2017）。

拉曼光谱技术可以用来评价肉制品加工过程中加工参数、辅配料添加等条件对肉制品品质的影响。谢媚等（2014）采用拉曼光谱技术研究不同滚揉处理方式对鹅肉成熟过程中品质的变化及其蛋白质构象的变化，以此来改善鹅肉制品的品质。研究发现由于滚揉可以破坏维持鹅肉α-螺旋构象稳定的氢键，经过滚揉后鹅肉在 930cm^{-1} 处的α-螺旋条带强度增加，此外在 1340cm^{-1} 和 1450cm^{-1} 处的谱带变化表明了脂肪族氨基酸的变化，757cm^{-1} 处的谱带变化表明了蛋白质的疏水基发生了变化。Zhang 等（2015）通过拉曼光谱技术研究了高压对于肌源纤维蛋白凝胶持水能力的影响。研究表明：760cm^{-1} 处的谱带与表面疏水性和归一化强度相关，找到了蛋白凝胶持水力最强时的压力值；除此以外，还发现β-折叠、β折角和无规则卷曲结构同肉的保水性与凝胶性有关。李可等（2017）通过拉曼光谱技术研究了盐分对猪肉糜加工过程的影响。研究结果表明：随着盐分的增加，猪肉糜的硬度也随之增加，保水性能提高；β-折叠含量上升，α-螺旋含量下降，β-转角和无规卷曲含量没有明显变化；β-折叠结构是蛋白质聚合为良好凝胶的基础结构，因此增加盐分有助于提升肉制品的保水性能。

拉曼光谱技术还可以应用于评价肉制品品质，如色泽、嫩度、风味、脂肪含量、持水力、pH、蛋白质变性程度及药物残留等。李涛等（2010）利用纳秒瞬态拉曼光谱技术研究了一氧化氮（NO）与肌红蛋白（Mb）结合的动力学过程，通过考察肌红蛋白一氧化氮结合体（MbNO）光解后产物脱氧肌红蛋白（DeoxyMb）

与 MbNO 的 v4 特征振动峰的强度比值随激光功率的变化，研究了一氧化氮与肌红蛋白结合的过程。赵进辉等（2017）应用表面增强拉曼光谱技术测定了鸭肉中替米考星的残留，研究分析了鸭肉提取液、替米考星水溶液和含有替米考星的鸭肉提取液的表面增强拉曼光谱特征，选择 1584cm^{-1} 作为鸭肉中替米考星残留检测的特征峰。研究结果表明在 2.0～50mg/L，鸭肉中替米考星残留检测的标准曲线线性关系良好，检测限为 2.0mg/L，预测样本的平均回收率为 75%～103%。

3）探针式传感技术

探针式传感技术在肉制品加工中的应用较为广泛。随着科学技术的进步，探针式传感器已由 pH 探针、温湿度探针等单一指标探针发展到将探针同光谱、生化传感器等设备相连接制备得到的高精度传感设备。

探针式传感器能够在肉制品加工过程中无损监测 pH、温湿度等指标，以达到对加工工艺的严格把控，但是单纯的探针式传感器能够监控的指标较少，为克服这一缺陷，将探针传感技术同光谱、生化传感等技术相融合，开发的新型传感设备无论是应用范围还是仪器精度都有了明显的提升。

陈剑等（2012）将探针式 pH 计应用于鹅肉加工过程中的在线品质分析，将探针式 pH 计直接插入鹅肉肉浸液，检测肉浸液 pH 的变化，用 SPSS 软件分析数据的相关性。实验结果表明使用探针式 pH 计测定肉浸液 pH 的方法数据可信，能够实现对鹅肉技工在线品质无损分析的目的。唐志华等（2019）利用曙红能够与恩诺沙星形成新缔合物的光学特质，使用曙红作为探针，将其同光谱技术相结合，实现了对鸡肉中恩诺沙星残留的快速检测。恩诺沙星与曙红结合后形成的新缔合物使曙红的最大吸收波长发生改变，通过光谱仪对曙红最大吸收波长的检测，实现对鸡肉中恩诺沙星的定量检测。研究结果表明当恩诺沙星浓度为 0.08～10.0g/mL 时线性关系良好，方法的检出限为 0.05g/mL，方法平均回收率为 93.61%。祝儒刚等（2012）应用基因芯片技术检测了肉制品中的大肠埃希氏菌、沙门氏菌、金黄色葡萄球菌、志贺氏菌和单核细胞增生李斯特菌 5 种致病菌。研究中分别选取编码了 5 种致病菌的专属基因，并以细菌 16S rDNA 基因为阳性对照，设计了引物与探针，使用多重 PCR 扩增，产物与含特异性探针的芯片杂交。研究结果表明，制备的基因芯片可以同时对 5 种致病菌进行检测，DNA 芯片的检测灵敏度为 2pg，远低于多重 PCR 的检测灵敏度 20pg，所制备的基因芯片检测实际肉制品样品的准确率也高于传统培养法。

2. 快速检测技术

目前，常用的食品安全快速检测技术包括免疫分析技术、超声波技术、传感器技术、核磁共振技术、光谱分析技术等。免疫分析技术具有灵敏度高、特异性强、方便、快速和经济等优点，广泛应用于生产企业现场快速检测。免疫分析技术是通过抗原与抗体高度专一的非共价键特异性结合，再辅以免疫放大技术形成肉眼或仪器可以辨别的形态，主要有 ELISA、免疫胶体金层析法（colloidal gold immunochromatographic assay，GICA）、光学免疫分析法、免疫磁珠技术等（李慧琴 等，2019）。目前，ELISA 和 GICA 分析技术已经成熟地应用在肉制品加工各个环节的风险识别中，如用于检测农兽药残留、有害微生物及重金属残留等。

1）ELISA

ELISA 技术是目前食品安全快速检测的主流技术，利用该技术对食品中农药兽药残留物及其他污染物进行分析已成为世界各国学术研究的新热点。ELISA 技术具有特异性好、灵敏度高、操作简单、所需仪器设备价格较低等优点，特别适合大量样本的筛查。目前，我国有近百种商品化的食品安全 ELISA 检测试剂盒，例如，四环素类、喹诺酮类、磺胺类、呋喃类、大环内酯类等兽药残留检测试剂盒，β-受体激动剂类、苏丹红、三聚氰胺等违禁添加物检测试剂盒，黄曲霉毒素、玉米赤霉烯酮、赭曲霉毒素等真菌毒素检测试剂盒。此外，与之配套的酶标仪也已有多款商品化产品，基本能满足兽药、毒素、违禁添加物的快速检测需要（Hou and Li，2017）。ELISA 原理示意图见图 6-2。

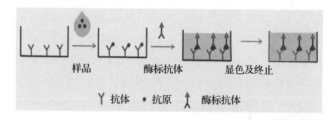

样品　　酶标抗体　　显色及终止

Y 抗体　• 抗原　↑ 酶标抗体

图 6-2　ELISA 原理示意图（张丽 等，2019）

目前，ELISA 技术常用 96 孔 PS 酶标板作为固相载体，以辣根过氧化物酶为标记物对底物邻苯二胺和四甲基联苯胺等进行标记（图 6-2）。近年来，基于 ELISA 方法的新型快速检测技术不断涌现（图 6-3）。王敏等（2020）以氯丙嗪-牛血清白蛋白为包被抗原，自制鼠抗氯丙嗪单克隆抗体，建立可在 1h 内定量检测猪肉中氯丙嗪含量的间接竞争酶联免疫吸附法。该方法的最低检测限为 0.51ng/mL，线性检测范围为 1.37～111.11ng/mL。Liu 等（2017）建立了用于检测肉制品中单核细胞增生李斯特菌的 sandwich-type ELISA 方法。该方法对于快速检测单核细胞增生李斯特菌显现出了极大的潜力，最低检出限为 lg6.5CFU/mL。

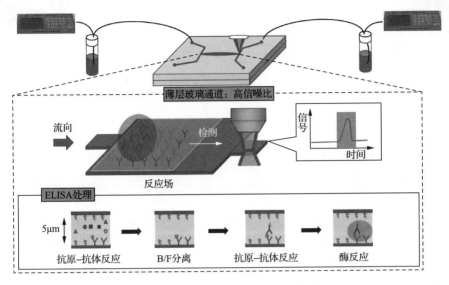

图 6-3　新型 ELISA 分析方法（微流控 ELISA 技术）示意图（NAKAO et al.，2019）

2）GICA

GICA 技术是以胶体金作为标记物，一般在硝酸纤维素膜上将抗原和抗体进行特异性结合，通过对比测试线与控制线颜色实现目标物的快速检测（张洪歌 等，2019）（图 6-4）。GICA 试纸条以其简便、快速、便携、结果易判读等特点，广泛应用在食品安全现场快速检测中。目前，我国商品化 GICA 试纸条包括瘦肉精、氯霉素、孔雀石绿、硝基呋喃类、磺胺类及喹诺酮类等兽药残留的快速检测试纸条及沙门氏菌、大肠埃希氏菌 O157、志贺氏菌等致病菌的快速检测试纸条等（伊廷存，2017）。应用 GICA 进行肉制品生产加工过程现场快速检测主要集中在动物疫病、兽药残留及致病菌污染快速检测方面。

在动物疫病现场筛查方面，吴海涛等（2018）针对 2018 年全国范围内暴发的非洲猪瘟病毒（African swine fever virus，ASFV），以 ASFV PET-30A-P72 蛋白作为抗原，以 ASFV 单克隆抗体杂交瘤细胞株 2D3 接种至小鼠腹腔内制备腹水，研发出能在 10min 内检测出含有 ASFV 阳性抗原的胶体金试纸。Jiang 等（2011）利用双抗夹心技术，制备可在 15min 内检测猪口蹄疫病毒的胶体金试纸条，该方法的灵敏度可达 11.7ng/mL。

在兽药残留及有害添加物检测方面，吴雨豪等（2018）以 65nm 多枝状胶体金为新型探针，研制出可检测猪尿中新型瘦肉精沙丁胺醇（salbutamol，SAL）的试纸条，并研制出配套的便携式读取仪，可在 17min 内实现猪尿中 SAL 的快速检测，其 IC_{50} 值可达 0.143ng/mL，最低检测限为 0.027ng/mL，适于 SAL 的现场快速筛查。赵兴然等（2017）依据免疫竞争法原理，针对动物和水产养殖中常见的

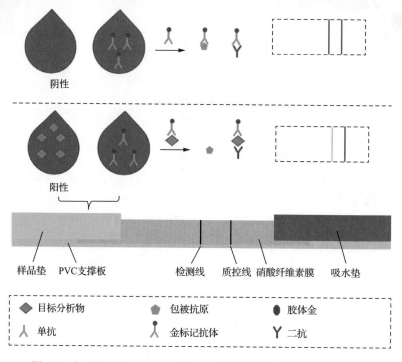

图 6-4　免疫胶体金试纸条结构和原理示意图（李小刚 等，2019）

禁用药氨苯砜，建立了胶体金渗滤式试纸条快速检测方法。该方法可在 10min 内对氨苯砜进行定性检测，最低检出限可达 20pg/L。

在致病菌污染快速检测方面，赵鑫等（2019）利用双抗夹心免疫原理，针对冷鲜肉中存在的致病菌——单核细胞增生李斯特菌制备单克隆抗体，研制出可检测单核细胞增生李斯特菌的免疫胶体金层析试纸条。该试纸条的检测限可达 $1×10^6$CFU/mL，且与常见的其他食源性致病菌无交叉反应。张帅等（2016）研制出可同时定性和半定量检测生鲜畜禽肉中常见的 3 种致病菌（鼠伤寒沙门氏菌、单核细胞增生李斯特菌和福氏志贺菌）的快速检测胶体金试纸条，该试纸条的检测灵敏度可达 $1×10^4$CFU/g，较大限度地降低了检测成本。

6.3.5　水产品生态加工风险识别技术

在水产品加工过程中，鱼骨（刺）、兽药残留、菌落总数等指示菌、食源性致病菌、寄生虫等是主要的食品安全风险因子。基于无损、在线、快速的风险识别技术能够快速识别水产品原料及加工环节潜在的食品安全风险因子，进而通过原料质量把控和加工过程控制来更好地保障水产品生态加工安全。水产品生态加工风险识别技术包括：基于光学分析的风险识别技术，如烛光法、近红外光谱技术、高光谱成像技术、紫外荧光成像技术等；基于核磁共振的风险识别技术，如核磁共振成像技术；基于分子生物学的风险识别技术，如生物芯片技术及其检测平台等；基于免疫学的风险识别技术，如酶联免疫检测技术、胶体金试纸条检测技术等。

1. 烛光法

烛光法分为白光烛光法和紫外光烛光法两种。白光烛光法适用于检测新鲜或冷冻的白色鱼肉（如鱼片、鱼块和碎鱼肉）中的寄生虫，紫外光烛光法适用于检测深色鱼肉中的寄生虫。

烛光法主要适用于寄生于鱼肉中的吸虫囊蚴、棘颚口线虫的包囊、广州管圆线虫的幼虫、阔节裂头绦虫、裂头蚴等寄生虫。烛光法检测是最常用的检测水产品骨刺和寄生虫的方法，仪器设备构造简单且成本较低、操作快速简便，尤其适合水产品加工企业的现场、在线应用。不足之处是对水产品的颜色、厚度、形状及危害物存在的状态要求比较苛刻，准确性欠佳，对操作人员的要求较高，很容易出现误检漏检现象。

2. 近红外光谱技术

目前，近红外光谱技术在水产品行业的应用主要包括：①快速分析水产品中微生物含量、食品添加剂含量、水产品的化学成分（如蛋白质和脂肪）含量；②综合评价水产品的品质，如新鲜度、嫩度、色泽及弹性等；③鉴定水产品的产地、品种、真伪和掺假。例如，通过化学方法测定狭鳕鱼糜的水分和蛋白质含量，再利用近红外漫反射光谱分析技术建立相应的定量分析模型，从而进行狭鳕鱼糜水分和蛋白质含量的快速无损检测（王锡昌　等，2010）。

近红外光谱技术具有快速、无损、多组分同时检测等优点，在实际应用中仍然存在一些不足。近红外检测模型建立的理想样品很难获得。同一品种水产品由于生长环境等外部因素的影响，其品质会存在一定差异，而不同品种的水产品其差异将会更大，严重影响模型的准确度。同时，精密光学仪器的生产成本较高（吴广州　等，2013）。上述问题在一定程度上阻碍了近红外技术在水产品风险识别和快速检测的推广应用。随着光导纤维及传感器技术等通信技术的不断发展，近红外光谱技术将逐步实现在线检测及网络联用，水产品加工过程品质异地检测、远程分析也将成为可能。

3. 高光谱成像技术

高光谱成像技术不仅可以获得光谱信息，还可以获得图像信息，将图像信息和光谱信息结合到一起，能够同时获得样本的空间信息、辐射信息、光谱信息等。利用高光谱图像系统获取水产品的高光谱图像，选取合适的特征波段得到水产品的特征图像，借助一定的算法处理可有效识别水产品中是否含有有害微生物及其数量。同时，高光谱成像技术与化学计量学结合可以准确预测鱼肉的冷藏时间、冻融次数及腐败参数，与图像处理方法结合可以更直观地展示出鱼肉的鲜度状况。采用可见近红外高光谱成像采集不同冷藏时间的草鱼鱼肉高光谱图像，运用一系列算法可实现鱼肉鲜度的菌落总数分布的可视化，从而可以快速预测产品货架期的变化（Cheng and Sun，2015）。

尽管高光谱成像技术能够对样本所有的参数进行数据采集、分析和预测，但该技术运用到实际检测过程中仍存在一些缺陷，如数据冗余严重、成本昂贵、硬件限制等（高亚文 等，2016）。针对上述问题，高光谱成像技术还需进一步改进和完善，如运用稳定高效的算法确定最有效特征波长，建立高光谱图谱数据库和图像系统，开发专用软件以满足在线快速检测的需求等。

4. 紫外荧光成像技术

鱼肉与鱼骨刺具有不同的激发波长，鱼肉的荧光强度远低于鱼骨刺，可初步实现鱼骨刺与鱼肉背景的分离。基于鱼骨刺的紫外荧光特性，紫外荧光成像技术和计算机图像识别技术在水产品中鱼骨刺检测方面已有应用，并建立了相应的检测规范。为了克服不同批次样品和波长的影响，以线性判别分析的思路为基础，设计了具有较强适应性的鱼骨刺图像识别算法，识别正确率可达95%左右（王晟，2015）。

紫外照射辅助人工挑鱼骨刺的方法与传统白光烛光法相比，检出率更高，平均耗时更短，可显著提高劳动效率。结合荧光成像技术和计算机图像识别处理技术，实现智能化自动化剔除鱼骨刺将成为研究热点。

5. X射线成像检测技术

X射线成像技术在鱼骨刺检测方面有独特优势，能明显提高检测效率和鱼刺检出率，尤其对于腹部鱼肉较厚的鱼片具有很好的应用潜力，同时有利于边缘带骨刺残留鱼片的检测。解冻状态下，鱼肉的组织杂乱无章，且X射线图像与鱼骨刺的纹理与灰度十分接近，因此，冷冻状态下的鱼骨刺检出率高于解冻状态。冷冻结合X射线的技术，明显提高了肉眼难以检测的冷冻红色鱼片检出率，并改善图像质量，减少人工读图判定鱼刺漏检的概率（胡记东 等，2016）。

X射线检测技术具有良好的应用前景。由于不同种类的鱼片骨刺分布有差异，可通过研发新兴图像处理技术、图像增强技术算法等，针对不同鱼种制定针对性的骨刺检测方案。

6. 核磁共振成像技术

核磁共振成像技术能够无损、定性、定量地对水产品各项指标进行检测，配合其他分析和计算工具，可有效保障水产品加工过程风险因子的快速识别。通过核磁共振成像技术可以无损地获得鱼类的内部构造图像，进而能够从图像上观察得到鱼类的发育情况、骨刺分布情况、病变等信息。同时，核磁共振成像技术可以定性、定量地研究漂洗、擂溃、凝胶、保藏和添加剂等不同加工条件对鱼糜制品质量的影响。不足之处是核磁共振波谱仪本身的造价较高，且体积庞大。

7. 分子生物学技术

随着现代分子生物学技术的发展，基于 DNA 的检测方法在水产品风险识别方面发挥越来越重要的作用。分子生物学技术主要包括核酸杂交、PCR 检测技术、限制性内切酶分析、16S rRNA、基因芯片技术等，这些技术可用于水产品加工过程中细菌、病毒和寄生虫的风险识别和分析检测。

核酸杂交是利用特异性标记的 DNA 或 RNA 作为探针，与病原体核酸中互补的靶核苷酸序列进行杂交，以用于检测核酸样品中的特定基因序列，从而确定水产品中是否携带某种病原体。实时荧光定量 PCR 是当前较为快速准确地利用荧光信号积累，实时监测水产样品中是否含有病原微生物的检测方法，大大节约检测时间且不会造成交叉污染。16S rRNA 为所有生物体生存所必需的基因序列，并且也是较保守的序列之一。16S rRNA 测序已成为鉴定微生物种、属、家族种类的标准方法，也是目前检测水产品中病原微生物种属最常用最简便的方法。基因芯片以其高灵敏性、高特异性的特点，在水产品主要的致病细菌、病毒等病原检测和鉴定方面发挥着重要的作用，但需要解决大量准确基因序列的获取难、检测成本高等问题。

8. 免疫学技术

免疫学技术是利用特异性抗原抗体反应，对水产品中可能含有的病原微生物、渔药残留及其他危害物进行检测的一种技术，包括荧光抗体技术、酶联免疫技术和免疫胶体金技术等，是目前发展较为成熟的快速检测技术。

荧光抗体技术是根据抗原抗体反应具有高度的特异性，把荧光素作为抗原标记物，在荧光显微镜下检查呈现荧光的特异性抗原复合物及其存在部位。应用荧光抗体技术检测牙鲆体内的弧菌，特异性强、灵敏度高，但非特异染色操作程序较烦琐（鄢庆枇 等，2006）。

酶联免疫技术的特点是敏感性高、特异性强、检测速度快且结果可定量，对抗原、抗体及抗原抗体复合物可以实现精准定位，其中以 ELISA 技术应用最为广泛。应用间接竞争酶联免疫分析法检测凡纳滨对虾红体病的病原菌取得了较为满意的效果（樊景凤 等，2006）。应用 ELISA 法检测鱼肉中氯霉素的残留量，具有灵敏、准确、重复性好、特异性高等优点（彭运平 等，2010）。

免疫胶体金技术是以胶体金作为示踪标志物应用于抗原抗体的一种新型的固相免疫标记技术，具有检测时间短、试剂和样本用量少等特点。目前，免疫胶体金检测技术在渔兽药残留的检测中已经形成了独特的优势，运用免疫胶体金层析技术现场快速检测海参中呋喃唑酮药残留，使整个检测过程减少了对大型仪器的依赖，检测时间大大缩短，并且灵敏度达到了国家相关标准的要求（李文玲，2015）。

6.4 食品生态加工过程控制技术

食品原料组分各异，在腌制、发酵、熏烧焙烤等加工过程中会发生一系列物理、化学和生物变化，可能产生一些危害人体健康的加工有害物，消费者食用后对人体健康造成威胁，甚至引发癌症、致人死亡，难以满足食品生态加工健康友好的要求。食品生态加工过程控制技术能够有效减少有害物在加工中的积累，又避免了加工终产品不合格导致的食物资源浪费。本节重点概述粮食谷物、果蔬、畜禽肉和水产品生态加工中可应用的过程控制技术，以实现食品安全生产、全程可控。

6.4.1 概述

食品加工原辅料、加工工艺参数是导致食品加工中各种有害物形成的主要影响因素。食品加工原辅料可能会携带细菌、食源性致病菌、寄生虫、重金属及生物毒素等有害物，腌制、发酵、熏烧焙烤等食品加工工艺及参数（温度、时间等）控制不当会生成亚硝酸盐、亚硝胺、PAHs、杂环胺、生物胺、丙烯酰胺等加工有害物，影响加工食品的食用安全。食品安全过程控制技术区别于以产品为核心的终端检验，在食品加工中采取各种针对性的技术手段来控制加工有害物生成的种类和速率，以实现降低有害物在食品中含量的目标。基于危害分析与关键控制点体系，采用先进的食品安全过程控制技术应用到食品生态加工中，以减少食品加工中可能存在或加工中生产的危害物、全面提升加工产品的质量和安全，是实现食品生态加工健康友好属性的关键。

基于食品生态加工的定义，食品生态加工过程控制技术应更多采用物理和生物技术手段、添加天然来源食品添加剂和食品配料来实现加工有害物的有效控制，同时也尽可能规避化学合成食品添加剂给人体带来的潜在危害。食品加工过程中产生的有害物种类各异，其应用的生态加工过程控制技术也各有不同。比如：适度碾磨、物理/生物吸附可以去除粮食谷物和水产品中的重金属和生物毒素；高压、适度高温、臭氧、真空处理技术及添加天然来源的抑菌剂可以有效控制加工食品中的菌落总数、食源性致病菌等微生物数量；优化食品加工技术参数（温度、pH、水分含量和物理场等）、添加天然来源抗氧化剂、生物发酵和酶工程技术、新型液熏技术等，能够减少高淀粉、高蛋白和高脂肪食品加工中丙烯酰胺、杂环胺、生物胺、亚硝胺和 PAHs 等加工危害物的产生。

6.4.2　粮食谷物生态加工过程控制技术

粮食谷物制品加工危害物影响粮食及其制品的食品安全，危害消费者健康，并影响食用品质。在加工过程中，通过加工工艺参数的改善和优化，以及采用物理、生物或联合控制手段减少粮食谷物加工中有害物的产生非常重要。

加工工艺的优化改善可降低粮食谷物制品中重金属和生物毒素的含量。粮油籽粒外层（颖壳、皮层、麸皮等）真菌毒素和重金属含量一般多于内层。通过优化碾磨加工工艺，可以使污染物超标的粮食制品符合食品安全限量的要求。稻谷采用不同的加工精度，大米中重金属镉的含量有明显差异。不同加工精度下不同部位的镉含量，由大到小依次为三级糠粉、一级糠粉、糙米、四级精米、三级精米、二级精米和一级精米。稻谷的糠层镉含量最高，糙米加工为一级精米后，镉含量降低 50%。通过蒸煮成米饭或粥，大米中镉的含量显著降低。但是，加工精度越高，大米中蛋白质等营养物质含量下降越多（辜世伟 等，2019；彭斓兰 等，2019）。因此，对镉含量超标的稻谷，在充分评估其食品安全性的情况下，可以通过优化碾磨工艺来降低大米中的重金属含量。

碾米、研磨制粉可以降低粮食谷物食用部分真菌毒素的含量，但其加工副产物中真菌毒素易富集，综合利用时应重点关注。热处理也能降低粮食谷物制品中真菌毒素的含量。挂面加工中，增加碱性食品级添加剂（如碳酸钠）、适当提高煮制或干燥温度，可以有效降低其真菌毒素含量。在挂面中添加 1% 的碳酸钠，70℃条件下干燥，生产的挂面中 DON 含量由 1.92mg/kg 降低到符合国家限量标准（≤1mg/kg），煮制后，DON 含量为 4.50mg/kg 的挂面，也能降低到符合国家限量标准（常敬华，2014）。膨化加工可有效降解伏马毒素，降解效果与加工温度及挤压螺旋速度有关。通过湿磨生产的淀粉不含或几乎不含玉米赤霉烯酮、伏马毒素和黄曲霉毒素。在粮油制品中添加维生素，可缓解真菌毒素的中毒效应，补充添加烟酸和烟酸胺可以加强谷胱甘肽转移酶的活性，增加解毒过程中与黄曲霉毒素 B_1 的结合。添加酶制剂或应用可降解真菌毒素的菌株也能有效降解粮食谷物制品中的真菌毒素，红串红球菌、丛毛单胞菌、匍枝根霉、胶红酵母可以实现黄曲霉毒素 B_1、伏马毒素、赭曲霉毒素 A、展青霉素的部分或完全降解。

6.4.3　果蔬生态加工过程控制技术

根据加工工艺不同，果蔬制品分为果蔬罐头、果蔬汁、果蔬腌制品、果蔬干制品、油炸果蔬制品及一些果蔬副产品（果胶、精油、色素等）（夏文水，2018）。在果蔬加工过程中（高温热加工、腌渍）会产生 PAHs、丙烯酰胺、N-亚硝基化合物、微生物代谢产物等有害物。添加天然抗氧化剂、应用生物发酵酶解技术能够通过减少有害物前体物质含量、降解有害物质等途径来实现果蔬生态加工过程安全可控。

1. 加工有害物天然抗氧化剂抑制技术

抗氧化剂作为一类食品添加剂，不仅能够有效延缓脂质氧化、保护维生素类和必需氨基酸等一些易氧化的营养成分，还能有效控制果蔬加工中丙烯酰胺的生成。目前食品加工中应用较为广泛的人工合成抗氧化剂丁基羟基茴香醚和 2,6-二叔丁基-4-甲基苯酚，虽具有良好的抗氧化性能，但安全性仍受到质疑。因此从天然可以食用的物质（果蔬类、中药类、食品副产品等）提取天然来源抗氧化剂受到广泛关注。目前，茶多酚、竹叶提取物、黄酮、甘草抗氧化物、植酸类、维生素 E、迷迭香提取物、磷脂等已经实现工业化生产。

添加天然抗氧化剂目前是控制丙烯酰胺的较为普遍的方法之一。不同种类抗氧化剂对丙烯酰胺的形成具有抑制或促进的双重作用。抗氧化剂抑制丙烯酰胺形成的作用机制主要有两种：一是抗氧化物直接破坏生成的丙烯酰胺；二是形成醌或羰基化合物，进而和丙烯酰胺主要前体物质天冬酰胺、3-氨基丙酰胺反应，从而抑制丙烯酰胺的形成（Ou et al.，2010）。2,6-二叔丁基-4-甲基苯酚、芝麻酚和维生素 E 对丙烯酰胺的形成具有促进作用；而迷迭香提取物（主要成分为没食子酸）、儿茶素和维生素 C 对丙烯酰胺的形成具有抑制作用。抗氧化剂的双重作用可能与其添加剂量有关，而丙烯酰胺的含量与反应终产物的抗氧化性能直接相关。在马铃薯片油炸前加入 0.5%柠檬酸和 0.3% L-半胱氨酸这两类抗氧化剂可以较为高效地减少丙烯酰胺的生成（刘晓燕 等，2013）。竹叶提取物和茶多酚对薯类油炸食品中丙烯酰胺含量有显著抑制作用，且呈现剂量依赖性，在一定范围内，抗氧化物剂量越大，抑制率越高（俞良莉 等，2014）。抗氧化剂自身稳定性越低，对丙烯酰胺的抑制作用越明显。

2. 酶降解亚硝酸盐技术

腌渍类果蔬制品通常含有较高含量的亚硝酸盐，利用特异菌株产生的亚硝酸盐还原酶可实现对亚硝酸盐的降解。以乳酸菌作为基础菌株，筛选出高效生产亚硝酸盐还原酶的菌株，亚硝酸盐还原酶可在腌渍过程中将亚硝酸盐还原，即将 NO_2^- 还原为 NO 或 NH_4^+。乳酸菌生产的亚硝酸盐还原酶有效降低了腌渍酸菜中亚硝酸盐的含量。

以乳酸菌为代表菌种的酶降解技术，具有高效安全降解亚硝酸盐、不破坏食品基质和风味的优势。但酶降解亚硝酸盐技术受到食品基质、发酵条件及抗氧化剂的限制。在发酵类果蔬制品中，乳酸菌在发酵中后期生长代谢旺盛，发酵体系内添加过量的氯化钠进行腌制，会导致乳酸菌脱水死亡，使乳酸菌降解亚硝酸盐的效果明显下降。温度也是乳酸菌降解亚硝酸盐的一个重要影响因素，一般乳酸菌的最适生长温度均在 37℃ 左右，亚硝酸盐还原酶的最适温度为 30℃，当温度低于 15℃ 时，亚硝酸盐还原酶的活力不到原来的 10%（柳念 等，2017）。黄酮类、维生素 C 和异维生素 C 等抗氧化物质在有效清除亚硝酸盐的同时，对乳酸菌的生长代谢造成影响，直接影响乳酸菌对亚硝酸盐的降解效率。

6.4.4　畜禽肉生态加工过程控制技术

畜禽肉经腌腊、酱卤、熏烧烤、干制、发酵、乳化等加工，形成各具特色的肉制品。但肉制品加工过程中，腐败和致病微生物、杂环胺、亚硝胺、PAHs 等加工有害物的存在影响肉制品加工安全。应用生态杀菌/抑菌技术、添加天然抑菌剂和天然抗氧化剂、液熏技术、微生物发酵技术等生态加工过程控制技术，不仅能够有效降低肉制品加工中生物和化学危害物的含量，也契合资源友好、环境友好、健康友好的生态加工理念。

1. 生物危害物过程控制技术

肉制品加工涉及环节众多，原料及加工过程控制不当易导致产品中微生物生长繁殖，加速肉制品腐败变质，甚至引发食源性疾病。超高压、超声波等生态杀菌技术，以及多种杀菌技术组合的栅栏技术可以实现肉制品加工微生物的有效控制。

1）生态杀菌/抑菌技术

超高压、超声波、芽孢萌发热致死等生态杀菌技术能够控制肉制品微生物生长繁殖。当压力大于 400MPa，处理时间为 154s 时，发酵香肠中的腐败菌数量最低，产品的发酵性能和品质也没有产生较大变化（Alfaia et al.，2015）。通过调节超声功率和时间，尤其在 20～47kHz 条件下，作用 2s～30min 时，可有效抑制肉制品中各种腐败和致病微生物的生长，保证产品安全（Turantaş，2015；李可 等，2018），尤其在发酵肉制品中应用更为突出。超声波可以使微生物细胞膜形成气孔，产生必需营养物质传入和有害底物去除的通道，促进发酵肉制品中益生菌的生长和酶活性，同时抑制致病性和腐败微生物（Yeo and Liong，2013）。采用 20kHz 超声波处理清酒乳杆菌，再接种到肉糜 24h 后，发现其具有较强的活性，其培养提取物对金黄色葡萄球菌、沙门氏菌等具有较强的抑制作用，可见，超声波技术可以通过改善微生物发酵剂活性，从而提高发酵香肠产品的安全性（Shikha et al.，2016）。

中温肉制品在杀菌温度为 90～110℃ 时能够较好保持肉制品营养和口感，但腐败微生物凝结芽孢杆菌得以存活，进而导致肉制品腐败变质。处于休眠状态的芽孢耐热性较高，但萌发成为营养细胞后，其耐热性下降。利用该原理研发的芽孢快速萌发热致死技术能够有效抑制中温肉制品中凝结芽孢杆菌的存活，延缓中温肉制品在贮藏期间腐败变质。该技术利用葡萄糖等营养物质使凝结芽孢杆菌芽孢萌发，再经 110℃中温杀菌 10min，芽孢致死率接近 100%。

2）栅栏技术

在肉制品加工中，除了生态杀菌技术，添加天然防腐保鲜剂、调节酸度、调节水分活度、真空包装、气调包装等也可以发挥杀菌/抑菌作用，这些属于不同的栅栏因子。应用栅栏技术，将几种或全部栅栏因子联合使用，发挥其协同作用，既能够有效抑制微生物的生长繁殖，又降低了杀菌温度和时间，更好保持食品营养和食用品质的同时，还节约了热能。目前，栅栏技术已经广泛应用于肉制品加工中。

2. 化学有害物控制技术

烧烤、油炸、烟熏、酱卤等工艺赋予了肉制品特有的色泽和风味，但也不可避免地产生一些化学有害物。例如：在油炸过程中会产生杂环胺和反式脂肪酸；烧烤和熏制会增加 PAHs、杂环胺产生概率；酱卤过程中尤其是老卤（老汤）的使用，会导致酱卤肉制品中杂环胺含量增加。优化加工方式、添加天然抗氧化剂和微生物发酵剂可有效控制杂环胺、亚硝胺、PAHs 等加工有害物含量，提升肉制品安全品质。

1）杂环胺控制技术

肉制品中杂环胺的形成主要受肉品种类、加工方式、加热温度和时间、前体物浓度和脂质种类及水分含量等因素影响。目前，杂环胺控制技术主要有改进加工方式和添加天然来源物质（如维生素、黄酮、香辛料及提取物、多糖和大豆蛋白等）。

对于不同肉制品加工方式，杂环胺形成量由高到低依次是碳烤＞油煎＞油炸＞烘烤。因此，在保证熟制的前提下，采用非明火或间接加热加工处理方式、降低加工温度、减少加工处理时间可有效降低肉制品中杂环胺的含量。有国外学者使用微波处理技术处理肉制品，利用热量由物体内部产生、表面升温较慢的特性，减少肉制品加工过程中的杂环胺的形成。用微波预处理油炸的原料肉可降低油炸过程中 95%的杂环胺生成量（Felton et al.，1994）。也有研究证明，相比其他加工方法，采用低温真空加热的牛排中杂环胺的含量最低（Oz and Zikirov，2015）。

通过添加天然来源抗氧化物质降低杂环胺含量已成为食品加工领域的研究热点，其原理是抗氧化剂中的甲氧基团经化学反应可生成醌类成分物质，这类物质可以显著清除自由基，从而有效降低肉制品加工过程中杂环胺的生成。一些香辛料中的天然抗氧化物质已被证明具有抑制杂环胺的作用（Puangsombat et al.，

2011)，维生素 C、烟酸和维生素 B_6 则可以通过清除自由基及与杂环胺关键中间体苯乙醛结合来抑制烧烤肉制品中杂环胺的形成，其中以维生素 B_6 的抑制效果最佳（Wong et al.，2012）。此外，黄酮类、儿茶素、萜类化合物、有机硫化物化合物等都已被证实具有抑制杂环胺形成的作用（詹春怡 等，2019）。

除了天然来源抗氧化物质，羧甲基纤维素、微晶纤维素等多糖物质通过较好的持水性抑制了杂环胺前体的迁移与相互作用；辣椒素、花椒麻素和胡椒碱等非抗氧化组分对肉制品杂环胺的抑制具有显著的浓度依赖效应，添加 2mg 辣椒素对烤牛肉饼杂环胺总含量和 PhIP 的抑制率可达到 80%和 98%，且较辣椒更能抑制杂环胺的生成（Zeng et al.，2017）。

2）亚硝胺控制技术

肉制品中亚硝胺的形成主要受肉品新鲜度、微生物及酶的作用、pH、加热温度和时间、包装条件等因素影响，控制亚硝胺形成的措施主要包括使用亚硝酸盐替代物及对亚硝胺具有抑制或分解的微生物制剂。

虽然目前还未发现能够完全替代亚硝酸盐作用的物质，但随着研究的进展，发现一些物质可部分替代亚硝酸盐的功能，比如通过发酵作用的芹菜粉在风干香肠中具有良好的抗氧化作用并能抑制挥发性盐基氮的产生。组氨酸、血红蛋白、蛋黄粉、红曲色素、植物色素及天然来源抑菌物质也可作为亚硝酸盐替代物腌制肉制品。八角、丁香、肉桂、迷迭香等香辛料提取物也被证实对亚硝胺具有显著的阻断作用。利用低温等离子体处理的蒸馏水中含有 782mg/L 的亚硝酸盐和358mg/L 的硝酸盐，将其添加到乳化香肠中，在 4℃贮藏 28d，乳化香肠的总需氧菌数、色泽、过氧化值和感官品质与添加亚硝酸盐的乳化香肠差异不显著（Jung et al.，2015）。

一些微生物（如植物乳杆菌、戊糖乳杆菌、木糖葡萄球菌、戊糖片球菌等）具有促进肉制品发色的效果，同时能提高香肠红度值、亮度值和安全性。筛选具有抑制亚硝胺生成、促进亚硝胺分解的微生物菌种也可以实现对亚硝胺的抑制，比如，利用乳酸菌可以在一定程度上阻断腌制鱼肉中亚硝酸盐和亚硝胺的形成。

3）PAHs 控制技术

肉制品加工中，PAHs 的生成量与加工温度或处理时间成正相关。CAC 建议尽可能采取措施避免食品加工过程中 PAHs 的产生，如避免食物与火焰接触，远距离烧烤，减少干燥和烟熏过程（如用间接烟熏取代直接烟熏）。

优化热加工温度和时间是控制 PAHs 的重要措施。烤制 1min、4min、9min 的羊肉串样品，不管是瘦肉还是肥肉中 BaP 含量都有显著性差异，且随烤制时间的延长有明显的增加趋势。烤制 9min 的肉串表面已焦化，经测定，肥肉和瘦肉中BaP 含量均已超过国家限量标准（5μg/kg）。

烤制方式和燃材选择对熏烤肉制品中的 PAHs 含量影响显著。对使用木炭烧烤、木炭烘烤和气体烘烤 3 种方式加工的猪肉和牛肉样品中的 7 种 PAHs 检测后发现，PAHs 生成量由多到少分别为木炭烧烤＞木炭烘烤＞气体烘烤（Chung et al.，2011）。对于燃材的选择，苹果木、桤木、杨木、山胡桃木、甘蔗渣对于降低熏烤肉制品中的 PAHs 含量具有明显优势，尤其是甘蔗渣的使用，既实现了加工副产物的高效利用，又有效抑制了杂环胺的生成，符合食品生态加工要义。液熏法是在烟熏法基础上发展起来的一种新型加工技术，可以有效降低成品中甲醛、BaP等有害物质的生成，但是会影响产品的色泽和风味。

不同包材对熏烤肉制品中 PAHs 的含量也会产生影响。国外学者发现使用模拟培养物研究 LDPE 包装袋真空包裹烘烤鸭皮，放置 24h 后，检测发现烘烤鸭皮中的 BaP 的含量显著降低（Chen and Chen，2005）。国内学者对比 LDPE 和 PP 两种材质对 BaP 的吸附能力，发现用两种材质包装湖南腊肉放置 5d 后，LDPE 对腊肉中 BaP 的吸附率达 43.14%，而 PP 仅为 4.65%（赵冰 等，2018）。上述实验数据证明，采用 LDPE 作为包装材料，发挥其吸附作用来降低熏烤肉制品中的 BaP含量是可行的，这为肉制品中 PAHs 的控制技术提供了新的研究思路。

6.4.5 水产品生态加工过程控制技术

水产品在加工、贮藏、流通等环节中会受到内源性和外源性物质的侵害，导致生物、化学危害物含量偏高。水产品生态加工过程控制技术的关键是在最大程度节约食物资源和能源、保护环境的前提下，在生产加工过程中把有害、有毒物质及潜在危险控制在最低限度以下。目前，在水产品加工过程中常采用的生态加工过程控制技术有微生物控制技术、寄生虫控制技术、化学危害物控制技术等。

1. 微生物控制技术

水产品加工过程中的细菌主要分为内源性和外源性两种。内源性细菌包括原料和辅料自身所携带的细菌，如水产品中多携带副溶血性弧菌、单核细胞增生李斯特菌等；而外源性的细菌主要包括加工贮藏流通环境、人员、器具、包装材料等携带的细菌进入到水产品中。应用新型生态杀菌技术，通过破坏细胞膜、抑制酶活性等杀死或抑制微生物（包括细菌芽孢），基于生物抑菌技术、添加天然抗菌剂也可实现腐败微生物的有效抑制。

2. 寄生虫控制技术

海水产品中的寄生虫主要有异尖线虫，淡水产品中的典型寄生虫是华支睾吸虫、广州管圆线虫等。寄生虫控制技术主要有高温、冷冻、剔除等。

常温（20～25℃）下异尖线虫较好存活，可能导致在加工过程中内脏中的幼虫向肉内移行。在 40℃加热 10min、50℃加热 10s、60℃加热 1s，可以导致其虫体死亡。厚度约 1mm 的鱼肉片内含有的华支睾吸虫囊蚴，在 90℃的热水中 1s 死亡，75℃时 3s 内死亡，70℃及 60℃时分别在 6s 及 15s 内全部死亡。除高温处理外，冷冻也可以达到去除效果，如在-20℃冰冻 10h 后，水产品中寄生虫可被杀死。

同时，还可以借助烛光法、无损检测技术对海产鱼片中的寄生虫进行剔除。烛光法是目前国内外海产加工企业在线检测异尖线虫等寄生虫的主要方法。日光灯烛光法针对鳕鱼、鲆鲽类等白色鱼肉产品；紫外灯烛光法用于大马哈鱼等红色鱼肉产品。高光谱、紫外荧光成像等无损检测新技术与信息处理、图像增强等高新技术有机融合，可以实现智能化、自动化操作，显著降低人力成本、提高检测效率（杨贤林，2013）。

3. 内源危害物控制技术

水产品中内源性甲醛是水产品自身代谢的产物，是内源性氧化三甲胺分解的产物。在氧化三甲胺降解过程中，存在生物途径和酶途径，因此控制内源性甲醛的方法有抑制酶活性、减缓微生物生长及天然来源甲醛捕获剂。用 300MPa 压力处理鱿鱼，发现高压使氧化三甲胺酶活性降低；在低温冷藏 12d，二甲胺和甲醛生成量明显降低（李颖畅和励建荣，2014）。半胱氨酸、茶多酚、苹果多酚、白藜芦醇、没食子酸等对水产品中内源性甲醛具有较好的捕获效果。

水产品中生物胺的来源有两个途径：一是氨基酸的脱羧作用，二是醛的胺化作用。生物胺控制技术有物理方法、化学方法、生物方法三大类。物理方法主要是通过冷冻、干燥、微波等方法来抑制微生物的生长，从而减少水产品中生物胺的积累。化学方法主要是添加植物提取物，如生姜、大蒜、丁香、桂皮、迷迭香、葡萄籽提取物和茶多酚等。生物方法是控制水产制品生物胺最前沿的方法，也称微生物拮抗技术。具有拮抗作用的微生物通常含有消减生物胺的酶，如胺氧化酶和氨脱氢酶，能够抑制氨基酸脱羧酶活性、减少生物胺的形成。米曲霉、乳酸菌、白地霉等微生物具有单胺氧化酶活性，使氨基酸氧化脱胺生成醛、氨和过氧化氢，减少生物胺的产生。木糖葡萄球菌对腌制发酵凤尾鱼中的生物胺有抑制作用，可以降解 38%的组胺和 4.4%的酪胺（王航，2016）。

4. 脂质氧化危害物控制技术

水产品，尤其是海水鱼中不饱和脂肪酸含量高达 70%～80%。鱼类特有的 n-3 系列脂肪酸，如 EPA 及 DHA 等，在贮藏加工流通过程中容易发生氧化、降解及进一步的衍生化反应。不饱和脂肪酸氧化生成的醛类、不饱和酮和呋喃衍生物等化合物会影响健康，因此控制水产品的脂质氧化尤其重要。

脂质氧化的直接诱因是脂肪酸的性质、氧、温度、水分、光、微生物、酶等，因此针对这些诱因设计单一或者组合的栅栏因子，就可以有效防止脂质氧化。到目前为止，大多数有关水产品脂质氧化的研究还主要是集中通过包装、添加天然抗氧化剂等方式阻止水产品中脂质的氧化。某些微生物也具有良好的抗氧化特性，目前对于微生物抗氧化的研究和报道还较少。有研究报道了 8 株不同来源的乳酸菌的抗氧化活性，发现它们都具有不同程度的还原活性，其中抗氧化活性最高的一株菌株还原活力高达（77.9±5.2）μmol/L 半胱氨酸当量，最低的一株菌株还原活力则为（2.7±1.4）μmol/L 半胱氨酸当量（姚杰玢 等，2015）。开发具有抗氧化特性的微生物菌株、内源性酶等新型生态抗氧化剂将是未来的研究热点。

5. 重金属脱除技术

水产品，尤其是贝类对重金属有较强的吸附蓄积能力，极易导致水产品重金属超标。基于生态理念的重金属脱除技术主要有物理吸附法、浸泡清洗法及生物处理法。

物理吸附法是使液体物料中的重金属离子吸附在固体吸附剂表面而将其去除。该方法一般不会造成二次污染，但吸附剂的选择性、吸附容量、处理成本等需要综合考量。研究较多的化学吸附材料有天然矿石、合成沸石、活性炭、壳聚糖等，适当的人工改性可以提高吸附效率。同时，螯合树脂是一类能与金属离子形成多配位络合物的交联功能高分子材料，目前在食品工业中已经有应用实例。针对砷（三价）制备了具有特异性吸附作用的离子印记壳聚糖树脂，在 pH 6.0，40℃反应 4h 后，海带汁中的砷含量降低约 40%，对其他营养组分的影响较小，壳聚糖树脂经再生后可重复利用 10 次以上。

浸泡清洗法主要针对重金属等化学污染物主要吸附结合在藻类原料表层，通过适度的漂洗可有效将其去除，从而降低安全危害。依据重金属与原料的结合途径及牢固程度，可以利用适度酶解、超声波、酸处理等技术提高清洗效率。

生物处理法是利用动物、植物、微生物等活体在生命活动过程中对重金属的富集作用而达到去除液体物料中重金属的目的。这种方法操作成本相对较低，富集金属后的生物体易处理。例如酵母菌、霉菌、细菌（如芽孢杆菌）等均有一定的重金属吸附脱除性能，混合种群固定化有望实现复杂水体多种重金属协同脱除，与微藻共固定化，形成菌藻共生体系是目前较为先进的技术。

6. 生物毒素脱除技术

贝类毒素、鱼类毒素是由水环境中有毒藻类产生的毒素经食物链迁移到鱼贝类等生物中富集而成，如麻痹性贝类毒素主要来源是亚历山大藻类。麻痹性贝类毒素脱除方法集中在壳聚糖类物质的添加。采用鲜体脱毒方法，使用制备的壳聚糖微球对牡蛎肉浆进行脱除，脱除率可达 90% 以上。与饥饿喂养方式相比，添加羧甲基壳聚糖可以提高牡蛎各个组织中毒素的排出速率（卞中园，2013）。贝类还可以用暂养净化的方式来去除毒素，但是净化时间过长。

第 7 章

实践与展望

7.1 食品生态加工实践

食品生态加工实践是运用食品生态加工技术实现食物资源高效高值利用、节能减排和营养健康食品生产的过程。食品生态工业园是食品生态加工技术在园区内各加工企业应用和实践的综合载体，能够将园区内不同食品加工企业产生的加工副产物、废热、废水等可利用资源在园区内得以充分利用，以实现食品加工全链条食物资源高效利用、节能降耗及污染物减排的协同。本节重点概述国际和国内食品生态工业园建设及实践进展。

7.1.1 国际食品生态加工实践

1. 概述

国际上最初的工业园区往往基于经济效益的考量而产生产业集聚，通过共享公用工程、集中收集和处理废弃物、合理利用土地和空间等方式，降低园区企业成本，提升竞争力。然而，食品企业集聚在带来经济效益的同时，也造成集中的环境污染和安全事故叠加的风险。美国、日本等发达国家开始认识到，过去工业采用的"资源-生产-食品-废弃污染物"单向发展模式具有巨大的弊端。为探索工业发展与生态环境的协调发展，相继提出清洁生产、循环经济等一系列发展模式，生态工业园也应运而生。

生态工业园是工业生态学理念的现实实践，工业生态学的理论是模仿自然生态系统的物质和能量流动，使工业系统中的物质流、能量流、信息流形成特定系统和特定的闭合循环，使工业生产中的每一个环节形成一个有机的链条。从清洁生产到生态工业，再到以循环经济、低碳经济为核心的可持续发展，是从企业到行业、经济、发展的不同层次的提高，是从末端治理转为源头控制、从环境保护到环境生态文明的转变（图 7-1），而生态工业园就是这种载体和抓手（杨友麒和刘裔安，2020）。

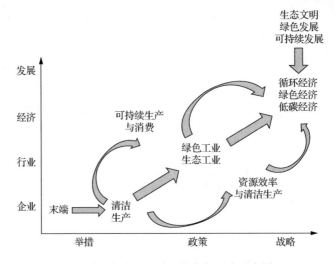

图 7-1　生态文明建设的发展层次示意图

　　20 世纪 60 年代，丹麦卡伦堡就开始探索生态工业园建设。丹麦卡伦堡工业园是最早受到广泛关注的涵盖食品生产的生态工业园，创造了"产业共生模式"，被认为是生态工业园发展的雏形。园区凭借"一个公司的残余物是另一个公司的资源"的理念，将园区内发电厂、炼油厂、制药厂（主要生产胰岛素和酶）和石膏材料公司这 4 家优势企业通过相互交换能量、水和物料进行有机结合，形成工业共生体（industrial symbiosis）。发电厂为制药厂提供生产所需的蒸汽，为周边养鱼场和农场提供冷却水和余热；为石膏材料公司提供石膏原矿以降低生产成本。炼油厂生产的天然气可供给发电厂和石膏材料公司用作燃料。制药厂利用微生物发酵技术将农业加工副产物转化成高价值的胰岛素和酶制剂，产生的污泥经高温灭菌后可运至周边农场作为营养肥料，每年可产生 800t 氮肥和 400t 磷肥，同时每年可节省 100 万 m^3 的水资源，过剩的酵母可作为饲料饲养动物。此外，园区还吸引了水泥厂、土壤修复厂、硫酸厂等企业入驻，利用优势企业产生的余热和能源等副产品，实现企业间的资源共享和能量交换，减少了能源、水和加工原材料的消耗（图 7-2）（李玲玲，2018）。

　　20 世纪后期，随着对环境保护要求的不断提升，世界上许多食品工业园区开始朝着可持续发展和绿色发展的方向发展，生态工业发展模式在北美、欧洲、亚洲等发达国家迅速传播。如今，日本、美国、英国、德国、法国和韩国等国家都制订了生态工业园发展项目规划，不断推动生态工业园建设。每个国家的生态工业园各具特色。日本的生态工业园以静脉产业为主导产业。日本静脉产业内容十分广泛，涵盖食品再生利用产业、容器包装的再利用产业等，其核心是废弃物利用；政府和环保部门通过提供资金、管理和技术指导，介入生态园的建设和管理。

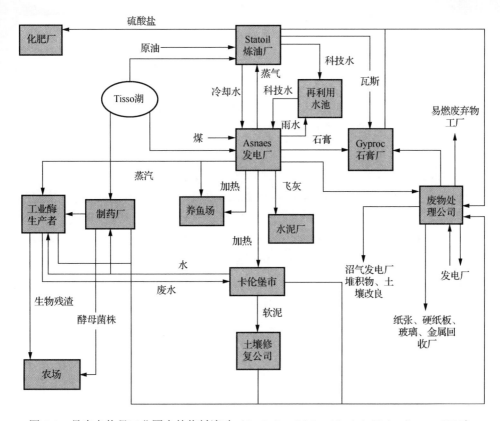

图 7-2　丹麦卡伦堡工业园中的物料流动（the Industrial Symbiosis in Kalundborg，2020）

　　美国的生态工业园区遍布全美各地，涉及生物能源开发、清洁工业、废物处理、固体和液体废物的再循环等多个行业。位于新罕布什尔州的伦敦德里食品生态工业园区，不断利用生态工业的发展来解决快速增长带来的负面影响，并成为全美生态工业协同效应的典范。工业园区内一家塑料回收公司的原料是来自园区周边一家名为石田农场酸奶公司产生的废弃塑料（Eco-Industrial Parks across the USA，2020）。此外，丹麦、荷兰、法国、加拿大等国家也建立了许多生态工业园，并取得了显著成效。

　　生态工业园中可能入驻的食品加工企业主要包括 3 类，分别是果蔬加工企业、乳品企业、畜禽和鱼类加工企业。这 3 类企业所产生的废弃物分别具有不同的利用方式，与其加工过程密切相关。其中，蔬菜加工主要包括 2 个步骤：第 1 个步骤是新鲜蔬菜的包装加工，主要包括分类、修剪、清洗、分级和包装；第 2 个步骤包括去皮、修剪、切块、去核、制泥和漂白等。此外，为了对产品进行保存，第 2 个步骤还可能包括脱水、腌制、冷冻或蒸煮。水果加工与蔬菜加工类似，还可能涉及发酵和切片等。水果最常见的保存方式是罐装、冷冻或发酵。大多数果蔬加工都需要用水来输送产品和清洗设备。果蔬中有机物丰富，加工中产生的废液约是生活污水 BOD 的 10 倍，而且总悬浮固体也较高。水果和蔬菜加工过程中的其他主要废弃物有果皮、核和修剪后的残渣，这些易被微生物降解、用作动物饲料，也可以被无氧分解，发酵生产乙醇或堆肥。

乳制品加工主要包括牛奶的巴氏杀菌和均质化，以及黄油、冰激凌和奶酪等其他产品的生产。这些处理过程中产生的废水中含有大量的乳糖、蛋白质和脂肪。这意味着 BOD 升高，脂肪、油和油脂也随之升高。这些物质给常规废水处理系统带来问题。因此，采取无氧分解方式处理这些复杂的有机物是很好的选择。

畜禽和鱼类的加工也主要分为两个环节：首先是屠宰、分割和包装，加工形成鲜肉产品；其次是采取不同方式加工成肉类罐头、干肉制品、午餐肉、培根、蒸煮肉制品和其他即食肉类产品等。加工中产生的各类副产品会被回收，其中肉屑、血液、毛和骨可加工为动物和宠物食品。加工废水也需要进行处理，以减少其有机物的含量。此外，肉类副产品也可以采用无氧分解或酒精发酵的方式回收利用（Lower，2005）。

2. 典型案例

1）德国法兰克福的赫斯特工业园（Hoechst Industrial Park）

德国法兰克福的赫斯特工业园，是欧洲最大最成功的工业园之一（图 7-3）。园区的历史可以追溯到 1863 年创办的一家小型颜料厂，经过多年发展，该颜料厂更名为赫斯特染料公司。20 世纪末该公司破产，1997 年赫斯特工业园应运而生，并成立了茵法赫斯特公司（Infraserv Hochest），管理运营园区的基础设施。赫斯特园区占地约 460hm^2，约有 2.2 万员工。从 2000 年以来，累计投资总额约 77 亿欧元，每年吸引新公司和数百万的投资。我国青岛的中德生态园就全面引入了德国赫斯特工业园的运营管理模式。中方与德国茵法有限责任公司和赫斯特两合公司这两家运营赫斯特工业园的公司在循环经济、运营模式和园区管理等方面开展合作。

赫斯特工业园区目前驻扎了来自世界各地的约 90 个企业，有跨国公司，也有中等规模企业。园区内的工业包括药品、生物技术、基础化学品和特种化学品、作物保护、食品添加剂和服务等。园区生产商包括嘉吉、拜尔等 20 余家企业。嘉吉（Cargill）位于赫斯特园区的生物柴油厂从 2006 年 9 月开始生产，2008 年嘉吉在生物柴油厂的基础上创建了一家占地 1 万 m^2 的甘油精炼厂。甘油作为生物柴油的副产品之一，可以提供给下游的食品企业用于生产调味品、饮料、口香糖等产品，也可以用于生产动物饲料，或作为化妆品等其他加工领域的原料。

图 7-3　德国法兰克福的赫斯特工业园

　　园区的管理者茵法赫斯特公司能够根据生物技术、制药和化工等行业的特殊需求，为园区企业提供 6 000 多项精细化服务，全方位促进园区企业发展。提供的服务包括不同等级的水、电、热、气和原料等能源的供应，不同类别废弃物的处理，此外还可提供环境保护、设备管理、技术维护、物流、场地管理、教育培训、健康安全、租借等服务。

　　园区通过现代化的废物管理设施和高效的能源发电站，基本能够实现能源独立。园区可提供给企业能源包括自发的蒸汽、电力、工业气体及各种级别处理水等（沈永嘉，2012）。园区按照循环经济理念，对各类废物进行再利用。园区把近 20 万 t 高纯生物废水和 20 万 t 淤泥，运用共厌氧消化的方式生产出 160GW·h 的生物气，这些生物气能够供园内企业使用。热电联厂则用废能和废弃燃料进行发电，园内年发电量达 1.947GW·h/年，占德国发电量的 0.3%，热能的产量为 3.355GW·h/年。

　　园区还建立了高效的能源管理系统，这个系统在超过 150 个建筑和厂房内使用，通过安装的 2 000 余个能源消耗计数器和压力计、温度计采集能源消耗的基础数据。这些数据上传后，系统软件对这些数据进行可视化处理、分析和评估，提出最优的能源利用方法，有效降低企业运行成本。此外，园区与企业还对能源使用量和价格进行密切沟通，引导企业错峰使用能源。

　　2）美国 Intervale 生态工业园

　　美国佛蒙特州伯灵顿的 Intervale 生态工业园将食品生产、加工、分配和销售结合起来，在改善环境和改善居民营养健康的同时，也增进了园区周围社区的社会和经济福祉。Intervale 园区每年在 15 英亩（1 英亩=0.404 686hm^2）的土地上加工超过 2.9 万 t 有机物，其中包括 2 500 多 t 食物残渣、4 000t 冰激凌废料及动物粪便、干草、木屑等。65% 的食物残渣来自超市、餐馆、自助餐厅等，其余 35%

来自食品加工厂（Farrell，2004）。园区内一个 50MW 的生物质发电厂将燃烧木屑和作物残渣产生的废热用于温室供暖。园区堆肥设施系统将食物残渣与冰激凌厂的废水进行混合，形成堆肥，为这个地区每年节约几十万美元的垃圾填埋费用。农民利用这些丰富的堆肥为田地施肥，种植更多的食物。伯灵顿的许多居民会通过预订的方式每周购买农场种植的蔬菜（Macaulay，2013）。

7.1.2　我国食品生态加工实践

1. 概述

我国经济与科技高速发展的同时，环境污染与资源匮乏问题也越来越严峻。中共十八届五中全会首次把生态文明列入十大目标，首次将绿色发展作为"创新、协调、绿色、开放、共享"五大发展理念之一。目前，我国已经进入一个以绿色低碳循环发展为特点的生态文明新时代，食品工业也在转型升级中逐渐步入高质量发展阶段。工业园区由于产业聚集增强了竞争力，推动了生产要素的聚集与产业升级，提升了规模效益并降低管理成本。而生态工业园中，一个企业或一个环节产生的废弃物能够被另一个企业或环节所使用，从而减少整个系统产生的废弃物。国家环境保护总局发布的《国家生态工业示范园区管理办法（试行）》中，将生态工业园定义为依据清洁生产要求、循环经济理念和工业生态学原理而设计建立的一种新型工业园区。生态工业园在全园区内建立了一条生产者-消费者-分解者的循环途径，以实现物质闭环循环、能量多级利用和废物产生最小化（闫灵均，2009）。随着清洁生产和可持续发展的要求不断提升，工业园区不断向建设生态工业园区转变，食品生态加工也在生态工业园区内不断实践。

20 世纪 90 年代，我国食品生态工业园开始在萌芽中探索，主要以酿酒和制糖行业为主。1999 年，沱牌集团在国际企业创新论坛会议上首次提出"生态酿酒"的理念。2000 年，我国提出了"生态酿酒工业园"的概念，包括茅台、五粮液等数家白酒企业都开启生态酿酒工业园的建设。2001 年，广西贵港国家生态工业（制糖）示范园区经国家环境保护总局（现为生态环境部）批准建设，是我国第一个循环经济试点示范园区，被认为是我国第一个国家级食品生态工业园，标志着制糖生态工业园探索的开始。

进入 21 世纪后，我国食品生态工业园不断建设完善。李家民等将"生态酿酒工业园"定义为，模拟自然生态系统的功能，建立起系统内"生产者、消费者、还原者"的工业生态链，以低消耗、低（无）污染、工业发展与生态环境协调发展并形成良性循环为目标的酿酒体系。《白酒工业术语》（GB/T 15109—2008）中增加了"生态酿酒"的定义：保护与建设适宜酿酒微生物生长/繁殖的生态环境，以安全、优质、高产、低耗为目标，最终实现资源的最大利用和循环使用。2009年6月，五粮液集团编制的产业园区规划中，突出"酒产业、酒文化、酒旅游、酒生态"。安徽迎驾集团依托大别山良好的生态优势，其生态工业园采用了生态产区、生态剐水、生态发酵、生态循环、生态洞藏为一体的全产业链发展模式。2014年，贵州茅台集团在鸭溪镇打造茅台循环经济科技示范园。该项目采用茅台酒酒糟-沼气沼肥-有机高粱-茅台酒循环产业链。此外，我国的生态酿酒工业园还有剑南春大唐国酒生态园、湘窖生态文化酿酒城、金六福生态酿酒园等（彭小东 等，2017）。

2. 典型案例

1）广西贵港国家生态工业（制糖）示范园区

广西贵港国家生态工业（制糖）示范园区（以下称贵港工业园），基于循环经济理论和工业生态学原理，建立资源消耗-产品-再生资源的发展模式，减少了环境污染和资源浪费，是食品生态工业园的典范。该园区总面积 81.43 万 km^2，以甘蔗制糖为龙头，涵盖甘蔗种植、制糖、酒精、造纸、热电联产、环境综合处理六大系统，不同单元通过产品、废弃物和能量等相互连接，形成了一个周期性的循环系统（赵满华和田越，2017）。

贵港工业园的各个系统相互依存共生，互为上下游（图7-4）。园区以蔗田为开端，甘蔗制糖为核心和主导，将制糖的副产物废糖蜜作为酒精制造的原料，蔗渣用于造纸，蔗髓用于发电，制糖、酒精制造和造纸生产过程中产生的酒精废液通过环境综合处理系统加工形成复合肥再回到蔗田。在制糖系统中，除了生产一般的糖，还生产具有高附加值的低聚果糖和有机糖产品，提升了经济效益。酒精系统生产酵母精和酒精，蜜糖发酵中产生的 CO_2 被加工成轻质碳酸钙，减少了大气污染。造纸系统主要生产优良生活用纸，以及具有高附加值的蔗渣浆和羧甲基纤维素钙。热电联产系统通过蔗髓与煤粉的科学配比，减少天然气和矿物资源的消耗及环境污染，为园区提供所需的燃气和电力。环境综合处理系统对园区各系统产生的废水、废气、废渣进行处理，废气除硫、废气除尘，废水经过回收后用于复合肥、水泥的加工，以及造纸。

贵港工业园实现了经济社会发展和环境保护的协同发展。2015年，贵港工业园年生产甘蔗 350 万 t，酒精 20 万 t，生活用纸 8.5 万 t，产电量 3.6 万 kW·h，园区内制糖行业销售额达 130.5 亿元，利润高达 72.4 亿元。贵港工业园通过废弃物的回收利用，减少了资源的消耗和污染物的排放，实现了清洁生产。园区良好的经济效益提升了政府的财政收入和人民的生活水平。

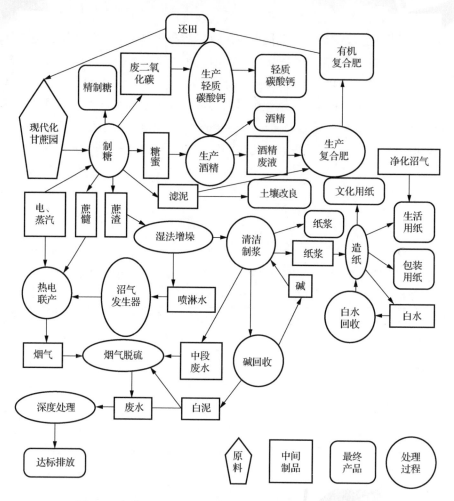

图 7-4　贵港工业园产业生态体系（赵满华和田越，2017）

2）沱牌舍得酒业生态酿酒工业园

沱牌舍得酒业从 20 世纪 90 年代初开始建设生态酿酒工业园。工业园基于生态学的基本理论，采取高效性、多样性、循环性、链接性和地域性等原则，贯穿产前、产中和产后环节，最终实现整个生产过程中废弃物零（少）排放及资源化利用。与此同时，园区通过企业、政府及社区之间的高效合作及密切交流，形成高效的物质流动、能量流动和信息流动的网络。

生态酿酒工业园经过 20 多年的持续建设日趋成熟，园内各系统形成相互交叉的工业链网结构，基于全过程生态化标准体系的支撑，数个产业链并行不悖，保证了物质和能量的循环利用和梯级利用。园区已形成以种植养殖场、金属粮仓、酿酒厂、制曲中心、纯水处理中心、自动化灌装中心、废水处理站、滨江公园等企业和组织机构共同组成的工业共生链网系统，具体包括种植养殖基地、生态园绿化系统、绿色原粮基地、自动化绿色储粮系统、循环水处理系统、生态酿酒系统、直燃式燃气产气系统、废弃物处理中心、生态营销系统等（图 7-5）。

　　沱牌舍得酒业生态酿酒工业园建立从原料供应到销售全过程的生态网络，取得了良好的经济效益、社会效益和生态效益。目前，园区的经济产投比达 3.5，基酒产能达到近 3 万 t/年，出酒率 41%，优质率达 35%，包括原材料、能源和工业水在内的资源平均利用率在 95% 以上；2017 年全区全面采用清洁能源；园区的废水、废渣和废气循环利用率达 100%，水质达标率 100%，园区绿化率 98.5%。现年均参观考察接待人数达 5000 人（王晓平 等，2018）。

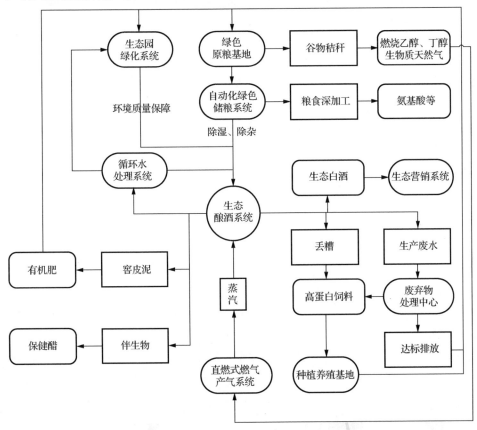

图 7-5　沱牌舍得生态酿酒工业园系统及物质能量循环图（王晓平 等，2018）

7.2　食品生态加工趋势和挑战

　　随着全球可持续发展进程的不断推进，食品生态加工也不断在食品企业和生态工业园应用实践。食品生态加工技术具有动态性，随新技术的出现而不断更新，应用国际最先进的食品生态加工技术能够助力资源高效利用、生态环境保护和营养健康食品生产三大目标更好实现。受技术先进性、企业追求短期经济效益、生态环境污染较为严重和食品生态加工产业体系尚未形成等限制，食品生态加工在我国食品企业和生态工业园区应用实践仍面临许多挑战。本节概述食品生态加工技术的发展趋势、我国践行食品生态加工的必要性及面临的主要挑战。

7.2.1 食品生态加工技术发展趋势

1. 未来食品新技术将丰富优质食物资源可持续获取方式

传统生态农业养殖获取肉蛋奶等食物需要占用一定的土地、消耗大量的能源和水资源、排放较多的温室气体。全球人口的持续增长与有限的土地和能源之间的矛盾，再加上极端天气、新冠疫情等导致的粮食减产，食物资源可持续供给面临挑战。此外，传统食品原料均一性较差，比如，畜禽肉品种、性别、年龄、饲养方式、遗传基因、部位的不同甚至畜禽动物情绪的波动都会造成畜禽原料肉品质的变化，进而给优质原料肉的持续供给、标准化加工和高效利用带来挑战。

素肉制品、生物培育肉、人造蛋、人造奶等未来食品制造新技术将颠覆传统食品生产加工方式，实现优质食物资源的可持续生态获取。合成生物学作为 21 世纪新兴的一门交叉学科，在医药、能源、环境等领域展现出巨大的应用前景。美国 Keasling 教授团队基于合成生物学理论，设计合成了可高效生产青蒿素的工程菌（Ro et al.，2006）；2010 年，又设计合成了可产生生物燃料的大肠杆菌，可将半纤维素或葡萄糖转化为脂肪酸衍生燃料。在食品加工领域，基于食品合成生物学技术和细胞工厂制备肉蛋奶及食品功能组分，不仅丰富了食物资源获取方式，更推动食物资源的可持续和标准化供给，同时也减少了食物及关键食品功能组分传统制备过程中对土地、化肥、农（兽）药及水电等能源的过多消耗。据估算，相较传统奶牛挤奶，人造奶能够节约 98%的水、91%的土地、65%的能源，减少 85%的温室气体排放（陈坚，2019）。目前，基于合成生物学技术对生物体进行改造和设计仍面临技术和伦理的双重挑战。未来，随着科学技术的不断进步，包括食品细胞工厂设计构建、食品生物合成优化和未来食品制造等关键技术在内的食品合成生物学技术将不断发展成熟，并将成为食品生态加工的重要组成部分。

除了满足食物资源的可持续获取外，素肉制品、生物培育肉、人造蛋、人造奶等未来食品还将在食品原料生态减损和高值化利用方面发挥重要作用。比如，生物培育肉可有效避免动物养殖、运输和屠宰过程受环境应激等多因素导致的肉品质劣变和损耗，减少因个体差异带来的原料较难标准化问题，还可以避免剔骨等操作产生的边角料，推动食物资源的全利用。

2. 食品生态加工全链条自动化、智能化技术加速融合

当前，新一轮工业革命已经开始，随之而来的科技革命和产业变革也即将到来。未来几十年内，人类文明将完成从信息时代向智能化时代的跨越，智能化将成为食品加工业未来发展的必然趋势。当前，食品生态加工受关键核心技术和装备所限，仍处于松散发展状态，自动化、智能化技术尚未在食品加工全过程实现全面应用和深度融合，特别是在原料预处理及传统食品工业化等领域，依然存在大量半智能化、半机械化、半机械化半手工化甚至半智能化半手工的状态，生产加工物料、生产过程参数、能源、物流等智能监控和决策应用不多，能源高效智能化利用还较难实现。此外，食品加工过程中 BaP、杂环胺、生物胺等加工有害物在线智能监测及预警技术仍处于研发状态，距离实践应用还需要一定的时间。

未来，食品生态加工的自动化和智能化，最理想的状态是构建食品生态加工智能工厂，通过大数据、人工智能、合成生物学、物联网、机器人、虚拟仿真等技术，实现原料验收、生产加工全程资源高效利用、节能减排降耗、营养精准调控和风险因子在线安全控制，以及能源、物流和企业管理系统运行等全链条、全过程的深度融合，更好地践行资源友好、环境友好和营养健康友好的生态加工准则。大数据背景下，物料、加工参数、能耗、排放污染物等海量生产数据自动上传、智能分析与反馈决策技术和系统的研发应用不仅可以节约物料和人力成本、缩短生产周期、提升生产效率，减少因人员失误等行为导致的食品品质降低或改变，还能实现水、电、气等能源和热量的高效使用和再回收利用，实现节能减排降耗；在线智能监控预警技术通过在线、无损的方式对生产加工中可能产生的加工有害物及其关联指标进行实时监测和预警，生产加工过程安全控制更为精准高效，经生态加工获得的食品也更加优质、安全。

3. 食品生态加工营养健康调控更为精准、更好满足公众感官享受

当前，食品减盐减脂减糖技术仍难以满足低盐、低脂、低糖与食品感官享受间的协同，采取减盐减油策略加工而成的食品较难保留其原有的品质和感官特性。随着收入水平的提升和消费观念的转变，消费者对食品的追求逐步由吃饱到吃好再到吃得营养健康和享受转变，但不同人群机体遗传背景、健康状态、肠道微生态菌群和生活习惯具有特异性，营养健康需求也呈现个性化特征，基于人群个性化的食品营养健康精准调控技术将成为未来食品生态加工营养保持的重要组成部分。酸、甜、苦、咸和鲜 5 种基础味觉经脑神经传入大脑中枢进行整合和调控，基于个体差异，表现出对不同味觉的喜好或厌恶反应进而影响摄食行为。长时间

高盐高糖高油摄入可能改变机体的生物学特征、增强耐受程度。辛辣饮食可增强机体对盐味觉的敏感性,增强对低盐的偏好和对高盐的厌恶;谷氨酸作为一种神经递质,参与甜味觉信息在外周和中枢神经系统的传递和调控。因此基于食品感知科学的基础研究将为满足公众健康饮食与感官享受提供可能性。

随着宏基因组学、代谢组学、蛋白质组学、食品组学、肠道微生物组学、现代分子营养学及大数据分析手段的不断发展,食品精准营养和个性化制造技术、食品感知科学基础研究将不断深化,个性化营养健康定制食品将不断出现,基于食品味觉神经感知的调控技术将推动公众低盐、低油和低糖饮食习惯的更好培育。

7.2.2 我国践行食品生态加工的必要性和重要性

1. 食品生态加工助力经济新发展格局和"两个一百年"奋斗目标更好实现

改革开放以来,我国经济持续高速增长,GDP 基本保持年均约 10%的增长,甚至在 2007 年达到了 14.16%。2012 年起,我国经济开始进入"新常态",GDP增速逐步回落,由 7.9%缓慢降至 2019 年的 6.1%,消费逐步替代投资成为经济增长的主要推动力(图 7-6)。2019 年我国人均 GDP 首次突破 1 万美元,正式迈入中等收入国家行列。单纯依靠人口红利和投资驱动实现规模扩张的"粗放型"经济发展模式不平衡、不协调及不可持续,难以跨越"中等收入陷阱①"。目前,鲜有中等收入经济体成功跻身高收入国家行列,这主要是由于这些国家在发展过程中,绝大部分追求短期内发展成果而忽视提升长期竞争力,随着人力成本的上升,既无法在人力成本方面与低收入国家竞争,又无法在尖端技术研制方面与发达国家竞争,从而失去竞争力和发展动力。我国经济发展同样面临类似问题,尤其是科技基础薄弱、整体科技含量较低、核心技术缺乏,高端装备进口依赖度高,低端产能过剩而高端产能不足,资源(能源)利用效率过低。2018 年我国单位 GDP能耗高达 0.52t 标煤/万元,同期发达国家能耗仅为我国的 53%,总体能源利用率是我国的近 2 倍。2020 年初,全球新冠肺炎疫情接连暴发,重挫全球贸易,再加上国际形势复杂多变、不稳定不确定因素增加,构建以国内大循环为主体、国内国际双循环相互促进的新发展格局将成为推动我国经济可持续、高质量发展的必然选择。

---

① 中等收入陷阱是指一个国家发展到中等收入阶段(人均 GDP 1 万美元左右)后,出现经济发展停滞甚至倒退、贫富差距悬殊、自然环境严重恶化甚至出现社会动荡等问题。这一概念是世界银行《东亚经济发展报告》于2006 年首先提出。巴西、阿根廷、墨西哥、马来西亚等国,在 20 世纪 70 年代均进入了中等收入国家行列,但直到 2018 年,这些国家人均 GDP 仍在 8 900~12 000 美元的发展阶段。

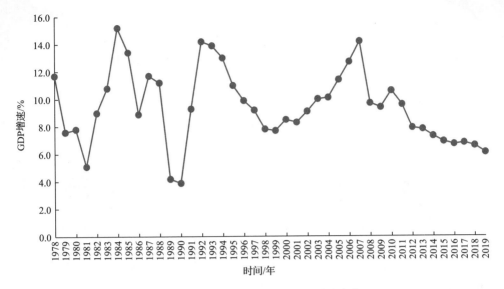

图 7-6　1978～2019 年我国 GDP 增速变化

数据来源：《中国统计年鉴》，2019 年数据来自中华人民共和国 2019 年国民经济和社会发展统计公报。

　　民以食为天，食品产业是关系国计民生的重要支柱产业。我国食用农产品和食品采后减损技术和装备应用不足，加工副产物综合利用率低，在采收、加工和贮运环节面临极大的食物资源损耗和浪费，过度碾磨、过热加工易带来食品营养流失及加工有害物产生。全球新冠肺炎疫情更给我国部分进口食物资源供给带来挑战。随着经济社会的发展和消费水平的提升，人们对食品的要求已经由吃饱、吃好逐步过渡到吃得营养、健康和享受转变。我国拥有 1 亿人口形成的超大规模内需市场，食品作为人们赖以生存的能量和来源，具有极大的消费潜力。践行食品生态加工能够持续推动食品产业供给侧结构性改革，有效应对低端食品供给过剩、高端食品供给不足的现状，不仅满足了国内消费者对可持续、安全、营养、健康食品的需求，也契合国内大循环为主体、扩大国内需求的发展要求。

　　践行食品生态加工还将推动食品产业转型升级，助力我国经济朝着可持续、高质量方向发展。科技创新是推动我国产业转型升级的核心要素和驱动力，食品生态加工同样强调科技创新。首先，食品生态加工采用全球最为先进、科学、绿色的技术，如生物制造、合成生物学、智能制造技术等，以较少的食物资源、较低的能耗和污染排放来生产营养健康的食品，自动化、智能化技术的应用将减少较高人力成本的投入；其次，食品生态加工强调技术的动态性，伴随新技术的发展而不断改造升级，进而开发更为绿色、安全、营养健康的新产品。践行食品生态加工虽短期内会增加企业投入，但从长远看，相较普通的食品加工，食品生态加工能够有效增强企业核心竞争力、提高产品附加值、降低单位产品生产成本，推动食品产业提质增效、创新转型升级，还为食品加工上下游相关产业发展提供新的经济增长点。作为国民经济支柱产业，基于生态加工的食品产业将实现可持续、高质量发展，以科技创新推动经济发展跨过"中等收入陷阱"，助力全面建成小康社会和建成富强民主文明和谐的社会主义现代化国家"两个一百年"奋斗目标的早日实现。

2. 食品生态加工是解决日趋严峻的环境同经济发展之间日趋尖锐的矛盾、实现可持续发展和生态文明的必由途径

我国自然资源总量丰富，但人均占有量不足。我国耕地总量居世界第四位，仅次于美国、俄罗斯、印度，但人均耕地仅为世界平均水平的 1/3 左右。目前我国大约拥有世界 1.8% 的石油、0.7% 的天然气、不足 9% 的铁矿石、不足 5% 的铜矿和不足 2% 的铝土矿，大多数矿产资源人均占有量不到世界平均水平的一半，煤、石油、天然气人均占有量仅为世界人均水平的 55%、11% 和 4%。我国水资源总量为 32 466.4 亿 m^3，居世界第四，仅次于巴西、俄罗斯、加拿大，但人均水资源仅为 2354.9m^3，属于严重缺水的国家。同时，工业生产带来严重的环境污染，1998～2016 年我国工业废水排放总量持续增加，从 1998 年 381.8 亿 t 增长到 2016 年 751.1 亿 t，增长了近 1 倍。1999 年，我国工业废气排放量仅有 114 721 万 t，到 2016 年增加到 670 154 万 t，增长幅度极大。1998～2016 年我国工业固体废弃物产生量呈上升趋势，从 1998 年的 80 043 万 t 上升到 2016 年的 309 210 万 t，增加了 2.86 倍。我国食品产业向来是能耗和污染大户，平均每生产 1t 速冻食品，所需能耗甚至达到了发达国家的 200% 以上；每生产 1t 罐头食品耗水量为日本的近 3 倍。如何保证我国经济可持续、健康发展以满足我国居民日益增长的物质需求的同时，充分利用有限的自然资源并有效保护我们赖以生存的自然环境成为当前面临的突出问题。

食品生态加工具有资源友好、环境友好和健康友好三重属性，其目的是在不牺牲产品质量的前提下，在产品生命周期全过程中，生产出食物资源利用率较高、对生态环境无害或危害极小、能源消耗较低、更为营养健康的食品。其核心目标之一是在生产的同时实现环境友好：一方面，要求通过采用先进的生产技术和节能技术，合理规划生产全过程水电气等能源的梯度利用，以提升能源利用效能、降低能源消耗；另一方面，食品生态加工还要求对生产环节形成的废弃物、排放物进行无害化处理和再利用，以充分降低可能的环境污染。可见，在我国大力推进食品生态加工，不仅是构建资源节约型、环境友好型的生产方式和消费模式，解决耗水电气等能源消耗和污染物排放等迫切问题的有效途径，更是实现经济社会可持续发展、助力生态文明建设的重要手段。

3. 食品生态加工符合我国健康中国发展战略和以人为本的原则，是推动人民健康水平持续提升的有效手段

健康是促进人全面发展的必然要求。进入新世纪，我国不断加大对居民健康水平的关注度。特别是党的十九大以来，党的十九大报告、《"健康中国 2030"规划纲要》、习近平总书记在全国卫生与健康大会上的讲话无不说明这样一个事实，"切实提高人民健康水平，实现健康中国"已经成为我国新时期重要的发展任务。"健康"不再是以往的"无病就是健康"，而是追求包含身体、精神、心理、生理、社会、环境等方面的全面健康。近年来，受环境污染、食品加工危害因子和居民膳食结构改变等影响，我国与食品相关的营养健康负担不断加剧。①环境污染造成的健康问题。WHO 研究表明，世界范围内大约 24%的疾病负担和 23%的死亡可归因于环境因素。我国相关研究显示在 0～14 岁的儿童中，可归因于环境污染的死亡比例高达 36%；其中水污染增加了中国农村中老年居民的健康风险；饮用水质量每恶化 1 个等级（共 6 个等级）将导致中国居民的消化系统癌症死亡率增加约 9.7%；约有 11%的消化系统癌症是饮用水中化学污染物所导致的。此外，被污染的土壤、水源中残存的农（兽）药、重金属等易迁移到食物中，人食用后易危及身体健康。②食品加工危害因子易引发食品安全问题。食品加工过程中卫生环境控制不当，可能导致腐败微生物、食源性致病菌、生物毒素和寄生虫残存，进而引发食源性疾病，出现呕吐、发热、腹泻等症状甚至致人死亡。我国平均每年上报的食源性疾病暴发事件有数十万起，发病人数逾千万人次，但由于大部分食源性疾病发病症状较轻，食源性疾病存在较高的漏报率，有学者估计我国每年食源性疾病发病应当在 1.5 亿人次以上。此外，传统腌制、熏制、烤制、发酵工艺在食品中易形成亚硝酸盐、BaP、杂环胺、生物胺等化学危害物，某些癌症的发生被证明与杂环胺、PAHs、N-亚硝基化合物等具有较高的相关性。③不合理膳食导致慢性疾病负担增加。随着居民消费能力的提升，我国膳食结构也从以植物性食物为主的东方膳食模式逐步向以动物性食物为主的西方膳食模式转变，同时不规律饮食、高盐高糖高脂食物摄入不断增加，导致我国膳食相关疾病，尤其是慢性疾病发病率不断攀升。相关研究显示，2016 年我国人群膳食相关慢性病死亡例数和伤残调整寿命年标化率分别是 249.3 万人和 4 023.0/10 万；与 1990 年相比，分别上升 19.5 个百分点和 9.3 个百分点，膳食相关慢性病负担形势严峻且存在加重趋势。上述问题严重影响了我国居民的健康水平，使全社会增加了大量的医疗支出，对我国健康中国战略的落实造成了较强的阻碍。

食品生态加工环境友好和健康友好的属性为健康中国 2030 的实现提供了坚实基础。首先，通过节能减排降耗技术的应用减少了食品加工过程对土壤、水源和大气的污染，为食品原料生长繁殖提供了良好的产地环境，为食品加工提供高

质量的生态原料。其次，食品生态加工要求食品在加工过程中尽量保留营养物质的同时，采取更为有效的手段来抑制微生物和寄生虫等生物危害因子的生长繁殖、降低加工中化学危害物的生成与积累、减少食品中盐、糖和油脂的添加，以实现加工食品的安全、营养与健康。比如，采用气体射流冲击技术生产的烤鸭中 3,4-苯并芘残留量小于 1μg/kg，杂环胺残留量低于 1.51μg/kg；与等咸度的普通食盐相比，低钠复合盐中钠含量降低了 52%，添加到食品中可以降低由长期高钠饮食引起的高血压、心血管疾病等。最后，食品生态加工充分体现以人为本的原则，对从业者具有较高的友好度。尤其是食品智能加工装备、生产线和智能工厂的研发应用减少了加工过程中工作人员的投入，避免员工长期处于低温、高温等工作环境带来的职业相关疾病的困扰，进一步提高工作安全性，以减少相关的保险和福利开支。

7.2.3 我国食品生态加工实践面临的挑战

1. 食品生态加工相关法律法规标准体系尚不健全

食品生态加工内涵极为丰富，涉及生态原料认证、清洁生产审核、清洁标签食品添加剂和食品配料、生物制造、节能减排降耗、智能制造、生态包装、食品加工营养保持与过程安全控制等环节，但围绕食品生态加工的法律法规标准体系尚不健全。

关于生产原料，许多新兴食品生态加工技术（如生物制造技术、合成生物学技术）不断研发应用，它们采用经遗传改造的微生物、酶和动物细胞来提升食品原料的产量和品质，既提升了产量又减少了污染；但遗传改造微生物和合成生物学对现有生物体进行基因改造，其生物安全性尚不明确，对生态环境和人类健康造成的潜在风险还有待研究；关于食品生物安全的法规制度建设仍较为滞后，缺少类似欧盟《新食品法案》、美国《国家生物工程食品披露法》等关于食品生物制造的法规制度。我国针对未经遗传改造微生物生产的食品原料或新食品，制定《新食品原料安全性审查管理办法》等规范性文件，目前经遗传改造微生物生产的食品原料仅有 56 种食品工业用酶制剂获批可用于食品加工，使我国部分生物制造食品原料（如番茄红素、阿洛酮糖、氨基葡萄糖）生产技术成果难以转化应用，部分企业只能选择申报美国食品药品监督管理局的 GRAS 认证，如燕窝酸等。

围绕生态环境保护，我国先后出台了《环境保护法》《水污染防治法》《土壤污染防治法》《节约能源法》《可再生能源法》《固体废物污染环境防治法》《大气污染防治法》《循环经济促进法》《清洁生产促进法》《畜禽规模养殖污染防治条例》《城镇排水与污水处理条例》等，但部分法规内容难以满足节能环保的需要，不同法律法规条款存在重复。比如《循环经济促进法》包含资源利用、废物再生和产业促进三重要求，定位不明确、调整对象不清晰，从名称看是促进循环经济发展，但核心内容却是物质资源利用，且与《清洁生产促进法》关于资源高效利用、减少废弃物排放的内容存在重复，亟待进行清理。同时，上述法规对节能、减排、降耗等环境保护内容的规定较为笼统，缺少与食品加工配套的单行法律法规体系，肉类加工、发酵酒精和白酒、啤酒工业、淀粉、制糖、酵母、味精（水）污染物排放限量标准均在 2011 年之前制定，尤其《肉类加工工业水污染物排放标准》于 1992 年制定后一直未有修订，标龄近 30 年，亟待进一步修订，以完善食品加工制造业污染物排放控制要求。

　　生态包装是食品生态加工的重要组成部分。但我国尚未出台专门规范包装活动的法律，对包装尤其是绿色包装或者生态包装的一些规范性要求主要分散于《环境保护法》《固体废物污染环境防治法》《清洁生产法》《食品安全法》等法律之中，缺少系统性和可操作性；《食品安全法》侧重从食品包装材料的安全属性出发，规定包装材料及容器具应无毒、清洁；针对过度包装，仅上海和广州出台《上海市商品包装物减量若干规定》《广州市限制商品过度包装管理暂行办法》等地方性法规，较难适应当前推行绿色生产和消费、建设生态文明的要求。

　　2. 监管和认证体系不健全，政策支持力度不足

　　食品生态加工的产出除了传统的米面油、果蔬汁、肉制品和水产制品外，还包括全谷物食品、清洁标签食品添加剂和食品配料及素肉制品、生物培育肉等新食品品类。食品生态加工新产品监管和认证体系的不规范容易导致行业乱象，不利于食品生态加工产业的健康发展。全谷物食品、清洁标签食品添加剂和食品配料在我国尚未形成明确的定义、分类和标签标识要求。不少生产厂家为牟求经济利益，将小麦粉加工而成的面包通过额外添加糖浆、焦糖色素以仿造全麦面包的淡褐色；清洁标签食品添加剂和食品配料强调天然来源，但目前仅是一种消费趋势，尚未形成相对统一、具体的认证标准和准则，对于采用酒精等化学试剂提取的植物精油是否具有清洁标签属性仍待讨论。近几年备受关注的素肉制品、生物培育肉，在我国乃至全球也尚未形成较为明确的监管框架、食品生产许可分类，尤其是已经上市销售的素肉产品加工原料是否可包含动物源性成分也待讨论。香港消费者委员会曾对 35 款素肉产品进行动物源成分检测，12 款检出动物基因或动物来源成分。欧盟《向消费者透露的食品信息法规》将可食用肉类定义为哺乳动物和鸟类身上适合人类食用的骨骼肌，以及骨骼肌所天然包含或黏附的组织。按照此定义，素肉制品和生物培育肉可能无法使用"肉"字。

　　除了监管和认证体系的不完善外，政策扶持引导力度也有待提升。在我国，食品生态加工作为一种新的加工理念和加工方式，各级政府部门对其认知尚不全面，更多的是从环境保护、副产物综合利用、智能制造等单一角度出发，对于融

合资源高效利用、节能降耗减排和营养健康食品生产的食品生态加工关注不多。比如，农业农村部于 2017～2018 年推介了 2 批 128 项农产品及加工副产物综合利用典型模式，更多强调从副产物中提取可利用、高价值的产物并减少副产物的直接排放，但对提取制备技术及所用化学试剂可能产生的环境破坏、水电消耗关注不多，比如推介的酸法提取果胶模式存在酸性溶液的消耗。国家发展和改革委员会发布的《国家重点节能低碳技术推广目录（2016 年本，节能部分）》中，轻工食品相关领域的节能低碳技术包括制糖热能集中优化控制节能技术、全自动连续煮制技术、粮食干燥系统节能技术、异麦芽酮糖发酵工艺优化技术、新型生物反应器和高效节能生物发酵技术、谷氨酸生产过程中蒸汽余热梯度利用技术、管束干燥机废弃回收综合利用技术、锅炉烟道气饱充技术、高浓度糖醇废水沼气发电技术、冷库围护结构一体化节能技术等，但与食物资源高效利用、营养健康食品生产关联较弱。生态工业园是践行食品生态加工的重要途径，我国各级政府对食品生态加工相配套的各项扶持引导和减免税收政策支持力度还有待强化，各地食品生态工业园建设仍处于缓慢发展阶段。

　　3. 科研投入与应用推广有待提升，食品生态加工体系尚不成熟

　　食品生态加工的核心和关键是一系列先进食品加工技术，其动态变化的属性使其需要通过不断的科技创新、技术研发、技术革新推动其自我进化、不断提升，从而实现资源友好、环境友好、健康友好的目标。尽管我国食品加工业在规模上已经跻身世界前列，但食品加工和食品制造关键核心技术和装备水平仍有待提高，部分先进生产设备仍然依靠进口，科研能力和先进装备制造能力依然相对落后，尤其是智能制造装备和生产线研发和制造能力与发达国家差距明显。此外，我国食品加工业多年单纯依赖投资驱动、粗暴扩大生产规模的发展模式使行业内部尚未形成高度重视科技研发的氛围，整个行业内部科研投入依然偏低。国家统计数据显示，我国食品加工业的研发投入仅占其生产总值的 0.40%，不仅低于全国 2.11% 的水平，也低于制造业 0.97% 的水平。自主研发能力的缺乏导致技术研发和应用推广滞后和额外的技术成本支出，并且无法通过技术输出获取利润，降低了食品生态加工技术运用带来的收益。我国更多的食品生态加工技术尚停留在实验室研究阶段，在企业应用推广不多。目前，娃哈哈、正大等食品企业智能工厂的核心装备基本上都来自进口。

　　受限于产业整体规模较小、全国产业分布不合理、产业结构层级构成不科学等原因，我国食品生态加工尚未形成完善的生态体系。首先，我国食品生态加工仍处于起步和缓慢发展阶段，市场规模与普通食品相比依然差距悬殊。以绿色食品为例，即使是相对成熟的米面粮油、饮料、蔬菜等，每年的市场占有率依然不足普通食品的 1%，发展较为滞后的生态加工食品则更低。其次，配套的社会服务

水平不足以满足产业发展需求，科研能力与科研投入不足，加工装备制造配套产业、满足生态要求的物流产业、分销网络等发展滞后，现有产业规模也无法支撑配套社会服务逐步发展、完善。此外，食品生态加工企业在全国各地分布不均衡，往往存在单体规模较小、生产规模受限、产品结构较不合理、上下游实体生产经营产业配套不完善等问题，不同食品生态加工技术及装备的特殊性使其难以直接利用其他品类成熟的配套社会服务方案，导致食品生态加工产业体系发展缓慢。目前，国家批准建设的 59 个国家生态工业示范园区及通过验收批准命名的 26 个国家生态工业示范园区中，食品生态工业示范园区仅贵港国家生态工业（制糖）示范园区、天津经济技术开发区国家生态工业示范园区、乌鲁木齐经济技术开发区、长沙黄兴国家生态工业建设示范园区、福州经济技术开发区等涉及食品加工制造，以食品加工为主体的生态工业园不多。

4. 企业内源性动力缺乏，消费者溢价承受度低

食品加工企业是践行食品生态加工的关键载体，消费者是食品生态加工产品最终的食用者。践行食品生态加工意味着企业前期大量资金、装备的投入，更多企业关注短期收益和回报，使食品企业践行食品生态加工的动力不足。此外，我国消费者的消费理念和认知仍有待提升，尽管开始追求高品质、营养、健康、安全的食品，但其对高品质食品的溢价承受能力不足，进而缺乏消费动力，优质优价市场氛围较难形成，进一步削弱了企业应用推广的动力。

1）企业践行食品生态加工动力不足

食品生态加工对原料-过程-产品全链条的要求较高，导致产品天生就要面临着更高的生产成本，这主要体现在生态加工原料供应成本增加；采用先进生产技术增加设备投入、培训成本及后续对其进行维护、升级、改造带来资金投入；生产过程中更为严格的操作规范带来人力成本增加；产品更为严格的质量标准下导致品质检测成本提高；流通销售环节应用具有生态属性的包装材料和运输装备带来成本增加等多方面。以食品生态加工原料为例。食品生态加工原料对大气、水和土壤等自然条件要求较高；但与之相对应的是我国粮食主产区大部分土地由于几十年的环境污染和农业生产，有害物质本底值已经处在较高水准、土壤退化严重，再加上连续多年肆虐北方的严重雾霾及水资源的严重短缺、水体水质劣化等，一定程度上增加了食品生态加工原料供应的成本。此外，我国现行相关管理制度（如绿色食品、有机食品）均需要经过相关机构收费认证，进一步导致相关企业运营成本上升。这些因素导致在售产品价格居高不下，消费者较低的购买力和假冒伪劣产品的出现也在一定程度上降低产品的市场竞争力，经济效益不明显。

由于大部分食品企业发展更多依靠简单粗暴的投资驱动模式，对于未来主要依靠技术驱动的发展趋势认知不足，食品生态加工较高的前期投入与尚不明确

的收益状况使企业，尤其是规模庞大的中小企业，更倾向于采用过往经验验证传统食品加工模式。

2）消费者对食品生态加工产品的主观消费动力和认知不足

虽然从恩格尔系数看，我国已经达到发达国家水平，但直至 2019 年，我国人均收入才与中等收入国家水平持平，加上贫富差距、城乡差距等因素，我国城乡居民的整体实际购买力依然低于欧美老牌发达国家。同时，我国经济发展速度极快，用 30 年实现了发达国家近百年的跨越，但是短短 30 年并不足以深刻改变居民的消费观念，因此，尽管我国消费者整体对于食品的营养、健康属性要求不断提升，并愿意为营养、安全、绿色、优质的食品支付一定的溢价，但是其能够承受的溢价额度并不高，在实际消费行为中往往更倾向于购买较为廉价的产品。尤其是 20 世纪 80 年代之前出生的人群，由于经历过长期的物质匮乏，对饮食、健康等要素仍然存在很大程度上的忽视。此外，近年来居高不下的居住成本、育儿成本、教育成本、医疗支出及人口老龄化带来的养老支出等也一定程度上降低了消费者的购买能力，使其更倾向于节约日常生活成本。

相关饮食教育和科普宣传的滞后使消费者对食品生态加工的认知不足。当前，消费者选购食品往往更倾向于从口味判断而非其综合品质，如刻意追求精白米面、反而减少了部分膳食营养素的摄入，喜好烧烤食品、更易摄入 PAHs 和杂环胺等加工危害物。全谷物食品作为食品生态加工的产物，其产品标准及标签标识在我国尚未建立和完善，导致全谷物食品质量参差不齐；由于缺少系统、全面、浅显易懂的科普宣传和饮食教育，消费者也难以分辨，假冒产品、山寨产品一定程度上影响了消费者的购买欲望，也导致了生产企业较低的生产积极性。

7.3　展　　望

相较发达国家，我国食品生态加工仍处于起步阶段，相关法律法规尚不健全，监管部门监管职责仍不明确，食品生态加工技术研发和应用较少，企业和公众对食品生态加工的认知有待提升，因此，践行食品生态加工在我国仍面临一定挑战。本节从完善法规标准、健全监管体系、推动关键技术研发应用和强化宣传推介 4 个方面对建立完善我国食品生态加工体系进行展望，助力食品生态加工在我国扎根发芽、发展完善。

7.3.1　完善法规标准体系

1. 建立健全食品生态加工相关法律法规体系

CAC、ISO 等国际组织，美国、欧盟、日本等发达国家和组织围绕食品生态加工制定了一系列法律法规，构建了较为完善的法律法规体系。我国也颁布了若干关于食品生态加工的法律法规，包括《环境保护法》《水污染防治法》《土地管理法》《土壤污染防治法》《固体废物污染环境防治法》《循环经济促进法》《清洁生产促进法》《节约能源法》《食品安全法》等法律，同时还有《关于推动绿色餐饮发展的若干意见》《城镇排水与污水处理条例》等法规，但我国食品生态加工相关的法律法规体系仍不健全，应加快推动食品生态加工相关法律法规的制订与修订，同时协调现有法律法规并解决其分散、缺乏统一性等问题，以健全完善我国食品生态加工法律法规体系。

应加快《循环经济促进法》的修订进度，建议将其更名为《物质资源综合利用法》，作为资源综合利用的基本法；同时，基于食品加工过程资源利用的特殊性，制订《食品资源综合利用促进法》等食品生态加工专门法律，对食品原料、食品加工边角料、食品加工副产物、加工食品及水电气和废弃物的综合利用或再生利用加以规范，鼓励研发并应用生态加工新技术、新工艺和新装备以实现粮食谷物、果蔬、肉类及水产品等食物资源利用的最大化。生物制造技术作为食品生态加工的重要组成部分，利用微生物和酶在食品发酵、功能性成分提取制备领域具有极大的发展潜力，但可能面临微生物遗传改造等转基因问题，建议将涉及遗传改造的食品生物制造明确纳入《生物安全法》范畴；同时，制定配套的法规和规范性文件，明确市场监管、卫生健康、科技管理等部门的监管职责，尤其是明确食品加工用遗传改造微生物的市场准入制度，使食品生物制造在践行食品生态加工中发挥更大效用。

生态包装是食品生态加工的重要组成部分。针对当前包装行业法律缺失问题，建议有关部门积极推动包装专门立法工作，将分散在《清洁生产促进法》《固体废物污染环境防治法》中的相关条款进行整合，明确过度包装、绿色（生态）包装和减量包装等的概念，基于全生命周期理念，对包装材料的环保属性、包装材料的安全属性、产品包装的减量化、包装废弃物的回收利用、包装标识等方面加以规范，将鼓励生态、绿色、安全的包装材料尤其是食品包装材料研发及应用写入法律条文，以尽可能减少食品包装对环境的污染和破坏。

2. 加快推进食品生态加工相关标准制修订工作

与食品生态加工有关的标准包括食品原料和加工食品产品标准及认证标准、生产加工过程规范、污染物排放及废弃物处理等多方面，当前仍面临重要紧缺标准亟待制修订、标准体系不健全等问题，较难满足食品生态加工的发展需要，应加快推进食品生态加工相关标准的制修订工作，以标准助推食品生态加工产业创新发展。

围绕食品原料和加工食品，应持续推进绿色食品和有机食品标准和认证体系的不断完善，逐步将现代农业和食品加工技术成果转化为绿色食品和有机食品标准；加快推进全谷物食品国家或行业标准制订，明确全谷物及全谷物食品的术语和定义、产品分类、原料主要技术要求（如全谷物评价及分级标准、谷物研磨程度、胚乳和胚芽与麸皮的相对比例）、全谷物检测方法标准、产品标识要求等，使全谷物食品得以规范化发展；积极参与国际组织或者发达国家清洁标签食品和食品配料相关标准、技术规范或认证体系制订工作，力争在标准制订中掌握一定的话语权和主动权，减少国际食品贸易中绿色贸易壁垒的发生。

针对食品加工污染物排放及废弃物处理，应加快推动肉类加工、啤酒、淀粉、白酒等用水重点行业污染物（水）排放限量标准修订工作，结合生产排污实际，优化污染物控制指标、合理设置排放限量值；同时，针对重点食品行业清洁生产标准及技术规范缺失、标龄过长（超过 10 年）等问题，建议加快推进葡萄酒、啤酒、甘蔗制糖等行业清洁生产标准修订，制订畜禽屠宰及肉类加工清洁生产标准及清洁生产技术规范，以尽可能实现污染物的零排放、提升废弃物资源利用效率。

未来，伴随食品生态加工的不断发展和完善，可逐步构建覆盖原辅料质量安全控制、生产加工过程营养保持与安全控制、加工污染物排放控制及废弃物资源化利用、加工副产物综合利用、产品质量安全标准、生态包装、生态贮运等生产加工全链条的食品生态加工标准体系，以推动食品生态加工产品规范发展，促进生态加工产品优质优价。

7.3.2　健全监管体系

1.　健全绿色食品和有机食品管理

绿色食品和有机食品是食品生态加工的重要组成部分。近年来，绿色食品和有机食品的认证产品数量和产量不断增加，产业规模不断壮大，在保护生态环境、提高农产品和食品安全水平、促进人民生命健康方面发挥了重要作用，但仍面临重认证、轻监管问题，虚假认证、认证标识违规使用、虚假宣传等时有发生，导致认证产品优质不优价、品牌价值难体现。监管部门应持续强化证前审查和证后监管，加强品牌建设，以健全绿色食品和有机食品认证管理。

严格绿色食品和有机食品证前审查。严格按照绿色食品和有机食品标志许可及准入条件，加强对绿色食品和有机食品加工原料产地、生产加工过程、仓储、运输等加工全链条的审查与认证，重点对绿色食品和有机食品加工原辅料、食品添加剂和加工助剂、加工方法及包装等加以审查，同时加强对合作社、家庭农场等申报主体的审查，确保产品加工的合规化、标准化。

强化绿色食品和有机食品证后监管。在加强绿色食品和有机食品审查认证的基础上，加强对认证机构的监管。强化认证机构管理责任，建立第三方认证机构责任追究制度，提升产品认证的规范性。同时继续强化有机食品证后监管，以及绿色食品企业年检督导检查，督促进行实地检查并加大产品抽检力度，加强绿色食品原料标准化基地监管，落实基地年检工作；建立健全退出机制，对不符合要求的加工产品或企业要坚决、及时予以退出；健全配套社会服务水平，提升执行效率。

加强品牌建设，提升品牌影响力。利用绿色食品博览会、有机食品博览会等实体平台及微信、抖音等新媒体平台开展广泛宣传，展示和推介绿色食品和有机食品，提升优质产品品牌形象。同时，农业农村部门和市场监管部门应加强协作，开展定期不定期联合行动，严厉打击假冒、滥用和不规范使用绿色食品和有机食品的用标行为，推动绿色食品和有机食品用标规范化。此外，健全绿色食品和有机食品认证产品信息公众查询功能，加强科普宣传，引导消费者科学分辨绿色和有机认证产品，杜绝虚假标称的发生。

2.　健全食品生态加工新产品许可监管

生物制造技术、合成生物学技术在食品生态加工中应用时，面临食品原料市场准入不畅问题，新的食品原料、食品添加剂、微生物菌种的安全性及食品生产许可分类也存在争议，一定程度上影响食品生态加工新产品的上市销售和食用安全。

加快食品生态加工新技术和新产品风险评估。重点围绕天然食品添加剂和食品配料、可用于食品加工的遗传改造微生物及其产物、生物培育肉、食品新包装材料及新技术导致原有结构发生改变的食品成分等，系统性开展动物毒理学、体外试验、人群临床试验和干预研究等，明确食品加工中可能产生的有害物质。

完善食品生态加工新产品监管准则。监管部门应基于食品安全风险评估结论，针对经遗传改造微生物制备的食品原料、素肉制品、生物培育肉等全球新型食品生态加工原辅料市场准入、食品生产许可分类等监管难题，借鉴国际经验，从我国生产实际出发，提出生物制造所用菌种和生物培育肉所用细胞的市场准入原则，明确素肉制品、生物培育肉等未来食品的监管主体、生产许可分类和允许添加的食品添加剂种类及使用量，真正让监管走在食品生态加工产业发展前面，推动食品新产品健康、规范、有序发展。

3.　持续推进清洁生产审核

食品产业是典型的耗能和污染大户，小、散、乱、低的产业基础给食品企业节能减排带来挑战。持续推进清洁生产是推进食品产业绿色升级改造、践行生态文明建设的重要抓手。

鼓励食品企业实施清洁生产审核，推动重点污染物减排。有序推进畜禽屠宰和副产品加工及饮料和牛奶等重点行业分类实施清洁生产。健全清洁生产审核、评估、绩效验收工作机制，采用简化审核登记、前移评估节点、强化绩效导向、开展跟踪评估等措施，确保企业清洁生产落到实处。丰富补助资金、以奖代补等多种补助方式，鼓励企业通过改善生产工艺、升级技术装备等手段，提升水、电、气等能源的利用效率，提高污染物处理能力、减少污染物排放，力争实现"三废"的综合利用、循环利用和无害物处理。针对食品重点行业，组织开展清洁生产宣传与培训，重点推广先进清洁生产技术及实施案例，引导企业积极应用清洁生产技术，提高企业主要负责人及员工的清洁生产意识。

7.3.3　加快食品生态加工关键技术及装备研发

1. 强化食品原料生态减损技术研发

食品原料是食品生态加工的起点。由于我国农产品采后减损技术水平整体上还不高，粮食谷物、果蔬、畜禽和水产品采后储运过程损耗较大，防虫抑霉及保活保鲜存在化学药剂过量使用、水（冰）及电等能耗大等问题，亟待研发食品原料生态减损新技术，以实现食物资源的高效利用。

突破食品原料生态减损关键技术，实现食品原料采后及储运环节减损、节能降耗与化学药剂减量使用的协同。一是设立食品原料采后储运生态减损研发专项，系统部署食品原料生态减损技术攻关，推进重点领域技术集成和综合示范，为实现食品加工原料的保质减损、节能降耗提供技术支撑。二是在食品原料采后环节，重点突破食品原料品质（如水分、虫媒、温度、糖度、损伤程度、微生物）智能无损清选分级技术及装备、粮食谷物节能干燥技术及装备、果蔬生态预冷技术、畜禽宰前管理及屠宰技术、水产品低温少（无）水保活及生态保鲜技术等，最大限度保持采（宰、捕捞）后食品原料品质，同时减少生虫霉变、品质劣变及腐败变质等的发生，尽可能减少水、冰和电等能源的消耗。三是围绕食品原料储运环节，开发国家法规标准范围内可使用的天然来源防虫剂、微生物抑制剂、天然抗菌剂、生物保鲜剂等新产品，研制储运全过程品质劣变实时监控及快速无损检测技术，推进大型粮库智能化生态储存技术及装备、果蔬生态贮藏新技术及装备、畜禽肉和水产品生态贮藏防腐保鲜新技术及装备、生鲜食品生态冷链物流与智能化配送技术及装备的研究开发，开发高效制冷低碳冷藏车、生态相变蓄冷剂、新型节能保温材料，研发基于区块链、射频识别等技术的智能化配送及监控系统，以更好地保持食品原料品质，并实现食品原料储运环节的绿色、节能与生态。

2. 推进食品生态加工共性关键技术及装备创制

食品生态加工共性关键技术是食品生态加工的核心和关键。当前，我国食品生态加工关键技术及装备亟待创新发展，以推动食品产业创新转型、实现高质量发展。

持续开展食品高值化利用加工技术研发。开发高水分挤压、剪切等食品新型重组/膨化技术及装备，实现食品加工低值原料（碎米、碎肉、鱼糜等）高值利用，丰富产品类别。系统开展全谷物食品、全果汁加工品质提升关键技术研究，开发系列全谷物食品、全果汁新种类，实现营养保持、消费者接受度与减少加工副产物的协同。研发畜禽肉类及水产品精细分割分级技术，建立不同品种加工适宜性技术体系，实现畜禽肉类及水产品优质优价及精准利用。

突破天然食品添加剂和食品配料制造技术。系统开展精油、多糖等天然植物源添加剂和配料高效绿色制备关键技术，开发抗氧化与防腐、乳化与稳定等多效合一的新品种，以实现减少化学提取试剂使用、促进添加剂和配料减量增效。推进食品添加剂及食品配料生物定向发酵、生物（酶）催化高效表达技术研发，加快工业菌种及酶功能改造，实现高效绿色生产。突破纳米、微乳液、分子修饰等功能强化与稳态化技术，减少化学合成类食品添加剂和食品配料的使用。

系统推进食品最少加工技术研究。系统开展超高压、中温杀菌、变温杀菌、微波、真空冷冻干燥等现有杀菌、干燥技术及装备对食品品质（质构、色泽、安全、营养、复水性等）、能源（水、电等）消耗、设备可推广性的影响研究，形成适用于不同食品种类的生态杀菌技术及组合干燥技术，实现非（低）热加工、品质保持及节能降耗的共赢。

创新推进食品生物制造关键技术研发。开展食品发酵剂及酶制剂生物高效制备关键技术研究，开发具有自主知识产权的食品加工用发酵剂及酶制剂，以打破国际垄断；推进食品发酵过程精准调控技术研发，建立发酵过程实时监测及关键靶标快速识别检测技术，推动高品质发酵食品精准制造。重点开展生物培育肉干细胞高效增殖分化、无血清培养基制备、块状培育肉三维培养及赋型赋色赋味食品化技术，以降低生产成本、为动物蛋白可持续供给提供核心技术支撑。

扎实推进食品绿色制造技术研发。系统开展食品加工全过程能源（水、电、蒸汽、热量等）消耗及排污（废气、废水、废渣）指标监测与分析，优化生产过程节能改造技术方案；推进新型清洁能源在食品中的应用，研发关键节能及水、热回收新装备、新工艺，实现废热、废水、废渣的重复再利用。重点推进冷库保温环保新材料、CO_2 跨临界循环制冷技术、智能冷库实时监控及制冷精准调控技术研发，推动食品用冷库运行的高效制冷与节能降耗。

创制食品智能制造关键技术及装备。研发具有自主知识产权的食品加工机器人、食品智能制造成套装备及智能化生产线，逐步实现食品加工全程机器助人、机器代人。创制食品原料拣选分级智能装备及自动分割与剔骨、自动灌装、自动码垛机器人；基于无损快速识别、人工智能、大数据和云计算，重点突破食品生产过程关键指标（产品品质指标、温湿度等加工参数、水电气等能耗指标）在线识别技术与装备，研发食品生产过程智能管理与决策信息化平台，探索区块链技术在食品生产、储运、流通环节的应用，逐步实现生产加工、能耗管理、仓储物流等全生产链条的智能化、精准化管理，力争在国际食品智能制造领域享有一定话语权。

3. 开展食品副产物生态加工技术攻关

目前，我国食品加工副产物数量庞大、营养丰富，但综合利用与生态加工比例相对不足，一定程度上造成食物资源浪费及环境污染问题。推进食品副产物生态加工技术研发是实现食品资源高效、生态利用的重要环节。

应加大食品副产物生态加工技术研发及装备创制，开发营养功能性食品新品类。重点突破食品副产物活性物质生态提取制备技术及相应可规模化生产的设备，更多应用微生物发酵、高效酶解、超高压、微波、超声波、超临界流体萃取、低温浓缩等生物手段和物理手段实现食品副产物中生物活性物质的高效、生态提取，以减少酸碱及有机溶剂使用量、降低能耗与水耗。基于微生物发酵、生物酶解、蒸汽爆破、超微粉碎等生态加工技术，开发基于食品副产物的膳食纤维粉、酵素、骨汤、调味料等新品类，实现麸皮、果皮果渣、骨渣、鱼渣等食品副产物的食品化全利用。

4. 推进生态包装技术及包装材料研发

近年来，我国围绕食品活性包装、气调包装和智能包装开展了系列基础研究及技术研发，但基于生态属性的可降解食品包装、可食性膜及食品智能包装材料仍面临生产成本高、包装性能偏低等问题，难以满足我国食品生态加工发展的需要。

持续推进可降解、可食用新型食品包装材料研发及应用。充分利用食品副产物及淀粉、纤维素、蛋白质、亲水胶体等天然高分子材料，重点突破共混互溶、接枝聚合、挤出复合、挤出成膜、加工助剂迁移安全评估等关键技术，开发机械性能良好、高韧度、食用安全的可降解和可食性包装新材料，创制可生物降解复合制品用高速淋膜机，并实现产业化应用，以逐步降低生产成本、提升包装性能。

研发多功能食品智能包装技术及包装材料。以可降解或可食用包装材料为基质，融合纳米技术，开发含天然抑菌剂和天然抗氧化剂的新型纳米包装材料，以精准控释、提升产品货架期；以天然高分子材料为基质，融合特征物质显色性能，开发基于可视化包装指示剂或指示卡的复合智能包装材料，以精准显示食品品质变化程度和食品保质期，间接减少食品腐败变质的发生。

5. 加强食品生态加工营养保持与安全控制技术研究

食品营养保持与安全控制是食品生态加工的核心目标。开展食品生态加工营养保持与安全控制技术研发，将为满足消费者"由吃饱、吃好到吃得营养健康"的消费需求提供技术保障，更好地推动健康中国国家战略的实现。

重点突破食品生态加工营养保持关键技术。系统研究不同食品加工过程中主要营养素与功能活性成分含量及结构变化规律，研发基于生态加工理念的营养保持新技术及装备，开发营养健康新产品，实现食品营养保持与食物资源高效利用、节能降耗的协同；研发低脂、低盐、低糖食品品质保持关键技术，实现产品品质保持与减脂、减盐、减糖等健康属性的协同。

重点推进食品生态加工安全控制技术研发。研发食品安全风险因子精准识别技术，重点突破快速检测及在线识别技术，实现食品原料及加工过程中农兽药、微生物、重金属、生物毒素及加工有害物、产品劣变特征标记物等风险因子的靶向识别。研发食品加工过程控制技术，系统开展食品加工过程有害物含量、变化规律及危害特征等风险评估，突破基于发酵、天然来源提取物、物理场等的典型加工过程有害物阻断与减控技术，建立加工有害物减控技术体系。

6. 构建食品生态加工技术评价技术体系

食品生态加工技术是食品安全生产环节多技术的集合，涵盖食物资源的保质减损与高值利用、加工过程的节能降耗、包装材料的绿色环保及成品的营养保持与安全控制。不同技术其生态加工属性各异，对资源利用率、节能减排降耗及营养健康的影响各有不同，构建食品生态加工技术评价技术体系将有助于健全全生产链食品生态加工技术体系，提升食品生态加工整体效益。

建立食品生态加工技术评估技术体系。系统开展食品加工全链条食品原料损耗、能源消耗、"三废"排放、营养保持、安全因子风险、包装材料降解时限等基础数据调研及评估，形成基础数据，为食品生态加工技术在食品加工中的应用提供评估基础数据。基于上述基础数据，建立食品生态技术多维评价指标及量化评价方法，综合评价不同食品加工技术在资源高效利用、节能减排、营养保持与安全控制方面的应用效果，以优化技术工艺及装备参数，进而实现食品生态加工资源利用、节能减排与营养健康三重属性的均衡发展。

7.3.4 强化政策扶持、技术推广与宣传教育

1. 加强政策引导和资金扶持

强化政策引导。一是积极完善食品原料采后减损、食品智能制造、食品绿色制造和食品副产物综合利用等相关产业政策，通过税收、贴息、政府后补助等多种优惠政策引导企业转变生产思路、践行食品生态加工，鼓励更多食品加工企业对传统生产线和关键生产加工装备进行智能化、绿色化改造。二是健全政府主管部门推进食品生态加工实践中的工作机制。明确农业农村部、国家市场监督管理

总局、科学技术部、工业和信息化部、国家发展和改革委员会、生态环境部、国家粮食和物资储备局等部门在推进食品生态加工中的分工及职责。各地各部门要各司其职、密切协作，切实发挥规划、指导、管理、服务等职能。三是健全产学研协同创新机制。加强企业与高校、科研院所的合作交流，在国家及各省重点研发计划等科研专项中持续强化企业参与，完善以企业为主体、市场为导向、产学研联合的科技创新机制，实现企业、高校和科研院所在战略层面的有效结合，提升食品生态加工技术研究与创新能力，促进科研成果高效转化。

加大资金支持。一是加大科技研发投入。围绕大宗粮食谷物、果蔬、畜禽肉和水产品，设立生态加工专项研发资金，重点开展生态原料减损、食品最少加工、天然食品添加剂和食品配料制造、食品生物制造、食品绿色制造、食品智能制造、食品生态包装和食品营养健康关键技术研究及装备创制，突破更多具有自主知识产权的食品生态加工新技术、新装备。二是加大财政支持力度。将冷链物流、食品加工副产物收集再利用、节能减排等设备设施纳入财政支持范围。加大对各地食品生态加工优势企业的信贷支持力度，助力企业引进食品生态加工新工艺、新技术和新装备。积极引入社会资本，用于食品生态工业园基础设施建设与改造，力争实现园区不同企业间废水、废气、废渣等污染物的循环再利用和污染减量化、甚至零排放。

2. 加大食品生态加工技术的推广应用

推动食品生态加工技术在企业的应用转化。科技工作者应与食品生态加工企业开展产学研紧密协作，积极推动食品原料生态减损技术、食品高值化利用技术、天然来源食品添加剂和食品配料制造技术、食品最少加工技术、食品绿色制造技术、食品智能制造技术、食品副产物生态加工技术、食品生态包装技术及食品营养与健康加工技术及装备在食品企业的转化应用。鼓励以食品生态加工成套解决方案的方式在企业开展技术集成与应用推广，以更好地实现食品加工全链条的资源化、绿色化和健康化。继续加强食品生物制造、食品装备智能制造、食品绿色制造等重点领域的学科交叉和产学研融合，力争新技术和新装备在国际上占据一定市场。

大力推介食品生态加工典型模式。借鉴农业农村部农产品及加工副产物综合利用典型模式推介、国家发展和改革委员会《国家重点节能低碳技术推广目录》等经验做法，总结各地食品生态加工实践，重点推介一批覆盖从食品原料、食品加工、食品副产物到食品包装全链条的食品生态加工典型模式，尤其是加大以食品加工为主体的生态工业园典型案例宣传与推介，使食品生态加工从一个企业辐射到上下游多个行业、进而扩充到整个园区，进一步扩大推广应用范围，以实现食品加工全链条的资源利用高效高值化、加工绿色智能化和产品营养健康化。

3. 加强宣传教育

开展消费者健康饮食教育。一是引导消费者合理、均衡、健康饮食。以《中国居民膳食指南》为参照，指导居民日常饮食，全面推广食物多样、谷物为主的膳食模式，减少高盐、高油、高脂、高糖食品的过多摄入，适当控制熏制、炸制、烤制食品的消费频次。大力宣传引导消费者增加粗加工粮食谷物和杂粮的摄入，扭转过度追求"亮、白、精"大米、小麦粉的消费观念，减少因过度加工造成的资源浪费和营养流失。二是从娃娃抓起，进一步发挥家庭、学校、社区及社会实践作用，将杜绝食物浪费纳入大中小学教育课程，常态化推行"光盘行动"，积极组织"减少食物浪费"的宣传教育活动，从小树立节约粮食、减少浪费的理念。

加大食品生态加工产品宣传力度。持续开展食品标签宣传教育，指导消费者读懂预包装食品标签和营养标签，帮助消费者合理选购绿色、健康、优质食品。对重组米、重组牛排等，要科学解读，既要体现对食物资源的高值化利用，又要与大米、鲜冻原切牛排进行区分，以避免食品欺诈、更好地保护消费者知情权。针对绿色食品、有机食品、全谷物食品、清洁标签食品等食品生态加工产品，要开展认证产品、认证标准及认证标志的科普宣传，引导消费者科学分辨，推动优质优价市场环境。

积极开展生态环保教育。加大《清洁生产促进法》《固体废弃物污染环境防治法》等环保相关法规及标准的宣传和贯彻，鼓励食品加工企业践行清洁生产、落实加工过程节能减排，实现污染减量化和资源再生与综合利用。倡导公众更多采取简约适度、绿色低碳的生活方式。中小学校要开展环境防治知识普及与教育活动，让公众从小形成节约能源、保护环境的生态保护意识，以及循环使用、可回收、可再生的生态理念。

参 考 文 献

安可婧, 魏来, 唐道邦, 等, 2019. 果蔬干燥前处理技术的应用及研究进展[J]. 现代食品科技, 35(06): 314-321.

安耀强, 2008. 延长低温肉制品保质期的技术及方法[J]. 肉类工业, (04): 10-12.

敖冉, 梁春辉, 淑英, 等, 2015. 双酶协同水解猪皮制备胶原多肽工艺研究[J]. 食品科学, 40(12): 95-99.

敖冉, 王伟, 梁春辉, 等, 2016. 酶法制备猪皮胶原多肽工艺研究[J]. 食品工业, 37(07): 51-54.

白保安, 1998. 冷冻、冷藏设备的节能控制[C]. 21 世纪中国食品冷藏链大会暨速冻食品发展研讨会论文集, 84-87.

白长军, 王兴国, 金青哲, 等, 2012-06-27. 一种零反式脂肪酸多维一级大豆油及其制备方法[P]. CN102517142A.

白京, 李家鹏, 邹昊, 等, 2019. 近红外光谱定性定量检测牛肉汉堡饼中猪肉掺假化学发光免疫分析[J]. 食品科学, 40(8): 287-292.

白亚乡, 胡玉才, 杨桂娟, 等, 2008. 高压电场干燥斑鰶鱼的试验[J]. 高电压技术, 34(04): 691-694.

白艳龙, 谭昭仪, 邱向乾, 等, 2013. 黄颡鱼无水保活技术研究[J]. 食品工业科技, 34(01): 334-337.

鲍会梅, 2016. 糙米发芽过程中主要营养成分变化的研究[J].食品研究与开发, 37(22): 27-31.

鲍王璐, 2019. 整粒小麦制备全麦脆片及其营养成分变化研究[D]. 无锡: 江南大学.

毕金峰, 陈瑞娟, 陈芹芹, 等, 2015. 不同干燥方式对胡萝卜微粉品质的影响[J]. 中国食品学报, 15(01): 136-141.

卞中园, 2013. 麻痹性贝毒在牡蛎体内蓄积、分布、转化以及羧甲基壳聚糖的脱除作用研究[D]. 湛江: 广东海洋大学.

邴绍倩, 2009. 食品 "碳排放" 标准及应对之策[J]. 现代经济信息, (20): 265.

曹龙奎, 康丽君, 寇芳, 等, 2018. 改性前后小米糠膳食纤维结构分析及体外抑制α-葡萄糖苷酶活性[J].食品科学, 39(11): 46-52.

曹胜男, 刘超, 周健, 等, 2019. 安徽地区钢板仓就仓干燥实验[J]. 粮食储藏, 48(05): 1-4.

曹守启, 刘影, 2018. 基于水产品保活运输的多传感器数据融合算法[J]. 山东农业大学学报(自然科学版), 49(06): 941-945.

柴晓峰, 谢鹏, 孙宝忠, 等, 2016. 我国肉牛屠宰企业宰前管理调研分析报告[J]. 黑龙江畜牧兽医, (07): 12-15.

常敬华, 2014. 脱氧雪腐镰刀菌烯醇在面制品加工中的变化规律研究[D]. 北京: 中国农业科学院.

车刚, 陈武东, 吴春升, 等, 2017. 大型 5HFS-10 负压自控粮食干燥机的设计与试验[J]. 农业工程学报, 33(16): 267-275.

陈爱群, 2014. 新型电子灭菌高压脉冲电源的技术研究[J]. 电子技术与软件工程, (01): 127.

陈东清, 2015. 草鱼片调理处理及其贮藏过程中的品质变化研究[D]. 武汉: 华中农业大学.

陈海华, 李海萍, 2009. 微波辅助提取鸡皮明胶的工艺改进[J]. 食品工业科技, 30(06): 282-284.

陈坚, 2019. 中国食品科技: 从 2020 到 2035[J]. 中国食品学报, 19(12): 1-5.

陈坚, 刘龙, 堵国成, 2012. 中国酶制剂产业的现状与未来展望[J]. 食品与生物技术学报, 31(01): 1-7.

陈剑, 蒋云升, 薛菲, 等, 2012. 舔针式 pH 计应用于鹅肉加工在线品质分析[J]. 科技信息, (34): 56, 57.

陈军, 2009. 考虑流通损耗控制的生鲜农产品供应链订货策略及供需协调研究[D]. 重庆: 重庆大学.

陈骞, 2019. 美、德智能制造战略与实践[J]. 上海信息化, (06): 78-80.

陈克复, 陈广学, 2019. 智能包装: 发展现状、关键技术及应用前景[J]. 包装学报, 11(01): 1-17, 105.

陈坤杰, 2005. 基于分形理论及机器视觉的牛肉自动分级技术研究[D]. 南京: 南京农业大学.

陈丽, 2011. 羊胴体分级模型与分级评定技术研究[D]. 北京: 中国农业科学院.

陈丽, 张德权, 2010. 羊胴体分级技术研究现状及趋势[J]. 食品科技, 35(09):146-150.

陈丽清, 张宇昊, 周梦柔, 等, 2012. 猪皮明胶提取过程中的超高压预处理工艺优化[J]. 农业工程学报, 28(19): 262-269.

陈龙, 2014. 鸡爪皮胶原多肽制备及对酪氨酸酶活性抑制研究[D]. 杭州: 浙江农林大学.

陈龙, 2018. 图形化储粮粮情智能分析方法与系统的研究[D]. 长春: 吉林大学.

陈梦竹, 2017-07-25. 热得发"烫"的安全隐忧[N]. 中国质量报, (002).

陈胜军, 杨贤庆, 李来好, 等, 2015. 蓝圆鲹在腌制过程中 N-二甲基亚硝胺和 N-二乙基亚硝胺的变化规律[J]. 食品与发酵工业, 41(11): 59-63.

陈思羽, 2016. 基于绝对水势的储粮湿热迁移及通风管理的研究[D]. 长春: 吉林大学.

陈星, 沈清武, 王燕, 等, 2020. 新型腌制技术在肉制品中的研究进展[J]. 食品工业科技, 41(02): 345-351.

陈亚励, 屈小娟, 郭明慧, 等, 2014. 高密度 CO_2 在肉制品和水产品加工中的应用[J]. 现代食品科技, 30(09): 304-311.

陈勇, 王泰, 陆勇, 等, 2017. 贾洛羊屠宰性能、肌肉品质及其营养成分研究[J]. 湖北农业科学, 56(11): 2096-2099.

陈玉仑, 孙晨阳, 卢中山, 等, 2018. 基于可编程控制器的猪胴体喷淋冷却作业控制系统设计[J]. 农业工程学报, 34(03): 273-278.

成晓瑜, 陈文华, 裴显庆, 等, 2009. 高纯度牛骨胶原的制备及其结构表征[J]. 食品科学, 30(07): 29-32.

成晓瑜, 张顺亮, 戚彪, 等, 2011. 胶原与胶原多肽的结构、功能及其应用研究现状[J]. 肉类研究, 25(12): 33-39.

程文新, 2007. 基于瘦肉率仪器测定的生猪胴体等级评定标准体系的建立[D]. 杨凌: 西北农林科技大学.

程志斌, 葛长荣, 李德发, 2005. 猪胴体分级标准初探[J]. 饲料工业, (07): 45-50.

初良勇, 邢大宁, 王鸿鹏, 等, 2012. 智能化物流配送调度优化平台设计及实现[J]. 集美大学学报, 17(06): 433-437.

丛明, 王冠雄, PETER X, 2013. 屠宰机器人的研究现状与发展[J]. 机器人技术与应用, 01: 18-23.

崔仁姝, 闫芳, 2017. 合成气废热回收器工艺研究[J]. 锅炉制造, 05: 53-55.

崔燕, 朱麟, 尚海涛, 等, 2020. 低温高湿解冻对南美白对虾保水性及肌原纤维蛋白生化特性的影响[J]. 食品科学技术学报, 38(02): 81-89.

戴宏民, 戴佩燕, 2014. 生态包装的基本特征及其材料的发展趋势[J]. 包装学报, 6(03): 1-9.

戴小枫, 张德权, 武桐, 等, 2018. 中国食品工业发展回顾与展望[J]. 农学学报, 8(01): 125-134.

邓代君, 2018. 超高压技术在乳品加工中的应用[J]. 食品安全导刊, (21): 144.

邓遵义, 王中营, 2019. 面粉加工厂智能化发展的思考[J]. 粮食加工, 44(04): 9-11.

狄蕊, 张珍, 张盛贵, 等, 2017. 酶法辅助提取牦牛血中超氧化物歧化酶的工艺条件优化[J]. 食品与发酵科技, 53(03): 8-13.

丁陈君, 陈云伟, 陈方, 等, 2014. 工业酶领域国际专利态势分析[J]. 科学观察, 9(04): 1-10.

丁育振, 赵瑞莹, 2014. 我国肉羊屠宰加工业现状、问题及对策[J]. 肉类研究, 28(03): 31-35.

丁冬, 陈士进, 沈明霞, 等, 2015. 基于计算机视觉的牛肉质量分级研究进展[J]. 食品科学, 36(07): 251-255.

丁楠, 何美珊, 戈子龙, 等, 2019. 果蔬发酵制品的功效及应用研究进展[J]. 食品工业科技, 40(07): 332-336.

丁文平, 2008. 小麦加工过程中的营养损失与面粉的营养强化[J]. 粮油加工, (08): 87-89.

丁文平, 2011. 小麦加工过程中营养损失与强化[J]. 农产品加工, (03): 16, 17.

董科, 冷云, 何方婷, 等, 2019. 植物多酚及其提取方法的研究进展[J]. 食品工业科技, 40(02): 326-330.

董新红, 赵谋明, 蒋跃明, 2012. 超高压技术在蛋白质食品加工中的应用[J]. 食品工业科技, 33(02): 451-454.

董学敏, 2012. 全降解生物质纤维餐具的成型工艺与设备研究[D]. 西安: 陕西科技大学.

董志俭, 孙丽平, 唐劲松, 等, 2017. 不同干燥方法对小龙虾品质的影响[J]. 食品研究与开发, 38(24): 84-87.

段文佳, 2011. 水产品中甲醛的暴露评估与风险管理研究[D]. 青岛: 中国海洋大学.

段振华, 蒋李娜, 郑元平, 等, 2008. 罗非鱼片的热风微波复合干燥特性[J]. 食品科学, 29(09): 203-206.

樊景凤, 梁玉波, 宋立超, 等, 2006. 凡纳滨对虾红体病病原菌间接 ELISA 快速检测方法的研究[J]. 水产学报, 30(01): 114-117.

范文广, 韩双, 姚春艳, 等, 2013. 1-MCP ClO₂ 和乙醇在果蔬保鲜的应用研究进展[J]. 农产品加工, (07): 52-54.

封晴霞, 王利强, 2019. 气体指示与纳米智能标签在食品包装中的发展综述[J]. 包装工程, 40(19): 138-144.

冯刚, 2019. 蓝莓智能包装新鲜度指示剂研究[D]. 哈尔滨: 东北林业大学.

冯会利, 李巧莲, 吴习宇, 2013. 冰温结合气调贮藏对新鲜牛肉的保鲜研究[J]. 包装工程, 34(15): 53-58.

冯亦步, 李晓斌, 郭运, 1999. 冷冻加工过程中食品干耗的数值计算[J]. 黑龙江商学院学报, 15(01): 1-7.

付娟, 2016. 古代新鲜果蔬如何保鲜[J]. 农业农村农民, 3A: 59-60.

付文力, 2013. 羊血 SOD 分离纯化及修饰与理化性质研究[D]. 兰州: 甘肃农业大学.

付文丽, 高炳阳, 孙赫阳, 2015. 关于完善国家食品安全风险评估机制的探讨[J]. 中国卫生法制, 23(03): 19-22.

付晓燕, 熊光权, 吴文锦, 等, 2015a. 不同放血方式对肉鸭屠宰品质的影响[J]. 食品工业, 36(12): 40-42.

付晓燕, 熊光权, 吴文锦, 等, 2015b. 电击晕对肉鸭屠宰品质的影响[J]. 食品工业, 36(12): 40-42.

傅仰泉, 张帆, 李聿乔, 等, 2018. 环保型蓄冷剂的制备及包装应用[J]. 包装与食品机械, 36(03): 26-30.

傅泽田, 高乾钟, 张永军, 等, 2018. 鲟鱼无水低温保活的血糖传感信号检测方法[J]. 农业机械学报, 49(01): 305-314.

盖文红, 孙惠霞, 2017. 饮用水的消毒方法分析探讨[J]. 城市地质, 12(04): 40-44.

高歌, 2018. 超高压技术在红柚汁加工与柚皮果胶提取中应用研究[D]. 北京: 中国农业大学.

高涵, 王玉, 郭全友, 等, 2016. 鲣鱼罐头的变温与恒温杀菌工艺比较[J]. 食品科学, 37(08): 81-85.

高加龙, 沈建, 章超桦, 等, 2015. 真空冷冻干燥对牡蛎品质的影响[J]. 现代食品科技, 31(04): 253-257.

高雪燕, 2016. 留胚米营养成分研究及留胚米产品的开发[D]. 天津: 天津科技大学.

高亚文, 欧昌荣, 汤海青, 等, 2016. 光谱技术在水产品鲜度评价中的应用[J]. 核农学报, 30(11): 2210-2217.

耿春银, 杨连玉, 2007. 直击诱发隐性灾难的"黑洞": 我国目前同源性动物饲料产品存在问题及对策[J]. 中国动物保健, 104(10): 74-76.

工业和信息化部消费品工业司, 2019. 食品工业发展报告(2018 年度)[M]. 北京: 中国轻工业出版社.

龚海辉, 谢晶, 张青, 等, 2008. 真空浸渍在果蔬加工中的应用[J]. 食品工业科技, 05: 291-294.

辜世伟, 胡云均, 刘方菁, 等, 2019. 不同加工精度对稻谷中镉含量的影响[J]. 中国粮油学报, 34(08): 8-14.

辜雪冬, 肖娟, 周康, 等, 2018. 纤维素酶辅助水蒸气蒸馏提取柠檬果皮精油工艺优化[J]. 食品与机械, (08): 145-152.

郭海涛, 2013. 加工条件对羊肉制品中杂环胺含量的影响[D]. 北京: 中国农业科学院.

郭娟, 杨日福, 范晓丹, 等, 2014. 肉桂精油的不同提取方法比较[J]. 食品工业科技, 35(14): 95-99, 102.

郭丽萍, 乔宇, 熊光权, 等, 2018. 超高压处理对鲈鱼品质的影响[J].现代食品科技, 34(06): 180-187.

郭楠, 王丽红, 丁有河, 等, 2017. 气动式羊胴体自动分级系统开发[J]. 肉类工业, (11): 49-51.

郭鹏飞, 何昊葳, 付亚波, 等, 2018. 气敏类智能包装标签技术的研究进展[J]. 包装工程, 39(11): 13-18.

郭武汉, 关二旗, 卞科, 2015. 超微粉碎技术应用研究进展[J]. 粮食与饲料工业, 05: 38-40.

郭晓冬, 2019. 循环水暂养处理对团头鲂肌肉品质的提升作用[D]. 武汉: 华中农业大学.

郭筱兵, 丁利, 李节, 等, 2013. 纳米包装材料及其安全性评价研究进展[J]. 食品与机械, 29(05): 249-251.

郭亚丽, 梅竹, 王辉, 等, 2018. 出米率与大米加工精度等级、生产规模的模型研究[J]. 粮食与饲料工业, 11: 1-5.

郭艳婧, 杨勇, 李静, 等, 2014. 不同包装材料对罐罐肉理化特性的影响[J]. 食品科学, 35(22): 336-339.

郭兆斌, 余群力, 2011. 牛副产物: 脏器的开发利用现状[J]. 肉类研究, 25(03): 35-37.

郭志明, 2015. 基于近红外光谱及成像的苹果品质无损检测方法和装置研究[D]. 北京: 中国农业大学.

国家市场监督管理总局, 中国农业大学, 2019. 中国有机产品认证与有机产业发展报告(2019)[M]. 北京: 中国农业科学技术出版社.

韩宏宇, 2018. 基于深度学习的猪胴体图像分级系统设计与实现[D]. 沈阳: 沈阳工业大学.

郝晔, 2007. 智能包装在食品、饮料、医药等领域的应用[J]. 印刷技术, (29): 23, 24.

何华先, 王丁旺, 何香先, 等, 2017. 车载活鱼供氧装备研发及应用[J]. 中国畜牧兽医文摘, 33(01): 66, 67.

何丽, 2017. 水产品的冷库冷冻保鲜技术之观察[J]. 现代农机, (01): 47-49.

贺红霞, 申江, 朱宗升, 等, 2019. 果蔬预冷技术研究现状与发展趋势[J]. 食品科技, 44(02): 46-52.

贺琴, 2016. 高压脉冲电场辅助酶解河蚌蛋白粉的制备及特性研究[D]. 长春: 吉林大学.

洪凯, 2012. 过热蒸汽干燥工艺技术及设备研究[D]. 福州: 福建农林大学.

胡冠九, 陈素兰, 高占啟, 等, 2016. 食品生产企业周边空气中的异味监测[J]. 环境监控与预警, 8(05):1-5.

胡记东, 年睿, 林洪, 等, 2016. 鲐鱼片中鱼骨刺 X 射线图像不同增强处理技术[J]. 中国渔业质量与标准, 6(06): 20-26.

胡耀华, 郭康权, 野口刚, 等, 2009. 基于近红外光谱检测猪肉系水力的研究[J]. 光谱学与光谱分析, 29(12): 259-262.

胡玥, 2016. 带鱼微冻保鲜技术研究[D]. 杭州: 浙江大学.

胡云峰, 陈君然, 贺业鑫, 等, 2014. 食品包装内二氧化碳含量指示剂研究[J]. 包装工程, 35(11): 6-12, 22.

胡云峰, 贾亦森, 李宁宁, 等, 2016. 肉桂精油对气调小包装大鲵分割肉保鲜效果的研究[J]. 保鲜与加工, 16(06): 16-19, 24.

黄曹兴, 何娟, 梁辰, 等, 2019. 木质素的高附加值应用研究进展[J]. 林业工程学报, 4(01): 17-26.

黄昌海, 卢超, 2018. 浅谈智能包装及未来发展趋势[J]. 上海包装, (10): 25-27.

黄广峰, 黄劲松, 陈建平, 等, 2018.LNG 冷能用于冷库的分析[J]. 冷藏技术, 41(01): 38-41.

黄鸿兵, 2005. 冷冻及解冻对猪肉冰晶形态及理化品质的影响[D]. 南京: 南京农业大学.

黄嘉丽, 黄宝华, 卢宇靖, 等, 2019. 电子舌检测技术及其在食品领域的应用研究进展[J]. 中国调味, 44(05): 189-193, 196.

黄莉, 2019. 相变蓄冷剂对冷链包装温控效果的影响[J]. 包装工程, 40(05): 72-79.

黄少云, 2019. 新鲜度指示型智能包装的研究进展与展望[J]. 今日印刷, (09): 71-74.

黄胜海, 陆俊贤, 张小燕, 等, 2018. 我国畜禽产品体系研究进展[J]. 中国农业科技导报, 20(09): 23-31.

黄寿恩, 李忠海, 何新益, 2013. 果蔬变温压差膨化干燥技术研究现状及发展趋势[J]. 食品与机械, 29(02): 242-245.

黄志刚, 2003. 食品包装技术及发展趋势[J]. 包装工程, 24(05): 90-97.

纪倩, 宿丹丹, 应慧妍, 等, 2017. 猪皮中胶原蛋白的提取与结构鉴定[J]. 食品研究与开发, 38(13): 44-49.

贾飞, 苗旺, 闫文杰, 等, 2017. 超高压处理对酱卤鸡腿品质及货架期的影响[J]. 肉类研究, 31(01): 19-24.

贾敬敦, 蒋丹平, 陈昴松, 2012. 食品产业科技创新发展战略[M]. 北京: 化学工业出版社.

贾蒙, 成传香, 王鹏旭, 等, 2019. 超高压技术在果蔬汁杀菌中的应用[J]. 食品与发酵工业, 45(12): 257-264.

江杰, 郭建岩, 2017. 基于 ARM 的多温区冷藏车环境监测系统设计[J]. 信息通信, (05): 49-51.

姜长红, 万金庆, 王国强, 2007. 冰温鸡肉微生物基本特性的实验研究[J]. 农产品加工, (02): 2-4.

姜海洋, 张周莉, 孙敏, 等, 2019. 牦牛骨抗氧化肽的分离纯化及鉴定[J]. 基因组学与应用生物学, 38(08): 3479-3485.

姜雪, 于鹏, 肖杨, 等, 2016. 天然抑菌剂与超高压协同作用的研究进展[J]. 食品科技, 41(02): 296-299.

姜亚南, 赵冉冉, 杨帅, 2016. 基于余热回收的粮食烘干系统的设计与实现[J]. 安徽农业科学, 44(26): 228-230.

蒋海鹏, 2014. 食品智能包装体系的研究进展分析[J]. 科技创业家, (07): 214.

蒋家骢, 2017. 你知道亚硝胺的危害吗?[J]. 健康指南: 中老年, 03: 39.

蒋婷婷, 2016. 预调理菜肴芙蓉鱼排的研制[D]. 长沙: 湖南农业大学.

焦中高, 2012. 红枣多糖的分子修饰与生物活性研究[D]. 杨凌: 西北农林科技大学.

金厚国, 2013. 击晕与击晕的选择[J]. 中国食品工业, (02): 38.

康孟利, 崔燕, 尚海涛, 等, 2016. 非热杀菌在 NFC 果汁上的应用前景[J]. 北方园艺, (18): 190-193.

兰龙辉, 邱荣祖, 2013. 二维码技术在农产品物流追溯系统中的应用[J]. 物流工程与管理, 35(09): 86-89.

老莹, 胡文忠, 冯可, 等, 2018. 天然抑菌剂的抑菌机理及其在果蔬保鲜中的应用[J]. 食品与发酵工业, 44(09):

288-293.

雷艳雄, 2011. PVA 基复合包装材料纳米 SiO_2 改性及其对咸鸭蛋保鲜效果的影响[D]. 南京: 南京农业大学.

雷云, 2015. 基于射频识别（RFID）和二维码的稻米质量安全追溯系统研究[D]. 南京: 南京农业大学.

李冰, 吴燕燕, 魏涯, 2016. 茶香淡腌鲈鱼的加工工艺技术研究[J]. 食品工业科技, 37(09): 267-272, 303.

李丹, 李中华, 金林宇, 等, 2019. 纳米技术在食品包装领域的应用[J]. 上海包装, (10): 34-37.

李冬娜, 马晓军, 2018. 天然植物抑菌成分提取及在食品保鲜中的应用进展[J]. 包装工程, 39(13): 71-77.

李方, 顾熟琴, 卢大新, 等, 2014. 组合分选方法对减除小麦中 DON 毒素的效果探究[J]. 中国粮油学报, 29(12): 12-15.

李刚凤, 汪辉喜, 陈仕学, 等, 2015. 微波法提取低档绿茶多酚工艺研究[J]. 粮食与油脂, 28(01): 60-62.

李桂芬, 何鑫, 谢超, 等, 2017. 海捕红虾调理食品生产工艺优化研究[J]. 浙江海洋学院学报, 02: 130-136.

李海龙, 车刚, 万霖, 等, 2019. 变温保质干燥机控制系统设计与试验研究[J]. 农机化研究, 08: 71-79.

李慧, 李溪, 胡婕, 等. 2016. 绿茶中茶多酚的超声波法提取工艺及 HPLC 法测定[J]. 安徽农业科学, 44(13): 80-82, 109.

李慧琴, 易云婷, 彭程, 2019. 纳米标记免疫层析技术在食品快速检测中的应用进展[J]. 食品技术研究, (05): 160-162.

李佳, 万金庆, 邹磊, 等, 2015. 不同干燥方法对海鳗鱼片几种内源酶活力的影响[J]. 现代食品科技, 31(08): 254-260.

李杰, 李林洁, 2019. 鱼油微胶囊壁材选择的专利技术分析[J]. 江西化工, 02: 255, 256.

李婧, 白亚乡, 李新军, 2009. 应用高压静电场干燥扇贝柱的研究[C]. 第十届静电学术年会论文集, 85-87.

李静雪, 2014. 天然保鲜剂对冰温鲤鱼鱼肉保鲜效果的研究[D]. 哈尔滨: 东北农业大学.

李军良, 2011. 基于机器视觉和近红外光谱的水果品质分级研究[D]. 南京: 南京航空航天大学.

李可, 赵颖颖, 康壮丽, 等, 2017. NaCl 对猪肉糜加工特性和蛋白质二级结构的影响[J]. 食品科学, 38(15): 77-81.

李可, 赵颖颖, 刘骁, 等, 2018. 超声波技术在肉类工业杀菌的研究与应用进展[J]. 食品工业, (01): 223-227.

李林, 申江, 王晓东, 2008. 冰温贮藏技术研究[J]. 保鲜与加工, 8(02): 38-41.

李灵珍, 杨艳玲, 李星, 等, 2017. UV-TiO_2 技术在二次供水中的消毒效能研究[J]. 水处理技术, 43(12): 83-88.

李玲玲, 2018. 丹麦卡伦堡生态工业园的成功经验与启示[J]. 对外经贸实务, (05): 38-41.

李敏, 关志强, 吴阳阳, 等, 2016. 不同功率的超声波预处理对罗非鱼片冻干性能的影响[J]. 真空科学与技术学报, 36(06): 618-623.

李明, 赵良忠, 周喜, 等, 2019. 响应面法优化豆渣基可食用一次性餐具[J]. 农产品加工, (05): 1-5, 8.

李明月, 沈华杰, 何海珊, 等, 2017. 果胶酶预处理辅助提取沉香精油研究[J]. 林业工程学报, 2(06): 55-59.

李楠楠, 赵思明, 张宾佳, 等, 2017. 稻米副产物的综合利用[J]. 中国粮油学报, 32(09): 188-192.

李平舟, 2014. 食品无菌包装的绿色环保新主张[J]. 网印工业, (11): 43-48.

李鹏飞, 张莹, 黄雨霞, 等, 2020. 钠盐替代物复合配方对萨拉米香肠品质的影响[J]. 肉类研究, 34(05): 26-32.

李绮丽, 孙俊杰, 单杨, 等, 2019. 不同柑橘品种全果制汁适宜性分析[J]. 食品科学, 40(13): 36-44.

李强, 2002. 猪胴体分级技术的研究[D]. 雅安: 四川农业大学.

李锐, 江祖彬, 童光森, 等, 2019. 即食麻辣小龙虾加工工艺研究[J]. 食品研究与开发, 40(05): 138-143.

李书红, 王颉, 宋春风, 等, 2011. 不同干燥方法对即食扇贝柱理化及感官品质的影响[J]. 农业工程学报, 27(05): 373-377.

李淑红, 刘智钧, 姚莉, 2018. 响应面优化微波辅助提取洋葱精油的工艺研究[J]. 中国调味品, 43(08): 92-96.

李双, 王成忠, 唐晓璇, 等, 2015. 超高压技术在食品工业中的应用研究进展[J]. 齐鲁工业大学学报(自然科学版), 29(01): 15-18.

李爽, 艾启俊, 2016. 托盘和真空包装对冷却羊肉品质的影响[J]. 食品工业科技, 37(04): 326-329.

李涛, 吕荣, 于安池, 2010. 时间分辨拉曼光谱研究一氧化氮与肌红蛋白的结合过程[J]. 物理化学学报, 26(01): 18-22.

李文采, 田寒友, 张振琪, 等, 2018. 预冷库内环境温湿度差异对猪胴体品质的影响[J]. 肉类研究, 32(07): 49-53.

李文玲, 2015. 海参中呋喃唑酮药残的胶体金免疫层析现场快速检测技术[D]. 青岛: 中国海洋大学.

李小刚, 李曼玉, 马良坤, 2019. 食源性抗生素快速检测技术研究进展[J]. 分析试验室, 38(11): 1374-1380.

李兴武, 李洪军, 2012. 微波辅助提取猪皮胶原蛋白工艺优化[J]. 食品科学, 33(06): 11-14.

李雪, 曹君, 白新鹏, 等, 2018. 微波辅助萃取罗非鱼鱼油工艺优化及脂肪酸分析[J]. 食品工业科技, 39(04): 159-165.

李雅晶, 刘悦, 周兵, 等, 2019. 原汁整壳真空包装贻贝的加工工艺研究[J]. 保鲜与加工, 19(06): 164-169.

李银, 李侠, 贾伟, 等, 2014. 低温高湿变温解冻库的研制与应用[J]. 农业工程学报, 30(02): 244-251.

李迎楠, 刘文营, 张顺亮, 等, 2016. 牛骨咸味肽氨基酸分析及在模拟加工条件下功能稳定性分析[J]. 肉类研究, 30(01): 11-14.

李颖畅, 励建荣, 2014. 水产品内源性甲醛的研究进展[J]. 食品与发酵科技, 50(01): 14-18.

李志浩, 2015. 信息型智能包装技术及应用实践探微[J]. 中国包装工业, (20): 100, 101.

励建荣, 2018. 海水鱼类腐败机制及其保鲜技术研究进展[J]. 中国食品学报, 18(05): 1-12.

梁林, 2011. 智能检测技术在肉牛胴体分级系统中的应用研究[D]. 南京: 南京农业大学.

梁学军, 2001. 二氧化碳浸渍法及其在红葡萄酒酿造中的应用[J]. 中外葡萄与葡萄酒, 04: 40-43.

廖妍俨, 2012. 生物保鲜技术在果蔬贮藏保鲜中的应用[J]. 贵州化工, 37(04): 27-29.

廖志强, 于立梅, 陈海光, 等, 2019. 植物提取物在肉制品中的应用研究进展[J]. 食品研究与开发, 40(19): 215-219.

林亲录, 吴跃, 王青云, 等, 2015. 稻谷及副产物加工和利用[M]. 北京: 科学出版社.

林向阳, 2006. 核磁共振及成像技术在面包制品加工与储藏过程中的研究[D]. 南昌: 南昌大学.

林怡, 毛明, 詹耀, 等, 2012. 超高压处理对杨梅鲜果感官品质的影响[J]. 食品工业科技, 33(13): 332-335.

林卓, 马小凡, 2011. 重塑动力机制, 促进清洁生产[J]. 中国经贸导刊, (16): 44-45.

刘昌华, 章建浩, 王艳, 2012. 鲈鱼风干成熟过程中脂质分解氧化规律研究[J]. 食品科学, 33(05): 13-18.

刘畅, 孟庆翔, 周振明, 2017. 拉曼光谱技术在肉品质评价中的应用[J]. 中国畜牧杂志, 53(02): 10-14.

刘超, 苗钧魁, 刘小芳, 等, 2015. 酶解法提取鳕鱼肝油的生产工艺研究[J]. 粮油食品科技, 23(03): 95-100.

刘春山, 陈思羽, 吴文福, 等, 2019. 远红外对流组合谷物干燥机风速测量试验研究[J]. 中国科技信息, (19): 88, 89.

刘方方, 刘欣伟, 张紫恒, 等, 2018. 果蔬保鲜用相变蓄冷剂的研制及性能研究[J]. 河北科技大学学报, 39(06): 540-545.

刘寒, 谢晶, 王金锋, 等, 2018. 冷库制冷系统及其自动化研究进展[J]. 食品与机械, 34(08): 173-176.

刘建军, 2013. 冷却肉生产过程中栅栏减菌技术研究[D]. 泰安: 山东农业大学.

刘建龙, 刘柱, 2015. 绿色低碳包装材料应用和发展对策研究[J]. 包装工程, 36(19): 159-162.

刘景, 任婧, 孙克杰, 2013. 食品中生物胺的安全性研究进展[J]. 食品科学, 34(05): 322-326.

刘磊, 汪浩, 张名位, 等, 2015. 龙眼乳酸菌发酵工艺条件优化及其挥发性风味物质变化[J]. 中国农业科学, 48(20): 4147-4158.

刘丽莉, 李丹, 尹光俊, 等, 2017. 牛骨血管紧张素转化酶抑制肽发酵动力学及结构与特性分析[J]. 食品科学, 38(02): 52-58.

刘林, 王凯丽, 谭海湖, 等, 2016. 中国绿色包装材料研究与应用现状[J]. 包装工程, 37(05): 24-30, 62.

刘孟禹, 2019. 改性 PBS 薄膜的制备及对樱桃番茄气调保鲜效果的研究[D]. 呼和浩特: 内蒙古农业大学.

刘淼, 2012. 智能人工味觉分析方法在几种食品质量检验中的应用研究[D]. 杭州: 浙江大学.

刘平, 胡志和, 吴子健, 等, 2015. 超高压引发胰蛋白构象变化与酶活性间的关系[J]. 光谱学与光谱分析, 35(05): 1335-1339.

刘淇, 殷邦忠, 姚健, 等, 1999. 牙鲆无水保活技术[J]. 中国水产科学, 6(02): 101-104.

刘倩, 2019. 孜然、花椒、肉桂精油复配对冷鲜羊肉保鲜效果的研究[D]. 兰州: 甘肃农业大学.

刘倩楠, 张春江, 张良, 等, 2018. 食品 3D 打印技术的发展现状[J]. 农业工程学报, 34(16); 265-273.

刘勤华, 马汉军, 2013. 超高压杀菌技术在低温肉制品保鲜中的应用[J]. 肉类工业, (03): 52-56.

刘书成, 张常松, 张良, 等, 2012. 超临界 CO_2 干燥罗非鱼片的传质模型和数值模拟[J]. 农业工程学报, 28(21): 236-242.

刘书成, 张良, 吉宏武, 2013. 高密度 CO_2 与热处理对凡纳滨对虾肉品质的影响[J]. 水产学报, 37(10): 1542-1549.

刘伟东, 2009. 大菱鲆(Scophthalmus maximus)保活的基础研究[D]. 青岛: 中国海洋大学.

刘文营, 张振琪, 成晓瑜, 等, 2016. 超声辅助酶解制备猪血血红素及紫外−可见吸收光谱分析[J]. 肉类研究, 30(03): 1-4.

刘小红, 李诚, 付刚, 等, 2014. 猪股骨骨头胶原蛋白降血压肽的分离纯化[J]. 食品科学, 35(06): 50-54.

刘晓峰, 刘亚伟, 刘洁, 等, 2011. 发酵对淀粉理化性质影响的研究进展[J]. 粮食与饲料工业, (04): 33-35.

刘晓庚, 杨国峰, 陶进华, 等, 2004a. 我国主要粮食副产物功能性成分及其利用研究进展（上）[J]. 粮食与油脂,(04): 10-13.

刘晓庚, 杨国峰, 陶进华, 等, 2004b. 我国主要粮食副产物功能性成分及其利用研究进展（下）[J]. 粮食与油脂, (05): 14-17.

刘晓燕, 谢国芳, 秦晋颖, 等, 2013. 不同抗氧化剂对油炸马铃薯片品质的影响[J]. 江苏农业科学, 41(11): 289-291.

刘杨洋, 2019. γ-亚麻酸产生菌拉曼被孢霉培养基优化及发酵动力学分析[D]. 长春: 长春工业大学.

刘莹, 2013. 智能包装的定义及分类研究[J]. 科技传播, 5(11): 232, 233.

刘源, 黄苇, 胡卓炎, 等, 2013. 包装对半干型荔枝干贮藏品质的影响[J]. 现代食品科技, 29(05): 973-977, 985.

柳念, 陈佩, 高冰等, 2017. 乳酸菌降解亚硝酸盐的研究进展[J]. 食品科学, 38(07): 290-295.

龙杰, 徐学明, 沈军, 等, 2017. 发芽过程对小麦营养成分及抗氧化活性的影响[J]. 粮食与油脂, 10(30): 33-39.

卢冰, 2018. 猪应激的危害及消除措施[J]. 现代畜牧科技, 12(61): 73.

卢唱唱, 许琦炀, 徐丹, 2016. 蒙脱土对纤维素基吸湿衬垫结构与性能的影响[J]. 包装工程, 37(11): 6-10.

卢大新, 2001. 比重分选机对收获期受雨害小麦的精选分级效果[J]. 西北农业学报, (03): 87-89.

卢晓蕊, 路金丽, 武彦文, 等, 2010. 红外光谱法研究花色苷色素的酯化修饰[J]. 光谱学与光谱分析, 30(01): 40-43.

卢星池, 肖茜, 邓放明, 2014. 多糖类可食用膜研究进展[J]. 食品与机械, 30(04): 261-265.

芦春莲, 李妍, 曹玉凤, 等, 2016. 肉牛宰前运输应激对其血液理化指标及免疫机能的影响[J]. 中国兽医学报, 36(07): 1173-1177.

鲁耀彬, 吴文锦, 李新, 等, 2014. 不同宰前静养时间对樱桃谷鸭能量代谢影响的研究[J]. 中国家禽, 36(24): 37-43.

鲁耀彬, 吴文锦, 李新, 等, 2015. 不同宰前断水时间对肉鸭食用品质及能量代谢的影响[J]. 现代食品科技, 31(07): 183-190.

陆海霞, 张蕾, 李学鹏, 等, 2010. 超高压对秘鲁鱿鱼肌原纤维蛋白凝胶特性的影响[J]. 中国水产科学, 17(05): 1107-1114.

陆启玉, 2014. 谈谈如何实现挂面生产中的节能降耗[J]. 粮食与食品工业, 21(01): 1-3.

吕恩利, 沈昊, 刘妍华, 等, 2020. 蓄冷保温箱真空隔热蓄冷控温传热模型与验证[J]. 农业工程学报, 36(04): 300-306.

吕鸣春, 潘晴, 曾小群, 等, 2017. 特色鱼肉发酵香肠的制备及功能性研究[J]. 宁波大学学报(理工版), 30(04): 29-34.

吕英忠, 梁志宏, 2010. 热处理在果蔬保鲜中的研究与应用[J]. 农产品加工, (11): 63-65.

罗超华, 李俊, 2015. 凝胶柱分离纯化茶多酚中表没食子儿茶素没食子酸酯的工艺优化[J]. 中国药物经济学, 10(01): 17-19.

罗靓芷, 武俊瑞, 刘佳艺, 等, 2013. 臭鳜鱼中优良乳酸菌的分离筛选与鉴定[J]. 食品与发酵工业, 39(10): 132-136.

罗宁宁, 2016. 壳聚糖-肉桂精油可食性膜的制备、性能及应用研究[D]. 上海: 上海应用技术学院.

罗祎, 陈文, 马健, 2018. 美国有机农业的经验借鉴及对中国推进乡村振兴的启示[J]. 世界农业, (07): 144-148.

马渌, 2015. 光谱及高光谱成像技术在作物特征信息提取中的应用研究[D]. 北京: 中国农业大学.

马婧, 2019. 猕猴桃 NFC 果汁的超高压杀菌处理及其贮藏期品质变化[D]. 西安: 陕西师范大学.

马丽杰, 梁丽坤, 黎乃为, 等, 2013. 微生物发酵法制备鳕鱼皮胶原蛋白多肽及其脱腥工艺[J]. 农产品加工(学刊), (09): 29-31, 35.

马梦晴, 高海生, 2015. 食品杀菌与无菌包装新技术综述[J]. 河北科技师范学院学报, 29(03): 39-44, 52.

马清河, 胡常英, 刘丽娜, 等, 2005. 葡萄糖氧化酶用于对虾保鲜的实验研究[J]. 食品工业科技, 26(06): 159-161, 164.

马永生, 董艳娇, 马雄, 等, 2016. 运输应激对甘南牦牛血液生理生化指标的影响[J]. 畜牧兽医杂志, 35(05): 20-22.

毛佳琦, 张丽芬, 陈复生, 等, 2016. 真空浸渍对果蔬品质的影响研究进展[J]. 食品研究与开发, 37(13): 195-199.

毛毛, 衣美艳, 郭红, 2017. 真鳕鱼骨胶原肽及鱼骨钙联产工艺的优化设计[J]. 食品科技, 42(10): 138-141.

梅桂斌, 2017. 超微粉碎技术在果蔬制粉中的应用及发展前景[J]. 现代食品, 14: 36-38.

孟玉霞, 崔惠敏, 赵前程, 等, 2017. 植物精油在水产品保鲜中的研究进展[J]. 食品科学, 38(15): 300-305.

密更, 李婷婷, 仪淑敏, 等, 2019. 人工接种乳酸菌发酵鱼糜的研究进展[J]. 中国食品学报, 19(05): 302-312.

木须虫, 2019-08-06. 自热食品存隐患安全: 使用很必要[N]. 中国商报, P02.

聂文, 屠泽慧, 占剑峰, 等, 2018. 食品加工过程中多环芳烃生成机理的研究进展[J]. 食品科学, 39(15): 269-274.

宁鸿珍, 毛立超, 滑娜, 2012. 唐山市市售干制水产品甲醛含量调查分析[J]. 中国食品卫生杂志, 24(03): 270-273.

宁豫昌, 吴祖芳, 翁佩芳, 2018. 微生物促进传统鱼酱油发酵和品质改善的研究进展[J]. 水产学报, 42(09): 1497-1503.

牛佳, 张同刚, 胡倩倩, 等, 2017. 无菌包装滩羊肉冷拼菜肴低温保鲜的工艺优化[J]. 食品工业科技, 38(20): 226-232.

钮福祥, 王红杰, 徐飞, 等, 2012. 果蔬真空油炸脱水技术研究及果蔬脆片产业发展概况[J]. 中国食物与营养, 18(02): 24-29.

欧昌荣, 薛长湖, 汤海青, 等, 2005. 微生物发酵-膜分离法制备褐藻胶寡糖及其产物分析[J]. 微生物学报, 45(02): 306-308.

欧阳杰, 沈建, 郑晓伟, 等, 2017. 水产品加工装备研究应用现状与发展趋势[J]. 渔业现代化, 44(05): 73-78.

潘新春, 2015. 不同包装形式对 4 种黄桃罐头品质和香气成分的影响研究[D]. 合肥: 安徽农业大学.

庞买只, 梁海天, 2019-06-07. 完全生物降解的纤维增强淀粉发泡餐具及其制备方法[P]. CN106947117B.

彭澜兰, 陈季旺, 陈超凡, 2019. 加工精度和蒸煮条件对大米中镉的形态的影响[J]. 武汉轻工大学学报, 38(04): 1-7.

彭润玲, 谢元华, 张志军, 等, 2019. 真空包装的现状及发展趋势[J]. 真空, 56(02): 1-15.

彭树美, 林向阳, 阮榕生, 等, 2008. 核磁共振及成像技术在食品工业中的应用[J]. 食品科学, 29(11): 712-716.

彭小东, 王欢, 田辉, 等, 2017. 国内白酒生态酿造的发展现状及进展[J]. 酿酒科技, (06): 90-94.

彭瑶, 2016. 罗非鱼糕调理食品关键技术的研究[D]. 海口: 海南大学.

彭运平, 齐维, 唐海波, 2010. 应用酶联免疫法检测鱼肉、蜂蜜中氯霉素的残留量[J]. 现代食品科技, 26(12): 1415-1417, 1414.

戚彪, 米瑞芳, 熊苏玥, 等, 2018. 超声波辅助酶解法提取食用猪油工艺优化及胆固醇脱除[J]. 肉类研究, 32(07): 23-28.

齐力娜, 彭荣艳, 程裕东, 等, 2016. 草鱼鱼片的微波干燥特性[J]. 食品与发酵工业, 42(01): 119-123.

钱成, 罗卫星, 苏娜芬, 等, 2015. 贵州白山羊的屠宰与肉质性状及脏器系数测定[J]. 贵州农业科学, 43(07): 121-123, 128.

钱静, 郑光临, 冯钦, 2013. 基于冷鲜肉脂肪氧化的糖化酶型时间-温度指示器的研究[J]. 食品科学, 34(18): 343-348.

乔长晟, 贾士儒, 王瑞, 等, 2009. 超高压杀菌技术对牛乳品质的影响[J]. 食品科学, 30(01): 50-53.

秦建平, 牛波, 张元, 等, 2013. 太赫兹波谱检测面粉增白剂的研究[J]. 粮油食品科技, 21(02): 39-41.

邱湘洁, 曾少葵, 吴文龙, 等, 2015. 两种干燥方法对军曹鱼皮明胶性质的影响[J]. 广东化工, 42(04): 15-17.

权凯, 刘永斌, 张子军, 等, 2019. 黄淮杜泊羊育肥效果和屠宰性能的研究[J]. 中国畜牧杂志, 55(05): 50-53.

任大勇, 高良锋, 杨柳, 等, 2019. 植物乳杆菌对辣白菜发酵过程中风味物质及菌群结构的影响[J]. 食品与发酵工业, 45(14): 20-26.

任丽辉, 2018. 基于相变储能材料的绿色生态储粮技术的应用及经济效益分析[J]. 粮食加工, 43(03): 79-81.

任其龙, 熊任天, 王宪达, 2002. 超临界流体色谱法分离二十碳五烯酸和二十二碳六烯酸[J]. 粮食与油脂, (09): 76-79.

任西营, 2014. 生物保鲜剂在带鱼制品中的应用研究[D]. 杭州: 浙江大学.

任兴超, 郑丽敏, 任发政, 等, 2010. 北京地区三元杂交猪胴体分级标准探索[J]. 肉类研究, 24(09): 48-50.

任毅, 东童童, 2015. "智能制造"对中国食品工业的影响及发展预判[J]. 食品工业科技, 36(22): 32-36.

阮少兰, 阮竞兰, 2007. 蒸谷米生产技术[J]. 粮食加工, (03): 35-37.

单杨, 李高阳, 张菊华, 等, 2009. 柑橘生物酶法脱囊衣技术研究[J]. 食品科学, 30(03): 140-143.

单云辉, 郜海燕, 房祥军, 等. 2018. 不同包装材料对草莓果浆贮藏品质的影响[J]. 食品科学, 39(13): 251-257.

申海鹏, 2012. 超高压杀菌技术在食品行业的应用与发展[J]. 食品安全导刊, (07): 44-46.

申江, 2013. 低温物流技术概论[M]. 北京: 机械工业出版社.

申晓琳, 付丽, 郝修振, 等, 2015. 阶段式杀菌技术在软包装道口烧鸡生产中的应用[J]. 黑龙江畜牧兽医, (10): 53-56.

沈鹏, 2017. 发达国家循环经济发展模式及其对乌鲁木齐市的启示[J]. 新疆财经, (02): 5-12.

沈旭娇, 徐幸莲, 周光宏, 2013. 超高压处理对南京盐水鸭货架期的影响[J]. 食品科学, 34(04): 250-254.

沈永嘉, 2012. 赫斯特工业园及科莱恩公司(颜料)访问记[J]. 上海染料, (06): 92-96.

盛琪, 2015. 馒头的常温保鲜研究[D]. 无锡: 江南大学.

石红旗, 缪锦来, 李光友, 2001. 脂肪酶催化水解法浓缩鱼油 DHA 甘油酯的研究[J]. 中国海洋药物, (04): 15-21.

时海波, 邹烨, 杨恒, 2019. 美拉德反应产物生物活性及衍生危害物安全控制研究进展[J]. 食品工业科技, 40(22): 57.

宋程, 王富华, 毕峰华, 等, 2017. 国内新鲜食品气调包装技术研究现状[J]. 包装与食品机械, 35(01): 54-57, 39.

宋鹏远, 王建, 王宝龙, 等, 2018. 蛋白粉尾气余热回收喷淋塔的热工特性研究[J], 17(03): 231-237.

宋亚琼, 闫晓明, 丁之恩, 等, 2015. 基于模糊数学的臭鳜鱼的感官评定[J]. 中国酿造, 34(05): 123-126.

苏肖晶, 2014. 腌制食品中亚硝酸盐生物降解的研究[D]. 长春: 吉林农业大学.

孙宝国, 王静, 2018. 中国食品产业现状与发展战略[J]. 中国食品学报, 18(08): 1-7.

孙蓓蓓, 2016. 甲壳废弃物资源化关键酶开发及组合应用研究[D]. 哈尔滨: 哈尔滨工业大学.

孙江萍, 赵莉, 俞文英, 等, 2018. 酸性电解水对南美白对虾中多酚氧化酶活性的影响[J]. 食品科学, 39(09): 7-12.

孙俊杰, 付复华, 李绮丽, 等, 2017. 复合酶解制备甜橙全果浊汁工艺优化[J]. 食品与机械, 33(08): 189-193.

孙丽霞, 周利琴, 杨红, 等, 2015. 响应面法优化超声辅助提取罗非鱼内脏油脂工艺[J]. 食品科技, 40(06): 151-156.

孙世旭, 李莉, 韩祥稳, 等. 2019. 纳米抗菌包装材料对延缓白莲藕风味品质劣变的影响[J]. 食品科学, 40(07): 212-218.

孙书静, 2015. 食品无菌包装技术的发展概况[J]. 塑料包装, 25(03): 13-15.

孙婷, 王峰, 刘俊林, 2019. 我国粮油原料的综合利用现状[J]. 农产品加工, (08): 76-79.

孙武, 欧阳小艳, 陈晶晶, 2014. 微波辅助提取罗非鱼鱼鳞卵磷脂的工艺研究[J]. 食品科技, 39(12): 161-164.

孙新生, 杨凌寒, 2015. 超高压在低温肉制品中的应用[J]. 安徽农业科学, 43(09): 280-282.

孙媛媛, 2013. 猪肉包装用新鲜度指示卡研究[J]. 包装学报, 5(03): 69-73.

谭斌, 2006. 功能性谷物基质非乳性益生菌的研究展望[J]. 中国食品添加剂, (01): 80-86.

谭红, 吴买生, 2019. 不同屠宰体重对湘沙猪配套系胴体性能及肉品质的影响[J]. 养猪, (06): 32.

唐坚, 2015. 生菜的冰温保鲜及微生物预测模型的初步建立[D]. 上海: 上海师范大学.

唐雯倩, 2016. 猪血蛋白源抗氧化肽生物制备技术及稳定性研究[D]. 长沙: 湖南农业大学.

唐志华, 熊海涛, 解萌, 2019. 曙红探针光度法检测鸡肉与鸡蛋中残留恩诺沙星[J]. 食品与发酵工业, 45(15): 268-272.

田寒友, 邹昊, 刘飞, 等, 2015. 运输时间和温度对生猪应激和猪肉品质的影响[J]. 农业工程学报, 31(16): 284-288.

田雅芬, 赵兆瑞, 刑子文, 等, 2016. CO_2 复叠式制冷系统与载冷剂制冷系统使用范围研究[J]. 制冷学报, 7(02): 22-29.

佟爽, 赵燕, 祝明, 等, 2019. 屠宰及肉类加工废水处理现状及发展方向[J]. 工业水处理, 39(03): 6-10.

涂宗财, 李金林, 汪菁琴, 等. 2005. 微生物发酵法研制高活性大豆膳食纤维的研究[J]. 食品工业科技, 26(05): 49-51.

汪岳刚, 邓云, 王丹凤, 等, 2013. 鱿鱼片远红外热泵干燥中水分迁移及品质变化[J]. 食品与机械, 29(06): 34-37.

王宝堂, 李建, 刘梦觉, 等, 2016. 应用内环流智能控温系统实现准低温储粮试验[J]. 粮油仓科技通讯, 33(06): 7-9.

王才才, 王晓曦, 马森, 2016. 小麦粉出粉率对馒头品质及挥发性物质的影响[J]. 现代食品科技, 36(10): 167-210.

王成忠, 夏敏敏, 2013. 超高压对刺参泡发及其品质的影响[J]. 现代食品科技, 29(09): 2081-2085, 2146.

王程程, 杨梅, 张琳, 等, 2018. 贵州省屠宰行业废水污染现状及防治对策[J]. 节能与环保, (09): 42, 43.

王川, 李燕, 马志英, 等, 2007. 几种酶法从猪皮中提取胶原蛋白的对比研究[J]. 食品科学, 28(01): 201-204.

王达, 吕平, 贾连文, 等, 2018. 不同隔热材料对桃子蓄冷保温运输效果及品质影响的研究[J]. 食品科技, 43(02): 58-63.

王芳芳, 张一敏, 罗欣, 等, 2019. 冷冻解冻对生鲜肉品质的影响及其新技术研究进展[J]. 食品科学, 41(11): 295-302.

王斐, 2019. 发芽糙米的生产工艺研究及热风干燥设备的改进[D]. 哈尔滨: 东北农业大学.

王光辉, 2008. 海水养殖污染控制对策研究[D]. 青岛: 中国海洋大学.

王光芒, 2009. 蔬菜农药残留电子鼻检测中特征提取方法研究[D]. 郑州: 河南科技大学.

王航, 2016. 草鱼贮藏过程中品质变化规律及特定腐败菌的研究[D]. 北京: 中国农业大学.

王辉, 田寒友, 张顺亮, 等, 2017. 便携式中波近红外光谱仪在线无损检测生鲜猪肉胆固醇[J]. 光谱学与光谱分析, 37(06): 1759-1764.

王立, 段维, 钱海峰, 等, 2019. 糙米食品研究现状及发展趋势[J]. 食品与发酵工业, 42(02): 236-243.

王萌, 兰向东, 陈钊, 2016. 适度加工技术生产营养留胚大米[J]. 粮食科技与经济, 41(02): 63-69.

王梦娇, 2015. 天然保健鹿骨微粉及骨粉钙片的研究[D]. 长春: 吉林大学.

王敏, 王玮, 吕青骎, 等, 2020. 间接竞争 ELISA 方法快速检测猪肉组织中的氯丙嗪[J]. 南京农业大学学报, 43(01): 172-177.

王明超, 李杰, 秦松, 等, 2018. 水产动物源胶原蛋白医学应用研究进展[J]. 海洋科学, 42(12): 109-117.

王盼, 何贝贝, 李志成, 等, 2019. 生物保鲜剂对冷却肉保鲜的影响[J]. 中国食品学报, 19(11): 199-207.

王瑞芳, 陈发河, 吴光斌, 等, 2009. 超滤法提纯茶多酚的研究[J]. 膜科学与技术, 29(04): 112-115.

王晟, 2015. 狭鳕鱼片中骨刺的紫外荧光检测技术[D]. 青岛: 中国海洋大学.

王世敏, 2019. 冷藏车保温技术和制冷方式大盘点[J]. 专用汽车, (04): 48-52.

王世语, 2017. 我国猪肉流通损耗与有效供给研究[D]. 北京: 中国农业科学院.

王守经, 胡鹏, 汝医, 等, 2013. 山东省肉羊产业发展现状存在问题及对策[J]. 山东农业科学, 45(04): 118-122.

王守经, 柳尧波, 胡鹏, 等, 2014. 不同屠宰工艺对山羊肉品质的影响[J]. 黑龙江畜牧兽医, (08): 14-20.

王守伟, 陈曦, 曲超, 2017. 食品生物制造的研究现状及展望[J]. 食品科学, 38(09): 287-292.

王守伟, 佟爽, 赵燕, 等, 2018. 屠宰行业环境影响评价中常规水污染防治措施[J]. 肉类研究, 32(10): 49-52.

王爽爽, 2014. 聚乳酸基可降解多层复合膜及其在冷鲜肉包装中的应用[D]. 呼和浩特: 内蒙古农业大学.

王伟, 2014. 以明胶-黄原胶为壁材复凝聚法制备微囊的研究[D]. 哈尔滨: 黑龙江大学.

王文生, 杨少桧, 闫师杰, 等, 2016. 我国果蔬冷链发展现状与节能降耗主要途径[J]. 保鲜与加工, 16(02): 1-5.

王文婷, 侯成立, 宋璇, 等, 2017. 动物血浆蛋白水解物功能及应用研究进展[J]. 食品科学, 38(07): 309-314.

王锡昌, 陆烨, 刘源, 2010. 近红外光谱技术快速无损测定狭鳕鱼糜水分和蛋白质含量[J]. 食品科学, 31(16): 168-171.

王向东, 2007. 食品生物技术[M]. 南京: 东南大学出版社.

王小梅, 黄少烈, 李俊华, 等, 2001. 茶多酚的提取工艺研究[J]. 广州化工, (04): 27-29.

王晓芳, 李林轩, 黄鹏, 2016. 提升小麦粉质量的技术探讨[J]. 现代面粉工业, (04): 1-5.

王晓莉, 吴林海, 2012. 中国食品工业"三废"与二氧化碳排放的相关性研究: 基于 1996~2008 年间考察[J]. 食品工业科技, 33(01): 421-425.

王晓平, 杨盛慧, 李骥, 等, 2018. 生态工业园在沱牌舍得的实践[J]. 酿酒科技, (02): 136-141.

王晓曦, 贾爱霞, 于中利, 2012. 不同出粉率小麦粉的品质特性及营养组分研究[J]. 中国粮油学报, 27(01): 6-10.

王新禄, 2000. 烟熏烧烤类食品对人体健康的危害[J]. 肉品卫生, (04): 41.

王兴国, 金青哲, 白长军, 等, 2015. 大豆油精准适度加工关键新技术开发与示范[J]. 中国油脂, 40(09): 7-12.

王旭, 2018. 米糠膳食纤维的改性制备及其特性研究[D]. 北京: 中国农业大学.

王雪松, 谢晶, 2019. 蓄冷保温箱的研究进展[J]. 食品与机械, 35(08): 232-236.

王雪竹, 吴顺红, 赵光远, 2016. 超高压提取女贞子总三萜工艺条件的优化[J]. 安徽医药, 20(04): 639-642.

王亚男, 季晓敏, 黄健, 等, 2015. CO$_2$ 超临界萃取技术对金枪鱼油挥发性成分的分析[J]. 中国粮油学报, 30(06): 74-78, 100.

王溢, 盛彩虹, 袁宏丽, 等, 2014. 微波辅助酶解前处理对鱼鳞胶原蛋白肽粉品质的影响[J]. 食品工业科技, 35(20): 170-173.

王永刚, 李卫, 2010. 膜技术分离纯化对花生壳多酚提取液品质的影响[J]. 食品研究与开发, 31(09): 72-74.

王宇, 于文静, 2016-03-29. 贮藏加工能力不足中国每年农产品产后损失 3000 亿[N]. 经济参考报, A06.

魏娟, 李伟钊, 李博, 等, 2018. 热泵绿色优品粮食干燥工艺探讨[J]. 粮食储藏, 47(03): 53-56.

魏来, 唐道邦, 傅曼琴, 等, 2018. CO$_2$ 浸渍处理对生姜热风间歇微波联合干燥动力学及品质的影响[J]. 现代食品科技, 34(09): 198-207.

吴广州, 孟娟, 时彦民, 等, 2013. 近红外光谱技术在水产品检测中的应用现状[J]. 中国渔业质量与标准, 3(01): 94-99.

吴海涛, 成大荣, 吴萌, 等, 2018. 非洲猪瘟病毒胶体金免疫层析试纸条的研制[J]. 兽医科学, (17): 126-128.

吴鹏辉, 付捷, 粮晓嘉, 等, 2016. 野生白鱼热泵太阳能组合干燥设备及工艺研究[J]. 包装与食品机械, 34(05): 1-4, 10.

吴萍, 高铭悦, 2015. 易碎品容器的瓦楞纸板包装设计研究[J]. 包装工程, 36(01): 74-79.

吴帅, 杨锡洪, 解万翠, 等, 2014. 鱼露的发酵新技术及风味改良研究进展[J]. 食品与发酵工业, 40(10): 184-188.

吴文锦, 汪兰, 丁安子, 等, 2016. 包装材料和包装方式对贮藏过程中鸭肉品质的影响[J]. 食品与机械, 32(06): 139-143.

吴习宇, 赵国华, 祝诗平, 2014. 近红外光谱分析技术在肉类产品检测中的应用研究进展[J]. 食品工艺科技, 35(01): 371-374.

吴小伟, 张春晖, 李侠, 等, 2014. 击晕方式和在轨时间对生猪应激及肉质的影响[J]. 现代食品科技, 30(07): 165-170.

吴萱, 2013. 屠宰行业清洁生产技术及评价指标体系的研究[D]. 大连: 大连理工大学.

吴学红, 王春煦, 高茂条, 等, 2016. 相变蓄冷技术在食品冷链中的应用进展[J]. 冷藏技术, (03): 5-11.

吴燕燕, 李来好, 杨贤庆, 等, 2008. 栅栏技术优化即食调味珍珠贝肉工艺的研究[J]. 南方水产, 4(06): 56-62.

吴燕燕, 石慧, 李来好, 2019. 水产品真空冷冻干燥技术的研究现状与展望[J]. 水产学报, 43(01): 197-205.

吴燕燕, 张岩, 李来好, 等, 2013. 甲基营养型芽孢杆菌抗菌肽对罗非鱼片保鲜效果的研究[J]. 食品工业科技, 34(02): 315-318.

吴燕燕, 赵志霞, 李来好, 等, 2017. 传统腌制鱼类产品加工技术的研究现状与发展趋势[J]. 中国渔业质量与标准, 7(03): 1-7.

吴雨豪, 刘文娟, 武燕华, 等, 2018. 多枝状胶体金免疫层析试纸条定量检测猪尿中沙胺醇[J]. 生物加工过程, 3(16): 75-80.

吴玉红, 2016. 基于机器视觉的鸡翅质检研究[D]. 泰安: 山东农业大学.

吴子丹, 张强, 吴文福, 等, 2019. 我国粮食产后领域人工智能技术的应用和展望[J]. 中国粮油学报, 34(11): 133-139.

夏安琪, 陈丽, 李欣, 等, 2014a. 宰前处理对畜禽肉品质影响的研究进展[J]. 食品与工业科技, 35(12): 384-387.

夏安琪, 李欣, 陈丽, 等, 2014b. 不同宰前禁食时间对羊肉品质影响的研究[J]. 中国农业科学, 47(01): 145-153.

夏巧萍, 蒋海燕, 吕平, 等, 2016. 影响果蔬贮运的生理问题综述[J]. 中国果菜, 36(02): 1-6.

夏文水, 2018. 食品工艺学[M]. 北京: 中国轻工业出版社.

夏远景, 刘志军, 宋宁, 等, 2009. 超高压处理对海参自溶酶活性影响的研究[J]. 高压物理学报, 23(05): 377-383.

向飞, 杨晶, 王立, 等, 2005. 小麦流态化干燥实验关联式及在热泵流化床各物干燥中的应用[J]. 北京科技大学学报, 27(01): 109-113.

肖娟, 周康, 胡滨, 等, 2018. 超声波辅助水蒸气提取柠檬精油精油工艺优化及成分分析[J]. 食品与机械, 34(09): 178-184.

谢宏, 李新华, 王帅, 2007. 糙米发芽过程中抗坏血酸的生成特性[J]. 食品与发酵工业, 33(03): 15-17.

谢晶, 李沛昀, 梅俊, 2020. 气调包装复合保鲜技术在水产品保鲜中的应用现状[J]. 上海海洋大学学报, 29(03): 467-473.

谢乐生, 2007. 南美白对虾即食调理食品的研制[D]. 无锡: 江南大学.

谢媚, 曹锦轩, 潘道东, 等, 2014. 滚揉对成熟过程中鹅肉品质及其蛋白质结构的影响[J]. 现代食品科技, 30(10): 205-211.

谢天, 亓盛敏, 郭亚, 等, 2019. 回砻谷净化技术: 大米适度加工关键新技术研究(1)[J]. 粮食与饲料工业, (08): 1-3.

解万翠, 尹超, 宋琳, 等, 2018. 添加复合菌株快速发酵虾头制酱工艺优化[J]. 农业工程学报, 34(09): 304-312.

邢通, 徐幸莲, 王虎虎, 2019. 高温运输应激诱导类 PSE 鸡肉的形成机理[J]. 中国家禽, (08): 1-4.

熊建文, 2012. 超高压技术在食品保鲜上的研究进展[J]. 食品工业, 33(09): 140-143.

熊涛, 2016. 果蔬益生菌发酵关键技术与产业化应用[J]. 饮料工业 19(05): 71-73.

熊英, 2013. 近红外光谱的原理及应用[J]. 中山大学研究生学刊(自然科学. 医学版), 34(02): 16-30.

徐晓霞, 张怀珠, 冯晓群, 等, 2015. 冰温技术在食品生产中的应用[J]. 中国食物与营养, 21(06): 28-32.

徐贞, 2017. 香辣蟹常温保鲜包装工艺及货架期[D]. 无锡: 江南大学.

许世闯, 徐宝才, 奚秀秀, 等, 2016. 超高压技术及其在食品中的应用进展[J]. 河南工业大学学报(自然科学版), 37(05): 111-117.

许文才, 李东立, 付亚波, 等, 2010. 智能释放保鲜包装复合膜的研发与应用[J]. 中国印刷与包装研究, 2(S1): 417-421.

许笑男, 刘元法, 李进伟, 等, 2018. 超声和酶处理对乳化猪油体外消化特性的影响[J]. 食品科学, 39(01): 111-117.

许艳萍, 梁鹏, 陈丽娇, 等, 2015. 超临界萃取鱼卵鱼油及其脂肪酸组成的研究[J]. 食品科技, 40(10): 270-274.

轩福臣, 谢晶, 2019. 跨临界 CO_2 制冷循环系统与应用研究进展[J]. 食品与机械, 35(08): 226-231.

薛龙, 庄宏, 黎静, 等, 2012. 基于激光诱导荧光高光谱技术无损检测脐橙表面敌敌畏残留[J]. 中国农机化, (01): 189-193.

鄢庆枇, 邹文政, 王军, 等, 2006. 应用荧光抗体技术检测牙鲆体内的河流弧菌[J]. 海洋科学, 30(04): 16-19.

闫灵均, 2009. 有机废物资源化利用及生态工业和农业园区模式研究[D]. 哈尔滨: 哈尔滨工业大学.

闫晓光, 2016. 挤压处理麦麸提取膳食纤维的工艺及性质研究[D]. 天津: 天津科技大学.

闫媛媛, 张康逸, 黄健花, 等, 2012. 磷脂分离、纯化和检测方法的研究进展[J]. 中国油脂, 37(05): 61-65.

闫忠心, 2018. 超声辅助提取冷冻牦牛血中血红素的工艺优化[J]. 青海大学学报(自然科学版), 36(05): 1-6.

严凌苓, 陈婷, 龙映均, 等, 2013. 国内外水产品保鲜技术研究进展[J]. 江西水产科技, (02): 42-45.

杨波, 赵传峰, 2010. 屠宰业环境影响及清洁生产技术探析[J]. 广东农业科学, (11): 235-238.

杨东, 王纪华, 陆安祥, 2015. 肉品质量无损检测技术研究进展[J]. 食品安全质量检测学报, 6(10): 4083-4090.

杨红叶, 2019. 超微粉碎技术的研究应用现状[J]. 食品安全导刊, (12): 149.

杨建国, 杨洋, 李辛, 等, 2017. 云平台及数据分析在压缩空气系统节能中的应用[J]. 压缩机技术, (02): 34-37.

杨君娜, 王辉, 刘伟, 等, 2013. 响应曲面法优化超高压牛肉保鲜工艺[J]. 肉类研究, 27(11): 24-29.

杨璐, 刘佳琦, 周海波, 等, 2019. 面向畜禽加工的智能化装备与技术研究现状和发展趋势[J]. 农业工程, 9(07): 42-55.

杨培周, 钱静, 姜绍通, 等, 2014. 臭鳜鱼的质构特性、特征气味及发酵微生物的分离鉴定[J]. 现代食品科技, 30(04): 55-62.

杨茜, 谢晶, 2015. 超高压对冷藏带鱼段的保鲜效果[J]. 食品与发酵工业, 41(06): 200-206.

杨事维, 2015. 超临界 CO_2 提取生姜挥发油及微胶囊包埋工艺研究[D]. 天津: 天津科技大学.

杨希娟, 党斌, 2011. 马铃薯渣中提取果胶的工艺优化及产品成分分析[J]. 食品科学, 32(04): 32-37.

杨锡洪, 解万翠, 王维民, 等, 2007. 稳定型色素: 糖基化亚硝基血红蛋白的研制[J]. 食品科学, 28(10): 204-207.

杨贤林, 2013. 基于成像技术的海产鱼片中异尖线虫检测[D]. 青岛: 中国海洋大学.

杨晓军, 陆剑锋, 林琳, 等, 2010. 酶解斑点叉尾鮰内脏制备血管紧张素转化酶抑制产物[J]. 食品科学, 31(22): 237-241.

杨雪珍, 2019. 热蒸汽节能烘干 PLC 控制系统设计[J]. 机电产品开发与创新, 32(04), 64-66.

杨友麒, 刘裔安, 2020. 国外化工园区的发展现况和启示[J]. 现代化工, 40(01): 1-7, 13.

杨昭, 谭晶莹, 李喜宏, 等, 2005. 冷库压缩机变频技术节能原理与经济效益分析[J]. 压缩机技术, (05): 27-29.

杨召侠, 刘洒洒, 高宁, 等, 2019. 臭鳜鱼发酵工艺优化及挥发性风味物质分析[J]. 中国食品学报, 19(05): 253-262.

姚杰玢, 郭云霞, 郝庆红, 等, 2015. 8 株乳酸菌的体外抗氧化能力[J]. 江苏农业科学, 43(05): 295-297.

叶久东, 李汴生, 阮征, 等, 2006. 食品超高压处理过程中传热模型和相转变的研究进展[J]. 食品研究与开发, 27(03): 142-145.

叶锐, 时瑞, 吴曼铃, 等, 2019. 超高压技术在水产品保鲜加工中的应用[J]. 渔业现代化, 46(06): 8-13.

伊廷存, 2017. 免疫胶体金技术在食源性致病菌检测中的应用研究[C]. 第八届食品质量安全技术论坛论文集, 5.

易俊洁, 周林燕, 蔡圣宝, 等, 2019. 非浓缩还原苹果汁加工技术研究进展[J]. 食品工业科技, 40(16): 336-342, 348.

殷婷, 管骁, 2015. 大麦醇溶蛋白负载白藜芦醇自组装纳米颗粒及其性质研究[J]. 分析测试学报, 34(01): 67-72.

于丁一, 朱敬萍, 张小军, 等, 2019. 鱿鱼加工副产物活性物综合利用新进展[J]. 浙江海洋大学学报(自然科学版), 38(01): 83-88.

于红果, 陈复生, 赖少娟, 等, 2015. 真空浸渍技术加工果蔬的研究进展[J]. 食品工业, 36(05): 200-203.

于红樱, 祁慧娜, 臧勇军, 2006. 近红外分析技术在肉与肉制品分析中的应用[J]. 肉类工业, (11): 8, 9.

于怀智, 聂小宝, 黄宝生, 2016. 水产品冷链无水保活运输技术研究与应用[J]. 物流技术与应用, (14): 84-86.

于玮, 王雪蒙, 马良, 等, 2015. 超高压作用时间影响胶原蛋白明胶化的分子机制[J]. 现代食品科技, 31(12): 250-255.

余锦春, 1991. 食品包装材料的发展趋势[J]. 包装与食品机械, (04): 60-63.

余拓, 2019. 肉桂精油的提取、副产物利用及工程化设计[D]. 广州: 华南理工大学.

俞良莉, 王硕, 孙宝国, 2014. 食品安全化学[M]. 上海: 上海交通大学出版社.

袁春新, 顾卫兵, 吴刚, 2014. 果蔬速冻加工节水工艺[J]. 保鲜与加工, 14(01): 62-64.

袁恒立, 2008. ACE 抑制肽的合成及生物活性[D]. 大连: 大连理工大学.

袁毅, 2014. 不同工序油茶籽油中苯并[α]芘含量的变化[J]. 粮油食品科技, 4(24): 38-41.

岳喜庆, 张秀梅, 孙天利, 等, 2013. 冰温结合真空包装牛肉的品质变化[J]. 食品与发酵工业, 39(06): 225-229.

臧明伍, 莫英杰, 王硕, 等, 2018. 中国食品安全科技创新现状及展望[J]. 食品与机械, 34(03):1-5,53.

臧学丽, 陈光, 2019. 转谷氨酰胺酶交联大豆分离蛋白结构表征[J]. 食品科学, 40(24): 73-78.

曾丽萍, 樊爱萍, 杨桃花, 等. 2017. PLA/TiO₂ 纳米复合膜对香菇保鲜效果的研究[J]. 食品工业科技, 38(16): 225-228, 246.

詹春怡, 李圣鑫, 步梓瑞, 2019. 肉制品加工中杂环胺形成与抑制研究进展[J]. 农产品加工, (02): 68-74.

詹丽娟, 马亚丹, 张翠翠, 2018. 发光二极管(LED) 照射调控果蔬采后贮藏保鲜研究进展[J]. 食品与发酵工业, 44(04): 264-269, 278.

张宝林, 2018. 马鲛鱼鱼骨生物活性肽的提取与应用[D]. 厦门: 华侨大学.

张斌, 何艳, 王丹萍, 2013. 碳标签食品的消费者行为相关研究: 一个文献综述[J]. 华东经济管理, 27(04): 41-46.

张朝明, 张劭侯, 吴晗, 等, 2019. 丹麦屠宰行业管理考察及启示[J]. 肉类研究, 33(03): 72-76.

张晨芳, 2016. 椰味面包罗非鱼调理食品的关键技术研究[D]. 海口: 海南大学.

张成林, 管崇武, 宋宇雷, 2016. 鲜活水产品主要运输方式及发展建议[J]. 中国水产, (11): 106-108.

张冬媛, 张名位, 邓媛元, 等, 2015. 发芽-挤压膨化-高温 α-淀粉酶协同处理改善全谷物糙米粉冲调性的工艺优化[J]. 中国粮油学报, 30(06): 106-112.

张凡伟, 张小燕, 李少萍, 等, 2018. 干燥方式对刺参品质的影响[J]. 食品与机械, 34(01): 209-212.

张国琛, 母刚, 王隽冬, 等, 2012. 仿刺参微波真空干燥工艺的研究[J]. 大连海洋大学学报, 27(02): 186-189.

张恒, 汪玉祥, 冒森莉, 等, 2008. 淡水鱼碳酸休眠法无水保活运输技术[J]. 水产科技情报, 35(05): 236-240.

张宏博, 靳烨, 2011. 国内外肉羊胴体分级标准体系的现状与发展趋势[J]. 肉类研究, 25(04): 48-52.

张洪歌, 崔冠峰, 杨瑞琴, 等, 2019. 常见食品安全快速检测方法研究进展[J]. 刑事技术, 44(02): 149-153.

张静, 陶宁萍, 朱清澄, 等, 2017. 秋刀鱼内脏磷脂的化学特性研究[J]. 中国油脂, 42(08): 28-31, 81.

张奎彪, 2016. 中国家禽加工设备 "十三五" 期间发展趋势[J]. 肉类工业, (11): 35-41.

张来林, 高杏生, 褚金林, 等, 2016. 低温循环式粮食干燥机降水能力生产性试验[J]. 粮食与饲料工业, (03): 17-22.

张蕾, 陆海霞, 励建荣, 2010. 超高压处理对凡纳滨对虾品质的影响[J]. 食品研究与开发, 31(12): 1-6.

张立新, 陈会燕, 李超, 2018. 冷库制冷装置节能途径分析[J]. 农业开发与装备, (03): 60.

张丽, 罗玉子, 王涛, 等, 2019. 非洲猪瘟诊断技术发展现状与需求分析[J]. 中国农业科技导报, 21(09): 1-11.

张曼, 韩飞, 王晶钰, 2015. 黄芪多糖微波提取工艺研究进展[J]. 陕西农业科学, 61(03) : 85-88.

张慜, 肖功年, 2002. 国内外水产品保鲜和保活技术研究进展[J]. 食品与生物技术, (01): 104-107.

张楠, 杜世伟, 陈玉仑, 等, 2017. 猪胴体预冷过程中雾化增湿与喷淋对干耗的影响差异性研究[J]. 食品工业科技, 38(03): 322-330.

张楠, 杨勇, 孙霞, 等, 2016. 肉制品中真菌毒素污染现状与控制研究进展[J]. 食品与发酵工业, 42(10): 243-249.

张楠, 周光宏, 徐幸莲, 2005. 国内外猪胴体分级标准体系的现状与发展趋势[J]. 食品与发酵工业, 31(07): 86-89.

张平, 杨勇, 曹春廷, 等, 2014. 食盐用量对四川腊肉加工及贮藏过程中肌肉蛋白质降解的影响[J]. 食品科学, 35(23): 67-72.

张瑞宇, 殷翠茜, 2006. 新鲜猪肉冰温保鲜的研究[J]. 食品科技, 31(02): 113-116.

张若瑜, 张卫国, 2019. 果蔬保鲜贮藏的冷链仓储环境分析物流技术与应用[J]. 冷链(增刊), 04: 62-65.

张姝, 徐锐钊, 胡越, 2016. 全球食物损耗及浪费分析[J]. 粮食经济研究, 2(02): 79-87.

张帅, 齐颖颖, 张红星, 等, 2016. 快速检测生鲜肉中三种食源性致病菌[J]. 江苏农业学报, 32(04): 939-945.

张顺亮, 成晓瑜, 潘晓倩, 等, 2012a. 牛骨胶原蛋白抗菌肽的制备及其抑菌活性[J]. 肉类研究, 26(10): 5-8.

张顺亮, 成晓瑜, 乔晓玲, 等, 2012b. 牛骨酶解产物中咸味肽组分的分离纯化及成分研究[J]. 食品科学, 33(06): 29-32.

张思齐, 2018. 7种植物提取物对番茄保鲜活性的筛选[C]. 第八届云南省科协学术年会论文集——专题二: 农业, 2-28.

张孙现, 2013. 鲍鱼微波真空干燥的品质特性及机理研究[D]. 福州: 福建农林大学.

张天鹏, 曹书峰, 王扬, 等, 2017. 高温高压浸提对畜禽骨理化性质的影响研究[J]. 农产品加工, (19): 66-68.

张微, 2010. 超高压和热处理对热带果汁品质影响的比较研究[D]. 广州: 华南理工大学.

张向前, 徐幸莲, 周光宏, 等, 2006. 季节和雾化喷淋冷却对猪半胴体干耗及品质的影响[J]. 南京农业大学学报, 30(03): 124-128.

张晓, 王永涛, 李仁杰, 等, 2015. 我国食品超高压技术的研究进展[J]. 中国食品学报, 15(05): 157-165.

张晓丽, 马海霞, 杨贤庆, 2017. 竹叶抗氧化物结合不同包装方式对鲜罗非鱼片保鲜效果的影响[J]. 食品科学, 38(11): 256-261.

张雄智, 王岩, 魏辉煌, 等, 2018. 特定农产品碳足迹评价及碳标签制定的探索[J]. 中国农业大学学报, 23(01): 188-196.

张学彬, 郭临佩, 田志聪, 等, 2019. 响应面法优化超声波辅助水蒸气蒸馏提取丁香精油研究[J]. 中国食品添加剂, 30(09): 117-124.

张逊逊, 许宏科, 于加晴, 2017. 融合 PM$_{2.5}$ 排放量和运输路程的区域农产品配送路径决策[J]. 长安大学学报(自然科学版), 37(02): 99-106.

张莹, 王宏艳, 马良, 等, 2016. 猪皮胶原 ACE 抑制肽的纯化与鉴定[J]. 现代食品科技, 32(08): 115-122.

张赟彬, 江娟, 2011. 可食膜的研究进展[J]. 中国食品添加剂, 22(01): 191-198.

张振辉, 郭祯祥, 2015. 小麦加工中一些新技术和新设备对小麦粉安全生产的影响[J]. 粮食与饲料工业, (11): 8-11.

张征立, 2019. 固定化酶制备降血糖肽及其生物学活性评价[D]. 镇江: 江苏科技大学.

赵冰, 张顺亮, 贾晓云, 等, 2018. 不同包装材料对肉制品模拟物中苯并[α]芘的吸附效果[J]. 肉类研究, 32(01): 36-40.

赵春梅, 严守雷, 李洁, 等, 2012. 藕节可溶性膳食纤维对面条品质的影响[J]. 长江蔬菜, 16: 50-52.

赵菲, 刘敬斌, 关文强, 等, 2015. 超高压处理对冰温保鲜牛肉品质的影响[J]. 食品科学, 36(02): 238-241.

赵晗宇, 张志祥, 宣晓婷, 等, 2018. 超高压对食品品质与特性的影响及研究进展[J]. 食品研究与开发, 39(10): 209-214.

赵进辉, 洪茜, 袁海超, 等, 2017. 表面增强拉曼光谱法测定鸭肉中替米考星残留[J]. 分析实验室, 36(08): 890-893.

赵静, 姜国良, 田丹, 2011. 常见海产动物磷脂研究进展[J]. 食品工业, 32(10): 86-89.

赵满华, 田越, 2017. 贵港国家生态工业(制糖)示范园区发展经验与启示[J]. 经济研究参考, (69): 42-50.

赵芩, 张立彦, 曾清清, 2015. 不同熬煮方法对鸡骨汤风味物质的影响[J]. 食品工业科技, 36(07): 314-319.

赵荣钦, 秦明周, 2007. 中国沿海地区农田生态系统部分碳源/汇时空差异[J]. 生态与农业环境学报, 23(02): 1-7.

赵圣明, 李宁宁, 尹帅, 等, 2019. 不同有机酸雾化喷淋处理对鸡胴体表面减菌效果的影响[J]. 食品科学, 40(09): 54-60.

赵圣明, 赵岩岩, 马小童, 等, 2018. 天然减菌剂对宰后鸡胴体表面雾化喷淋减菌效果研究[J]. 食品与发酵工业, 44(11): 167-175.

赵衰, 丁菡, 李瑞, 等, 2020. 基于多维信息感知的冷链物流监控系统[J]. 郑州大学学报(理学版), 52(01): 54-59.

赵霞, 2019. 食品生产中的环境污染控制技术研究[J]. 环境科学与管理, 44(03): 90-93.

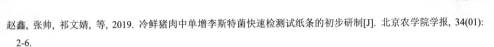

赵鑫, 张帅, 祁文婧, 等, 2019. 冷鲜猪肉中单增李斯特菌快速检测试纸条的初步研制[J]. 北京农学院学报, 34(01): 2-6.

赵兴然, 郑小娇, 沙芳芳, 等, 2017. 胶体金免疫层析试纸条法快速检测动物性食品中的氨苯砜[J]. 河北农业大学学报, 40(01): 117-121.

赵学敬, 范崇旺, 2003. 我国小麦制粉的历史演变[J]. 粮食流通技术, (02): 23-25.

赵永敢, 李超敏, 李岳桦, 2015. 高温高压法提取牛骨素工艺研究[J]. 中国调味品, 40(03): 70-72, 75.

赵月兰, 秦建华, 1996. 苯并芘对动物性食品的污染与检测[J]. 中国动物检疫, 13(02): 15, 16.

赵云峰, 2018. 不同贮藏方式对果蔬品质影响的研究[M]. 长春: 东北师范大学出版社.

赵执婷, 2014. 无动力蓄能保温集装箱热工特性研究[D]. 成都: 西南交通大学.

郑菲, 骆恒光, 肖雄峰, 等, 2019. 粮食多场协同干燥系统设计与技术模式应用[J]. 农机化研究, (10): 101-106.

郑建珊, 2011. 提高青鱼片冻干工艺效率的实验研究[D]. 上海: 上海海洋大学.

郑立友, 石爱民, 刘红芝, 等, 2016. 粮油加工副产物损失及利用现状与对策建议[J]. 农产品加工, (02): 62-67.

郑平, 2014. 温州蜜柑橘瓣罐头加工与贮藏中营养成分和色泽变化规律的研究[D]. 南京: 南京农业大学.

郑晓杰, 李燕, 卢杰, 等, 2013. 鱼糜制品真空冷冻干燥工艺优化[J]. 食品与机械, 29(01): 216-218.

郑晓燕, 2009. 铁系脱氧剂的开发及其在糕点脱氧包装保藏的研究[D]. 重庆: 西南大学.

郑学超, 2018. 章鱼副产物中鱼油的提取方法研究[D]. 保定: 河北农业大学.

郑召君, 张日俊, 2014. 畜禽血液的开发与研究进展[J]. 饲料工业, 35(17): 65-70.

郑智溢, 黄娇, 李珏, 等, 2018. 乐清市主要鲜活水产品甲醛残留量调查及膳食暴露风险评估[J]. 渔业研究, 40(03): 217-222.

郑子懿, 李琳, 苏丹, 等, 2019. 鱼类内脏蛋白的开发和应用研究进展[J]. 食品科学, 40(17): 295-301.

政府间气候变化专门委员会(IPCC). 2006 年 IPCC 国家温室气体清单指南[M]. Kanagwa: 日本全球环境战略研究所.

中国冷链产业网. 冷链低温配送的三种模式比较分析[EB/OL]. (2009-04-14)[2018-11-20]. http://www.lenglian.org.cn/news/2009/138.html?page=0&id=138.

中国绿色食品发展中心, 绿色食品统计年报(2011—2018). (2019-07-10)[2020-05-10]. http://www.greenfood.agri.cn/ztzl/tjnb/lssp/.

中华人民共和国国家发展和改革委员会. 国家重点节能低碳技术推广目录(2017 年本, 节能部分)[EB/OL]. (2018-02-12)[2020-5-10] https://www.ndrc.gov.cn/xxgk/zcfb/gg/201802/t20180212_961202.html?code=&state=123.

钟宇翔, 2010. 植物纤维增强热塑性本薯淀粉复合材料的制备与性能研究[D]. 桂林: 广西师范大学.

周頔, 孙艳辉, 蔡华珍, 等, 2016. 不同前处理和冻结方式对苹果片真空冷冻干燥效率及干制品品质的影响[J]. 现代食品科技, 32(12): 218-224.

周丽媛, 唐晓珍, 李宁阳, 等, 2019. 物理改性技术在食品加工副产物综合利用中的应用[J]. 中国调味品, (44)10: 178-186.

周琳, 杨祯妮, 唐振闯, 等, 2018. 美国和日本新型主食产品推广对我国马铃薯主食产业化的启示[J]. 中国食物与营养, 24(11): 5-9.

周梦柔, 2014. 猪皮胶原蛋白明胶化过程中的微观结构变化研究及明胶提取率预测模型的构建[D]. 重庆: 西南大学.

周强, 刘蒙佳, 丁立云, 等, 2019. 基于栅栏因子协同作用的中国对虾保鲜效果研究[J]. 食品与机械, 35(04): 140-145.

周若兰, 2006. 牛血血红蛋白酶法水解及产物抗氧化活性的研究[D]. 北京: 中国农业大学.

周彤, 卫少鹏, 2020. 考虑多成本的多车型多种类生鲜农产品配送模型研究[J]. 物流科技, (02): 28-33.

周伟生, 2008. 国产蒸汽烫毛生猪屠宰线工艺设备探讨[J]. 肉类工业, (05): 1-4.

周亚军, 张玉, 李圣桡, 等, 2019. 发酵牛肉制品加工与保藏技术研究进展[J]. 肉类研究, 33(06): 49-54.

周于蓝, 梁强, 徐明生, 等, 2017. 新型猪血浆猪肉肠加工工艺的研究[J]. 食品研究与开发, 38(02): 170-175.

周志龙, 2016. 基于太赫兹时域光谱的检测技术研究[D]. 杭州: 中国计量大学.

朱凤, 刘春晓, 何建安, 2019. 深圳市常见食品中晚期糖基化终末产物含量分析[J]. 实用预防医学, 26(03): 47-50.

朱凯祺, 蔡小媛, 丘苑新, 2019. 亚临界流体萃取技术提取柚皮精油的工艺优化[J]. 食品安全质量检测学报, 10(19): 6656-6660.

朱克庆, 2010. 节能减排技术在主食品加工企业的应用[J]. 粮食与食品工业, 5(17): 11-13, 18.

朱明明, 彭泽宇, 赵贺开, 等, 2019. 低变温高湿解冻对猪肉理化特性、蛋白热变性及流变特性的影响[J]. 食品科学, 40(11): 131-138.

朱小静, 2017. 鲈鱼调理食品加工关键技术研究[D]. 上海: 上海海洋大学.

朱宇竹, 李锋, 陈义伦, 等, 2019. 纳米技术在农产品加工副产物利用中的应用[J]. 食品研究与开发, 40(09): 186-193.

朱玉昌, 周露, 邢福国, 等, 2015. 脱氧雪腐镰刀菌烯醇毒素污染小麦重力分选改进技术[J]. 中国食品学报, 15(11): 121-127.

祝儒刚, 李拖平, 宋立峰, 2012. 应用基因芯片技术检测肉及肉制品中 5 种致病菌[J]. 食品科学, 33(14): 218-222.

邹恩坤, 2013. 小麦碾削制粉技术及营养安全性研究[D]. 郑州: 河南工业大学.

邹萍萍, 2013. 聚乳酸/纳米纤维素可降解食品包装材料的制备与发泡研究[D]. 杭州: 浙江大学.

邹兴华, 2005. 太湖银鱼的真空冷冻和真空微波联合干燥[D]. 无锡: 江南大学.

KLEMES J, SMITH R, KIM J, 2013. 食品加工过程用水和用能管理手册[M]. 于秋生, 张国农, 译. 北京: 中国轻工业出版社.

ABUGOCH L, TAPIA C, PLASENCIA D, et al., 2015. Shelf-life of fresh blueberries coated with quinoa protein/chitosan/sunflower oil edible film[J]. Journal of the Science of Food and Agriculture, 96(2): 619-626.

Agro-eco-industrial parks from Handbook [EB/OL].(2005-5-1)[2020-2-10]. http://indigodev.com/ AEIP_HB.html.

AHMAD N A, HENG H L, SALAM F, et al. 2019. A colorimetric pH sensor based on *Clitoria* sp. and *Brassica* sp. for monitoring of food spoilage using chromametry[J]. Sensors, 19(21): 4813.

AHMED A, MEADE O, MEDINA M A, 2010. Reducing heat transfer across the insulated walls of refrige-rated truck trailer by application of phase change materials[J]. Energy Conversion and Management, 51: 383-392.

AHMED J, ARFAT Y A, BHER A, et al., 2018. Active chicken meat packaging based on polylactide films and bimetallic Ag-Cu nanoparticles and essential oil[J]. Journal of Food Science, 83(5): 1299-1310.

AHMED J, MULLA M, ARFAT Y A, et al., 2017. Mechanical, thermal, structural and barrier properties of crab shell chitosan/graphene oxide composite films[J]. Food Hydrocolloid, 71: 141-148.

AKPINAR E K, 2004. Energy and exergy analyses of drying of red pepper slices in a convective type dryer[J]. International Communications in Heat and Mass Transfer, 31(8): 1165-1176.

ALABDULKARIM B, BAKEET Z A N, ARZOO S, 2012. Role of some functional lipids in preventing diseases and promoting health[J]. Journal of King Saud University-Science, 24(4): 319-329.

ALFAIA A, ALFAIA C M, PATARATA L, et al., 2015. Binomial effects of high isostatic pressure and time on the microbiological, sensory characteristics and lipid composition stability of vacuum packed dry fermented sausages "chourico"[J]. Innovative Food Science and Emerging Technologies, 32: 37-44.

ALIZADEH S M, EHSANI A, HASHEMI M, 2017. Whey protein isolate/cellulose nanofibre/TiO_2 nanoparticle/rosemary essential oil nanocomposite film: Its effect on microbial and sensory quality of lamb meat and growth of common foodborne pathogenic bacteria during refrigeration[J]. International Journal of Food Microbiology, 251: 8-14.

AMORIM A K B, De NARDI I R, DEL NERY V, 2007. Water conservation and effluent minimization: Case study of a poultry slaughterhouse[J]. Conservation and Recycling, 51: 93-100.

ANDERSON N M, WALKER P N, 2011. Quality comparison of continuous steam sterilization segmented-flow aseptic processing versus conventional canning of whole and sliced mushrooms[J]. Journal of Food Science, 76(6): 429-437.

ANELICH L E, HOFFMAN C, SWANEPOEL M J, 2001. The influence of packaging methodology on the microbiological and fatty acid profiles of refrigerated African catfish fillets[J]. Journal of Applied Microbiology, 91(1): 22-28.

APARICIO J L, ELIZALDE M, 2015. Migration of photo initiators in food packing: A review[J]. Packaging Technology and Science, 28(3): 181-203.

ARQUES J L, RODRIQUEZ E, NUNEZ M, et al., 2008. Inactivation of gram-negative pathogens in refrigerated milk by reuterin in combination with nisin or the lactoperoxidase system[J]. European Food Research and Technology, 227(1): 77-82.

BALASUBRAMANIAM V M, FARKAS D, TUREK E J, 2008. Preserving foods through high-pressure processing[J]. Food Technology (Chicago), 62(11): 32-38.

BALASUBRAMANIAM V M, MARTINEZ-MONTEAGUDO, SERGIO I, et al., 2015. Principles and application of high pressure–based technologies in the food industry[J]. Annual Review of Food Science and Technology, 6(1): 435-462.

BINDU J, GINSON J, KAMALAKANTH C K, et al., 2013. Physicochemical changes in high pressure treated Indian white prawn (*Fenneropenaeus indicus*) during chilled storage[J]. Innovative Food Science and Emerging Technologies, 17: 37-42.

BLÖCHER C, NORONHA M, FÜNFROCKEN L, et al., 2002. Recycling of spent process water in the food industry by an integrated process of biological treatment and membrane separation[J]. Desalination, 144: 143-150.

BODMER S, IMARK C, KNEUBÜHL M, 1999. Biogenic amines in foods: Histamine and food processing[J]. Inflammation Research, 48(6): 296-300.

BOIX M, PIBOULEAU L, MONTASTRUC L, et al., 2011. Minimizing water and energy consumptions in water and heat exchange networks[J]. Applied Thermal Engineering, 36: 442-455.

BOUGATEF A, NEDJAR-ARROUME N, RAVALLEC-PLE R, et al., 2008. Angiotensin I-converting enzyme (ACE) inhibitory activities of sardinelle (*Sardinelle aurita*) by-products protein hydrolysates obtained by treatment with microbial and visceral fish serine proteases[J]. Food Chemistry, 111(2): 350-356.

BRIZIO A P D R, PRENTICE C, 2014. Use of smart photochromic indicator for dynamic monitoring of the shelf life of chilled chicken based products[J]. Meat Science, 96(3): 1219-1226.

BRNDUM J,EGEBO M, AGERSKOV C, et al., 1998. On-line pork carcass grading with the Autofom ultrasound system[J]. Canada Journal of Animal Science, 76: 443-448.

BROSNAN T, SUN D W, 2001. Precooling techniques and applications for horticultural products: A review[J]. International Journal of Refrigeration, 24(2): 154-170.

BROWN Z K, FRYER P J, NORTON I T, et al., 2008. Drying of foods using supercritical carbon dioxide-investigations with carrot[J]. Innovative Food and Emerging Technologies, 9: 280-289.

Burt S, 2004. Essential oils: Their Entibacterial properties and potential application in foods: A review[J]. International Journal of Food Microbiology, 94: 223-253.

BUSK H, OLSEN E V, BRONDUM J, 1999. Determination of lean meat in pig carcasses with the Autofom classification system[J]. Meat Science, 52(3): 307-314.

CAO H, FAN D, JIAO X, et al., 2018. Heating surimi products using microwave combined with steam methods: Study on energy saving and quality[J]. Innovative Food Science & Emerging Technologies, 47: 231-240.

CARBALLO G L, GALET V M, MUÑOZ P H, et al., 2019. Chromatic sensor to determine oxygen presence for applications in intelligent packaging[J]. Sensors, 19: 4684.

CARDOZO M, LIMA K S C, FRANCA T C C, et al., 2013. Biogenic amines: A public health problem[J]. Revista Virtual de Química, 5(2): 149-168.

CASANI S, ROUHANY M, KNOCHEL S, 2005. A discussion paper on challenges and limitations to water reuse and hygiene in the food industry[J]. Water Research, 39(6): 1134-1146.

CHANDRASEKARAN S, RAMANATHAN S, BASAK T, 2013. Microwave food processing: A review[J]. Food Research International, 52(1): 243-261.

CHAVARÍN-MARTÍNEZ C D, GUTIÉRREZ-DORADO R, PERALES-SÁNCHEZ J X K, et al., 2019. Germination in optimal conditions as effective strategy to improve nutritional and nutraceutical value of underutilized Mexican blue maize seeds[J]. Plant Foods Human Nutrition, 74(2): 192-199.

CHEESEBOROUGH M, 2000. Waste reduction and minimization[C]. Conference: Waste reduction for the third millennium. Swaffham (UK), 27 January 2000.

CHEN J, CHEN S, 2005. Removal of polycyclic aromatic hydrocarbons by low density polyethylene from liquid model and roasted meat[J]. Food Chemistry, 90(3): 461-469.

CHEN X, OME S, WORALL M, et al., 2013. Recent developments in ejector refrigeration technologies[J]. Renewable and Sustainable Energy Reviews, 19: 629- 651.

CHEN Z, ZU Y, ZHAO X, et al., 2016. Effect of superfine grinding on physicochemical and antioxidant properties of pomegranate peel[J]. International Journal of Food Science and Technology, 51(1): 212-221.

CHENG J H, SUN D W, 2015. Rapid and non-invasive detection of fish microbial spoilage by visible and near infrared hyperspectral imaging and multivariate analysis[J]. LWT-Food Science and Technology, 62(2): 1060-1068.

CHOI I, HAN J, 2018. Development of a novel on-off type carbon dioxide indicator based on interactions between sodium caseinate and pectin[J]. Food Hydrocolloids, 80: 15-23.

CHONG C H, FIGIEL A, LAW C L, et al., 2014. Combined drying of apple cubes by using of heat pump, vacuum-microwave and intermittent techniques[J]. Food Bioprocess Technology, 7(4): 975-989.

CHOUDHURY B, SAHA B B, CHATTERJEE P K, et al., 2013. An overview of developments in adsorption refrigeration systems towards a sustainable way of cooling[J]. Applied Energy, 104: 554-567.

CHUNG S Y, RAMESH R, YETTELLA J S, et al., 2011. Effects of grilling and roasting on the levels of polycyclic aromatic hydrocarbons in beef and pork[J]. Food Chemistry, 129(4): 1420-1426.

CIAA, 2008. Managing environmental sustainability in the European food and drink industries: Water-conserving the source of life[EB]. 2nd ed. Brussels: CIAA. http://envi.ciaa.eu/docunents/brochure_CIAA_envi.pdf.

COPERTARO B, PRINCIPI P, FIORETTI R, 2016. Thermal performance analysis of PCM in refrigerated container envelops in the Italian context-numerical modeling and validation[J]. Applied Thermal Engineering, 105: 873-881.

CURLING S F, LAFLIN N, DAVIES G M, et al., 2017. Feasibility of using straw in a strong, thin, pulp moulded packaging material[J]. Industrial Crops and Products, 97: 395-400.

DALLA COSTA F A, DEVILLERS N, PARANHOS DA COSTA M J R , et al., 2016. Effects of applying preslaughter feed withdrawal at the abattoir on behaviour, blood parameters and meat quality in pigs[J]. Meat Science, 119: 89-94.

DE GIROLAMO A, LIPPOLIS V, NORDKVIST E, et al., 2009. Rapid and non-invasive analysis of deoxynivalenol in durum and common wheat by fourier-transform near infrared (FT-NIR) spectroscopy[J]. Food Additives and Contaminants, 26(6): 907-917.

DEMPSEY P, BANSAL P, 2012. The art of air blast freezing: Design and efficiency considerations[J]. Applied Thermal Engineering, 41: 71-83.

DENG H, ZHENG J, ZHANG F, et al., 2014. Isolation of angiotensin I-converting enzyme inhibitor from pepsin hydrolysate of porcine hemoglobin[J]. European Food Research and Technology, 239(6): 933-940.

DOS SANTO ALVES L A A, LORENZO J M, GONCALVES C A A, et al., 2017. Impact of lysine and liquid smoke as flavor enhancers on the quality of low-fat Bologna-type sausages with 50% replacement of NaCl by KCl[J]. Meat Science, 123: 50-56.

Eco-Industrial Parks across the USA, 2020. [2020-2-10]. http://www.dartmouth.edu/ ~ cushman/courses/engs37/ EIPexamples.pdf.

EU Commission, 2011. Communication from the commission to the european parliament, the council, the european economic and social committee and the committee of the regions-Innovation for a sustainable Future-The Eco-innovation Action Plan (Eco-AP)[EB/OL]. [2021-07-06]. https://eur-lex.europa.eu/legal-content/EN/TXT/PDF/?uri=CELEX: 52011DC0899& from=EN.

European Commission, 2005. Integrated pollution prevention and control (IPPC) reference document on best available techniques in the slaugterhouses and animal by-products industries[A]. Seville: European IPPC Bureau.

European Commission, 2006. Integrated pollution prevention and control (IPPC) reference document on best available techniques in food, drink and milk industries[A]. Seville: European IPPC Bureau.

EVANS A, HAMMOND E C, GIGIEL A J, et al., 2014. Assessment of methods to reduce the energy consumption of food cold stores[J]. Applied Thermal Engineering, 62(2): 697-705.

EVENEPOEL P, CLAUS D, GEYPENS B, et al., 1998. Evidence for impaired assimilation and increased colonic fermentation of protein related to gastric acid suppression therapy[J]. Alimentary Pharmacology and Therapeutics, 12: 1011-1019.

EZATI P, RHIM J, 2020. pH-responsive chitosan-based film incorporated with alizarin for intelligent packaging applications[J]. Food Hydrocolloids, 102: 105629.

EZATI P, TAJIK H, MORADI M, et al., 2019. Fabrication and characterization of alizarin colorimetric indicator based on cellulose-chitosan to monitor the freshness of minced beef[J]. Sensors and Actuators B: Chemical, 285: 519-528.

FAN W J, CHI Y L, ZHANG S, 2008. The use of a tea polyphenol dip to extend the shelf life of silver carp (*Hypophthalmicthys molitrix*) during storage in ice[J]. Food chemistry, 108(1): 148-153.

FANG Z B, BHANDAL B, 2010. Encapsulation of polyphenols: A review[J]. Trends in Food Science and Technology, 21(10): 510-523.

FANG Z, LIN D, WARNER R D, et al., 2018. Effect of gallic acid/chitosan coating on fresh pork quality in modified atmosphere packaging[J]. Food Chemistry, 260: 90-96.

FAO, 2013. Food wastage footprint impacts on natural resources- summary report[R]. Rome: FAO.

FAROUK M M, KEMP R M, CARTWRIGHT S, et al., 2013. The initial freezing point temperature of beef rises with the rise in pH: A short communication[J]. Meat Science, 94: 121-124.

FARRELL M, 2004. Leaf composting project grows up with multiple feedstocks[EB/OL]. (2004-10-22)[2020-2-12]. https://www.biocycle.net/2004/10/22/leaf-composting-project-grows-up-with-multiple-feedstocks/.

FDM-BREF, 2006. Integrated pollution prevention and control, reference document of best available techniques in the food, drink and milk industries[R]. The European Commission Directorate General- JRC Joint Research Center, Institute for Prospective Technological Studies, Seville-Spain.

FELTON J S, FULTZ E, DOLBEARE F A, et al., 1994. Reduction of heterocyclic aromatic amine mutagens/carcinogens in fried beef patties by microwave pretreatment[J]. Food and Chemical Toxicology, 32: 897-903.

FENG X, LI Y, YU X, 2008. Improving energy performance of water allocation networks through appropriate stream merging[J]. Chinese Journal of Chemical Engineering, 16: 480-484.

FERNANDEZ P F, RIERA A, ALVAREZ R, et al., 2010. Nanofiltration regeneration of contaminated single-phase detergents used in the dairy industry[J]. Journal of Food Engineering, 97: 319-328.

FIORETTI R, PRINCIPI P, OPERTARO B, 2016. A refrigerated container envelope with a PCM (phase change material) layer: Experimental and theoretical inves-tigation in a representative town in central Italy[J]. Energy Conversion and Management, 122: 131-141.

FIORI L, SOLANA M, TOSI P, et al., 2012. Lipid profiles of oil from trout (*Oncorhynchus mykiss*) heads, spines and viscera: Trout by-products as a possible source of omega-3 lipids?[J]. Food Chemistry, 134(2): 1088-1095.

FORTIN A, 1989. Electronic grading of pig CarCasses: The Canadian experience[A]//J. F'O'GRADY FAD. 1 New techniques in pig carcass evaluation. Proceedings of the European association of animal production-symposium of the commission on pig production(ZAAP Publication No. 41, PP. 75-85). Helsinki, Finland.

FROSCH R A, GALLOPOULOS N E, 1989. Strategies for Manufacturing[J]. Scientific American, 261(3): 144-152.

GABRIYELYAN S Z, VOROTNIKOV I N, MASTEPANENKO M A, et al., 2015. Formation of the physico-chemical parameters of meat products in the processing of ultrasonic acoustic field[J]. Research Journal of Pharmaceutical, Biological and Chemical Sciences, 6(3): 1345-1350.

GÁL R, MOKREJŠ P, MRÁZEK P, et al., 2020. Chicken heads as a promising by-product for preparation of food gelatins[J]. Molecules, 25(3): 494.

GARRIDO M D, AUQUI M, MARTI N, et al., 2011. Effect of two different red grape pomace extracts obtained under different extraction system on meat quality of pork burgers[J]. LWT-Food Science and Technology, 44(10): 2238-2243.

GARZÓN ANTONELA G, DRAGO S R, 2018. Free α-amino acids, γ-Aminobutyric acid (GABA), phenolic compounds and their relationships with antioxidant properties of sorghum malted in different conditions[J]. Journal of Food Science and Technology, 55(8): 3188-3198.

GIRARD B, DURANCE T, 2000. Headspace volatiles of sockeye and pink salmon as affected by retort process[J]. Journal of Food Science, 65(1): 34-39.

GOKCE Y, CENGIZ B, YILDIZ N, et al., 2014. Ultrasonication of chitosan nanoparticle suspension: Influence on particle size[J]. Colloids and Surfaces A: Physicochemical and Engineering Aspects, 462: 75-81.

GONZALEZ A, IGARZABAL C I A, 2015. Nanocrystal-reinforced soy protein films and their application as active packaging[J]. Food Hydrocolloids, 43: 777-784.

GONZÁLEZ-CASTRO M I, OLEA-SERRANO M F, RIVAS-VELASCO A M, et al., 2011. Phthalates and bisphenols migration in mexican food cans and plastic food containers[J]. Bulletin of Environmental Contamination and Toxicology, 86(6): 627-631.

GROB K, BIEDERMANN M, CARAMASCHI A, et al., 1991. LC-GC analysis of the aromatics in a mineral oil fraction: Batching oil for jute bags[J]. Journal of High Resolution Chromatography, 14(1): 33-39.

GUIRE G, SABOURIN L, GOGU G, 2010. Robotic cell for beef carcass primal cutting and pork ham boning in meat industry[J]. Industrial Robot: An International Journal, 37: 532-541.

GUNTHER D, HEYMEL B, GUNTHER J F, et al., 2014. Continuous 3D-printing for additive manufacturing[J]. Rapid Prototyping Journal, 20(4): 320-327.

GUSTAVSSON J, CEDERBERG C, SONESSON U, et al., 2011. Global food losses and food waste[R]. Rome: Food and Agricultural Organization of the Unite Nations.

GUYON C, MEYNIER A, LAMBALLERIE M D, 2016. Protein and lipid oxidation in meat: A review with emphasis on high-pressure treatments[J]. Trends in Food Science and Technology, 50: 131-143.

GWANPUA S G, VERBOVEN P, LEDUCQ D, et al., 2015. The Frisbee tool, a software for optimizing the trade-off between food quality, energy use, and global warming impact of cold chains[J]. Journal of Food Engineering, 148: 2-12.

HAN M Y, ZU H Z, XU X L, et al., 2015. Microbial transglutaminase catalyzed the cross-linking of myofibrillar/soy protein isolate mixtures[J]. Journal of Food Processing and Preservation, 39(3): 309-317.

HARROW A D, MARTIN J W, 1982-04-02. Reformed rice product[P]. US4325976.

HOLCK A L, PETTERSEN M K, MOEN M H, et al., 2014. Prolonged shelf life and reduced drip loss of chicken filets by the use of carbon dioxide emitters and modified atmosphere packaging[J]. Journal of Food Protection, 77(7): 1133-1141.

HOPKINS D L, FOGARTY N M, MACDONALD B A, 1997. Prediction of lamb carcass yield using video image analysis[C]. Proceedings 43rd International Congress of Meat Science and Technology. Auckland, New Zealand. 234-235.

HOPKINS D L, SAFARI E, THOMPSON J M, et al., 2004. Video image analysis in the Australian meat industry-precision and accuracy of predicting lean meat yield in lamb carcasses[J]. Meat Science, 67: 269-274.

HOU J, LI Y Q, 2017. Application of enzyme-linked immuno sorbent assay in food safety testing[J]. China Condiment, 42(6): 165-169.

HU J, XU M, HANG B, et al., 2011. Isolation and characterization of an antimicrobial peptide from bovine hemoglobin α-subunit[J]. World Journal of Microbiology and Biotechnology, 27(4): 767-771.

HUANG H W, WU S J, LU J K, et al., 2017. Current status and future trends of high-pressure processing in food industry[J]. Food Control, 72: 1-8.

HUI L, XI L I, JIE H U, et al., 2016. The extraction conditions with ultrasound and the HPLC mensuration of tea polyphenols[J]. Journal of Anhui Agricultural Sciences, 44(13): 80-82.

HUNT M C, MANCINI R A, HACHMEISTER K A, et al., 2004. Carbon monoxide in modified atmosphere packaging affects colour, shelf life, and microorganisms of beef steaks and ground beef[J]. Journal of Food Science, 69(1): 45-52.

ISO/TS 14067: 2013. Greenhouse gases-carbon footprint of products-requirements and guidelines for quantification and communication[S]. Switzerland: International Organization for Standardization, 2013.

JAFARZADEH S, RHIM J W, ALIAS A K, et al., 2019. Application of antimicrobial active packaging film made of semolina flour, nano zinc oxide and nano-kaolin to maintain the quality of low-moisture mozzarella cheese during low-temperature storage[J]. Journal of the Science of Food and Agriculture, 99(6): 2716-2725.

JAKUB B, ARMIN H, KRZYSZTO B, et al., 2018. Design and simulations of refrigerated sea water chillers with CO_2 ejector pumps for marine applications in hot climates[J]. Energy, 161(7): 90-103.

JAMES S J, JAMES C, PURNELL G, 2017. Microwave-assisted thawing and tempering[M]//REGIER M, KNOERZER K, and SCHUBERT H. The Microwave Processing of Foods. 2nd ed. Duxford: Woodhead Publishing Limited: 252-272.

JE J Y, LEE K H, LEE M H, et al., 2009. Antioxidant and antihypertensive protein hydrolysates produced from tuna liver by enzymatic hydrolysis[J]. Food Research International. 42(9): 1266-1272.

JIA G, SHA K, MENG J, et al., 2019b. Effect of high voltage electrostatic field treatment on thawing characteristics and post-thawing quality of lightly salted, frozen pork tenderloin[J]. LWT-Food Science and Technology, 99: 268-275.

JIA R, TIAN W, BAI H, et al., 2019a. Amine-responsive cellulose-based ratiometric fluorescent materials for real-time and visual detection of shrimp and crab freshness[J]. Nature Communications, 10: 1-8.

JIANG C, HE H, JIANG H, et al., 2013. Nano-lignin filled natural rubber composites: Preparation and characterization[J]. Express Polymer Letters, 7(5): 480-493.

JIANG N, LIU C Q, LI D J, et al., 2017. Evaluation of freeze drying combined with microwave vacuum drying for functional okra snacks: Antioxidant properties, sensory quality, and energy consumption[J]. LWT-Food Science and Technology, 82: 216-226.

JIANG T, JAHANGIR M M, JIANG Z, et al., 2010. Influence of UV-C treatment on antioxidant capacity, antioxidant enzyme activity and texture of postharvest shiitake(Lentinus edodes) mushrooms during storage[J]. Postharvest Biology and Technology, 56(3): 209-215.

JIANG T, LIANG Z, REN W W, et al., 2011. A simple and rapid colloidal gold-based immunochromatographic strip test for detection of FMDV serotype A[J]. Virologica Sinica, 26(01): 30-39.

JIMÉNEZ-COLMENERO F, HERRERO A, PINTADO T, et al., 2010. Influence of emulsified olive oil stabilizing system used for pork backfat replacement in frankfurters[J]. Food Research International, 43: 2068-2076.

JOHANSEN J, EGELAND SDAL B, ROE M, et al., 2007. Calibration models for lamb carcass composition analysis using computerized tomography(CD imaging)[J]. Chemometrics and Intelligent Laboratory Systems, 87: 303-311.

JONES S D M, ROBERTSON W M, 1988. The effects of spray-chilling carcasses on the shrinkage and quality of beef[J]. Meat Science, 24(3): 177-188.

JUNG S, KIM H J, PARK S, et al., 2015. The use of atmospheric pressure plasma-treated water as a source of nitrite for emulsion-type sausage[J]. Meat Science, 108: 132-137.

KALPANA S, PRIYADARSHINI S R, MARIA LEENA M, et al., 2019. Intelligent packaging: Trends and applications in food systems[J]. Trends in Food Science and Technology, 93: 145-157.

KANANEH A B, SCHARNBECK E, KUCK U D, et al., 2010. Reduction of milk fouling inside gasketed plate heat exchanger using nano-coatings[J]. Food and Bioproducts Processing, 88, 349-356.

KANATT S R, CHANDER, SHARMA A, 2010. Antioxidant and antimicrobial activity of pomegranate peel extract improves the shelf life of chicken products[J]. International Journal of Food Science and Technology, 45(2): 216-222.

KANG S, WANG H, XIA L, et al., 2019. Colorimetric film based on polyvinyl alcohol/okra mucilage polysaccharide incorporated with rose anthocyanins for shrimp freshness monitoring[J]. Carbohydrate Polymers. 229(1): 115402.

KAYA D, SARAC H I, 2007. Mathematical modeling of multiple-effect evaporators and energy economy[J]. Energy, 32: 1536-1542.

KAYA Y, BARLAS H, ARAYICI S, 2009. Nanofiltration of cleaning-in-place (CIP) wastewater in a detergent plant: Effects of pH, temperature and transmembrane pressure on flux behaviour[J]. Separation and Purification Technology, 65: 117-129.

KELLY C, YUSUFU D, OKKELMAN I, et al., 2020. Extruded phosphorescence based oxygen sensors for large-scale packaging applications[J]. Sensors and Actuators B: Chemical, 302: 127357.

KHAN Z H, KHALID A, IQBAL J, 2018. Towards realizing robotic potential in future intelligent food manufacturing systems[J]. Innovative Food Science and Emerging Technologies, 48: 11-24.

KIELISZEK M, MISIEWICZ A, 2014. Microbial transglutaminase and its application in the food industry: A review[J]. Folia Microbiologica, 59(3): 241-250.

KIM Y G, WOO E, 2016. Consumer acceptance of a quick response (QR) code for the food traceability system: Application of an extended technology acceptance model (TAM) [J]. Food Research International, 85: 266-272.

KNORR D, 1993. Effects of high-hydrostatic-pressure processes on food safety and quality[J]. Food technology (Chicago), 47(6): 156-161.

KOŁOŻYN-KRAJEWSKA D, DOLATOWSKI Z J, 2012. Probiotic meat products and human nutrition[J]. Process Biochemistry, 47(12): 1761-1772.

KONGSRO J, ROE M, AASTVEIT A H, et al., 2008. Virtual dissection of lamb carcasses using computer tomography(CT) and its correlation to manual dissection[J]. Journal of Food Engineering, 88: 8693.

KUMAR A, CROTEAU S, KUTOWY O, 1999. Use of membranes for energy efficient concentration of dilute steams[J]. Applied Energy, 64, 107-115.

KUMAR S, AGARWAL N, RAGHAV P K, 2016. Pulsed electric field processing of foods: A review[J]. International Journal of Engineering Research and Modern Education, 1(1): 111-118.

KUMAR S, BORO J C, RAY D, et al., 2019. Bionanocomposite films of agar incorporated with ZnO nanoparticles as an active packaging material for shelf life extension of green grape[J]. Heliyon, 5(6): 01867.

KUMMU M, MOEL H DE, PORKKA M, et al., 2012. Lost food, wasted resources: Global food supply chain losses and their impacts on freshwater, cropland, and fertilizer use[J]. Science of the Total Environment, 438: 477-489.

LEE K, PARK H, BAEK S, et al., 2019. Colorimetric array freshness indicator and digital color processing for monitoring the freshness of packaged chicken breast[J]. Food Packaging and Shelf Life, 22: 100408.

LEE S H, QIAN Z J, KIM S K, 2010. A novel angiotensin I converting enzyme inhibitory peptide from tuna frame protein hydrolysate and its antihypertensive effect in spontaneously hypertensive rats[J]. Food Chemistry, 118(1): 96-102.

LI K K, YIN S W, YANG X Q, et al., 2012. Fabrication and characterization of novel antimicrobial films derived from thymol-loaded zein-sodium caseinate (SC) nanoparticles[J]. Journal of Agricultural and Food Chemistry, 60(46): 11592-11600.

LI W, LI L, CAO Y, et al., 2017. Effects of PLA film incorporated with ZnO nanoparticle on the quality attributes of fresh-cut apple[J]. Nanomaterials, 7(8): 207.

LI Y, WU M, WANG B, et al., 2016. Synthesis of magnetic lignin-based hollow microspheres: A highly adsorptive and reusable adsorbent derived from renewable resources[J]. ACS Sustainable Chemistry and Engineering, 4(10): 5523-5532.

LIN J K, HURNG D C, 1985. Thermal conversion of trimethylamine-N-oxide to trimethylamine and dimethylamine in squids[J]. Food and Chemical Toxicology, 23(6): 579-583.

LIPTON J, ARNOLD D, NIGL F, et al., 2010. Multi-material food printing with complex internal structure suitable for conventional post-processing[A]. 21st Annual International Solid Freeform Fabrication Symposium-Additive Manufacturing Conference, 809-815.

LIU A P, XIONG Q, SHEN L, et al., 2017. A sandwich-type ELISA for the detection of *Listeria monocytogenes* using the well-oriented single chain Fv antibody fragment[J]. Food Control, 79: 156-161.

LIU J, LUNDQVIST J, WEINBERG J, et al., 2013. Food losses and waste in China and their implication for water and land[J]. Environmental Science and Technology, 47(18): 10137-10144.

LIU J, REN Y, YAO S, 2010. Repeated-batch cultivation of encapsulated monascus purpureus by polyelectrolyte complex for natural pigment production[J]. Chinese Journal of Chemical Engineering, 18(6): 1013-1017.

LIU M, SAMAN W, BRUNO F, 2012. Development of a novel refrigeration system for refrigerated trucks incorporating phase change material[J]. Applied Energy, 92: 336-342.

LIU R, CONG X, SONG Y, et al., 2018. Edible gum-phenolic-lipid incorporated gluten films for food packaging[J]. Journal of Food Science, 83(6): 1622-1630.

LIU R, LI J, WU T, et al., 2015. Effects of ultrafine grinding and cellulase hydrolysis treatment on physicochemical and rheological properties of oat (*Avena nuda* L.) β-glucans[J]. Journal of Cereal Science, 65: 125-131.

LÓPEZ C M, BRU E, VIGNOLO G M, et al., 2015. Identification of small peptides arising from hydrolysis of meat proteins in dry fermented sausages[J]. Meat Science, 104, 20-29.

LORENZ R T, CYSEWSKI G R, 2000. Commercial potential for Haematococcus microalgae as a natural source of astaxanthin[J]. Trends in Biotechnology, 18(4): 160-167.

LOWER E, 2005. Eco-Industrial park handbook for Asian developing countries[EB/OL].(2005-5-1)[2020-2-10]. http://indigodev.com/AEIP_HB.html.

LULLIEN-PELLERIN V, BALNY C, 2002. High-pressure as a tool to study some proteins'properties: Conformational modification, activity and oligomeric dissociation[J]. Innovative Food Science and Emerging Technologies, 3(3): 209-221.

LUND M N, HVIID M S, SKIBSTED L H, 2007a. The combined effect of antioxidants and modified atmosphere packaging on protein and lipid oxidation in beef patties during chill storage[J]. Meat Science, 76: 226-233.

LUND M N, LAMETSCH R, HVIID M S, et al., 2007b. High-oxygen packaging atmosphere influences protein oxidation and tenderness of porcine *Longissimus dorsi* during chill storage[J]. Meat Science, 77: 295-303.

LUO X, LIM L, 2019. Cinnamil- and quinoxaline-derivative indicator dyes for detecting volatile amines in fish spoilage[J]. Molecules, 24: 3673.

LUO Z, WANG Y, WANG H, et al., 2014. Impact of nano-$CaCO_3$-LDPE packaging on quality of fresh-cut sugarcane[J]. Journal of the Science of Food and Agriculture, 94(15): 3273-3280.

LYU, J S, CHOI I, HWANG K S, et al., 2019. Development of a BTB−/TBA+ ion-paired dye-based CO_2 indicator and its application in a multilayered intelligent packaging system[J]. Sensors and Actuators B: Chemical. 282: 369-365.

MACAULAY J, 2013. Intervale eco-park strengthening food systems[EB/OL]. (2013-1-13)[2020-2-9]. https://greenerideal.com/news/business/0113-intervale-eco-park-strengthening-food-systems/.

MANAN Z A, TEA S Y, ALWI S R W, 2009. A new technique for simultaneous water and energy minimization in process plant[J]. Chemical Engineering Research and Design, 87: 1509-1519.

MARTINEZ-MONTEAGUDO S I, SALDANA M D A, 2014. Chemical reactions in food systems at high hydrostatic pressure[J]. Food Engineering Reviews, 6(4): 105-127.

MATSUMURA E M, MIERZWA J C, 2008. Water conservation and reuse in poultry processing plant: A case study[J]. Resources, Conservation and Recycling, 52: 835-842.

MAVROV V, CHMIEL H, BELIERES E, 2001. Spent process water desalination and organic removal by membranes for water reuse in the food industry[J]. Desalination, 138: 65-74.

MAXIME D, MARCOTTE M, ARCAND Y, 2006. Development of eco-efficiency indicators for the Canadian food and beverage industry[J]. Journal of Cleaner Production, 14: 636-648.

MCMULLEN L M, STILES M E, 1994. Quality of fresh retail pork cuts stored in modified atmosphere under temperature conditions simulating export to distant markets[J]. Meat Science, 38(2): 163-177.

MEENATCHISUNDARAM S, CHANDRASEKAR C M, UDAYASOORIAN L P, et al., 2016. Effect of spice-incorporated starch edible film wrapping on shelf life of white shrimps stored at different temperatures[J]. Journal of the Science of Food and Agriculture, 96(12): 4268-4275.

MENG J J, QIAN J, JUNG S W, et al., 2018. Practicability of TTI application to yogurt quality prediction in plausible scenarios of a distribution system with temperature variations[J]. Food Science and Biotechnology, 27(5): 1333-1342.

MILLS A, 2005. Oxygen indicators and intelligent inks for packaging food[J]. Chemical Society Reviews, 34(12): 1003-1011.

MONTIEL R, BRAVO D, DE ALBA M, et al., 2012. Combined effect of high pressure treatments and the lactoperoxidase system on the inactivation of *Listeria* monocytogenes in cold-smoked salmon[J]. Innovative Food Science and Emerging Technologies, 16: 26-32.

MOORE C B, BASS P D, GREEN M D, et al., 2010. Establishing an appropriate mode of comparison for measuring the performance of marbling score output from video image analysis beef carcass grading systems1, 2[J]. Journal of Animal Science, 88(7): 2464-2475.

MOREIRA M M, BARROSO M F, BOEYKENS A, et al., 2017. Valorization of apple tree wood residues by polyphenols extraction: comparison between conventional and micro-wave-assisted extraction[J]. Industrial Crops and Products, 104: 210-220.

MULL T E, 2001. Practical guide to energy management for facilities engineers and plant managers[M]. New York: ASME Press.

NABIFARKHANI N, SHARIFANI M, DARAEI GARMAKHANY A, et al., 2015. Effect of nano-composite and thyme oil (*Tymus Vulgaris L.*) coating on fruit quality of sweet cherry (Takdaneh Cv) during storage period[J]. Food Science & Nutrition, 3(4): 349-354.

NAIR G R, LI Z, GARIEPY Y, et al., 2011. Microwave drying of corn (*Zea mays* L. ssp.) for the seed industry[J]. Drying Technology, 29(11): 1291-1296.

NAKAO T MAWATARI K, KAZOE Y, et al., 2019. Enzyme-linked immunosorbent assay utilizing thin-layered microfluidics[J]. The Analyst, 144(22): 6625-6634.

NAVAJAS E A, GLASBEY C A, MCL EAN K A, el al., 2006. In vivo measurements of muscle volume by automatic image analysis of spiral computed tomography scans[J]. Animal Science, 82: 545-553.

NAVAJAS E A, LAMBE N R, MCLEAN K A, et al., 2007. Accuracy of in vivo muscularity indices measured by computed tomography and their association with carcass quality in lambs[J]. Meat Science, 75(3): 533-542.

NEGI P S, 2012. Plant extracts for the control of bacterial growth: Efficacy, stability and safety issues for food application[J]. International Journal of Food Microbiology, (156): 7-17.

NGUYEN T, TRAN V, CHUNG W, 2019. Pressure measurement-based method for battery-free food monitoring powered by NFC energy harvesting[J]. Scientific Reports, 9: 17556.

NSOGNING DONGMO S, PROCOPIO S, SACHER B, et al, 2016. Flavor of lactic acid fermented malt based beverages:current status and perspectives[J]. Trends in Food Science and Technology, 54: 37-51

OGUNREMI O R, BANWO K, SANNI A I, 2017. Starter-culture to improve the quality of cereal-based fermented foods: Trends in selection and application[J]. Current Opinion in Food Science, 13: 38-43.

OLIVER P, RODRIGUEZ R, UDAQUIOLA S, 2008. Water use optimization in batch process industries. Part 1: Design of the water network[J]. Journal of Cleaner Production, 16: 1275-1286.

ORTEGA-RIVAS E, SALMERÓN-OCHOA I, 2014. Nonthermal food processing alternatives and their effects on taste and flavor compounds of beverages[J]. Critical Reviews in Food Science and Nutrition, 54(2): 190-207.

OU S Y, SHI J J, HUANG C H, et al., 2010. Effect of antioxidants on elimination and formation of acrylamide in model reaction systems[J]. Journal of Hazardous Materials, 182(1): 863-868.

OZ F, ZIKIROV E, 2015. The effects of sous-vide cooking method on the formation of heterocyclic aromatic amines in beef chops[J]. LWT-Food Science and Technology, 64(1): 120-125.

OZER N P, DEMIRCI A, 2006. Electrolyzed oxidizing water treatment for decontamination of raw salmon inoculated with Escherichia coli O157: H7 and Listeria monocytogenes Scott A and response surface modeling[J]. Journal of Food Engineering, 72(3): 234-241.

OZGENER L, OZGENER O, 2006. Exergy analysis of industrial pasta drying process[J]. International Journal of Energy Research, 30: 1323-1335.

OZYURT O, COMAKLI O, YILMAZ M, et al., 2004. Heat pump use in milk pasteurization: An energy analysis[J]. International Journal of Energy Research, 28(9): 833-846.

ÖLMEZ H, 2013. Water consumption, reuse and reduction strategies in food processing[M]//TIWARI B K, NORTON T, and HOLDEN N M, Sustainable Food Processing. West Sussex: John Wiley & Sons, Ltd. 404-434.

PARK H J, LEE Y, EUN J B, 2016. Physicochemical characteristics of kimchi powder manufactured by hot air drying and freeze drying[J]. Biocatalysis and Agricultural Biotechnology, (5): 193-198.

PAULSEN E, BARRIOS S, LEMA P, 2019. Ready-to-eat cherry tomatoes: Passive modified atmosphere packaging conditions for shelf life extension[J]. Food Packaging and Shelf Life, 22: 100407.

PEREIRA V A, DE ARRUDA I N Q, STEFANI R, 2015. Active chitosan/PVA films with anthocyanins from *Brassica oleraceae* (Red Cabbage) as time-temperature indicators for application in intelligent food packaging[J]. Food Hydrocolloids, 43(43): 180-188.

PERUMALLA A V S, HETTIARACHCHY N S, 2011. Green tea and grape seed extracts-potential application in food safety and quality[J]. Food Research International, (44): 827-839.

POULSEN K P, 1986. Energy use in food freezing industry[A]. //SINGH R P. Energy in Food Processing, Chapter 12, New York: Elsevier Science Publishing Company Inc, 155-178.

PRIETTO L, MIRAPALHETE T C, PINTO V Z, et al., 2017. pH-sensitive films containing anthocyanins extracted from black bean seed coat and red cabbage[J]. LWT-Food Science and Technology, 80: 492-500.

PUANGSOMBAT K, JIRAPAKKUL W, SMITH J S, 2011. Inhibitory activity of asian spices on heterocyclic amines formation in cooked beef patties[J]. Journal of Food Science, 76(8): 174-180.

PURNELL G, 2012. Robotics and automation in meat processing[M]//CALDWELL, D G. Robotics and Automation in the Food Industry: Current and Future Technologies. Cambridge: Woodhead Publishing Limited, 304-328.

QIN Y Y, YANG J Y, LU H B, et al., 2013. Effect of chitosan film incorporated with tea polyphenol on quality and shelf life of pork meat patties[J]. International Journal of Biological Macromolecules, 61: 312-316.

RAHMAN U U, SAHAR A, KHAN M I, et al., 2014. Production of heterocyclic aromatic amines in meat: Chemistry, health risks and inhibition: A review[J]. LWT-Food Science and Technology, 59(1): 229-233.

RAJKUMAR G, SHANMUGAM S, MUJUMDAR A S, et al., 2017. Comparative evaluation of physical properties and volatiles profile of cabbages subjected to hot air and freeze drying[J]. LWT-Food Science and Technology, 80: 699-708.

RAMIREZ C A, PATEL M, BLOK K, 2006. From fluid milk to milk power: Energy use and energy efficiency in the European dairy industry[J]. Energy, 31: 1984-2004.

RASTOGI N K, RAGHAVARAO K, BALASUBRAMANIAM V M, et al., 2007. Opportunities and challenges in high pressure processing of foods[J]. Critical Reviews in Food Science and Nutrition, 47(1): 69-112.

RIUS-VILARRASA E, BRINGER L'MALTIN C A, et al., 2009. Evaluation of video image analysis(VIA) technology to predict lean meat yield of sheep carcasses online under abattoir conditions[J]. Meat Science, 82: 94,100.

RO D K, PARADISE E M, OUELLET M, et al., 2006. Production of the antimalarial drug precursor artemisinic acid in engineered yeast[J]. Nature, 440: 940-943.

ROKNUL A S M, ZHANG M, WANG A S M Y, 2015. A Comparative study of four drying methods on drying time and quality characteristics of stem lettuce slices (*Lactuca sativa* L.)[J]. Dry Technol, 32(6): 657-666.

ROOBAB U, AADIL R M, MADNI G M, et al., 2018. The impact of nonthermal technologies on the microbiological quality of juices: A review[J]. Comprehensive Reviews in Food Science and Food Safety, 17(2): 437-457.

RUIZ-CAPILLAS C, JIMÉNEZ-COLMENERO F, 2005. Biogenic amines in meat and meat products[J]. Critical Reviews in Food Science and Nutrition, 44(7-8): 489-599.

RUIZ-CAPILLAS C, JIMÉNEZ-COLMENERO F, 2010. Biogenic amines in seafood products[J]. Safety Analysis of Foods of Animal Origin. Boca Raton: CRC Press, 743-760.

SAGREDOS A N, SINHA-ROY D, THOMAS A, 1988. On the occurrence, determination and composition of polycyclic aromatic hydrocarbons in crude oils and fats[J]. Fett Wiss Technol, 90: 76-81.

SAILU F, PERGOLA R D, 2018. Carbon dioxide colorimetric indicators for food packaging application: Applicability of anthocyanin and poly-lysine mixtures[J]. Sensors and Actuators B: Chemical, 258: 1117-1124.

SAITHONG P, PANTHAVEE W, BOONYARATANAKORNKIT M, et al., 2010. Use of a starter culture of lactic acid bacteria in *plaa-som*, a Thai fermented fish[J]. Journal of Bioscience and Bioengineering, 110(5): 553-557.

SALCEDOSANDOVAL L, COFRADES S, RUIZCAPILLAS P C, et al., 2013. Healthier oils stabilized in konjac matrix as fat replacers in n-3 PUFA enriched frankfurters[J]. Meat Science, 93(3): 757-766.

SANCHEZ I M R, RUIZ J M M, LOPEZ J L C, et al., 2011. Effect of environmental regulation on the profitability of sustainable water use in the agro-food industry[J]. Desalination, 279: 252-257.

SAROJINI K S, INDUMATHI M P, RAJARAJESWARI G R, 2019. Mahua oil-based polyurethane/chitosan/nano ZnO composite films for biodegradable food packaging applications[J]. International Journal of Biological Macromolecules, 124: 163-174.

SÁNCHEZ A H, LÓPEZ-LÓPEZ A, BEATO V M, et al., 2017. Stability of color in Spanish-style green table olives pasteurized and stored in plastic containers[J]. Journal of the Science of Food and Agriculture, 97(11): 3631-3641.

SEYFERT M, HUNT M C, MANCINI R A, et al., 2005. Beef quadriceps hot boning and modified-atmosphere packaging influence properties of injection enhanced beef round muscles[J]. Journal of Animal Science , 83: 686-693.

SHAH P, SWIATLO E, 2008. A multifaceted role for polyamines in bacterial pathogens[J]. Molecular Microbiology, 68(1): 4-16.

SHALABY A R, 1996. Significance of biogenic amines to food safety and human health[J]. Food Research International, 29(7): 675-690.

SHEN X, ZHANG M, BHANDARI B, et al., 2019. Novel technologies in utilization of byproducts of animal food processing: A review[J]. Critical Reviews in Food Science and Nutrition, 59(21): 3420-3430.

SHIKHA O K, JOSEPH P K, CARLOS A, et al., 2016. Effect of high intensity ultrasound on the fermentation profile of *Lactobacillus sakei* in a meat model system[J]. Ultrasonics Sonochemistry, (31): 539-545.

SHIRANITA K, HAYASHI K, OTSUBO A, et al., 2000. Grading of meat quality by image processing[J]. Pattern Recognition, 33: 97-104.

SIEGER M, KOS G, SULYOK M, et al., 2017. Portable infrared laser spectroscopy for on-site mycotoxin analysis[J]. Scientific Reports, 7: 44028.

SIKES A L, TOBIN A B, TUME R K, 2009. Use of high pressure to reduce cook loss and improve texture of low-salt beef sausage batters[J]. Innovative Food Science and Emerging Technologies, 10(4): 405-412.

SIMPSON R, ALMONACID S, LOPEZ D, et al., 2008. Optimum design and operating conditions of multiple effect evaporators: Tomato paste[J]. Journal of Food Engineering, 89: 488-497.

SIMPSON R, CORTES C, TEIXEIRA A, 2006. Energy consumption in batch thermal processing: Model development and validation[J]. Journal of Food Engineering, 73: 217-224.

SINGH R P, HELDMAN D R, 2001. Introduction to Food Engineering [M]. 3rd ed. London: Academic Press.

SKJERVOLD H, GRONSETH K, VANGEN O, et al., 1981. In vivo estimation of body composition by computerized tomography[J]. Zeitschrift fur Tierzuchtung und Zuchtungsbiologie, 98: 77-79.

SMITH R, 2000. State of the art in process integration[J]. Applied Thermal Engineering, 20: 1337-1345.

SRINIVASAN H, KANAYAIRAM V, RAVICHANDRAN R, 2018. Chitin and chitosan preparation from shrimp shells Penaeus monodon and its human ovarian cancer cell line, PA-1[J]. International Journal of Biological Macromolecules 107: 662-667.

STADNIK J, KĘSKA P, 2015. Meat and fermented meat products as a source of bioactive peptides[J]. Acta Scientiarum Polonorum Technologia Alimentaria, 14(3): 181-190.

STANDAL N, 1984. Establishment of CT facility for farm animals[J]. Meat Animal Elsevier, London, 43-51.

STEED L E, TRUONG V D, SIMUNOVIC J, et al., 2008. Continuous flow microwave-assisted processing and aseptic packaging of purple-fleshed sweetpotatopurees[J]. Journal of Food Science, 73(9): 455-462.

SUN B, ZHAO Y, LING J, et al., 2017. The effects of super chilling with modified atmosphere packaging on the physicochemical properties and shelf life of swimming crab[J]. Journal of Food Science and Technology, 54(7): 1809-1817.

SUN Q J, LI G H, DAI L, et al., 2014. Green preparation and characterisation of waxy maize starch nanoparticles through enzymolysis and recrystallization[J]. Food Chemistry, 162: 223-228.

SUN Q, LUO Y, SHEN H, et al., 2012. Purification and characterisation of a novel antioxidant peptide from porcine haemoglobin hydrolysate[J]. International Journal of Food Science and Technology, 47(1): 148-154.

SZABO C, BABINSZKY L, VERSTEGEN M W A, et al., 1999. The application of digital imaging techniques in the in vivo estimation of the body composition of pigs: A review[J]. Livestock Production Science, 60: 1-11.

TAOUDIAT A, DJENANE D, FERHAT Z, et al., 2018. The effect of *Laurus nobilis* L. essential oil and different packaging systems on the pH oto-oxidative stability of chemlal extra-virgin olive oil[J]. Journal of Food Science and Technology, 55(10): 4212-4222.

TERADA M, NAGAO M, NAKAYASU M, et al., 1986. Mutagenic activities of heterocyclic amines in Chinese hamster lung cells in culture[J]. Environmental Health Perspectives, 67: 117-119.

The industrial symbiosis in kalundborg, Denmark, 2020. [2020-2-10]. http://www.iisbe.org/ iisbe/gbpn/documents/ policies/instruments/UNEP-green-ind-zones/UNEP-GIZ-ppt- kalundborg%20case. pdf.

THOMPSON A K, 2010. Controlled atmosphere storage of fruits and vegetables[M]. Norfolk: MPG Books Group.

TØRNGREN M A, 2003. Effect of packaging method on colour and eating quality of beef loin steaks[C]. 49th International Congress of Meat Science and Technology, Brazil, September, 495-496.

TOSHIYUKI H, FATIMA R, TOMOHIDE H, et al., 2019. GABA, γ-aminobutyric acid, protects against severe liver injury[J]. Journal of Surgical Research, 236: 172-183.

TU Z, CHEN L, HUI W, et al., 2014. Effect of fermentation and dynamic high pressure microfluidization on dietary fibre of soybean residue[J]. Journal of Food Science and Technology, 51(11): 3285-3292.

TUOMISTO H L, TEIXEIRA M J, DE MATTOS M J, 2011. Environmental impacts of cultured meat production[J]. Environmental Science and Technology, 45(14): 6117-6123.

TURANTAŞ F, KILIÇ G B, KILIÇ B, 2015. Ultrasound in the meat industry: General applications and decontamination efficiency[J]. International Journal of Food Microbiology, 198: 59-69.

U S Census Bureau, 2010. 2010 Annual survey of manufactures R[OL]. [2021-07-06]. http://fact finder2. census. gov.

USDA, 1985. Official states standards for grades of pork carcasses[S]. Washington, D C.

VERISSIMO M I S, GOMES M T S R, 2008. Aluminium migration into beverages: Are dented cans safe? [J]. Science of The Total Environment, 405(1-3): 385-388.

VILJOEN M, HOFFMAN L C, BRAND T S, 2007. Prediction of the chemical composition of mutton with near infrared reflectance spectroscopy[J]. Small Ruminant Research, 69(1-3): 88-94.

WALLIN P J, 1997. Robotics in the food industry: An update[J]. Trends in Food Science and Technology, 8(6): 193-198.

WALLIS D, BROOK P, THOMPSON C, 2008. Water sustainability in the Australian food processing industry[J]. Australian Food Statistics, 27-31.

WANG C, YUSUFU D, MILLS A, 2019. A smart adhesive 'consume within' (CW) indicator for food packaging[J]. Food Packaging and Shelf Life, 22: 100395.

WANG L, 2013. Energy consumption and reduction strategies in food processing[M]// TIWARI B K, NORTON T, and HOLDEN N M. Sustainable Food Processing.West Sussex: John Wiley & Sons, Ltd. 377-400.

WANG L, SUN D, LIANG P, et al., 2000. Experimental studies on heat transfer enhancement of the inside and outside spirally triangle finned tube with small spiral angles for high pressure preheaters[J]. International Journal of Energy Research, 24: 309-320.

WANG Q, JIANG J, LI J, et al., 2016. High quality lard with low cholesterol content produced by aqueous enzymatic extraction and β-cyclodextrin treatment[J]. European Journal of Lipid Science and Technology, 118(4): 553-563.

WANG, L J, 2008. Energy Efficiency and Management in Food Processing Facilities[M]. Boca Raton, FL: Taylor and Francis.

WANNER J, SCHMIDT E, BAIL S, et al., 2010. Chemical composition, olfactory evaluation and antimicrobial activity of selected essential oils and absolutes from morocco[J]. Natural Product Communications, 5(9): 1349-1354.

WELLS N, YUSUFU D, MILLS A, et al., 2019. Colourimetric plastic film indicator for the detection of the volatile basic nitrogen compounds associated with fish spoilage[J]. Talanta, 194: 830-836.

WEN X, HE X, ZHANG X, et al., 2019. Genome sequences derived from pig and dried blood pig feed samples provide important insights into the transmission of African swine fever virus in China in 2018[J]. Emerging Microbes and Infections, 8(1): 303-306.

WEN Y, NIU M, ZHANG B, et al., 2017. Structural characteristics and functional properties of rice bran dietary fiber modified by enzymatic and enzyme-micronization treatments[J]. LWT-Food Science and Technology, 75: 344-351.

WONG D, CHENG K W, WANG M, 2012. Inhibition of heterocyclic amine formation by water-soluble vitamins in Maillard reaction model systems and beef patties[J]. Food Chemistry, 133(3): 760-766.

XIONG F Q, HAN Y M, WANG S Q, et al., 2016. Progress of preparation and application of lignin nanoparticles[J]. Polymer Materials Science and Engineering, 32(12): 156-161.

XIONG F, HAN Y, WANG S, et al., 2017. Preparation and formation mechanism of renewable lignin hollow nanospheres with a single hole by self-assembly[J]. ACS Sustainable Chemistry and Engineering, 5(3): 2273-2281.

YAM K L, TAKHISTOV R T, MILTZ J, 2010. Intelligent packing concepts and applications[J]. Journal of Food Science, 70(1): 1-10.

YAN S, PING C, WEIJUN C, et al., 2017. Monitoring the quality change of fresh coconut milk using an electronic tongue[J]. Journal of Food Processing and Preservation, 41(5): e13110.1-e13110.7.

YANG F M, LI H M, LI F, et al., 2010. Effect of nano-packing on preservation quality of fresh strawberry (*Fragaria ananassa* Duch. cv. Fengxiang) during storage at 4℃[J]. Journal of Food Science, 75(3): 236-240.

YANG J, KIM K T, KIM S S, 2015. Fermentation characteristics and anti-helicobacter pylori activity of aqueous *Broccoli* fermented by *Lactobacillus plantarum* MG208[J]. Applied Biological Chemistry, 58(1): 89-95.

YANG W, XIE Y, JIN J, et al., 2019. Development and application of an active plastic multilayer film by coating a Plantaricin BM-1 for chilled meat preservation[J]. Journal of Food Science, 84(7): 1864-1870.

YAO Y, PENG Z Q, SHAO B, et al., 2013. Effects of frying and boiling on the formation of heterocyclic amines in braised chicken[J]. Poultry Science, 92(11): 3017-3025.

YEO S K, LIONG M T, 2013. Effect of ultrasound on bioconversion of isoflavones and probiotic properties of parent organisms and subsequent passages of Lactobacillus[J]. LWT-Food Science and Technology, 51(1): 289-295.

YI J Y, JIANG B, DONG P, et al., 2012. Effect of high hydrostatic pressure and heat treatment on PPO inactivation and kinetic analysis[J]. Nongye Jixie Xuebao= Transactions of the Chinese Society for Agricultural Machinery, 43(9): 136-142.

YI J, KEBEDE B, KRISTIANI K, et al., 2018. The potential of kiwifruit puree as a clean label ingredient to stabilize high pressure pasteurized cloudy apple juice during storage[J]. Food Chemistry, 255:197-208.

YI J, ZHOU L, BI J, et al., 2016. Influence of number of puffing times on physicochemical, color, texture, and microstructure of explosion puffing dried apple chips[J]. Drying Technology, 34(7): 773-782.

YILDIRIM S, RÖCKER B, PETTERSEN M K, et al., 2018. Active packaging applications for food[J]. Comprehensive Reviews in Food Science and Food Safety, 17(1): 165-199.

YUN D, CAI H, LIU Y, et al., 2019. Development of active and intelligent films based on cassava starch and Chinese bayberry (*Myrica rubra* Sieb. et Zucc.) anthocyanins[J]. RSC Advances, 9: 30905-30916.

ZAKRYS P I, HOGAN S A, O'SULLIVAN M G, et al., 2008. Effects of oxygen concentration on the sensory evaluation and quality indicators of beef muscle packed under modified atmosphere[J]. Meat Science, 79: 648-655.

ZAKRYS-WALIWANDER P I, O'SULLIVAN M G, O'NEILL E E, et al., 2011. The effects of high oxygen modified atmosphere packaging on protein oxidation of bovine M. longissimus dorsi muscle during chilled storage[J]. Food Chemistry, 131(2): 527-532.

ZENG M, ZHANG M, HE Z, et al., 2017. Inhibitory profiles of chilli pepper and capsaicin on heterocyclic amine formation in roast beef patties[J]. Food Chemistry, 221: 404-411.

ZHANG J, LI Y, LIU X, et al., 2019. Characterization of the microbial composition and quality of lightly salted grass carp (*Ctenopharyngodon idellus*) fillets with vacuum or modified atmosphere packaging[J]. International Journal of Food Microbiology, 293: 87-93.

ZHANG S, DONG S, ZHAO S, et al., 2017. Study on the optimizing of tea-polyphenols by ultrasonic wave-assisted extraction[J]. Journal of Jilin Medical University, 38(3): 175-178.

ZHANG Z Y, YANG Y L, TANG X Z, et al., 2015. Chemical forces and water holding capacity study of heat-induced myofibrillar protein gel as affected by high pressure[J]. Food Chemistry, 188: 111-118.

ZHAO Y Q, ZENG L, YANG Z S, et al., 2016. Anti-fatigue effect by peptide fraction from protein hydrolysate of croceine croaker (*pseudosciaena crocea*) swim bladder through inhibiting the oxidative reactions including DNA damage[J]. Marine Drugs, 14(12): 221.

ZHOU H L, FENG Y, LIU J Y, 2010. Measuring and controlling system for validation of grain storage mathematical model based on zig Bee technology[J]. International Conference on Communications in Computer and Information Science, 226: 304-311.

ZHOU X X, LIU L, FU P C, et al., 2018. Effects of infrared radiation drying and heat pump drying combined with tempering on the quality of long-grain paddy rice[J]. International Journal of Food Science and Technology, 53(11): 2448-2456.

ZHOU Y H, DENG L L, ZENG K F, 2014. Enhancement of biocontrol efficacy of Pichia membranaefaciens by hot water treatment in postharvest diseases of citrus fruit[J]. Crop Protection, 63: 89-96.

ZOU L, PENG S, LIU W, et al., 2015. A novel delivery system dextran sulfate coated amphiphilic chitosan derivatives-based nanoliposome: Capacity to improve in vitro digestion stability of (-)-epigallocatechin gallate[J]. Food Research International, 69(1): 114-120.

索　引